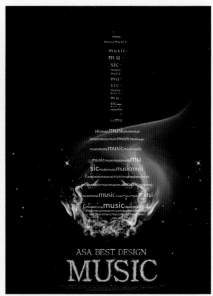

中文版Illustrator CC 从入门到精通（全彩版）

九州书源 编著

清华大学出版社

北京

内 容 简 介

Illustrator 是日常办公和专业平面设计中最常用的软件，其 CC 版本容纳了绘制矢量图形的更多功能。本书即以 Illustrator CC 为蓝本，讲解该软件各个工具和功能的使用方法。全书共 19 章，主要包括矢量图的绘制、不同的颜色填充方式、图形编辑与修饰、文本的添加、效果的应用、AI 技巧等内容。

本书知识的讲解由浅入深，将所有内容合理地分布在入门篇、实战篇和精通篇中，并配有大量的实例操作及知识解析，配合光盘的视频演示，让学习变得轻松易行。

本书适合广大 Illustrator 初学者，以及有一定 Illustrator 使用经验的用户。本书也可作为高等院校相关专业的学生和培训机构学员的参考用书，同时也可供读者自学使用。

图书在版编目（CIP）数据

中文版 Illustrator CC 从入门到精通：全彩版/ 九州书源编著. —北京：清华大学出版社，2016（2018.2重印）

（学电脑从入门到精通）

ISBN 978-7-302-41974-7

I.①中… II.①九… III.①图形软件 IV.①TP391.41

中国版本图书馆CIP数据核字（2015）第263127号

责任编辑：朱英彪
封面设计：刘洪利
版式设计：刘艳庆
责任校对：王　颖
责任印制：刘海龙

出版发行：清华大学出版社
　　　　网　　　址：http://www.tup.com.cn，http://www.wqbook.com
　　　　地　　　址：北京清华大学学研大厦 A 座　　邮　　编：100084
　　　　社 总 机：010-62770175　　　　　　　　邮　　购：010-62786544
　　　　投稿与读者服务：010-62776969，c-service@tup.tsinghua.edu.cn
　　　　质量反馈：010-62772015，zhiliang@tup.tsinghua.edu.cn
印 刷 者：北京鑫丰华彩印有限公司
装 订 者：三河市溧源装订厂
经　　销：全国新华书店
开　　本：203mm×260mm　　印　张：31.5　插　页：3　字　　数：916 千字
　　　　（附 DVD 光盘 1 张）
版　　次：2016 年 10 月第 1 版　　印　　次：2018 年 2 月第 3 次印刷
印　　数：5001～7000
定　　价：99.80 元

产品编号：058787-01

认识Illustrator CC

当计算机、手机已成为人们生活必需品的今天，**Illustrator** 也从专业的平面设计领域走向了大众。**Illustrator** 是一种应用于出版、多媒体和在线图像的工业标准矢量插画的软件，广泛应用于印刷出版、海报书籍排版、专业插画、多媒体图像处理和互联网页面的制作等，现如今已成为打开职业之门的神奇钥匙。目前，**Illustrator** 已成为一个与工作息息相关的代名词。**Illustrator** 全称为**Adobe Illustrator**，是基于矢量的图形制作的"航母"级软件，而**Illustrator CC**则是其经过数年"进化"而产生的最新版本。

本书的内容和特点

本书将所有**Illustrator**图像处理的相关知识分布到"入门篇""实战篇""精通篇"中。每篇内容安排及结构设计都会考虑读者的需要，所以最终读者会发现本书是极其实用的。

{ 入门篇 }

入门篇中讲解了与**Illustrator**相关的所有基础知识，包含文档的基本操作，常用绘图工具，图形的基本编辑，改变对象形状，图层与蒙版，文字编排，符号、图表和样式的应用，外观和效果应用等。通过本篇，可让读者对**Illustrator**的功能有一个整体认识，并可绘制有一定水平的矢量图形。为帮助读者更好地学习，本篇知识讲解灵活，或以正文描述，或以实例操作，或以项目列举，穿插了"操作解谜""技巧秒杀""答疑解惑"等小栏目，不仅丰富了版面，还让知识更加全面。

答疑解惑： 对初学者最易感到疑惑的问题进行解答。

知识解析： 将理论知识细分，逐个讲解。

技巧秒杀： 汇集了与当前相关的一些操作技巧。

实例操作： 以步骤形式一步步讲解知识的应用。

操作解谜： 讲解相关操作的意义，使读者不仅知其然，而且知其所以然。

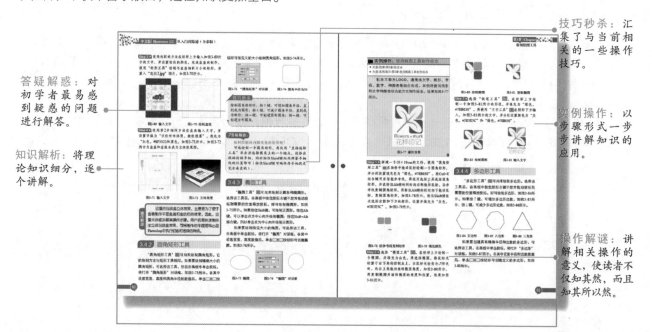

{ 实战篇 }

实战篇是入门篇知识的灵活运用，将Illustrator与生活、工作结合起来，以轻松的方式绘制出各种各样的矢量图形、设计字体、设计产品与包装或设计标志与画册等。实战篇分为5章，每章均为一个实战主题，每个主题下又包含多个实例，从而立体地将Illustrator与现实应用结合起来。有需要的读者只需稍加修改即可将这些"实用"的例子应用到现实工作中。实战篇中的实例多样，配以"操作解谜"和"还可以这样做"等小栏目，使读者不仅知道了相应内容的操作方法，更明白了其操作的含义，以及该效果的多种实现方式，使读者得到提升，能够综合应用。

{ 精通篇 }

精通篇中汇合了Illustrator的高级操作技巧，如平面设计与颜色搭配技巧、AI高级技巧、Illustrator与其他软件的协作应用等内容，使读者从一个"菜鸟"成为AI设计"大咖"，从而让读者感知到Illustrator的奥秘所在，为灵活运用各个知识点和后期的再次提升找到方向。

本书的配套光盘

随书附赠配套多媒体光盘，书盘结合，使读者学习更加容易。配套光盘中包括如下内容。

● 视频演示：本书所有的实例操作均在光盘中提供了视频演示，并在书中指出了相对应的路径和视频文件名称，打开视频文件即可学习。

● 交互式练习：配套光盘中提供了交互式练习功能，光盘不仅可以看，还可以实时操作，查看自己的学习成果。

● 超值设计素材：配套光盘中不仅提供了图书实例需要的素材、效果，还附送了多种类型的笔刷、图案、样式等库文件，以及经常使用的设计素材。

为了使读者更好地使用光盘中的内容，保证光盘内容不丢失，最好将光盘中的内容复制到硬盘中，然后从硬盘中运行。

本书的作者和服务

本书由九州书源组织编写，参加本书编写、排版和校对的工作人员有廖宵、向萍、彭小霞、何晓琴、李星、刘霞、陈晓颖、蔡雪梅、罗勤、包金凤、张良军、曾福全、徐林涛、贺丽娟、简超、张良瑜、朱非、张娟、杨强、王君、付琦、羊清忠、王春蓉、丛威、任亚炫、周洪熙、冯绍柏、杨怡、张丽丽、李洪、林科炯、廖彬宇。

如果您在学习的过程中遇到什么困难或疑惑，可以联系我们，我们会尽快为您解答，联系方式为：

● QQ群：**122144955**、**120241301**（注：选择一个QQ群加入，不要重复加入多个群）。

● 网址：**http://www.jzbooks.com**。

由于作者水平有限，书中疏漏和不足之处在所难免，欢迎读者不吝赐教。

九州书源

目录・CONTENTS

Introductory
入门篇···

Instance
实战篇…

Proficient
精通篇···

入门篇
Introductory

Illustrator是目前Adobe公司旗下广为人知的矢量图形制作软件，在印刷出版、海报书籍排版、专业插画、多媒体图像处理和互联网页面制作等各个领域都有应用。本篇主要向读者讲述Illustrator CC最常用、最基本的工具以及各命令的应用，其中包括文档基本操作、常用绘图工具、图像的基本编辑、图层与蒙版、文字编排、外观与效果应用等。通过该软件的使用可轻松地完成文档的设置、各种矢量图的绘制、文本与表格的应用、特殊效果图形的处理等操作。用户可通过本篇讲解的知识进行操作与学习，使其达到理想的效果。

>>>

01 02 03 04 05 06 07 08 09 10 11 12 ......

初识Illustrator CC

本章导读 ●

Illustrator是Adobe公司开发的集图形设计、文字编辑和高品质输出于一体的矢量图形软件，被广泛应用于海报、包装和排版等平面广告设计、网页图形制作以及其他领域。该软件具有图形绘制、图形优化以及艺术处理等多方面的超强功能，能充分满足设计者的实际工作需要。本章将主要对Illustrator CC的系统配置、安装、工作界面以及首选项和快捷键设置等知识进行讲解。

1.1 Illustrator CC的应用领域

Illustrator CC是如今图像制作领域最为强大的软件之一，在学习Illustrator CC的操作方法前，需对其应用领域有一定的认识和了解。下面将对Illustrator CC常见应用领域进行介绍。

◆ **广告平面设计**：Illustrator在平面广告设计方面的运用是非常广泛的，如制作招贴式宣传的促销传单、POP海报和公益广告或是手册式的宣传广告等，这些具有丰富图像的平面印刷品，都能使用Illustrator进行设计与制作，如图1-1所示即为设计的平面广告。

图1-1　平面广告设计

◆ **CI策划**：又称企业识别（CIS），是一种明确认知企业理念和企业文化的整体设计，又称之为"企业统一形象设计"。通过统一视觉设计，如对产品包装、广告等进行一致性设计，赋予产品固定形象，增强其在市场上的识别力，如图1-2所示。

图1-2　CI策划

◆ **网页设计**：网页是使用多媒体技术在计算机网络与用户之间建立的一组具有展示和交互功能的虚拟界面。利用Illustrator可在平面设计理念的基础上对其版面进行设计，并将制作好的版面导入到相应的动画软件中进行处理，即可生成互动式的网页版面，如图1-3所示为设计的网站首页。

图1-3　网页设计

◆ **插图设计**：插图是视觉表达艺术之一，利用Illustrator可以在计算机上模拟画笔绘制多样的插画和插图，不但能表现出逼真的传统绘画效果，还能制作出画笔无法实现的特殊效果，如图1-4所示。

图1-4　插图设计

◆ **产品包装设计**：产品包装设计指选用合适的包装材料，针对产品本身的特性以及受众的喜好等相关因素，运用巧妙的工艺制作手段，为产品进行的容器结构造型和包装的美化装饰设计。产品包装设计涵盖产品容器设计，产品内外包装设计，吊牌、标签设计，运输包装以及礼品包装设计，拎袋设计等，如图1-5所示。

◆ **商标设计**：简称logo设计，是指生产者、经营者为使自己的商品或服务与他人的商品或服务相区别，而使用在商品及其包装上或服务标记上的由文字、字母、数字、图形、三维标志和颜色组合，以及上述要素的组合所构成的一种可视性标志，如图1-6所示。

图1-5　产品包装设计

图1-6　商标设计

1.2　了解图形与色彩

作为一个设计人员，应该了解并掌握一些有关计算机图形学、数字成像、矢量图与位图、图像分辨率以及常用图形图像文件格式等方面的相关知识，从而为自己进行下一步的学习和工作打下基础，下面进行相应的讲解。

1.2.1　认识矢量图与位图

设计人员在绘制图像时，可形成两种形式的图像，即矢量图和位图，二者的原理和特点有所不同。下面分别对其概念进行讲解。

1. 矢量图

矢量图又称为向量图，矢量图中的图形元素（点和线段）称为对象，每个对象都是一个单独的个体，具有大小、方向、轮廓、颜色和屏幕位置等属性。现将其优缺点分别介绍如下。

◆ **优点**：矢量图形能重现清晰的轮廓，线条非常光滑，且具有良好的缩放性，可任意将这些图形缩小、放大、扭曲变形、改变颜色，而不用担心图像会产生锯齿，矢量图所占空间极小，易于修改，如图1-7所示为一幅矢量图，如图1-8所示为将矢量图放大300%后的效果。

图1-7　矢量图　　　　图1-8　放大后的矢量图

◆ **缺点**：图形不真实生动，颜色不丰富。无法像照片一样真实地再现这个世界的景色。

技巧秒杀

常用的矢量绘图软件有Illustrator、CorelDraw、FreeHand、AutoCAD和Flash等。用Illustrator制作完成的矢量图使用Photoshop可以直接打开，且背景是透明的，通过这一特性可以很方便地对制作的矢量图进行编辑。

2. 位图

位图又称为点阵图、像素图或栅格图，图像是由一个个方形的像素（栅格）点排列组成，与图像的分辨率有关，单位面积内像素越多分辨率就越高，图像的效果就越好。位图的单位为像素（Pixel）。现将其优缺点分别介绍如下。

◆ **优点**：位图图像善于重现颜色的细微层次，能够制作出色彩和亮度变化丰富的图像，可逼真地再现这个世界。

◆ **缺点**：每一幅位图图像都包含固定数量的像素，因此在缩放位图时，图像像素会变模糊，产生锯齿，且在打印和输出时的精度也有限，如图1-9所示为一幅位图，如图1-10所示为将位图放大3倍后的效果。

图1-9　位图　　　　　图1-10　放大后的位图

1.2.2　什么是像素和分辨率

像素是构成位图图像的最小单位，位图是由一个个小方格的像素组成的。一幅相同的图像，其像素越多图像越清晰，效果越逼真。分辨率的单位是ppi（图像分辨率）和dpi（打印分辨率），ppi表示每英寸所包含的像素数；dpi表示每英寸所能打印的点数，即打印精度。图像的分辨率越高，则每英寸包含的像素点就越多，图像就有更多的细节，颜色过渡也越平滑。同时，图像的分辨率和图像大小之间也有着密切的关系，图像的分辨率越高，所包含的像素点就越多，图像的信息量就越大，文件也就越大。如图1-11所示即为图像分辨率为72像素/英寸的图像和放大图像后的效果。被放大的图像所显示的每一个小方格就代表一个像素。

图1-11　像素效果

1.2.3　图像的文件格式

所谓图像的文件格式是指文件最终保存在计算机中的形式，即文件以何种形式保存并进行编辑，因此了解各种文件格式对图形的编辑与绘制，保存及转换有很大帮助。Illustrator支持的文件格式有AI、EPS、PSD、PDF、JPEG、TIFF、SVG、GIF和SWF等。其中，AI、EPS、PDF与SVG格式是Illustrator的本机格式，可保留所有的Illustrator数据。下面分别对这些图像文件格式进行介绍。

◆ **AI格式**：是一种矢量图格式，在Illustrator软件中经常用到。AI格式的文件可以直接在Photoshop和CorelDRAW等软件中打开，当在CorelDRAW软件中打开时，文件仍为矢量图形，且可以对图形的颜色和形状进行修改。

◆ **EPS格式**：是一种跨平台的通用格式，大多数绘图软件和排版软件都支持此格式，可以保存图像的路径信息，并可以在各软件之间相互转换。

◆ **PSD格式**：是Adobe公司开发的Photoshop软件的专用格式，该格式能保存图像数据的每一个细节，且各图层中的图像相互独立，其唯一的缺点是存储的图像文件比较大。PSD格式图像可以被 Illustrator输出为Photoshop文件，并保留源文件的许多特性。

◆ PDF：主要用于网络出版，可以包含矢量图和位图，并支持超链接。在Illustrator中可打开和编辑PDF文件，也可将文件保存为PDF格式。

◆ SVG：是一种标准的矢量图形格式，可以使用户设计出高分辨率的Web图形页面，并且可以使图形在浏览器的页面上呈现更好的效果。

◆ JPEG：是一种用来描述位图的文件格式，可用于Windows和MAC平台上，支持CMYK、RGB和灰度颜色模式的图像，但不支持Alpha通道。此格式还可以将图像进行压缩，使图像文件变小，是所有图像压缩格式中最卓越的。

◆ TIFF：是一种灵活的位图图像格式，大多数绘画、图像编辑和页面排版应用程序都支持该格式，而且几乎所有桌面扫描仪都可以生成TIFF格式的图像。

◆ PNG：是Adobe公司针对网络图像开发的文件格式。这种格式可以使用无损压缩方式压缩图像文件，并利用Alpha通道制作透明背景，是功能非常强大的网络文件格式，但是老版本的Web浏览器可能不支持。

◆ BMP：是在DOS和Windows平台上常用的一种标准位图图像格式。当图像以这种格式保存时，可以保存为Microsoft Windows或OS/2格式。另外，该格式支持RGB、索引颜色、灰度和位图颜色的图像，但不支持Alpha通道。

◆ SWF：是一种以矢量图形为基础的文件格式，常用于交互和动画的Web图形。将图形以SWF格式输出，便于Web设计和在配备Macromedia Flash Player的浏览器上浏览。

◆ GIF：适合用于线条图（如最多含有256色）的剪贴画以及使用大块纯色的图片。该格式使用无损压缩来减少图片的大小，当用户要将图片保存为GIF时，可以自行决定是否保存透明区域或者转换为纯色。同时，通过多幅图片的转换，GIF格式还可以保存动画文件。

1.2.4 图像的颜色模式

颜色模式是将某种颜色表现为数字形式的模型，或者说是一种记录图像颜色的方式。在Illustrator中选择"窗口"/"颜色"命令，打开"颜色"面板，单击右上角的 按钮，在弹出的快捷菜单中列出了多种颜色模式，分别为"灰度"模式、RGB模式、HSB模式、CMYK模式和"Web安全RGB"模式，如图1-12所示。

图1-12　查看颜色模式

💬 知识解析：Illustrator常用颜色模式 ⋯⋯⋯⋯⋯●

◆ 灰度模式：在灰度模式图像中每个像素都有一个0（黑色）～255（白色）之间的亮度值。在8位图像中，图像最多有256个亮度级。而在16位和32位图像中，图像的亮度级更多。当彩色图像转换为灰度模式时，将删除图像中的色相及饱和度，只保留亮度。

◆ RGB模式：RGB模式是由红、绿和蓝3种颜色按不同的比例混合而成，也称真彩色模式，是最为常见的一种色彩模式。

◆ HSB模式：HSB颜色模式是基于人对颜色的心理感受的一种颜色模式。其颜色特性主要由色相（Hue）、饱和度（Saturation）和亮度（Brightness）构成。

◆ CMYK模式：CMYK模式是印刷时常使用的一种颜色模式，由青、洋红、黄和黑4种颜色按不同的比例混合而成。CMYK模式包含的颜色比RGB模式少很多，所以在屏幕上显示时会比印刷出来的颜色丰富些。

◆ Web安全RGB模式：提供了可以在网页中安全使用的RGB颜色，这些颜色在所有系统的显示器上都不会发生任何变化。

1.3 Illustrator CC新增功能

Illustrator CC在以往强大功能的基础上，更新并增加了一些更加便捷实用的功能，使用这些新功能使得图形在绘制和操作时具有更大的便利性。下面将对常用的新增功能进行介绍。

1.3.1 自动边角生成

在Illustrator CC的图案画笔中，各种拼贴组成了总体图案。图案的边线、内角、外角、起点和终点需要不同的拼贴。Illustrator CC 改进了在图案画笔中创建边角拼贴的体验。要使用在图案画笔中创建的边角拼贴，首先需要定义要用作边线拼贴的图像。

其方法为：将打开的图像（边线拼贴）拖入"画笔"面板（按F5键）以创建图案画笔时，Illustrator将使用该拼贴来生成其余4个拼贴。这4个自动生成的选项完全适合边角。打开"新建画笔"对话框，选中 ⊙ 图案画笔(P) 单选按钮，单击 确定 按钮，如图1-13所示。在打开的"图案画笔选项"对话框中，可以使用示例路径预览画笔。也可以修改拼贴（自动/原创艺术/图案色板），并针对画笔描边外观预览效果。该对话框还提供了用于将原创艺术拼贴或自动生成的边角拼贴存储为图案色板的选项，如图1-14所示。

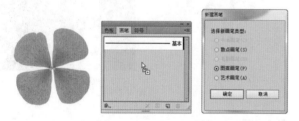

图1-13 花朵图案被定义为用于创建图片轮廓

在"图案画笔选项"对话框中的"拼贴"下拉列表框中会自动生成4种类型的自动边角，下面将分别进行讲解。

◆ **自动居中**：边线拼贴以边角为中心在周围伸展。
◆ **自动居间**：边线拼贴的副本从各个方向扩展至边角内，每个副本位于一侧。折叠消除用于将它们伸展至形状内。
◆ **自动切片**：边线拼贴沿对角线切割，各个切片拼接在一起，类似于木制相框的斜面连接。

◆ **自动重叠**：拼贴的副本在边角处重叠。

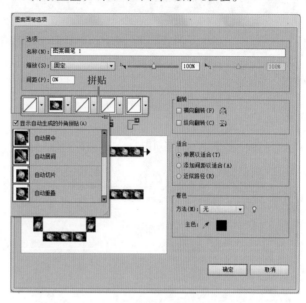

图1-14 边角在"图案画笔选项"对话框中自动生成

1.3.2 画笔图像

Illustrator CC中的"画笔"定义可以包含或容纳图像（非矢量图稿）。用户可以使用图像定义"散点""艺术""图案"画笔。在Illustrator文件中嵌入的任何图像均可用作"画笔"的定义。用户可以调整其形状或进行修改。快速轻松地创建衔接完美、浑然天成的设计作品。其中支持图像的画笔类型有"散点""艺术""图案"。将图像拖入"画笔"面板，然后选择"散点"，"艺术"或"图案"类型以创建"画笔"。

画笔中的图像采用描边的形状，即可通过描边的形状和类型对图像进行弯曲、缩放和拉伸。此外，此类画笔的行为方式与其他画笔相同，并且也可使用"画笔选项"对话框进行修改。

1.3.3 多文件置入

通过Illustrator CC中新增的多文件置入功能可以同时导入多个文件。定义要将并行文件置入的精确位置，同时完全控制文件的置入位置范围。在置入文件时，查看要导入到 Illustrator 版面中的最新资源的预览缩略图。

"置入"命令是将外部文件导入 Illustrator 文档的主要方法。"置入"功能为文件格式、置入选项和颜色提供最高级别的支持。置入文件后，可以使用"链接"面板来识别、选择、监控和更新文件。用户可以在一个动作中置入一个或多个文件。可使用此功能选择多个图像，然后在 Illustrator 文档中逐一置入这些图像，如图1-15所示。

图1-15 多文件置入

1.3.4 修饰文字工具

Illustrator CC中的"修饰文字工具"让用户可以创造性地处理文本、使用纯文本创建美观而突出的消息。文本的每个字符都可以编辑，就像每个字符都是一个独立的对象。选取一个单词或一个句子中的一个字母字符，然后可以移动、缩放或旋转，通过可用性增强功能（如更大的控制手柄）轻松执行这些操作，如图1-16所示。

图1-16 修饰文字工具

1.3.5 图稿中的自由变换工具

Illustrator CC增强的"自由变换工具"可以更加方便地转换用户的图稿（键盘快捷方式：E）。使用时该工具会显示一个窗格，其中包含了可以在所选对象上执行的操作，如图1-17所示为使用"自由变换工具"将标志调整至吊牌的合适位置。

图1-17 自由变换工具

1.3.6 导出 CSS 的 SVG 图形样式

利用对工作流程的两次功能增强，Illustrator CC可以将用户的图稿存储为SVG文件。现在可以将所有CSS 样式与其关联的名称一同导出，以便于识别和重复使用。此外，用户也可以选择导出图稿文件中可用的所有 CSS 样式，而不仅限于图稿中使用的样式。

1.3.7 增强的白色叠印功能

增强的白色叠印功能可以避免当 Illustrator 图稿

中包含意外应用了叠印的白色对象时产生的问题，也可以避免在生产过程中才发现问题，而不得不重新印刷而导致时间延误。用户只需在"文档设置"或"打印"对话框中进行设置，即可在使用打印和输出时无需检查和更正图稿中的白色对象叠印，如图1-18所示。

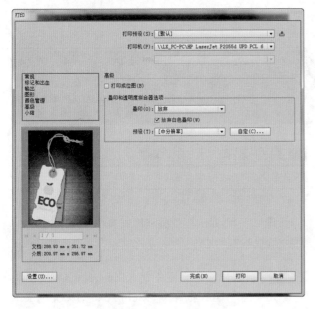

图1-18　"打印"对话框

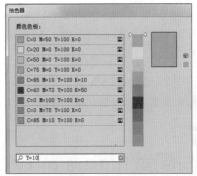

图1-19　增强的搜索颜色和色板功能

1.3.8　增强的搜索颜色和色板功能

在"拾色器"对话框中单击 颜色色板 按钮，在打开的"拾色器"对话框中的"颜色色板"列表下方会显示一个搜索栏。输入颜色名称或CMYK颜色值。如果输入"蓝色"，则会显示名称中有"蓝色"字样的所有颜色色板。输入"Y=10"则会显示在CMYK模式中黄色值为10的所有颜色色板。默认情况下，该搜索构件为启用状态。

此外，"色板"面板中的搜索选项（单击"色板"面板右上角的 按钮，在弹出的快捷菜单中选择"显示查找栏位"命令）也得到了增强。用户可以输入颜色名称，或者只需输入CMYK颜色值即可进行搜索（前提是该颜色值存在），如图1-19所示。

1.3.9　增强的"分色预览"面板

"分色预览"面板显示印刷色和专色。色板中可用的所有专色都显示在列表中。在Illustrator CC中添加了一个选项，用于显示图稿中使用的专色。在选中"分色预览"面板中新增的 ☑仅显示使用的专色 复选框时，图稿中未使用的所有专色都会被移出列表。

1.3.10　增强的参考线功能

在Illustrator CC中，对参考线的功能进行了增强，其增强功能一是在标尺（按Ctrl+R快捷键）上双击，可在标尺的特定位置创建一条参考线；二是如果按住Shift键并双击标尺上的特定位置，则在该处创建的参考线会自动与标尺上最接近的刻度（刻度线）对齐；三是在一个动作中创建水平和垂直参考线。

创建参考线的方法是：在Illustrator窗口的左上角单击标尺的交叉点，按Ctrl键并将鼠标光标拖动到Illustrator窗口中的任何位置。当鼠标光标变成十字形时，可在此处创建水平和垂直参考线。释放鼠标即可创建参考线。

1.3.11 打包文件

将所有使用过的文件（包括链接图形和字体）收集到单个文件夹中，以实现快速传递。选择"文件"/"打包"命令以将所有资源收集到单个文件夹。

1.3.12 取消嵌入图像

将嵌入的图像替换为指向其提取的PSD或TIFF文件的链接。选择嵌入的图像，并打开"链接"面板，单击 按钮，在弹出的下拉菜单中选择"取消嵌入"命令，或在工具属性栏中单击 取消嵌入 按钮即可。

1.4 安装与卸载Illustrator CC

在安装与卸载Illustrator CC之前，建议先将当前系统中正在运行的程序，如Web浏览器窗口、所有Adobe应用程序、常用的办公软件和病毒防护程序等都关闭。下面将分别介绍安装与卸载Illustrator CC的方法。

1.4.1 安装Illustrator CC的系统需求

要安装Illustrator CC，首先需要知道安装配置要求。安装Illustrator CC对计算机的配置要求分为软件和硬件两部分。

◆ **软件**：Windows XP或Windows XP以上的操作系统。

◆ **硬件**：处理器的性能在Intel Pentium 4或AMD Athlon 64以上；32位需要1GB的RAM（建议使用 3GB），64位则需要2GB的RAM（建议使用8GB）；硬盘可用空间2GB以上；显示器具有1024×768以上分辨率（推荐 1280×800）；支持OpenGL硬件加速、16位、256MB显存或更高性能的显卡；具有DVD-ROM驱动器。

此外，若是Mac OS（苹果机）操作系统，其安装的要求是：Intel 多核处理器；Mac OS X 10.68或10.7版；内存2GB（推荐8GB）；硬盘可用空间2GB，安装时需额外的可用空间（无法安装在使用区分大小写的文件系统的卷或基于闪存的可移动存储设备上）；显示器屏幕1024×768（推荐 1280×800）；支持 OpenGL 2.0系统；DVD-ROM驱动器。

1.4.2 安装Illustrator CC

要使用Illustrator CC绘制图形，必须先将Illustrator CC安装到计算机中才能够运用它进行各项操作。

实例操作： 安装Illustrator CC

● 光盘\实例演示\第1章\安装Illustrator CC

如果已购买Illustrator CC软件，只需将光盘放入光驱中，将自动进入"初始化安装程序"界面，再按向导提示安装即可。

Step 1 ▶ 在计算机的光驱中放入Illustrator CC的安装光盘，找到光盘的安装文件Setup.exe并双击，系统将自动运行安装程序向导，在打开的"欢迎"对话框中选择"安装"选项，如图1-20所示。

图1-20 安装Illustrator CC

Step 2 ▶ 在打开的"Adobe软件许可协议"对话框中单击 接受 按钮，如图1-21所示。

图1-21　接受安装协议

Step 3 ▶ 打开"序列号"对话框，在"提供序列号"下方的文本框中输入相应的序列号，然后单击 下一步 按钮，如图1-22所示。

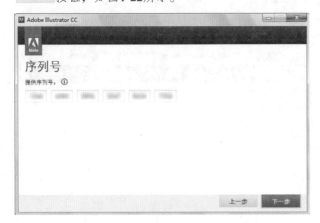

图1-22　输入序列号

Step 4 ▶ 打开"选项"对话框，单击"位置"右侧的 📁 按钮，在打开的对话框中选择存储的路径，这里选择E:\Program Files\Adobe，再单击 安装 按钮，如图1-23所示。

技巧秒杀

若用户未购买Illustrator CC软件，可登录Adobe官网免费下载Illustrator CC测试版安装试用。另外，在安装时的"欢迎"对话框中选择"试用"选项，则不用输入序列号也可安装，安装后能试用30天。

图1-23　设置安装位置

Step 5 ▶ 系统将打开"安装"对话框，并显示安装进度。稍等片刻，打开的对话框提示已安装完成。在对话框中单击 关闭 按钮，如图1-24所示。

图1-24　完成安装

Step 6 ▶ 安装完成后，双击桌面上的 Ai 快捷图标，即可运行Illustrator CC，如图1-25所示为全新的Illustrator CC启动界面。

图1-25　Illustrator CC启动界面

1.4.3 卸载Illustrator CC

当Illustrator CC出现问题不能启动或用户不再需要时，可以将其卸载。

实例操作：卸载Illustrator CC

● 光盘\实例演示\第1章\卸载Illustrator CC程序

卸载Illustrator CC需使用Windows的卸载程序。下面将介绍卸载Illustrator CC的方法。

Step 1 ▶ 选择"开始"/"控制面板"命令，打开"控制面板"窗口，单击"程序和功能"超链接，如图1-26所示。

图1-26　打开"控制面板"窗口

Step 2 ▶ 在打开窗口的"卸载或更改程序"列表框中选择Adobe Illustrator CC选项，再单击卸载按钮，如图1-27所示。

图1-27　选择要卸载的程序

Step 3 ▶ 打开"卸载选项"对话框，单击卸载按钮开始卸载，如图1-28所示。

图1-28　卸载Illustrator CC

Step 4 ▶ 系统将会打开"卸载进度"对话框，并显示卸载进度。卸载完成后，系统将打开对话框提示已卸载完成，单击关闭按钮，如图1-29所示。

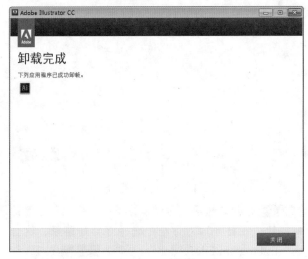

图1-29　完成卸载

技巧秒杀

用户在一台计算机中安装Illustrator CC后，若想在其他计算机中安装该软件，需先在当前计算机中取消激活，可选择"帮助"/"取消激活"命令进行取消。

1.5 启动与退出Illustrator CC

要利用Illustrator CC绘制各种漂亮的图形，首先应该启动该软件，然后了解Illustrator CC的界面组成。当完成图形制作后，则需要执行退出Illustrator CC的操作，保证计算机中所占用的系统资源减到最少，以达到提高计算机运行速度的目的。

1.5.1 启动Illustrator CC

常用启动Illustrator CC的方法有4种：通过"开始"菜单启动；通过桌面快捷方式启动；通过双击Illustrator CC文件启动；通过常用软件区启动。分别介绍如下。

◆ **通过"开始"菜单启动**：单击桌面左下角的 ![按钮] 按钮，在弹出的菜单中选择"所有程序"/Adobe Illustrator CC命令，即可启动Illustrator CC，如图1-30所示。

图1-30　安装Illustrator CC

◆ **通过桌面快捷方式启动**：选择"开始"/"所有程序"/Adobe Illustrator CC命令，在其上右击，在弹出的快捷菜单中选择"发送到"/"桌面快捷方式"命令，创建桌面快捷图标。以后每次启动Illustrator CC时直接双击桌面上的Illustrator CC快捷方式图标即可，如图1-31所示。

图1-31　安装Illustrator CC

◆ **通过双击Illustrator CC文件启动**：在计算机桌面或"我的电脑"窗口中找到任意一个Illustrator CC（AI）文件图标，然后双击该图标即可在启动Illustrator CC的同时打开该文件。

◆ **通过常用软件启动**：常用软件区位于"开始"菜单的左侧列表，该区域中将自动保存用户经常使用的软件。如启动Illustrator CC软件，只需单击该软件图标即可。

1.5.2 退出Illustrator CC

退出Illustrator CC的方法比较简单，最常用的方法有以下几种。

◆ **通过"文件"菜单退出**：在需退出的Illustrator CC程序上选择"文件"菜单，在弹出的菜单中选择"退出"命令。

◆ **通过标题栏图标退出**：在Illustrator CC标题栏左上角的 ![Ai] 图标上右击，在弹出的快捷菜单中选择"关闭"命令。

◆ **通过标题栏按钮退出：** 直接单击Illustrator CC标题栏右上角的"关闭"按钮 × 即可退出。

◆ **通过鼠标右键退出：** 在任务栏上的Illustrator CC程序上右击，在弹出的快捷菜单中选择"关闭"命令即可。

1.6 认识Illustrator CC的工作界面

启动Illustrator CC后便进入其工作界面，该界面主要由文档窗口、工具箱、工具属性栏、面板、菜单栏以及状态栏等组成，如图1-32所示。下面将介绍各主要组成部分的作用。

图1-32 Illustrator CC工作界面

1.6.1 文档窗口

文档窗口是用户编辑图稿的区域，与许多程序的窗口一样，主要由"标题栏""工作区"和"滚动条"组成，如图1-33所示。下面将对文档窗口各部分的作用和操作方法进行介绍。

图1-33 文档窗口

◆ **标题栏：** 由文档名、显示比例和颜色模式组成，如果还未保存文档，那么文档名显示为"未标题-1""未标题-2"。文档名右侧的百分比数字表示当前文档的显示比例。括号中的文本表示颜色模式。将鼠标光标移到标题栏，按住鼠标左键进行拖动，窗口将变为浮动窗口，可将文档窗口移动至界面任何位置。在标题栏上右击，在弹出的快捷菜单中选择"关闭"命令或单击右侧的 × 按钮，可关闭当前文档窗口；选择"关闭全部"命令，则关闭所有窗口；选择"退出"命令，可关闭Illustrator。

◆ **工作区：** 主要由画板和页面组成。"画板"是进行绘画的区域，在文档窗口中显示为黑线所框成的矩形区域，这个区域不一定和可打印文档的区域相同。"页面"即是画板外的区域。通过"文档设置"对话框和"视图"菜单中的对应命令，可设置画板大小、方向、单位以及显示画板的效果。

◆ **滚动条：** 通过滚动条可以上下或左右查看文档视图区域。分别单击▲、▼、◀、▶按钮即可。

技巧秒杀

当文档窗口为浮动窗口时，将鼠标光标置于窗口边角，可调整窗口大小；当文档窗口较多时，界面中将不能显示所有文档，可单击右侧的 >> 按钮，在弹出的下拉菜单中选择对应的文档，可将其设置为当前文档窗口。

1.6.2 工具箱

工具箱中集合了用于创建和编辑图形、图像和页面元素的各种工具。默认位置在工作界面左侧，通过拖动其顶部可以将其移动到工作界面的任意位置。有的工具按钮右下角有一个黑色的小三角标记，表示该工具位于一个工具组中，其中还有一些隐藏的工具，在该工具按钮上按住鼠标左键不放或右击，可显示该工具组中隐藏的工具，如图1-34所示。工具箱顶部有一个折叠按钮 ◀◀ ，单击该按钮可以将工具箱中的工具以紧凑型排列，如图1-35所示。

图1-34　显示隐藏工具　　图1-35　折叠工具箱

同时，单击工具组右侧的三角形按钮，将打开一个独立的工具组面板，如图1-36所示。将鼠标光标置于面板的标题栏上，单击并按住鼠标左键不放将其拖动至工具箱边界处，可将其与工具箱停靠在一起。另外，工具箱中的工具也可以沿水平或垂直方向停靠，如图1-37所示。

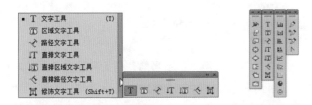

图1-36　工具组面板　　　图1-37　垂直停靠

技巧秒杀

Illustrator中的大多数工具都有对应的快捷键，按相应快捷键即可选择对应工具，如按P键，可快速选择"钢笔工具" ✒ 。用户也可以根据自己的使用习惯自定义工具的快捷键。

💬**知识解析**：**各种工具的功能简述**

◆ **选择工具** ▶：用来选取并移动对象。

◆ **直接选择工具** ▷：选取并移动对象节点或路径。

◆ **编组选择工具** ▷⁺：单击可以选取群组对象中的单个对象。

◆ **魔棒工具** ：用来选取相同属性的对象。

◆ **套索工具** ：可通过不规则的拖动方式选取对象。

◆ **钢笔工具** ：可绘制封闭或开放的直线和曲线。

◆ **添加锚点工具** ：可在被选择路径上增加节点。

◆ **删除锚点工具** ：可在被选择路径上删除节点。

◆ **转换锚点工具** ：可以方便地在尖突节点和平滑节点之间互相转换。

◆ **文字工具** T：用于创建横排的文字或文本块。

◆ **区域文字工具** ：可以在开放或闭合的路径内创建横排的文本对象。

◆ **路径文字工具** ：可让文字沿路径横向排列。

◆ **直排文字工具** ：可创建竖排的文字或文本块。

◆ **直排区域文字工具** ：可在开放或闭合的路径内创建竖排的文本对象。

◆ **直排路径文字工具** ：可让文字沿路径垂直排列。

◆ **修饰文字工具** ：用于编辑和美化文字。

◆ **直线段工具** ／：用来绘制直线段。

◆ **弧线工具** ：用来绘制弧线。

◆ **螺旋线工具** ◎：用来绘制螺旋线。

◆ **矩形网格工具** ：用来绘制矩形的网格。

◆ **极坐标网格工具** ◎：可绘制由一系列的同心圆组成，并由以中心点为起点的射线进行分隔的图形。

◆ **矩形工具** □：可绘制矩形。

◆ **圆角矩形工具** ：可绘制圆角矩形。

◆ **椭圆工具** ○：可绘制椭圆。

◆ **多边形工具** ：可绘制多边形。

◆ **星形工具** ☆：可绘制星形。

◆ **光晕工具** ：可绘制类似太阳光晕效果的图形。

◆ **画笔工具** ：可以按照手绘方式绘制路径，并为路径增加艺术画笔效果。

◆ **铅笔工具** ：可绘制出自由不规则的曲线路径。

- ◆ 平滑工具：可将形状较为尖突的曲线修整光滑。
- ◆ 清除工具：可清除已有路径的全部或一部分。
- ◆ 斑点画笔工具：可用来修复破损的图片或者是消除图片上的斑点。
- ◆ 橡皮擦工具：可清除不必要的图形区域。
- ◆ 剪刀工具：可剪断路径。
- ◆ 刻刀工具：用于切割图形。
- ◆ 旋转工具：可使对象绕基准点进行旋转。
- ◆ 镜像工具：可对选择的图形对象进行镜像变换。
- ◆ 比例缩放工具：可将图形对象进行缩放。
- ◆ 倾斜工具：可使对象沿任意轴倾斜。
- ◆ 整形工具：可调整选择对象的造型。
- ◆ 宽度工具：可调整选择对象的宽度。
- ◆ 变形工具：可使对象按照手指拖动的方向产生一种弯曲的效果。
- ◆ 旋转扭曲工具：可使对象产生一种扭曲的效果。
- ◆ 缩拢工具：可使对象产生内缩式的变形效果。
- ◆ 膨胀工具：可使图形对象产生一种向外扩张或收缩的效果。
- ◆ 扇贝工具：可使对象产生三角扇贝的变形效果。
- ◆ 晶格化工具：可使图形轮廓产生晶格状的效果。
- ◆ 皱褶工具：可使对象产生波浪的效果。
- ◆ 自由变换工具：可对对象进行移动、镜像、缩放和倾斜等操作。
- ◆ 形状生成器工具：可将绘制的多个简单图形合并为一个复杂的图形；还可以分离、删除重叠的形状，快速生成新的图形。
- ◆ 实时上色工具：可为选择的对象填充颜色。
- ◆ 实时上色选择工具：可随意选择上色后的对象。
- ◆ 透视网格工具：是一个辅助工具，可参照网格制作带透视的图形。
- ◆ 透视选区工具：用于选择透视图形。
- ◆ 网格工具：用来创建可以设置多种颜色的网格，从而使图形产生三维效果。
- ◆ 渐变工具：用来对选定的对象创建渐变填充。
- ◆ 吸管工具：可从其他已存在的图形中吸取颜色。
- ◆ 度量工具：可测量两个点之间的距离和角度。

- ◆ 混合工具：可在多个对象之间创建混合效果。
- ◆ 符号喷枪工具：可将Symbols（符号）面板中的符号对象应用到页面上。
- ◆ 符号移位器工具：可移动页面中的符号。
- ◆ 符号紧缩器工具：可改变页面中符号的密度。
- ◆ 符号缩放器工具：可对符号进行放大或缩小。
- ◆ 符号旋转器工具：可对符号进行旋转。
- ◆ 符号着色器工具：可对符号的颜色进行修改。
- ◆ 符号滤色器工具：可改变符号的透明度。
- ◆ 符号样式器工具：可将当前样式应用到符号中。
- ◆ 柱形图工具：可创建柱形图图表。
- ◆ 堆积柱形图工具：可创建堆积柱形图图表。
- ◆ 条形图工具：可创建条形图图表。
- ◆ 堆积条形图工具：可创建堆积条形图图表。
- ◆ 折线图工具：可创建折线图图表。
- ◆ 面积图工具：可创建面积图图表。
- ◆ 散点图工具：可创建散点图图表。
- ◆ 饼图工具：可创建饼图图表。
- ◆ 雷达图工具：可创建雷达图图表。
- ◆ 画板工具：可在工作区中创建新的画板。
- ◆ 切片工具：用于对图形对象进行切割操作，以便对图形对象进行优化。
- ◆ 切片选择工具：用于选择切片。
- ◆ 抓手工具：用来移动画面以观察不同的区域。
- ◆ 打印拼贴工具：用来查看页面辅助线的范围。
- ◆ 缩放工具：用来放大或缩小页面的显示比例。

1.6.3 工具属性栏

工具属性栏用于显示当前使用工具箱中工具的属性。用户在选择不同的工具后，工具属性栏的选项会随着当前工具的改变而发生相应的变化。如选择"画笔工具"后，工具属性栏中即显示与画笔相关的描边、不透明度和样式等参数选项，如图1-38所示。

图1-38 "画笔工具"属性栏

1.6.4 面板

Illustrator 系统提供了24种面板，主要用于配合编辑图稿、设置工具参数和选项等。系统默认打开的面板是在操作过程中经常要用到的，位于操作窗口的最右侧，如图1-39所示。用户也可以通过"窗口"菜单或按对应快捷键打开所需的各种面板，如图1-40所示。单击面板区左上角的"折叠为图标"按钮 ◀◀，可将面板折叠成图标显示，如图1-41所示。单击其中的任一图标，可展开隐藏的面板，如图1-42所示。

图1-39 常用面板

图1-40 "窗口"菜单

图1-41 折叠为图标显示

图1-42 展开面板

技巧秒杀

在面板组中，向上或向下拖动面板的名称，可以调整其排列顺序；将面板组中的某个面板拖动到窗口的空白区域，可将其从组中分离出来；在面板的标题栏上单击并将其拖动至另一个面板的标题栏上，当出现蓝色线条时释放鼠标，可将两个面板组合；将鼠标光标置于面板上下左右位置，单击并拖动鼠标可调整面板的长度或宽度。

知识解析：部分面板的功能简述

- ◆ **SVG交互**：使用该面板可对缩放矢量图进行设置。
- ◆ **信息**：用于显示选中对象的信息。
- ◆ **分色预览**：用于将绘制的图形以CMYK中的某一颜色模式进行预览。
- ◆ **动作**：该面板可记录一个序列的事件，然后在任何时间播放。
- ◆ **变换**：通过该面板可移动、缩放和应用其他变换。
- ◆ **变量**：该面板可为数据驱动的图像进行设置。
- ◆ **图层**：该面板可将对象放入不同图层中进行管理。
- ◆ **图形样式**：该面板列出了默认的图形样式并允许保存自己设置的图形样式。
- ◆ **外观**：该面板用于设置选中对象的外观属性。
- ◆ **对齐**：使用该面板可以对齐对象。
- ◆ **导航器**：通过该面板可快速在大文档中移动。
- ◆ **属性**：该面板可以查看拼合图形的叠印属性和其中包含的URL。
- ◆ **拼合器预览**：该面板可查看拼合对象的某个区域，也可调整拼合器选项设置。
- ◆ **描边**：可调整描边的宽度和样式。
- ◆ **文字**：使用该面板可调整不同的文字属性，如字符、字符样式、字形、段落和段落样式等。
- ◆ **文档信息**：该面板显示了诸如色彩模式、画板大小等文档信息。
- ◆ **渐变**：该面板用于改变或应用渐变效果。
- ◆ **画板**：该面板用来创建一个或多个新的画板。
- ◆ **画笔**：使用该面板可以选择画笔样式。
- ◆ **符号**：该面板中包含了预设的符号并允许定义新符号。

◆ 色板：该面板中包含了预设的颜色、渐变和图案。

◆ 路径查找器：使用该面板可对多个路径进行合并、分割、分类等操作。

◆ 透明度：使用该面板可调整对象的透明度。

◆ 链接：该面板列出了与当前文档链接的对象。

◆ 颜色：通过该面板可对图形应用颜色。

◆ 颜色参考：通过该面板访问"实时颜色"功能。

◆ 魔棒：用于调整魔棒工具。

技巧秒杀

按Tab键，可以将工具箱和面板全部隐藏；再次按Tab键，隐藏的工具箱及面板将再次显示。按Shift+Tab快捷键，可以只将面板隐藏，再次按Shift+Tab快捷键，可将隐藏的面板再次显示。

1.6.5 菜单栏

在Illustrator CC的菜单栏中包含了文件、编辑、对象、文字、选择、效果、视图、窗口和帮助9个主菜单。选择某一个菜单，在弹出的子菜单中选择一个命令，可执行该命令。同时，它们按照功能分为不同的组，组与组之间采用分隔线进行分隔，其中带有三角形标记的命令下还包含了下一级菜单，如图1-43所示。如果命令右侧有"..."符号，表示执行该命令时，将打开相应对话框，如图1-44所示。

图1-43 "选择"菜单

图1-44 "存储所选对象"对话框

💬 **知识解析：各菜单的功能简述** ··············

◆ "文件"菜单：该菜单中包括了一些对文档的基本操作命令，如文件的新建、打开、关闭、存储、置入、输出、文档设置和打印等命令。

◆ "编辑"菜单：该菜单中包括了一些常用的对象操作命令，主要对当前的图形文件进行编辑

操作，其中包括对所选对象执行复制、剪切、粘贴、还原和重做等命令。

◆ "对象"菜单：该菜单中的各项命令主要针对对象进行管理和高级编辑，包括变换、调整、组合、锁定、隐藏选定对象、混合、封装扭曲、复合路径、图表以及蒙版等命令。

◆ "文字"菜单：该菜单中的各项命令主要是针对文本对象的编辑，如设置文本格式、拼写检查、查找字体、文本块以及文本绕图等命令。

◆ "选择"菜单：该菜单主要用于对页面中的对象进行全选或者反选等操作，或者选择具有相同填充、轮廓线及透明度等相同属性的对象。

◆ "效果"菜单：该菜单包括了适用于矢量图形和位图图像的两组滤镜命令，使用这些命令可以为图形和图像添加一些特殊的效果，主要作用是对图形或图像进行特殊效果处理。

◆ "视图"菜单：该菜单提供了许多辅助绘图的命令选项，如视图模式、显示比例、显示或隐藏标尺以及辅助线和选择框等命令。

◆ "窗口"菜单：该菜单中的命令主要用于控制Illustrator CC中所有面板和工具箱的显示或隐藏。

◆ "帮助"菜单：通过该菜单可以获得Illustrator CC有关的帮助信息。

❓答疑解惑：

按对应快捷键可切换工具或打开面板，那么菜单栏是否也有相同功能？

在菜单栏中，某些命令右侧也有对应快捷键，用户可按快捷键来执行相应命令，而不必打开菜单。例如，按Ctrl+G快捷键，即可执行"对象"/"编组"命令，如图1-45所示。如果命令右侧只显示了一个字母，那么需要按Alt+主菜单对应字母+命令字母来执行此命令。例如，按Alt+O+A+F组合键可执行"对象"/"排列"/"置于顶层"命令，如图1-46所示。

图1-45 编组命令

图1-46 排列命令

1.6.6 状态栏

状态栏位于文档窗口底部,显示了当前文档窗口的显示比例、画板数量、当前使用工具等信息。单击 按钮,可将当前图稿上传到Behance网站上共享。在"显示比例"文本框中输入数值后按Enter键可以改变文档的显示比例;单击 按钮,在弹出的下拉列表中可选择某一个画板,也可单击 按钮切换画板;单击工具信息右侧的 按钮,在弹出的"显示"下拉列表中可选择状态栏显示的内容,如图1-47所示。

图1-47 状态栏

知识解析: "状态栏"选项介绍

◆ 在Bridge中显示:选择该选项,将启动Bridge,并在其中显示当前画稿。

◆ 画板名称:显示当前工作的画板名称。

◆ 当前工具:显示当前使用工具的名称。

◆ 日期和时间:显示当前的日期和时间。

◆ 还原次数:显示可以还原(可撤销的操作)的次数和重做的次数。

◆ 文档颜色配置文件:显示当前文档的颜色配置文件。

读书笔记

1.7 界面基本操作

当Illustrator CC的界面不能适应使用习惯或不能满足需要时,用户可以自行设置,不仅能对工具箱、面板等进行操作,还可以对设置的工作区进行保存和管理,以便于以后再次使用。

1.7.1 预设工作区

Illustrator设计了具有针对性的工作区,每一个工作区都包含了不同的面板,且面板的位置和大小都有利于当前编辑操作。选择"窗口"/"工作区"命令,在弹出的子菜单中选择对应工作区命令,即可将当前工作区切换到预设的工作区状态,如图1-48所示为当前工作区状态;如图1-49所示为预设工作区状态。

图1-49 预设工作区状态

1.7.2 自定义工作区

Illustrator还支持用户创建自定义的工作区,用户可根据操作习惯将面板重新组合、排列或关闭,然后保存自定义的工作区,以备再次使用。

图1-48 当前工作区状态

实例操作：自定义工作区

● 光盘\实例演示\第1章\自定义工作区

　　本例将对工具箱、工具属性栏和面板进行设置，用户能随意控制各个组成部分，设置属于自己的工作界面。

Step 1 ▶ 启动Illustrator CC，打开一幅图像，单击工具箱上的 ◄◄ 按钮，使其成单栏显示，如图1-50所示。

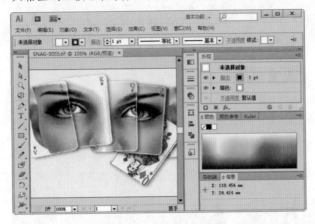

图1-50　改变工具箱

Step 2 ▶ 将鼠标光标移动至工具属性栏左侧的控制栏上，按住鼠标左键不放，拖动至界面底部，如图1-51所示。

图1-51　调整工具属性栏位置

Step 3 ▶ 选择"窗口"/"图层"命令，打开"图层"面板，将鼠标光标移动到"图层"面板标题栏上，按住鼠标左键不放并拖动至面板区域底部，如图1-52所示。

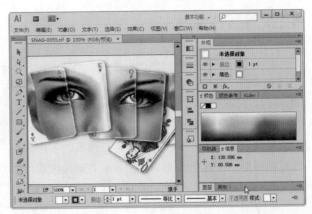

图1-52　调整面板位置

Step 4 ▶ 选择"窗口"/"工作区"/"新建工作区"命令，打开"新建工作区"对话框，在"名称"文本框中输入工作区的名称，单击 确定 按钮，即可存储工作区，如图1-53所示。该工作区的名称将显示在"窗口"/"工作区"菜单中，选择即可切换到该工作区中，如图1-54所示。

图1-53　新建工作区　　　　图1-54　存储工作区

1.7.3　管理工作区

　　如果用户要对工作区进行新建、重命名或删除等管理操作，可选择"窗口"/"工作区"/"管理工作区"命令，打开"管理工作区"对话框，如图1-55所示。

图1-55　管理工作区

💬知识解析：**"管理工作区"对话框**······

◆ **重命名工作区**：选择需要管理的工作区，在下方的文本框中输入新的名称，可为工作区重命名。

◆ 新建工作区：单击右下方的"新建工作区"按钮
　　　，并在左侧的文本框中输入名称，单击　确定
　　按钮，可以将当前的工作区状态保存为一个新的
　　自定义工作区。

◆ 删除工作区：选中对话框中的一个工作区，单击
　　右下方的"删除工作区"按钮　，可以将该工作
　　区删除。

1.8 系统优化及快捷键设置

对Illustrator系统进行一定的优化和快捷键设置，不仅可以减少工作时间，还可节省操作步骤，从而提高使用Illustrator CC的工作效率。下面将分别进行介绍。

1.8.1 常规

选择"编辑"/"首选项"/"常规"命令或按
Ctrl+K快捷键，打开"首选项"对话框，如图1-56所
示；在左侧的列表框中选择"常规"选项，在右侧
将打开相应的参数选项，在其中进行设置后，单击
　确定　按钮即可。

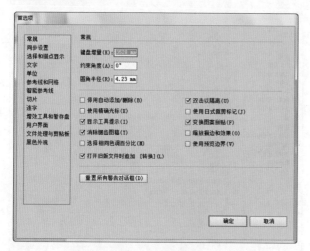

图1-56　常规设置

💬知识解析："常规"选项 ·····························

◆ 键盘增量：用来设定在使用键盘上的方向键进行
　移动操作时，被移动对象在每一次按键时所移动
　的距离。

◆ 约束角度：默认值为0°，会影响页面的坐标。如设
　置为20°，那么绘制的图形都会倾斜20°。

◆ 圆角半径：用于设定在绘制"圆角矩形"时的圆
　角半径。

◆ 使用自动添加/删除：未选中该复选框时，在使
　用"钢笔工具"　时，鼠标光标移动到路径锚
　点上，钢笔工具会自动转换成增加或删除节点工
　具。选中时，则不会自动转换。

◆ 双击以隔离：默认情况下，选中该复选框会在双
　击对象后隔离它以对其进行编辑。取消选中时，
　仍可以隔离一个选区，但是必须从图层面板的面
　板菜单中选择"进入隔离模式"，或者单击工具
　属性栏中的"隔离选中的对象"按钮。

◆ 使用精确光标：选中"使用精确光标"复选框
　时，所有光标都被"X"图标所取代，能清晰地定
　位正在单击的点。按键盘上的CapsLock键即可切
　换至这个设置。

◆ 使用日式裁剪标记：选中该复选框，在选择"效
　果"/"裁剪标记"命令为图像添加裁剪标记时，
　将建立日式的裁切标记。

◆ 显示工具提示：选中该复选框后，鼠标光标在工
　具上悬停时会显示该工具名称及快捷键。

◆ 变换图案拼贴：选中该复选框，在变换填充图形
　时，可以使用填充图案与图形同时变换；反之填充
　图样将不随图形的变换而变换。

◆ 消除锯齿图稿：选中该复选框，在绘制矢量图
　时，可以得到更为光滑的边缘。

◆ 缩放描边和效果：选中该复选框，在缩放图形
　时，图形的外轮廓将与图形进行等比缩放。

◆ 选择相同色调百分比：选中该复选框后，可以选
　择填充色或描边颜色相同的对象。使用这个特性
　时，所有填充了该颜色不同色调百分比的对象也

都会被选中。

◆ **使用预览边界**：选中该复选框，当在画板中选择图形时，图形的边界就会显示出来，若要变换图形，只需拖动图形周围的变换控制框即可。

◆ **打开旧版文件时追加[转换]**：表示打开当前所用软件版本之前版本的 Illustrator 文件时，自动在文件名上添加上"[转换]"。

◆ **重置所有警告对话框(D)** 按钮：单击该按钮，将 Illustrator 中的警告说明重置为默认设置。

1.8.2 同步设置

同步设置是 Illustrator CC 中新增的功能，Illustrator 将与应用程序相关的设置存储在本地计算机上。同步设置功能在 Adobe Creative Cloud 上保留一份这些设置的副本。如果激活其他计算机上的 Illustrator，可以选择将 Creative Cloud 中的设置与新激活的计算机同步。打开"首选项"对话框，选择"同步设置"选项，在右侧进行设置即可，如图1-57所示。

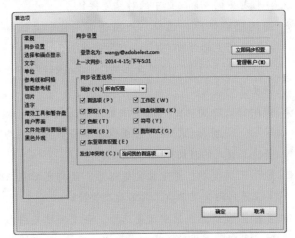

图1-57　同步设置

知识解析："同步设置"选项 ·····

◆ **立即同步设置**：单击该按钮，可以启动立即同步设置功能。

◆ **管理账户**：单击该按钮，在打开的界面中可登录同步设置的邮箱账号和密码或申请账号。

◆ **同步设置选项**：在该栏中可以选择和自定义同步哪些项目。

? 答疑解惑：

同步设置功能有什么用途？

同步设置功能可解决用户的两种基本情况：单一计算机，即有一台计算机，但希望保留一份 Illustrator 当前应用程序设置的备份。如果将计算机更换为新计算机，可以将 Creative Cloud 中的可用设置与新计算机同步；多台计算机：即有多台计算机，并需要在所有激活 Illustrator 的计算机上使用相同的工作设置。（在任何特定的时间内，只能激活两台计算机上的 Illustrator）。

1.8.3 选择和锚点显示

该功能主要用于设置路径，选择"编辑"/"首选项"命令，打开"首选项"对话框，选择"选择和锚点显示"选项，在右侧进行相应设置即可，如图1-58所示。

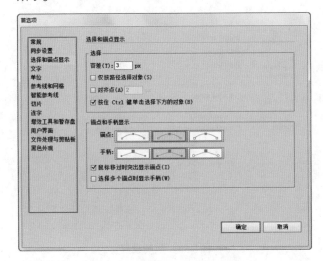

图1-58　选择和锚点显示设置

知识解析："选择和锚点显示"选项 ·····

◆ **容差**：指定用于选择锚点的像素范围。较大的值会增加锚点周围区域（可通过单击将其选定）的宽度。容差值越大越好选择，但是在锚点密集时反而不利于选择。

◆ **仅按路径选择对象**：选中该复选框，只有单击图形的路径才能将其选中，因此建议取消选中。

◆ **对齐点**：用于将对象对齐到锚点和参考线。指定在对齐时对象与锚点或参考线之间的距离。

◆ **按住Ctrl键单击选择下方的对象**：表示在按住Ctrl键的同时单击被遮挡的对象，可将其选中。

◆ **锚点和手柄**：用于选择锚点和手柄的样式。

◆ **鼠标移过时突出显示锚点**：突出显示位于鼠标光标正下方的锚点。

◆ **选择多个锚点时显示手柄**：取消选中该复选框，再选择多个锚点时，锚点的手柄会自动隐藏；选中该复选框时，则全部显示。

1.8.4 文字

文字功能主要用于设置字体，选择"编辑"/"首选项"命令，打开"首选项"对话框，选择"文字"选项，在右侧进行相应设置即可，如图1-59所示。

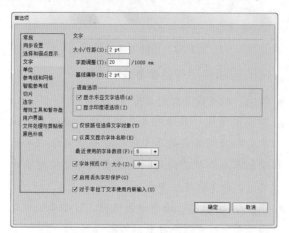

图1-59 文字设置

💬知识解析："文字"选项 ●⋯⋯⋯⋯⋯⋯⋯●

◆ **大小/行距**：可调节文字间的行距。

◆ **字距调整**：可调节文字间的间距。

◆ **基线偏移**：可设定文字基线的位置。

◆ **语言选项**：针对CJK文字，由于这里使用中文，因此选中 ☑显示东亚文字选项(A) 复选框。若不选中该复选框，那么在"字符"面板中就不会显示与亚洲文字相关的选项。

◆ **显示印度语选项**：选中该复选框后，可在"段落"面板的弹出菜单中启用两个额外的书写器

（即中东和南亚语言单行/逐行书写器）。

◆ **仅按路径选择文字对象**：选中该复选框，只有单击文字的路径才能将其选中，因此建议取消选中。

◆ **以英文显示字体名称**：选中该复选框，"文字"/"字体"菜单中的字体名称将以英文的形式显示。例如，"方正美黑"将显示为FZMeiHei-M07。

◆ **最近使用的字体数目**：可设置最近使用过的字体数目。

◆ **字体预览**：设置字体预览时的大小。

◆ **启用丢失字形保护**：防止输入当前字体不支持的字符，及防止在字体不包含一个或多个所选字形的情况下将该字体应用到所选文本。

◆ **对于非拉丁文本使用内联输入**：将双字节文本直接输入到文本框。

1.8.5 单位

选择"编辑"/"首选项"命令，打开"首选项"对话框，选择"单位"选项，在右侧进行相应设置即可，如图1-60所示。

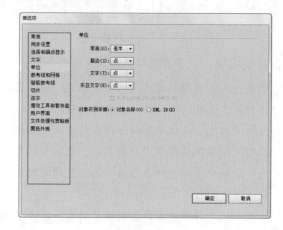

图1-60 单位设置

💬知识解析："单位"选项 ●⋯⋯⋯⋯⋯⋯⋯●

◆ **常规**：用于设置标尺的度量单位，其下拉列表中提供了点、派卡、英寸、毫米、厘米和像素6种度量单位。

◆ **描边**：用于设置图形边线的度量单位。

◆ **文字**：用于设置文字的度量单位。

◆ **东亚文字**：用于选择适合亚洲文字的度量单位。

◆ **对象识别依据**：用于设置识别对象时以对象的名称来识别，或以对象的XML ID号来识别。

1.8.6 参考线和网格

该功能主要用于设置参考线和网格（操作方法可参考第2.8节），选择"编辑"/"首选项"命令，打开"首选项"对话框，选择"参考线和网格"选项，在右侧进行相应设置即可，如图1-61所示。

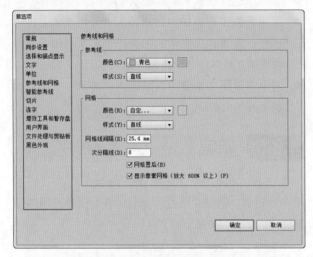

图1-61 参考线和网格设置

💬知识解析：**"参考线和网格"选项**·············

◆ **颜色**：用于设置参考线或网格的颜色。可在其下拉列表中选择，当选择"颜色"选项时，可在弹出的"颜色"面板中选择一种自己喜欢的颜色。此外，在右侧的色块上双击鼠标，在打开的"颜色"面板中选择一种自己喜欢的颜色作为辅助线或风格的颜色。

◆ **样式**：用于设置参考线和网格的线型。其下拉列表中包括"直线"和"点"两个选项。

◆ **网格线间距**：用于设置每隔多少距离生成一条坐标线。

◆ **次分隔线**：用于设置坐标线之间再分隔的数量。

◆ **网格置后**：选中该复选框，则网格位于图像的下方；反之，位于图像之上。

◆ **显示像素网格**：选中该复选框，将显示出具有像素晶格的网格。

1.8.7 智能参考线

选择"编辑"/"首选项"命令，打开"首选项"对话框，选择"智能参考线"选项，在右侧进行相应设置即可，如图1-62所示。

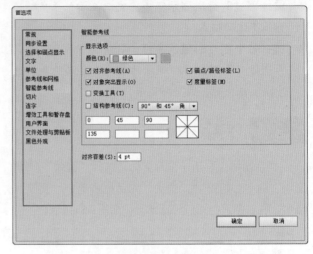

图1-62 智能参考线设置

💬知识解析：**"智能参考线"选项**·············

◆ **颜色**：用于设置智能参考线的颜色。

◆ **对齐参考线**：显示沿着几何对象、画板和出血的中心和边缘生成的参考线。在移动对象以及执行绘制基本形状、使用钢笔工具以及变换对象等操作时，会生成这些参考线。

◆ **锚点/路径标签**：选中该复选框，可在路径相交或路径居中对齐锚点时显示相应信息。

◆ **对象突出显示**：选中该复选框，光标在围绕对象移动时，高亮显示光标下的物体。

◆ **度量标签**：当光标置于某个锚点上时，为某些工具（如绘图工具和文本工具）显示有关光标当前位置的信息。创建、选择、移动或变换对象时，显示相对于对象原始位置的X轴和Y轴偏移量。如果在使用绘图工具时按Shift键，将显示起始位置。

◆ **变换工具**：缩放、旋转和镜像时，可以得到相对于操作的基准点的参考信息。

◆ **结构参考线**：在绘制新对象时显示参考线。指定从附近对象的锚点绘制参考线的角度。最多可以自定义6个角度。可以从下拉列表中选择现有的角度组合，也可以在"角度"文本框中自定义角度数值。右侧的预览框中显示当前角度设置。

◆ **对齐容差**：图形在靠近参考线时，如果小于设定的数值，则自动吸附。

1.8.8 切片

选择"编辑"/"首选项"命令，打开"首选项"对话框，选择"切片"选项，在右侧选中 ☑ 显示切片编号(S) 复选框，可在图像执行切片命令后显示生成的切片编号，否则不显示；在"线条颜色"下拉列表框中可设置切片线显示的颜色，如图1-63所示。

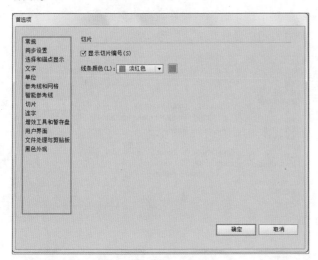

图1-63　切片设置

1.8.9 连字

在输入英文字母时，经常会用到连字符，因为有些单词太长，在一行的末尾放不下，若整个单词转到下一行，可能造成一段文字的右边参差不齐，很不美观，这时使用连字符，效果就会有所改观。选择"编辑"/"首选项"命令，打开"首选项"对话框，选择"连字"选项，在右侧进行相应设置即可，如图1-64所示。

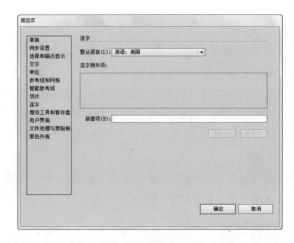

图1-64　连字设置

💬 **知识解析：** "连字"选项

◆ **默认语言**：在其下拉列表中可以选择定义连字选项所使用的语言。

◆ **连字例外项**：如果有单词需要的连字方式与常规的不同，可以在"新建项"文本框中输入该单词，然后单击 添加(A) 按钮，输入的单词即显示在"连字例外项"列表框中。在列表框中选择任一单词，单击 删除(D) 按钮，可将此单词在列表框中删除。

1.8.10 增效工具和暂存盘

选择"编辑"/"首选项"命令，打开"首选项"对话框，选择"增效工具和暂存盘"选项，在右侧进行相应设置即可，如图1-65所示。

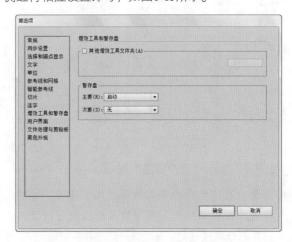

图1-65　增效工具和暂存盘设置

💬知识解析："增效工具和暂存盘"选项 ·········

◆ **其他增效工具文件夹**：一般情况下，软件安装后会自动定义好相应的增效工具文件夹。但有时可能要选择另外的增效工具文件夹，此时可单击 选取(C)... 按钮，在打开的"浏览文件夹"对话框中选择新的增效工具文件夹，从而运用新的增效工具。

◆ **暂存盘**：该栏用于设置暂存盘的盘符，目的是使软件有足够的空间去运行和处理文件。

┌─ **技巧秒杀** ·········
│ 当设置"增效工具与暂存盘"的相应参数后，必须重新启动Illustrator CC软件，设置才能生效。
└──────────

1.8.11 用户界面

该选项可对Illustrator CC的工作界面进行设置，选择"编辑"/"首选项"命令，打开"首选项"对话框，选择"用户界面"选项，在右侧进行相应设置即可，如图1-66所示。

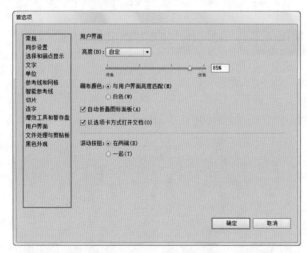

图1-66 用户界面设置

💬知识解析："用户界面"选项 ·········

◆ **亮度**：可设置用户界面的深浅度。拖动下方的滑块或在右侧的文本框中输入数值也可设置用户界面的深浅度。

◆ **画布颜色**：用于设置画布的颜色。选中

⊙ 与用户界面亮度匹配(M) 单选按钮，画面颜色将与用户界面自动匹配；选中 ⊙ 白色(W) 单选按钮，画布颜色为白色。

◆ **自动折叠图标面板**：在远离图标面板的位置单击时，将自动折叠展开的图标面板。

◆ **以选项卡方式打开文档**：从Illustrator CS4 开始新增的功能，打开多个文件时，"文档"窗口将以选项卡方式显示，使得在比较文档或在多个文档间拖移对象时变得更加容易。

◆ **滚动按钮**：用于设置滚动按钮的位置。

1.8.12 文件处理与剪贴板

选择"编辑"/"首选项"命令，打开"首选项"对话框，选择"文件处理与剪贴板"选项，在右侧进行相应设置即可，如图1-67所示。

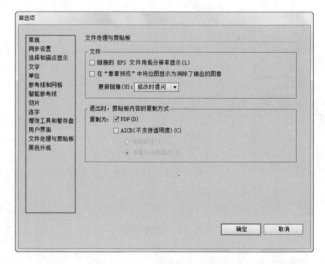

图1-67 文件处理与剪贴板设置

💬知识解析："文件处理与剪贴板"选项 ·········

◆ **链接的EPS文件用低分辨率显示**：顾名思义，链接的EPS文件会以较低的分辨率显示。

◆ **在"像素预览"中将位图显示为消除了锯齿的图像**：在像素预览状态下，位图将以消除了锯齿的图像显示。

◆ **更新链接**：其下拉列表中有3个选项，"自动"是指链接的源文件被外部程序更改时，无提示自动更新；"手动"是指利用"链接"面板中的"更

新链接"下拉列表框手动更新;"修改时提问"是指在链接的源文件被外部程序更改时,会弹出提示询问是否需要更新,选择"是"则会立即更新文件。

◆ 退出时,剪贴板内容的复制方式:"复制为"选项决定剪贴板中内容的格式,PDF 就是复制为PDF 格式。AICB 就是复制为AICB 格式(不支持透明度)。

1.8.13 黑色外观

选择"编辑"/"首选项"命令,打开"首选项"对话框,选择"黑色外观"选项,在右侧进行相应设置即可,如图1-68所示。

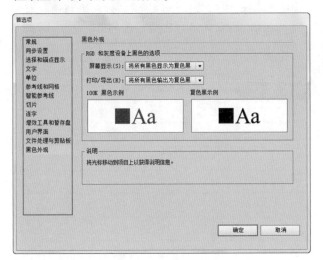

图1-68 黑色外观设置

💬知识解析:"黑色外观"选项 ·······················

◆ 屏幕显示:在该下拉列表框中选择"精确显示所有黑色"选项,可将纯 CMYK 黑显示为深灰。该选项可查看单色黑和复色黑之间的差异;选择"将所有黑色显示为复色黑"选项,可将纯CMYK 黑显示为墨黑(RGB=0,0,0),此设置使单色黑和复色黑在屏幕上的显示效果一样。

◆ 打印/导出:在该下拉列表框中选择"精确输出所有黑色"选项,表示如果打印到非 PostScript 桌面打印机或者导出为 RGB 文件格式,则使用文档中的颜色数输出纯 CMYK 黑。该选项可查看单色黑

和复色黑之间的差异;选择"将所有黑色输出为复色黑"选项,表示如果打印到非 PostScript 桌面打印机打印或者导出为 RGB 文件格式,则以墨黑(RGB=0,0,0)输出纯 CMYK 黑。此设置确保单色黑和复色黑的显示相同。

1.8.14 自定义快捷键

使用快捷键可快速选择工具或菜单命令,在Illustrator中,也为用户提供了预设的快捷键,用户也可根据使用习惯创建自定义的快捷键。

🎬实例操作:自定义工具快捷键

● 光盘\实例演示\第1章\自定义工具快捷键

本例将对Illustrator中的工具自定义快捷键,从而减少操作步骤,提高工作效率。

Step 1 ▶ 选择"编辑"/"键盘快捷键"命令或按Alt+Shift+Ctrl+K组合键,打开"键盘快捷键"对话框,这里默认选择"工具"选项,在下方的工具列表框中选择"直排文字工具"IT,再单击右侧的快捷键列的文本框,如图1-69所示。

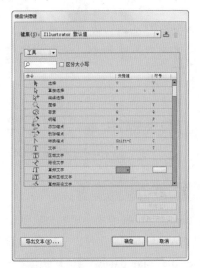

图1-69 选择要设置快捷键的选项

技巧秒杀

单击"键盘快捷键"对话框中的 导出文本(E)... 按钮,可以将快捷键内容导出为文本文件。

Step 2 按下键盘上的Shift+H快捷键，将该快捷键指定给编组直排文字工具，单击 确定 按钮，如图1-70所示。

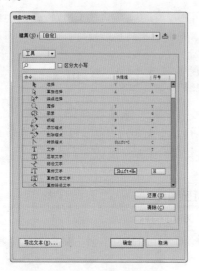

图1-70　指定快捷键

Step 3 打开"存储键集文件"对话框，在"名称"文本框中输入一个名称，单击 确定 按钮即可完成快捷键的定义操作，如图1-71所示。然后在工具箱中选择编组选择工具，即可看到Shift+H键成为该工具的快捷键，如图1-72所示。

图1-71　存储快捷键

图1-72　查看快捷键

技巧秒杀

定义、修改工具或菜单命令的快捷键后，如果想将其恢复为默认的快捷键设置，可打开"键盘快捷键"对话框，在"键集"下拉列表框中选择"Illustrator默认值"选项，再单击 确定 按钮即可。

?答疑解惑：

如何自定义菜单命令的快捷键？

自定义菜单命令快捷键的操作方法与定义工具快捷键的方法相似。其方法为：打开"键盘快捷键"对话框，在"工具"下拉列表框中选择"菜单命令"选项，在下方的列表框中选择要定义快捷键的菜单命令，并在指定快捷键后存储即可。

读书笔记

....
....
....
....
....
....

 知识大爆炸 ●
——了解与熟悉Illustrator

1. Illustrator发展历程

Illustrator是Adobe公司推出的一款图形绘制软件，Adobe 公司在1987年就推出了Illustrator 1.1版本。随后一年，又在Windows平台上推出了2.0版本。Illustrator真正起步应该说是在1988年。

Adobe Illustrator 6.0　　　　1996年

Adobe Illustrator 7.0日文版　1997年

Adobe Illustrator 8.0　　　　1998年

Adobe Illustrator 9　　　　　2000年

Adobe Illustrator 10　　　　　2001年

Adobe Illustrator 11	2002 年
Adobe Illustrator CS2	2003年
Adobe Illustrator CS3	2007年
Adobe Illustrator CS4	2008年
Adobe Illustrator CS5	2010年
Adobe Illustrator CS6	2012年
Adobe Illustrator CC	2013年

Adobe Illustrator CC 软件是一个完善的矢量图形环境。

2. Illustrator帮助功能

Illustrator CC提供了介绍软件功能的帮助信息，为用户学习和查询Illustrator CC软件的相关教程、手册、支持文档和常见问题，以及解决安装、订购、注册和更新问题等提供了详细的帮助。选择"窗口"/"Illustrator 帮助"命令，即可链接到Adobe官网在线浏览和查询Illustrator CC软件的相关帮助信息。

3. Illustrator支持中心

使用Illustrator支持中心功能的方法与Illustrator帮助功能相似，通过此功能可以链接到Adobe官网，获取完整的联机帮助和各种Illustrator资源，如Illustrator培训教程、视频教程，以及了解各种热点问题，并且可在论坛中提出相关问题并得到解答。

4. Illustrator快捷键设置建议

凡是使用Illustrator的用户都会发现一个问题，即用鼠标满屏幕找工具或是用手指在键盘上来回移动按默认的快捷键放大缩小，这样操作非常麻烦。用户可按照以下13个快捷键来重新设定工具或命令快捷键，并且在平时使用中逐渐养成条件反射，即可提高工作效率，玩转Illustrator。

◆ 视图菜单命令："视图"/"放大"命令，可设置为Alt+Ctrl+A组合键；"视图"/"缩小"命令，可设置为Alt+Ctrl+Z组合键；"视图"/"画板适合窗口"命令，可设置为Ctrl+Q快捷键；"对象"/"排列"/"置于顶层"命令，可设置为Shift+Ctrl+A组合键；"对象"/"排列"/"置于底层"命令，可设置为Shift+Ctrl+Z组合键（如果使用鼠标右键来调整对象位置，会耽误时间）。

◆ 工具："选择工具"可设置为Q键；"直接选择工具"可设置为A键（选择工具会占用70%的操作）；"吸管工具"可设置为S键（吸管工具可吸取所有的对象属性，包括文字）；"钢笔工具"可设置为W键（钢笔工具使用频率是25%）；"添加锚点工具"可设置为2键；"删除锚点工具"可设置为3键（使用钢笔工具，添加/删除锚点是必不可少的）；"文字工具"可设置为E键；路径查找器可设置为F1键（默认情况下该面板与变换、对齐面板在一起，按快捷键即可调出）。

另外需要记住非常实用的Ctrl+F快捷键，如果什么都没选，此快捷键是原位粘贴在最顶层，如果选了一个物体，则是原位粘贴在被选对象的上一层。同理，Ctrl+B快捷键，如果什么都没选，此快捷键是原位粘贴在最底层，如果选了一个物体，则是原位粘贴在被选对象的下一层。

Chapter

01 **02** 03 04 05 06 07 08 09 10 11 12 ······

文档基本操作

本章导读 ●

在第1章中对Illustrator CC的应用领域、操作界面等知识进行了介绍，相信读者对该软件有了基本认识。但在使用该软件绘图时，还需要涉及一些文档的基本操作，如文件的新建与保存、视图的显示模式、文档与画板的设置，以及辅助工具的使用方法等。本章将对这些知识进行讲解，来为用户创建舒适的绘图环境。

2.1 新建文件

如果要设计一幅作品，首先需要新建一个文件，在Illustrator中，用户可以通过命令创建一个自定义的文档，也可以使用Illustrator预设模板创建模板文档。下面将分别介绍新建文档的方法。

2.1.1 通过命令新建文件

通过命令新建文件的方法非常简单，只需选择"文件"/"新建"命令，可打开如图2-1所示的"新建文档"对话框，在该对话框中可根据自己的需要对名称、大小、单位、宽度和高度、颜色模式等参数进行设置，然后单击 确定 按钮，即可建立一个空白新文件。

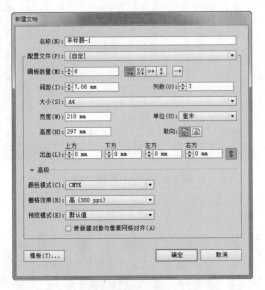

图2-1 "新建文档"对话框

💬 知识解析： **"新建文档"对话框** ················

◆ 名称：该文本框用于设置新建文件的名称，默认的文件名称为"未标题-1"。

◆ 配置文件：该下拉列表框中包含不同输入类型的文件，每一个配置文件都预先设置大小、颜色模式、单位、方向、透明度和分辨率等参数。

◆ 画板数量：可以指定文档中的画板数量。若创建了多个画板，可通过数值框右侧的各个按钮指定画板在屏幕上的排列位置。右侧对应按钮及功能

分别为："按行设置网格"按钮🔲，可在指定数目的行中排列多个画板；"按列设置网格"按钮🔲，可在指定数目的列中排列多个画板；"按行排列"按钮↔，可将画板排列成一行；"按列排列"按钮↕，可将画板排列成一列；"更改为从右到左的版面"按钮→，可按指定的行或列排列多个画板，但按照从右至左的顺序进行显示。

◆ 间距/列数：创建多个画板后，可以指定多个画板的默认间距和列数。

◆ 大小：在其下拉列表中可以选择系统提供的新建文件的尺寸，如A4或"法律文书"等；如果选择了"自定义"选项，则可以在下方的"宽度"和"高度"文本框中设置文件尺寸的大小。

◆ 单位：该选项用于设置文件所采用的单位，系统默认的单位为毫米。

◆ 宽度/高度：用于决定新建文件的宽度和高度值，可以在右侧的文本框中输入数值进行自定义设置。

◆ 取向：决定新建页面是竖向排列还是横向排列，单击🔲按钮代表竖向排列，单击🔲按钮代表横向排列。

◆ 出血：可指定画板每一侧的出血位置，若要对不同的侧面设置不同的值，需单击右侧的"锁定"按钮🔘。

◆ 颜色模式：可以设置新文档的颜色模式。

◆ 栅格效果：可为新文档的栅格效果设置分辨率。

◆ 预览模式：可为文档设置默认的预览模式。

◆ 使新建对象与像素网格对齐：选中该复选框后，在文档中创建图形时，对象将自动对齐到像素网格上。

2.1.2 通过模板新建文档

Illustrator中预设有许多模板，如信纸、名片、标签、证书、明信片和贺卡等。这些模板的内容和格式都是已经设计好的，用户通过预设的模板可以快速新建各种既美观又专业的文档，这样将最大限度地提高工作效率。其方法为：选择"文件"/"从模板新建"命令，打开"从模板新建"对话框，选择需要的模板文档，如图2-2所示。单击 新建(N) 按钮，即可创建一个与模板内容相同的新文件，如图2-3所示。

技巧秒杀

除了通过新建命令新建文件之外，还可按Ctrl+N快捷键打开"新建文档"对话框进行文档的创建。此外，单击该对话框中的 模板(T)... 按钮，还可打开"从模板新建"对话框，从模板新建文档。

图2-2　选择模板

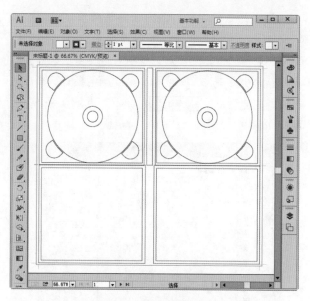

图2-3　新建的模板文档

2.2 打开和关闭文件

在Illustrator中，打开文件和关闭文件的方法有多种，也是最为基本的操作之一。用户要想对某个文件进行操作，需要先打开该文件，当完成操作后又需要关闭文件。

2.2.1 打开计算机中的文件

在Illustrator中，要打开一个文件，可选择"文件"/"打开"命令或按Ctrl+O快捷键，打开"打开"对话框，在其中找到要打开的文件并双击，或单击 打开 按钮即可将其打开，如图2-4所示。

技巧秒杀

在"打开"对话框的"所有格式"下拉列表框中可选择一种文件格式，可使当前对话框中只显示该格式的文件，方便用户快速查找并打开文件。

图2-4　打开文档

2.2.2 打开最近使用的文件

最近使用的文件是指用户最近编辑过的文档，其方法是：选择"文件"/"最近打开的文件"命令，在弹出的子菜单中显示了用户最近在Illustrator中打开过的10个文件，选择其中任意一个文件，即可在文档窗口中将其打开。

2.2.3 用Adobe Bridge打开文件

Adobe Bridge具有快速预览和管理文件的功能，使用它可以快速打开文件，还可以查看图像的附加信息和排列顺序等。

实例操作：用Adobe Bridge打开矢量文件

● 光盘\实例演示\第2章\用Adobe Bridge打开矢量文件

本例将启动Adobe Bridge，并在其中查找需要打开的文件，然后将其打开。

Step 1 ▶ 选择"文件"/"在Bridge中浏览"命令，打开Adobe Bridge对话框，如图2-5所示。

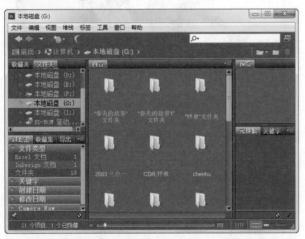

图2-5 Adobe Bridge对话框

Step 2 ▶ 在左侧的"文件夹"选项卡中选择文件存储

技巧秒杀

如果在"内容"选项卡中双击的是PSD、JPG、PNG和TIFF等格式的位图文件，那么，系统将会自动运行并启动Photoshop软件，并将其打开。

的位置，在中间的"内容"选项卡中双击要打开的文件，如图2-6所示。

图2-6 双击要打开的文件

Step 3 ▶ 此时，返回Illustrator CC工作界面，即可看到打开的图像效果，如图2-7所示。

图2-7 查看图像效果

技巧秒杀

Adobe Bridge 是 Adobe Creative Suite 的控制中心，可使用它来组织、浏览和寻找所需资源，用于创建供印刷、网站和移动设备使用的内容。也可以查看、搜索、排序、管理和处理图像文件。同时可以使用 Bridge 来创建新文件夹、对文件进行重命名、移动和删除操作、编辑元数据、旋转图像以及运行批处理命令。还可以查看有关从数码相机导入的文件和数据的信息。

2.2.4 关闭文件

在对绘制的图形或图像编辑完并保存后，可以将当前文件关闭来释放其占用的内存空间，从而提高计算机运行速度，常用关闭文件的方法有如下几种。

◆ 通过"文件"命令关闭：在Illustrator CC的工作界面中选择"文件"/"关闭"命令可关闭当前文件而不退出Illustrator CC程序。

◆ 通过"关闭"按钮关闭：通过功能区中控制窗口大小的按钮组，也可以关闭当前文件而不用退出Illustrator CC程序。其操作方法是，直接单击"关闭"按钮 ✕ 即可。

> **?答疑解惑：**
>
> 执行关闭文件命令后，弹出一个提示对话框，是什么原因？
>
> 如果在关闭文件前保存了文件，则文件立即消失；如果最后一次保存文件后又修改了文件，就会弹出一个提示框，询问在关闭文件前是否想保存更改。此时如果单击 否 按钮或按D键，那么自从最后一次保存文件以来对文件所做的更改都会丢失。单击 取消 按钮或按Esc键则可返回到工作界面，可继续编辑文件。

2.3 浏览图像

在Illustrator中绘制和编辑图形对象时，为了更好地观察和处理图像细节，经常需要放大或缩小视图、调整对象在窗口中的显示位置。此时，可通过缩放工具、"导航器"面板、抓手工具等不同的方法进行浏览，以满足用户的不同需求。

2.3.1 使用缩放工具查看图像

"缩放工具" 🔍 主要用来放大和缩小图像的显示比例，可将图像的一部分放大，又可以返回到标准视图。是大部分用户查看图像时最常采用的方式。

▓ 实例操作：调整窗口比例

● 光盘\实例演示\第2章\调整窗口比例

在Illustrator中以适合窗口大小的方式查看一幅图像时，使用合适的缩放倍率来观察图像的细节是对文件进行熟练操作的关键技能，下面将使用缩放工具的不同操作方法来观察图像的某个部分。

Step 1 ▶ 选择工具箱中的"缩放工具" 🔍，并将鼠标光标移动到图像窗口中，此时鼠标光标会呈放大镜显示，其内部还显示一个"+"字形，如图2-8所示。在图像任一位置单击，可将当前图像放大到下一倍率，且单击处将出现在屏幕中间，如图2-9所示。

图2-8　原始大小　　　图2-9　放大到下一倍率效果

Step 2 ▶ 此时，若要查看图像窗口中某个特定区域，可在需查看的图像周围单击并倾斜地拖动鼠标绘制出一个选取框，如图2-10所示。该区域的图像就会适应整个窗口大小进行显示，如图2-11所示。

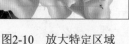

图2-10　放大特定区域　　　图2-11　查看放大效果

技巧秒杀

若在绘制过程中移动缩放选取框，可在开始绘制选取框但还没有松开鼠标时按住空格键，在释放空格键后，可继续拖动鼠标改变选项框的大小。

Step 3▶ 如果放大得太多，按住Alt键，可看到放大镜中的"+"变成了"-"形状，在图像中单击可将放大倍率减小，如图2-12所示。

图2-12 减小放大倍率

技巧秒杀

使用"缩放工具"🔍单击图像的不同区域可查看不同的图像位置。如单击图像的上、下、左、右边缘，可使没有单击的边缘因倍率增加而消失；单击图像右上角，将隐藏左下角的绝大部分图像；如果想渐进地查看图像的某个部分，可始终单击该区域。

2.3.2 使用命令查看图像

使用"视图"菜单中的缩放命令同样可以对图像进行缩放操作。"视图"菜单中包含了5种缩放方式，分别为放大、缩小、画板适合窗口大小、全部适合窗口大小和实际大小。下面分别对5种缩放方式进行介绍。

◆ **放大**：选择"视图"/"放大"命令，每次可放大一个倍率，直至放大到6400%。该命令默认是从视图中央开始放大。

◆ **缩小**：选择"视图"/"缩小"命令，每次可缩小一个倍率，直至缩小到3.13%。

◆ **画板适合窗口大小**：选择"视图"/"画板适合窗

口大小"命令，可立即改变图像放大倍率并使整个画板适合窗口大小且置于窗口中央。

◆ **全部适合窗口大小**：选择"视图"/"全部适合窗口大小"命令，可自动将视图调整为适合窗口的大小。

◆ **实际大小**：选择"视图"/"实际大小"命令，可将视图调整为100%的浏览方式。

2.3.3 通过"导航器"面板查看

如果窗口图像的放大倍率较大，一次看到的图像就越少，那么再使用缩放工具查看图像就不太便捷。此时，可通过"导航器"面板更加快速地查看整个图像以及图像的放大区域。

▣实例操作： 用"导航器"面板查看图像

● 光盘\实例演示\第2章\用"导航器"面板查看图像

在新建或打开一个图像时，通过"导航器"面板可查看当前图像的效果、缩放图像大小以及快速定位窗口的显示中心。

Step 1▶ 按Ctrl+Q快捷键，打开一个图像文件，如图2-13所示。选择"窗口"/"导航器"命令，打开"导航器"面板，如图2-14所示。

图2-13 打开图像　　图2-14 "导航器"面板

Step 2▶ 单击面板底部的"放大"按钮▲或"缩小"按钮△，图像即按预设的倍率放大或缩小。拖动两个按钮中间的滑块，如图2-15所示，则可调整图像的显示比例，如图2-16所示。

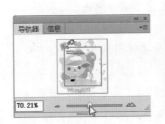

图2-15　拖动滑块放大图像　　图2-16　放大的图像效果

Step 3 ▶ 在"导航器"面板的对象缩览图上单击，如图2-17所示。可将单击的区域定位为视图的中心，如图2-18所示。

图2-17　单击鼠标　　　　图2-18　定位图像中心

💬 **知识解析：** "导航器"面板　……………

◆ **红色矩形框**：用于指示图像窗口中正在查看的区域。可以保持放大状态并拖动红色矩形框，移动到其他位置，可查看不同的图像区域。

◆ **弹出菜单**：单击面板右上角的 ▼≡ 按钮，在弹出的下拉菜单中选择"仅查看画板内容"命令，是指为画板在面板中设置了缩略图（若没有选择该命令，则缩略图将显示包括图像在内的所有对象）；选择"面板选项"命令，则可在打开的对话框中设置矩形框的颜色、阈值等参数。

◆ **"放大倍率"文本框**：位于面板左下角，在该文本框中可输入精确的放大倍率。

2.3.4　使用滚动条查看图像

有些图像在放大很多倍后，想查看的区域会超出窗口区，此时可使用图像窗口右侧和下方的滚动条来查看窗口区外的图像，如图2-19所示。

图2-19　使用滚动条查看图像

使用滚动条查看图像的方法有多种，分别介绍如下。

◆ **使用箭头**：单击滚动条上、下、左、右箭头，可使当前窗口中的图像下移一点、上移一点、右移一点和左移一点来显示并查看窗口区外的图像。

◆ **使用滑块**：向上、下、左、右拖动滑块，可根据拖动距离的大小按比例显示窗口区外的图像。

◆ **使用灰色区域**：单击滑块与箭头之间的灰色区域，将显示窗口区外的很大部分图像。

2.3.5　使用抓手工具查看图像

使用"抓手工具"🖑 可以任意方向滚动查看图像，包括斜向运动，没有纵向或横向移动的限制。当图像以较大倍率浏览时，使用抓手工具在窗口中找到画板非常快捷，放大倍率越高，使用抓手工具就越方便。其操作方法为：打开要查看的图像，在工具箱中选择"抓手工具"🖑 或按H键，将鼠标光标移动至图像中，此时，鼠标光标将变为🖑 形状，按住鼠标左键即可查看图像，如图2-20所示。如在图像的上方单击再向下拖动，将会使整个图像以一个窗口的高度向下滚动；在中间单击则可以拖动半个窗口的高度，如图2-21所示。

图2-20　定位鼠标　　　图2-21　查看图像

2.4　更改屏幕模式

在查看图像完成效果时，若图像的某些区域被界面中的面板或工具箱等遮住，会影响图像的显示效果。此时，可通过切换不同的屏幕模式来查看图像。同时，为了更方便地编辑图像，可在不同的模式下进行编辑。

2.4.1　切换屏幕模式

Illustrator中有3种不同的屏幕显示模式，单击工具箱底部的"更改屏幕模式"按钮 ，将弹出一组用于切换屏幕模式的命令，如图2-22所示，分别是正常屏幕模式、带有菜单栏的全屏模式和全屏模式，效果如图2-23~图2-25所示。用户可以按F键在各模式之间进行切换。

图2-22　屏幕模式

图2-24　带有菜单栏的全屏模式

图2-23　正常屏幕模式

图2-25　全屏模式

2.4.2 切换轮廓模式和预览模式

　　Illustrator CC中的图稿有两种显示模式，分别是预览模式和轮廓模式。要将当前文件中的图像切换为轮廓模式和预览模式，可选择"视图"/"轮廓"或"预览"命令，或按Ctrl+Y快捷键，快速在这两种模式之间进行切换。

　　在轮廓模式下，只能看到图形的轮廓线、边框，以及没有填色和描边的路径，如图2-26所示。其优点是屏幕刷新率快，且更容易选择被其他对象遮盖的图形和路径；如果要查看应用填色和描边路径后的图稿实际效果，则可切换到预览模式。其优点是在该框下可观察到对象打印出来的效果，如图2-27所示。

图2-28　叠印预览

图2-26　轮廓模式　　　　图2-27　预览模式

2.4.3 使用叠印预览

　　叠印是针对四色模式文件和印刷而言的，通俗地说，叠印就是图像最上面的颜色压到下面的颜色。

　　在Illustrator CC中绘制图像时，常会出现多个对象相互重叠，那么它们的颜色也是重叠的。因此，在打印这些图像时，上面的颜色可以遮挡或剔除掉下面的对象。其优点是防止两种不同的颜色在打印时中间出现白边，即补露白。如果要查看使用了叠印后的效果，选择"视图"/"叠印预览"命令即可，如图2-28所示。

2.4.4 使用像素预览

　　在Illustrator CC中，可以使用"像素预览"功能预览作品，以查看将其作为位图图像导出后的效果。启用"像素预览"显示模式之后，矢量笔画和填充会进行光栅化（变为位图图像），以便显示在屏幕上。因此，当放大某个路径时，其边缘将呈现位图化（像素化）。其启用方法为：选择"视图"/"像素预览"命令即可，像素预览模式下图像放大后的效果如图2-29所示。

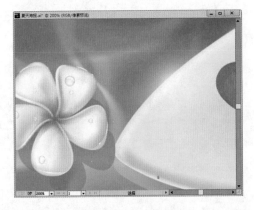

图2-29　像素预览

技巧秒杀

　　除了上述的几种视图模式外，在Illustrator CC中还可以自定义视图，其方法为：将文档按需要的样式进行设置，然后选择"视图"/"新建视图"命令，在打开的对话框中输入视图的名称，单击　确定　按钮，新建视图的名称即显示在"视图"菜单下方。

读书笔记

2.5 置入和导出文件

在Illustrator CC中打开或创建文档后，如果已经有一些较好的图像元素或作品，可通过置入的方式将其添加至当前文档中，就不必从无到有开始创作，以节省时间。且在完成作品创作后，还可将其导出为不同的文件格式，便于后期查看。

2.5.1 置入文件

在Illustrator CC中，可以置入多种类型的图像文件，包括位图和基于矢量的图像。

实例操作：制作生日卡片

- 光盘\素材\第2章\卡片\ ● 光盘\效果\第2章\生日卡片.ai
- 光盘\实例演示\第2章\制作生日卡片

本例将通过置入文件的方式为图像添加文字素材，制作生日卡片，效果如图2-30、图2-31所示。

图2-30　原图效果　　　　图2-31　最终效果

Step 1 ▶ 打开"卡通.ai"图像，然后选择"文件"/"置入"命令，打开"置入"对话框，选择happy birthday.ai图像，单击 置入(P) 按钮，如图2-32所示。

图2-32　打开"置入"对话框

Step 2 ▶ 按住鼠标左键拖动，图像将自动被置入当前图像中，如图2-33所示。然后按住Alt键不放，使用鼠标拖动置入图像四周的控制点，调整其大小并移动其位置，效果如图2-34所示。

图2-33　原图效果　　　　图2-34　最终效果

> **操作解谜**
>
> 在置入文件时，单击鼠标即可将文件按原大小置入到单击的位置；按住鼠标左键进行拖动可绘制置入文件的大小和位置。这里采用拖动鼠标的方法置入图像，是因为被置入对象比当前文档中的对象大，使用这种方法置入图像后更方便对图像进行编辑。

💬知识解析："置入"对话框 ·············

◆ **链接**：该复选框表示被置入的图形或图像文件与Illustrator文档是保持独立还是融合。如果选中该复选框，则被置入的文件保持独立，当链接的源文件被修改或编辑时，置入的链接文件也会自动修改并更新，最终形成的文件不会太大；如果取消选中该复选框，置入的文件会嵌入到Illustrator文档中，并且当链接的文件被编辑或修改时，置入的文件将不会自动更新，最终会形成一个较大的文件。

◆ **模板**：选中该复选框，可将置入的文件转换为模板文件。将置入的文件转换为模板时，将自动在"图层"面板中的模板图层上锁住，并使图像变为灰色。

◆ 替换：若当前文档中已经有一个置入的图像，并且处于选择状态，则"替换"选项可用，选择该选项后，新置入的对象会替换文档中被选择的图像。

◆ 显示导入选项：选中该复选框，可将置入的文件转换为模板文件。

式，单击 导出 按钮即可。

图2-35　导出文件

2.5.2　导出文件

通过Illustrator可导出到多种不同的文件格式，如TIFF、JPEG或者是PDF格式。其方法为：选择"文件"/"导出"命令，打开"导出"对话框，如图2-35所示。在"文件名"文本框中输入文件保存的名称，在"保存类型"下拉列表框中选择要导出的文件格

2.6　文档和画板设置

在Illustrator CC中创建或打开文档后，用户可根据自己的需要随时查看文档信息和更改文档的属性，如修改画板大小、颜色、透明度或文档颜色模式等参数。下面将对文档设置的方法分别进行介绍。

2.6.1　查看文档信息

选择"窗口"/"文档信息"命令，打开"文档信息"面板，即可查看到当前文档的所有信息，如名称、颜色模式、画板尺寸等，单击"文档信息"面板中的按钮，将弹出一个快捷菜单，选择其中的任一命令，可查看特定的信息，如图2-36所示。

图2-36　文档信息面板

💬知识解析：**"文档信息"快捷菜单** ………………●

◆ **仅所选对象**：表示仅查看与当前选择的对象有关的信息。

◆ **文档**：其中列出了颜色模式、颜色配置文件、标尺单位和画板尺寸等文档基本信息。

◆ **对象**：其中列出了路径、复合路径、渐变风格、符号实例、所有文字对象、点文字对象、剪切蒙版、不透明蒙版、透明对象等信息。

◆ **图形样式**：按名称列出了使用的图形样式。

◆ **画笔**：按名称列出了使用的画笔。

◆ **专色对象**：按名称列出已经应用了专色的所有对象。

◆ **图案对象**：按名称列出与图案有关的所有对象。

◆ **渐变对象**：按名称列出与渐变有关的所有对象。

◆ **字体**：列出了使用过的所有字体。

◆ **链接的图像**：按位置、名称、类型、每通道位数、通道、大小、尺寸和分辨率列出已链接的所有图像。

◆ **嵌入的图像**：按类型、每通道位数、通道、大小、尺寸和分辨率列出已嵌入的所有图像。

◆ **字体详细信息**：列出了PostScript名称、语言、字体类型等信息。

◆ **存储**：用于保存所有的文档信息。

▶ 技巧秒杀

除了可查看文档信息外，还可查看文件信息。选择"文件"/"文件信息"命令，打开"文件信息"对话框，其中有多个信息区域，可以在该对话框中输入想与文件一起保存的信息，如作者名和版权通知等。

2.6.2 修改文档基本参数

Illustrator文档基本参数包括画板的大小、出血、颜色、透明度和文字选项等属性，如果用户要对其进行修改，可选择"文件"/"文件设置"命令，打开"文档设置"对话框进行设置，完成后单击 确定 按钮，如图2-37所示。

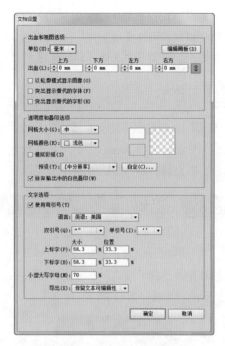

图2-37 "文档设置"对话框

💬知识解析：**"文档设置"对话框** ………………●

◆ **出血和视图选项**：该栏可设置画板的大小、出血位置、是否以轮廓模式显示文档中的图像，以及如果打开的文档中存在系统未安装的字体时，是否突出显示用于替代的字体和字形；在该栏中单击 编辑画板(D) 按钮，并按Enter键，在打开的"画板选项"对话框中可设置画板的名称、大小、位置和方向等。

◆ **透明度和叠印选项**：该栏可设置透明度网格的大小、颜色和分辨率等。如果要在彩纸上打印文档图像，选中 ☑模拟彩纸(S) 复选框，可模拟图像在彩色纸上的打印效果。

◆ **文字选项**：该栏可设置语言、引号样式、上标和下标字的位置和大小，以及文字导出的样式。

2.6.3 修改文档的颜色模式

在Illustrator中可供用户选择的颜色模式有CMYK颜色模式和RGB颜色模式（详情请参考1.2.4节），前者也称作印刷色彩模式，顾名思义就是用来印刷的；而后者是最基础的色彩模式（在计算机屏幕上显示的图像，就是以RGB模式显示）。如果用户想更改当前文档的颜色模式，可选择"文件"/"文档颜色模式"命令，在弹出的子菜单中选择一种颜色模式即可。

2.6.4 画板设置

"画板"功能类似于现实生活中的画板，也可将其想象成一张纸，在Illustrator中，画板是绘制图像的操作平台。下面将详细介绍画板的操作方法。

1. 认识"画板"面板

系统默认情况下，"画板"面板位于工作界面的右侧，用于存储、创建、复制或删除等画板管理工作。其方法是：选择"窗口"/"画板"命令，打开如图2-38所示的"画板"面板。

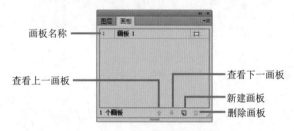

图2-38　"画板"面板

💬知识解析：　**"画板"面板** ··········●

◆ **画板名称**：显示了画板的名称，双击"画板1"，使其呈可编辑状态，输入新的名称，可为画板重命名。

◆ **"查看上一画板"按钮⬆/"查看下一画板"按钮⬇**：文档中有多个画板时，按钮呈可用状态。分别单击这两个按钮可重新排序画板。需注意的是，重新排序"画板"面板中的画板不会重新排序工作区域中的画板。

◆ **新建画板**：单击🔲按钮，可添加一个新的画板。

◆ **删除画板**：单击🗑按钮，可将选择的画板删除（按住Shift键单击"画板"面板中列出的画板，可选择多个画板）。

2. 创建画板

要在画板中绘制图像，首先需要创建画板，

Illustrator中创建画板的方法有多种，分别介绍如下。

◆ **创建自定画板**：选择"画板工具"🔲，并在工作区内拖动鼠标以定义画板形状、大小和位置，如图2-39所示。

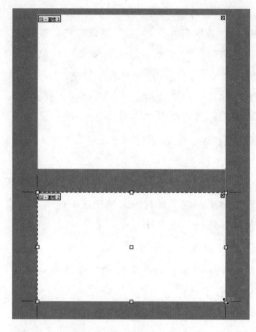

图2-39　创建自定画板

◆ **使用预设画板**：使用鼠标双击"画板工具"按钮🔲，打开"画板选项"对话框。在其中选择一个预设，然后单击 确定 按钮。拖动画板以将其放在所需的位置。

◆ **在现用画板中创建画板**：按住Shift键并使用"画板工具"🔲拖动，如图2-40所示。

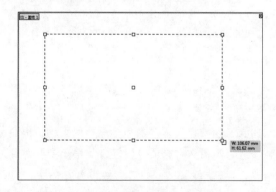

图2-40　在现用画板中创建画板

◆ 复制现有画板：选择"画板工具" ，单击以选择要复制的画板，并单击工具属性栏中的"新建画板"按钮；然后单击放置复制画板的位置。要创建多个复制画板，可按住 Alt 键单击多次直到获得所需的数量。或者使用"画板工具"，按住 Alt 键（Windows）或 Option 键（Mac OS）拖动要复制的画板。

◆ 复制带内容的画板：选择"画板工具"，单击工具属性栏中"移动/复制带画板的图稿"按钮，按住 Alt 键（Windows）或 Option 键（Mac OS），拖动鼠标即可。

3. 编辑画板

可以为文档创建多个画板，但每次只能有一个画板处于现用状态。定义了多个画板时，可以通过选择画板工具来查看所有画板。每个画板都进行了编号以便于引用。用户可以随时编辑或删除画板，并且可以在每次打印或导出时指定不同的画板。

（1）选择画板

选择"画板工具"，然后单击工作区中的画板，或在按住 Alt 键的同时，按箭头键即可选择画板。

（2）移动画板

移动画板通常有两种情况，一种是移动画板及内容，另一种是移动画板但不移动内容。下面将分别进行介绍。

◆ 移动画板及其内容：选择画板，单击工具属性栏中的"移动/复制带画板的图稿"按钮，然后将鼠标光标置于画板中并拖动。或者，在工具属性栏中指定新的X和Y值。

◆ 移动画板但不移动其内容：选择画板，单击取消选择工具属性栏中的"移动/复制带画板的图稿"按钮，然后将鼠标光标置于画板中并拖动。或者，在工具属性栏中指定新的X和Y值。

（3）重新排列画板

若要适合视图中的全部画板，可以使用"按行设置网格""按列设置网格""按行排列"和"按列排列"选项重新排列画板。其方法为：单击"画板"面板右上角的 按钮，在弹出的下拉菜单中选择"重新排列画板"命令，如图2-41所示。打开"重新排列画板"对话框，在其中进行相应设置后，单击 确定 按钮即可，如图2-42所示。

图2-41　"画板"面板　　　图2-42　重新排列画板

技巧秒杀

"重新排列画板"对话框中的各项参数与"新建文档"对话框中的个别参数相似，这里不再赘述。

（4）设置画板大小、方向和位置

在Illustrator中，若要重新设置画板的大小、方向和位置等，可双击"画板工具"按钮或单击工具属性栏中的"画板选项"按钮，可打开"画板选项"对话框，在其中设置画板大小、方向和位置等参数后，单击 确定 按钮即可，如图2-43所示。

图2-43　"画板选项"对话框

💬 **知识解析："画板选项"对话框** ·············•

◆ 预设：指定画板尺寸。这些预设为指定输出设置了相应的视频标尺像素长宽比。

◆ 宽度和高度：指定画板大小。

◆ 方向：指定横向或纵向页面方向。

◆ 约束比例：如果手动调整画板大小，可保持画板长宽比不变。

◆ X/Y：根据 Illustrator 工作区标尺指定画板位置。要查看这些标尺，可选择"视图"/"显示标尺"命令。

◆ 显示中心标记：在画板中心显示一个点。

◆ 显示十字线：显示通过画板每条边中心的十字线。

◆ 显示视频安全区域：显示参考线，这些参考线表示位于可查看的视频区域内的区域。需要将用户必须能够查看的所有文本和图稿都放在视频安全区域内。

◆ 视频标尺像素长宽比：指定用于视频标尺的像素长宽比。

◆ 渐隐画板之外的区域：当画板工具处于现用状态时，显示的画板之外的区域比画板内的区域暗。

◆ 拖动时更新：在拖动画板以调整其大小时，使画板之外的区域变暗。如果未选中此复选框，则在调整画板大小时，画板外部区域与内部区域显示的颜色相同。

◆ 画板：提示存在的画板数量。

技巧秒杀

在"画板工具" ▣ 的工具属性栏中，同样可对画板进行一系列的设置，例如，新建、删除、移动、复制、位置、方向、高度、宽度和画板重命名等设置。

（5）自定画板名称

在画板编辑模式下，还可以为每个画板自定名称。其方法为：选择画板，然后在工具属性栏的"名称"文本框中输入新的画板名称，或在"画板选项"对话框的"名称"文本框中输入自定义的名称，完成后单击 确定 按钮即可。此时，新画板名称将出现在画板的左上角。自定义的名称也将显示在"画板导航"字段和文档状态区域旁边的下拉菜单中，如图2-44所示。

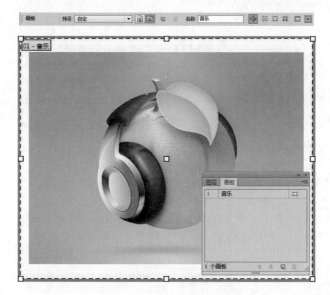

图2-44　自定画板名称后的效果

技巧秒杀

如果为画板指定了自定义的名称，在将画板特定文件保存为所有格式时，这些名称将作为后缀添加到文件名中。此外，画板若要返回到默认名称，可在工具属性栏中的"名称"字段中清除画板名称。

2.7 存储文件

完成对图像的编辑后，可通过不同的方法将文档中的图像保存到计算机中，也可将图像存储为需要的文件格式，下面将分别进行介绍。

2.7.1 使用"存储"命令

图像编辑完成后，为了方便以后使用和随时调用该图像，可将图像存储。其方法为：选择"文件"/"存储"命令或按Ctrl+S快捷键即可。如果以前保存过该文件，那么将以原有的格式保存，并用已完成的修改来更新现有的文件；如果还未进行保存，执行"保存"命令后，将会打开"存储为"对话框。

2.7.2 使用"存储为"命令

为了避免因直接修改原文件错误而导致重要图像丢失，可以对重要的文件进行"备份"操作，也就是将文档以"存储为"方式保存在计算机中，同时也可对其进行重命名，这样可保证原文件的内容不被覆盖。

其方法为：选择"文件"/"存储"命令，打开"存储为"对话框，在左侧的列表中选择文件存储的位置，在"文件名"和"保存类型"下拉列表框中输入文件的名称和保存类型后单击 保存(S) 按钮即可，如图2-45所示。

图2-45 "存储为"对话框

💬知识解析： **"存储为"对话框** ·················●

◆ 文件名：用来设置文件的保存的名称，默认情况下显示为"未标题-1""未标题-2"。

◆ 保存类型：在该下拉列表框中可选择文件保存的格式。包括Adobe Illustrator（AI）、Illustrator EPS（EPS）、

Illustrator 模板（AIT）、Adobe PDF（PDF）、SVG压缩（SVGZ）和SVG（SVG）。

▷ 技巧秒杀

在"保存类型"下拉列表框中选择AI、PDF、EPS和SVG格式保存文件时，可保留所有Illustrator数据。如果用户想将文件以其他格式保存，以供其他程序使用，可使用"导出"命令。

2.7.3 使用"存储副本"命令

使用"存储副本"命令保存文件，可保存当前状态下文档的一个相同的副本，而不影响文档及其名称，且下一次保存文件时，系统会自动将更改保存到原始文件，副本不受任何更改的影响。其方法为：选择"文件"/"存储副本"命令或按Ctrl+Alt+S快捷键，打开"存储副本"对话框设置即可，如图2-46所示。

图2-46 "存储副本"对话框

2.7.4 存储为模板

将文件存储为模板的方法与保存文件的方法相似，选择"文件"/"保存为模板"命令，在打开的对话框进行设置后，单击 确定 按钮即可将当前文档保存为模板文档。以后若想使用该模板文档，可选择"文件"/"从模板新建"命令，在打开的对话框中选择该模板新建。

2.7.5 存储为其他格式文件

选择"文件"/"存储为Microsoft Office 所用格式"命令，可将当前文档中的图像保存为能在Microsoft Office应用程序中使用的PNG格式文件。此外，也可以选择"文件"/"存储为Web和设备所用格式"命令，将图稿存储为PNG格式。

2.8 辅助工具

在图像处理过程中，利用辅助工具可以使处理的图像更加精确，辅助工具主要包括标尺、参考线和网格等，下面将分别进行介绍。

2.8.1 使用标尺

选择"视图"/"显示/隐藏标尺"命令或按Ctrl+R快捷键，可在标尺的开启和关闭之间切换。开启标尺后，在窗口顶部和左侧分别显示水平和垂直标尺，如图2-47所示。

图2-47　显示标尺

此外，可根据设计需要更改标尺原点的位置，其方法为：将鼠标光标移动到左上角的"0"原点处，然后按住鼠标左键拖动，画板中将显示一个十字线，如图2-48所示。拖曳到合适的位置后释放鼠标，该处便成为新的原点（表示为0），如图2-49所示。

图2-48　更改标尺原点　　　　图2-49　新原点

> **技巧秒杀**
>
> 默认情况下，标尺的单位为"毫米"，若想修改标尺单位，可在标尺上右击，在弹出的快捷菜单中选择要更改标尺的单位。或选择"编辑"/"首选项"/"单位"命令，在打开的"首选项"对话框中进行相应设置即可。

2.8.2 使用网格

网格的主要用途是用来查看图像的透视关系，并辅助其他操作来纠正错误的透视关系，对对称布局对象作用很大。其方法为：打开一个图像，如图2-50所示。选择"视图"菜单下方对应的网格命令即可,如图2-51所示。

图2-50　原图效果　　图2-51　使用网格效果

"视图"菜单下方对应的网格命令分别是"显示透明度网格""透视网格""显示网格""对齐网格"和"对齐点"5个命令,当显示网格时,"显示网格"命令将变为"隐藏网格"命令,如图2-52所示。

图2-52　"视图"菜单中的网格命令

知识解析:"网格"命令的作用

◆ 显示透明度网格:选择该命令后,画板背后将显示透明网格。此时,可清晰地查看到图像的透明效果,如图2-53所示。

◆ 透视网格:选择该命令,在弹出的子菜单中选择相应的命令,可显示透视网格以及对齐和锁定网格,如图2-54所示为显示透视网格的效果。

图2-53　显示透明度网格　　图2-54　显示透视网格

◆ 显示网格:选择该命令或按Ctrl+"快捷键,将开启

网格。

◆ 隐藏网格:开启网格后选择该命令或按Ctrl+"快捷键,将关闭网格。

◆ 对齐网格:选择该命令或按Ctrl+Shift+"组合键,可将对象对齐到最近的网格。

◆ 对齐点:选择该命令或按Ctrl+Alt+"组合键,可将被拖动的对象对齐到另一对象的点(拖动时如果在另一个点的正上方,鼠标光标将由黑色变为白色)。

技巧秒杀

选择"编辑"/"首选项"/"参考线和网格"命令,在打开的"首选项"对话框中可设置网格线的间距、样式和颜色,以及网格是否显示在对象的前面或后面。

2.8.3　使用参考线

参考线是浮动在图像上的一些虚线和实线,一般分为水平参考线和垂直参考线,用于给用户提供位置参考、对齐文本和图形对象。参考线不会被打印出来,且可与作品一起保存。

实例操作:使用参考线制作六面体图标

● 光盘\效果\第2章\六面体.ai
● 光盘\实例演示\第2章\使用参考线制作六面体图标

六面体的作品看起来十分简单,但是想制作出比较规矩的六面体还需要借助参考线,本例将运用Illustrator中的参考线制作严谨六面体图标,效果如图2-55所示。

图2-55　最终效果

Step 1 ▶ 启动Illustrator，并按Ctrl+N快捷键新建一个15cm×12cm的空白文件。选择"矩形工具" ▢，按住Shift键在画板中绘制一个正方形，如图2-56所示。单击工具属性栏"样式"右侧的下拉按钮 ▾ ，在弹出的下拉列表中选择"金属金"选项，如图2-57所示。

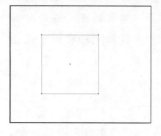

图2-56　绘制矩形　　　　　图2-57　选择样式

Step 2 ▶ 使用鼠标单击矩形，填充矩形，然后按Ctrl+R快捷键打开标尺，从水平标尺区拖曳出一条参考线，如图2-58所示。在参考线上右击，在弹出的快捷菜单中取消选中"锁定参考线"命令，如图2-59所示。

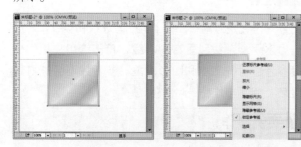
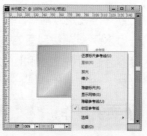

图2-58　绘制矩形　　　　　图2-59　选择样式

操作解谜　这里取消选中"锁定参考线"命令是为了激活参考线，否则后面不能对参考线进行编辑。打开或关闭锁定参考线，还可以按Ctrl+Alt+;组合键进行切换。

Step 3 ▶ 选中参考线，并按Shift+F8快捷键，打开"变换"面板，设置"旋转"为30°，按Enter键确认，如图2-60所示。再按Ctrl+C快捷键复制参考线，然后按Ctrl+V快捷键进行粘贴，得到如图2-61所示的效果。

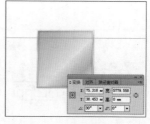
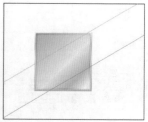

图2-60　旋转参考线　　　　图2-61　复制参考线

Step 4 ▶ 选择矩形图形，在按住Shift键的同时将其旋转45°，变形为菱形，如图2-62所示。同时选择并移动参考线，将其分别放置在菱形左右顶点上，再按Ctrl+Alt+;组合键锁定参考线，如图2-63所示。

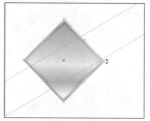
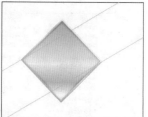

图2-62　旋转矩形　　　　　图2-63　移动并锁定参考线

技巧秒杀

为了进一步校准参考线是否对齐菱形角点，可按Ctrl+Y快捷键切换到轮廓视图，也可多次按Ctrl++快捷键放大视图查看交差点的情况。

Step 5 ▶ 按Ctrl+U快捷键打开智能参考线，再次从标尺中拖动一条参考线至菱形中间位置，如图2-64所示。再使用"直接选择工具" ▷ 分别选中菱形上、下两点，竖直拖动到与参考线相交的位置，如图2-65所示。

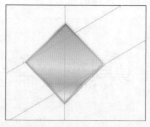

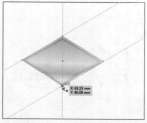

图2-64　旋转矩形　　　　　图2-65　移动并锁定参考线

Step 6 ▶ 按Ctrl+C快捷键复制调整过的菱形，再按Ctrl+V快捷键粘贴，并利用设置好的参考线以及智能参考线，拖动复制的菱形至节点，如图2-66、图2-67所示位置。

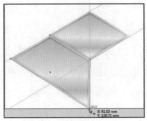
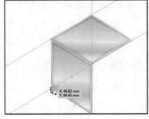

图2-66　复制菱形　　　　图2-67　调整节点

Step 7 ▶ 使用相同的方法再复制两个菱形，并调整菱形的节点和位置，效果如图2-68所示。再分别选择菱形，在工具属性栏中设置各个菱形的不透明度，顶层为60、左侧为80、右侧为100、底层为10，如图2-69所示。

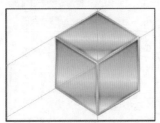
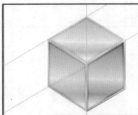

图2-68　复制菱形　　　　图2-69　调整节点

技巧秒杀

若想快速选择多条参考线，可使用鼠标拖出一个选取框或按Shift键单击进行选择。也可选确认参考线未被锁定，然后选择"选择"/"全选"命令或按Ctrl+A快捷键；若想快速删除参考线，可选择"视图"/"参考线"/"清除参考线"命令。

Step 8 ▶ 在参考线上右击，在弹出的快捷菜单中选择"隐藏参考线"命令，如图2-70所示。在工具箱中选择"文字工具" **T**，将鼠标光标定位于右侧菱形中，输入Ai，并在工具属性栏中设置颜色为"白色"、字体为"微软雅黑"，字号为100，效果如图2-71所示。

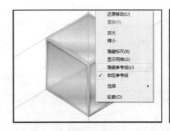
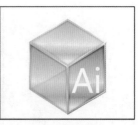

图2-70　隐藏参考线　　　　图2-71　输入文字

Step 9 ▶ 选择"效果"/"扭曲和变换"/"自由扭曲"命令，打开"自由扭曲"对话框，在其中拖动文字右侧的两个节点至如图2-72所示的位置。单击 **确定** 按钮，返回工作区，可看到字体扭曲后的效果，如图2-73所示。

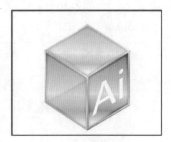

图2-72　调整字体　　　　图2-73　最终效果

2.8.4　使用智能参考线

智能参考线与参考线的作用和操作方法相似，可以更精确地辅助用户创建形状、对齐对象，以及编辑和变换对象。

▓ 实例操作：使用智能参考线制作拼图

● 光盘\素材\第2章\拼图\　　● 光盘\效果\第2章\拼图.ai
● 光盘\实例演示\第2章\使用智能参考线制作拼图

　　本例将使用智能参考线进行图像对齐和编辑，以制作拼图效果。

Step 1 ▶ 启动Illustrator，并按Ctrl+N快捷键新建一个2100×2100像素的空白文件，如图2-74所示，并打开素材文件"拼图1.ai""拼图2.eps""拼图3.ai"。将打开的素材图像拖动至新建的文件中，如图2-75所示。

图2-74　新建图像

图2-75　添加素材图像

Step 2 ▶ 选择"视图"/"智能参考线"命令，启用智能参考线，并使用"选择工具" ▶ 拖动对象，将显示智能参考线，此时，可使用鼠标光标对齐到参考线上，如图2-76所示。使用相同方法选择并移动"拼图3.ai"至右上角位置，如图2-77所示。

图2-76　查看参考线

图2-77　移动图像

技巧秒杀

选择图像后，将鼠标光标置于定界框外，单击并拖动鼠标旋转对象，此时，也可显示智能参考线和旋转角度，可根据参考线进行对象旋转。

Step 3 ▶ 选择中间的黄色对象，并按住Alt键，按住鼠标左键不放将其移动至如图2-78所示的位置。再使用相同的方法多次复制并移动其他对象，完成后的效果如图2-79所示。

图2-78　复制并移动对象

图2-79　最终效果

2.8.5 使用度量工具

使用"度量工具" ▭ 可检查对象之间的准确性或检查对象的大小，在Illustrator中要想获得精准度量的最快方法就是使用度量工具。

其方法为：打开需要度量的图像，单击并按住"吸管工具" ✏，在弹出的工具列表中选择"度量工具" ▭，如图2-80所示。将鼠标光标置于测量位置的起始点，单击并拖动鼠标至结束测量的终点，此时，将自动打开"信息"面板，其中显示了X和Y轴的水平和垂直、绝对水平和垂直距离、总距离和测量的角度值，如图2-81所示。

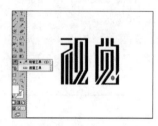

图2-80　选择度量工具

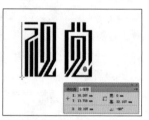

图2-81　测量文字高度

技巧秒杀

在按住Shift键的同时拖动鼠标测量对象，可将工具限制为45°的倍数。

读书笔记

知识大爆炸
——Illustrator的相关知识

1. 怎样添加文档的背景

新建Illustrator文档后，用户所看到的白色画板背景实际意义上不算背景，它与Photoshop不同，Illustrator中的白色画板只是为了让用户作画方便，其实它是透明的。如果用户尝试使用Photoshop打开Illustrator文件，就会发现背景是透明的，即是没有背景的。如果想在Illustrator中添加背景，可以绘制一个和画板相同大小的矩形并填充颜色，然后置于最底层，即可将其作为背景。而至于用户常说的背景透明，Illustrator文件本身就是分层文件，背景就是透明的，或导出为支持透明的PNG、GIF这两种文件格式即可。

2. Illustrator高手应该掌握哪些知识

Illustrator工具，面板总结归纳，徒手绘制人物，卡漫，角色创意等。

Illustrator在装饰绘画中的运用及实例。

Illustrator制作产品实体及企业标志创意。

Illustrator高级排版，海报制作技巧及实例。

Illustrator各种印刷品制作技巧。

Illustrator在CI策划中的应用技巧。

Illustrator与Photoshop的结合使用及各种网页按钮的制作技巧。

读书笔记

常用 绘图 工具

本章导读 ●

掌握了前面的知识,现在可开始学习常用的绘图方法。系统为用户提供了多种绘图工具,主要包括钢笔工具、铅笔工具、直线段工具、弧线工具、螺旋线工具、矩形网格工具、极坐标网格工具、矩形工具、圆角矩形工具、椭圆工具、多边形工具和星形工具等。下面将从线的绘制和面的绘制两个方面入手,详细地对每一个绘图工具的使用方法以及其相应参数设置进行详细讲解。

3.1 了解路径

在Illustrator中，路径是最基本的元素，绘制图形时出现的线段即称为路径。路径可以是由一系列的点与点之间的直线段、曲线段所构成的矢量线条，也可以是一个完整的由多个矢量线条构成的几何图形对象。下面将对路径进行详细介绍。

3.1.1 路径的类型

在Illustrator中，使用"钢笔工具" 🖊、"矩形工具" ▢、"椭圆工具" ◯、"多边形工具" ⬡、"星形工具" ☆、"直线段工具" ╱、"网格工具" ▦、"画笔工具" ✐ 和"铅笔工具" ✐ 等都可以绘制路径。路径可分为开放路径、闭合路径和复合路径3种类型，下面分别进行介绍。

◆ **开放路径**：指路径线条的起点与终点并没有重合，如直线、弧线和螺旋线等，如图3-1所示。可为开放路径的轮廓描边，可设置路径宽度、颜色和线条样式等，如图3-2所示。

图3-1　开放路径　　　图3-2　设置线型和颜色

◆ **闭合路径**：指路径线条的起点与终点重合在一起，如矩形、圆形、多边形或五角星等，如图3-3所示。可对闭合的路径填充颜色、渐变和图案等，如图3-4所示。

图3-3　闭合路径　　　图3-4　填充样式后的效果

◆ **复合路径**：即两个或多个开放路径和闭合路径组合的路径，如图3-5所示。

图3-5　复合路径

3.1.2 锚点

从图3-1可以看出，路径包含了一系列的点及点之间的线段。这些点用于锚定路径，所以被称为锚点，路径总是穿过锚点或在锚点开始与结束。锚点分为平滑点、直角点、曲线角点、对称角点和复合角点，下面分别进行介绍。

◆ **平滑点**：平滑点两侧有两条趋于直线平衡的方向线，修改一端方向点的方向对另一端方向点有影响。修改一端方向线的长度对另一端方向线没有影响，如图3-6所示。

◆ **直角点**：直角点两侧没有控制柄和方向点，常被用于线段的直角表现上，如图3-7所示。

◆ **曲线角点**：该角点两侧有控制柄和方向点，但两侧的控制柄与方向点是相互独立的，即单独控制其中一侧的控制柄与方向点，不会对另一侧的控制柄与方向点产生影响。

◆ **对称角点**：该角点两侧有控制柄和方向点，但两侧的控制柄与方向点是相同的，即单独控制其中一侧的控制柄与方向点，会对另一侧的控制柄与方向点产生影响。

◆ **复合角点**：该角点只有一侧有控制柄和方向点，常用于直线与曲线连接的位置，或直线与直线连接的位置，如图3-8所示。

图3-6　平滑点　　　图3-7　直角点　　　图3-8　复合角点

3.1.3 控制线和控制点

当选择一个锚点后，将会在锚点上显示一到两条控制线，控制线端点处是控制点，如图3-9所示。拖动控制点可调整控制线的角度，从而修改与之关联的线段的形状和曲线，如图3-10所示。

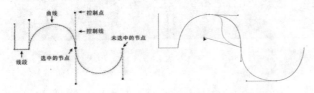

图3-9　认识路径　　　图3-10　拖动控制点

> **技巧秒杀**
>
> 使用钢笔工具绘制的曲线路径也称为贝塞尔曲线，该曲线由法国数学家PierreBézier所发现。钢笔工具是用来"画线"造型的一种专业工具，其出现为计算机矢量图形学奠定了基础。被广泛地应用于图形图像软件，如Photoshop、CorelDRAW、Fireworks、Illustrator等多个领域。

3.2　常用的路径绘图工具

　　钢笔工具和铅笔工具是最基本的路径绘制工具，运用它们可以绘制出各种形状的直线和平滑流畅的曲线路径，既可以创建复杂的形状，也可以在绘制路径的过程中对路径进行简单的编辑。

3.2.1　钢笔工具

　　"钢笔工具" 是Illustrator中最重要的绘图工具，使用它可以绘制直线和任意曲线路径，从而制作出各种类型的图形，但需注意的是，若想熟练使用钢笔工具，需要多加练习。

> **实例操作：使用钢笔工具绘制卡通人物**
>
> ● 光盘\效果\第3章\卡通.ai
> ● 光盘\实例演示\第3章\使用钢笔工具绘制卡通人物
>
> 　　在动漫影视作品中，可看到许多不同类形的卡通人物。其实通过Illustrator就可以将喜欢的卡通角色绘制出来，下面将使用钢笔工具绘制作一个卡通人物，如图3-11所示。

图3-11　卡通人物效果

Step 1 ▶ 按Ctrl+N快捷键新建一个15cm×10cm的文档，在工具箱中选择"钢笔工具" ，在画板中单击定位锚点，开始绘制卡通人物衣服的轮廓。再依次定位锚点，同时按住鼠标左键不放进行拖动，绘制曲线路径，如图3-12所示。当绘制到尾巴时，直接单击鼠标创建直线，如图3-13所示。

图3-12　绘制衣服轮廓　　　图3-13　绘制尾巴

> **技巧秒杀**
>
> 　　按住Shift键的同时单击鼠标，可将直线的角度限制为45°的倍数。

Step 2 ▶ 使用与第1步的相同方法继续绘制卡通轮廓，若要封闭路径，将鼠标光标置于第一个锚点上，鼠标光标将变为 形状，单击即可闭合路径，如图3-14所示。使用"选择工具" 选择路径，在工具箱中将填充色设置为"黄色，#EFCC60"，在路径工具属性栏中设置"描边"为1pt，如图3-15

所示。

图3-14 闭合路径　　　　　　　　图3-15 填充颜色

Step 3 ▶ 在轮廓中继续绘制路径，并填充颜色为"黄色，#EBB84D"，"描边"为1pt，如图3-16所示。在图形上方继续绘制卡通人物的头发和脸，将颜色分别填充为"黄色，#DCBB77"和"白色"，"描边"都为0.25pt，如图3-17所示。

图3-16 闭合路径　　　　　　　　图3-17 填充颜色

?答疑解惑：

　　在绘制路径的过程中，如果绘制的曲线不平滑，应该怎样进行调整？

　　如果曲线路径不平滑，可使用"直接选择工具" 单击路径上的锚点，此时将出现控制线和控制点。将鼠标光标放在控制点上，单击并拖动鼠标可调整控制线的方向、角度和弧度；同时，会调整该锚点两侧的路径段，若只需移动某一侧的路径段，可选择"转换锚点工具" 来调整锚点中的一个控制点。

Step 4 ▶ 选择"椭圆工具" ，在头发下方拖动鼠标依次绘制3个圆形，制作眼睛，并分别填充颜色为"深红色，#8C4422"和"白色"，如图3-18所示。按住Shift键依次单击3个圆形进行选择，在按住Alt键的同时，使用鼠标将其向右侧拖动进行复制，如图3-19所示。

图3-18 绘制眼睛　　　　　图3-19 复制对象

Step 5 ▶ 使用"钢笔工具" 绘制卡通人物的嘴巴，并将颜色填充为"粉红色，#F09269"，"描边"为0.25pt，如图3-20所示。使用第4~5步的方法绘制如图3-21所示的图形效果。

图3-20 闭合路径　　　　　图3-21 填充颜色

Step 6 ▶ 使用"钢笔工具" 继续绘制如图3-22和图3-23所示的卡通人物的脖子、手、睫毛和脚等细节部分，并为其填充颜色和描边。

图3-22 闭合路径　　　　　图3-23 填充颜色

技巧秒杀

　　使用钢笔工具绘制一条曲线后，将鼠标光标定位于路径的端点上，钢笔工具旁将出现一个转换点图标 ，这时单击端点锚点，可将平滑点转换为角点，然后在其他位置单击鼠标，即可在曲线路径后绘制直线路径。

💬**知识解析：路径工具属性栏** ⋯⋯⋯⋯⋯⋯

◆ **填色**：单击右侧的下拉按钮⊡，在弹出的列表框中选择相应颜色，可为路径填充颜色。

◆ **描边颜色**：单击右侧的下拉按钮⊡，在弹出的列表框中选择相应颜色，可为路径描边并填充颜色。

◆ **描边粗细**：为路径设置描边颜色后，该选项呈可用状态。在该下拉列表中可设置路径线的宽度。

◆ **变量宽度**：在该下拉列表框中可设置路径的线型。

◆ **画笔定义**：在该下拉列表框中，可将路径自定义为新的画笔样式。

◆ **不透明度**：在该数值框中输入相应数值，可设置路径的不透明度。

◆ **样式**：在该下拉列表框中可设置路径样式和为路径填充样式。

◆ **重新着色图稿**：单击⊙按钮，在打开的对话框中可为路径图稿重新添加颜色。

◆ **对齐所选对象**：单击⊠⊡按钮，可将选择的多个路径对象进行对齐。

◆ **变换面板**：单击该超链接，在打开的面板中可设置对象的高度、宽度、旋转角度和倾斜角度。

◆ **隔离选中的对象**：单击⊠按钮，图稿中选中的路径或对象将被隔离出来，隔离的对象以全色显示，而图稿的其余对象则会变暗，呈不可编辑状态。

◆ **选择类似的对象**：单击⊞按钮，可将图稿中相似的对象选中。

3.2.2 铅笔工具

若要绘制比较随意的线条，可使用"铅笔工具"✐，该工具的绘画方式与使用真实铅笔大致相同。其方法为：选择工具箱中的"铅笔工具"✐，在

▶ **技巧秒杀**

在工具箱中按住"铅笔工具"✐不放，在弹出的工具列表中选择"平滑工具"✐，可使绘制的路径更平滑；选择"路径橡皮擦工具"✐，则可擦除路径。

画板中单击并拖动鼠标可绘制线条，如图3-24所示。

图3-24 使用铅笔工具绘制图形

此外，如果双击"铅笔工具"✐，将打开"铅笔工具选项"对话框，如图3-25所示。在该对话框中可设置铅笔工具绘图时锚点的数量、路径的长度等。

图3-25 "铅笔工具选项"对话框

💬**知识解析："铅笔工具选项"对话框** ⋯⋯⋯⋯

◆ **保真度**：可设置将鼠标光标移动多大距离才会向路径添加新锚点，该值越大，路径越平滑，锚点复杂度越低；反之，值越小，路径越接近鼠标运行的轨迹，但会生成更多的锚点，以及更尖锐的角度。

◆ **平滑度**：可控制使用工具时所应用的平滑量，范围从0%～100%，值越大，路径越平滑；该值越小，生成的锚点越多，路径也更不规则。

◆ **填充新铅笔描边**：对新绘制的路径填充颜色。

◆ **保持选定**：选中该复选框，当绘制完路径后，路径自动呈选中状态。

◆ **编辑所选路径**：选中该复选框，可使用"铅笔工具"✐编辑所选择的路径；取消选中时，则不能编辑。

◆ **范围**：用于设置鼠标光标与当前路径所保持多少距离，才能使用铅笔工具编辑路径。注意，该选项仅在选中了 ☑编辑所选路径(E) 复选框后才可用。

◆ **重置**：单击该按钮，可将当前的所有设置清除，然后进行重新设置。

3.3 线型绘图工具

前面已学习了如何使用钢笔工具和铅笔工具这两种较难掌握的创建线型路径工具，下面将了解几种较简单的线型绘图工具，包括直线段工具、弧线工具、螺旋线工具和网格工具等。

3.3.1 直线段工具

"直线段工具" ✐ 可用来绘制各种方向的直线。其使用方法非常简单，选择工具箱中的"直线段工具" ✐，在画板中按住鼠标左键不放并拖动鼠标到需要的位置，然后释放鼠标，即可绘制一条任意角度的直线，如图3-26所示。

如果要绘制精确的线段，可在画板中单击鼠标，将打开如图3-27所示的"直线段工具选项"对话框。在对话框中设置相应的参数后，单击 [确定] 按钮即可精确角度或长度绘制线段，如图3-28所示。

图3-26 绘制直线　图3-27 对话框　图3-28 绘制斜线

💬 知识解析：　**"直线段工具选项"对话框** ....•

◆ 长度：在该文本框中输入数值，再单击 [确定] 按钮后可以精确地绘制出一条线段。

◆ 角度：在该栏中可以设置不同的角度，按照定义的角度在页面中绘制线段。

◆ 线段填色：选中该复选框，当绘制的线段改为折线或曲线后将以设置的前景色填充。

▶ **技巧秒杀**

绘制线段时，按住Alt键，可以绘制由鼠标按下的点为中心向两边延伸的线段。按住Shift键，可以绘制角度为45°或与45°角成倍数的直线。

3.3.2 弧线工具

"弧线工具" ⌒ 可用来绘制弧线，选择工具箱

中的"弧线工具" ⌒，在画板中按住鼠标左键不放并拖动鼠标到需要的位置释放鼠标，即可绘制一条弧线，如图3-29所示。

如果要绘制精确的弧线，可以在画板中单击鼠标，将打开如图3-30所示的"弧线段工具选项"对话框，在对话框中设置相应的参数后，单击 [确定] 按钮即可精确绘制弧线，如图3-31所示。

图3-29 绘制弧线

图3-30 对话框　　　　图3-31 精确绘制

💬 知识解析：　**"弧线段工具选项"对话框** ....•

◆ X轴长度：在其中输入数值，可以按照所输入的X轴长度绘制精确的弧线或闭合的弧线图形。

◆ 参考点定位器：单击 ▦ 按钮，用四周的空心方块可以设置绘制弧线时的参考点，如图3-32所示为定位不同的参考点时，在同一位置、沿同一方向绘制的弧线。

图3-32 不同参考点时绘制的弧线

◆ Y轴长度：在其中输入数值，可以按照所输入的Y轴长度绘制精确的弧线或闭合的弧线图形。

◆ 类型：在该下拉列表框中选择"开放"选项可以绘制弧线，如图3-33所示。选择"闭合"选项可以绘制闭合的弧线图形，如图3-34所示。

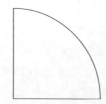

图3-33　开放弧线　　　　　　图3-34　闭合弧线

图3-36　绘制螺旋线　　　　图3-37　精确绘制螺旋线

- ◆ 基线轴：用于指定弧线的方向。选择下拉列表框中的"X轴"选项，可基于水平方向绘制弧线；选择"Y轴"选项，可基于垂直方向绘制弧线。
- ◆ 斜率：用于指定弧线的斜率方向。在右侧可拖动滑块或输入数值进行调整，当斜率为0时，绘制的即是弧线。
- ◆ 弧线填色：选中该复选框，在绘制开放或闭合的弧线时将以设置的颜色或渐变色进行填充，如图3-35所示为选中"弧线填色"复选框的效果。

💬 **知识解析：** "**螺旋线**"对话框 ·············

- ◆ 半径：在其中输入数值，可以确定所绘制出的螺旋线最外侧的点到中心点的距离。
- ◆ 衰减：在其中输入数值，可以确定所绘制出螺旋线中每个旋转圈相对于里面旋转圈的递减曲率，如图3-38所示为衰减50%，如图3-39所示为衰减90%。
- ◆ 段数：在其中输入数值，可以设置螺旋线中的段数组成，如图3-40所示为段数为6。

图3-35　填充弧线

图3-38　衰减50%　　图3-39　衰减90%　　图3-40　段数为6

- ◆ 样式：设置螺旋线是按顺时针绘制还是按逆时针进行绘制。

技巧秒杀

绘制弧线时，按C键，可以在开放的弧线与关闭的弧线之间进行切换；按住Shift键，可以锁定对角线方向；按上、下、左、右键，可以调整弧线的斜率。

技巧秒杀

绘制螺旋线时，按R键，可以调整螺旋的方向；按住Ctrl键，可以调整螺旋的疏密度；按下键盘中的↑键，可以增加螺旋线的圈数，按下键盘中的↓键，可以减少螺旋线的圈数。

3.3.3　螺旋线工具

　　"螺旋线工具" 可用来绘制螺旋线。选择该工具后，在画板中按住鼠标左键不放并拖动鼠标到需要的位置，释放鼠标，即可绘制螺旋线，如图3-36所示。如果要绘制精确半径和衰减率的螺旋线，可在画板中单击鼠标，将打开"螺旋线"对话框。在对话框中设置相应的参数后，单击 确定 按钮即可精确绘制螺旋线，如图3-37所示。

3.3.4　矩形网格工具

　　"矩形网格工具" 可轻松地创建矩形网格，可用它来制作表格，如员工信息表、作息时间表等。选择该工具后，在画板中按住鼠标左键不放并拖动鼠标到需要的位置，释放鼠标，即可绘制矩形网格，如图3-41所示。

如果要按照指定数目的分隔线来创建矩形网格，可在画板中单击鼠标，将打开"矩形网格工具选项"对话框。在对话框中设置相应的参数后，单击 确定 按钮即可，如图3-42所示。

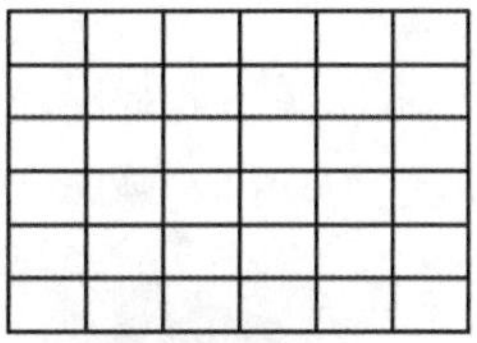

图3-41 矩形网格　　图3-42 "矩形网格工具选项"对话框

💬 **知识解析："矩形网格工具选项"对话框**

◆ **默认大小**：在"宽度"和"高度"文本框中分别输入数值，可以按照定义的大小绘制矩形网格图形。单击"参考点定位器"按钮 上的定位点，可以定位绘制网格时起始点的位置。

◆ **水平分隔线**：在"数量"文本框中输入数值，可以按照定义的数值绘制出矩形网格图形的水平分隔数量。其中，"倾斜"值决定了水平分隔线倾向网格顶部和底部的程度。该值为0%时，水平分隔线的间距相同，如图3-43所示；该值大于0%时，网格的间距由上到下逐渐变窄，如图3-44所示；该值小于0%时，网格的间距由下到上逐渐变窄，如图3-45所示。

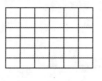

图3-43 倾斜值为0%

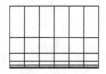

图3-44 倾斜值大于0%

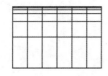

图3-45 倾斜值小于0%

◆ **垂直分隔线**：在"数量"文本框中输入数值，可以按照定义的数值绘制出矩形网格图形的垂直分

隔数量。其中，"倾斜"值决定了垂直分隔线倾向网格左侧和右侧的程度，其作用和效果与"水平分隔线"栏的"倾斜"值相反。

◆ **使用外部矩形作为框架**：选中该复选框，可使矩形成为网格的框架。

◆ **填色网格**：选中该复选框，表示绘制出的网格将以设置的颜色进行填充。

📋 **技巧秒杀**

绘制矩形网格的过程中，按住Shift键，可以创建正方形网格；按住Alt键，可以创建由鼠标单击点为中心向外延伸的矩形网格；按↑键，可以增加水平分隔线的数量，如图3-46所示；按↓键，可以减少水平分隔线的数量，如图3-47所示；按→键，可以增加垂直分隔线的数量，如图3-48所示；按←键，可以减少垂直分隔线的数量，如图3-49所示；按F键，网格中的水平分隔线可由下而上以10%的倍数递增（与图3-44相似）；按V键，网格中的水平分隔线可由上而下以10%的倍数递增（与图3-45相似）；按X键，网格中的垂直分隔线可由左至右以10%的倍数递增，如图3-50所示；按C键，网格中的垂直分隔线可由右向左以10%的倍数递增，如图3-51所示。

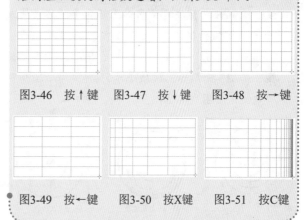

图3-46 按↑键　　图3-47 按↓键　　图3-48 按→键

图3-49 按←键　　图3-50 按X键　　图3-51 按C键

3.3.5 极坐标网格工具

"极坐标网格工具" 也称为雷达网格，使用此工具可轻松地创建具有同心圆的放射线网格。选择该工具后，在画板中按住鼠标左键不放并拖动鼠标到需要的位置，释放鼠标，即可绘制极坐标网格，如图3-52所示。如果要创建具有指定大小和数目分隔线

的同心圆网格，可在画板中单击鼠标，将打开"极坐标网格工具选项"对话框。在对话框中设置相应的参数后，单击 确定 按钮即可，如图3-53所示。

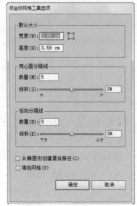

图3-52　绘制网格　　图3-53　"极坐标网格工具
选项"对话框

💬知识解析：　"极坐标网格工具选项"对话框……

◆ **默认大小**：用于设置整个网格的宽度和高度。

◆ **同心圆分隔线**：在"数量"文本框中输入数值，可以按照定义的数值绘制同心圆网格的分隔数量。"倾斜"值决定了同心圆倾向于网格内侧或外侧；该值为0%时，同心圆之间的间距相等，如图3-54所示；该值大于0%时，同心圆向边缘聚拢，如图3-55所示；该值小于0%时，同心圆向中心聚拢，如图3-56所示。

图3-54　倾斜为0%　图3-55　向边缘聚拢　图3-56　向中心聚拢

◆ **径向分隔线**：在"数量"文本框中输入数值，可以按照定义的数值绘制同心圆网格中的射线分隔数量。"倾斜"值决定了径向分隔线倾向于网格逆时针或顺时针；该值为0%时，分隔线之间的间距相等，如图3-57所示；该值大于0%时，分隔线会逐渐向逆时针方向聚拢，如图3-58所示；该值小于0%时，分隔线会逐渐向顺时针方向聚拢，如图3-59所示。

图3-57　间距相等　图3-58　逆时针聚拢　图3-59　顺时针聚拢

◆ **从椭圆形创建复合路径**：选中该复选框绘制出的极坐标网格图形将以间隔的形式进行颜色填充。如图3-60所示为选中"从椭圆形建立复合路径"复选框后绘制的极坐标网格效果。

◆ **填色网格**：选中该复选框，表示绘制的极坐标网格以当前设置的颜色进行填充，如图3-61所示。

图3-60　从椭圆形创建复合路径　　　　图3-61　填色网格

技巧秒杀

绘制网格时，按↑键，可以增加同心圆网格的数量。按↓键，可以减少同心圆网格的数量。按→键，可以增加同心圆网格射线的数量。按←键，可以减少同心圆网格射线的数量。按住Alt键，可以绘制出以鼠标单击处为中心向四周延伸的圆形极坐标网格。按住Shift键，可以绘制正圆形极坐标网格。

读书笔记

3.4 形状绘图工具

在Illustrator 中还可以绘制基本形状图形，如矩形、圆角矩形、星形、多边形和椭圆形等，而且还可以绘制各种各样的光线图形，并通过对这些基本图形进行编辑和变形，得到更多复杂的图形。

3.4.1 矩形工具

"矩形工具" 可用来绘制矩形或正方形。选择该工具后，在画板中按住鼠标左键不放并拖动鼠标到需要的位置释放鼠标，即可绘制矩形，如图3-62所示。

如果要绘制精确大小的矩形，可在画板中单击鼠标，将打开"矩形"对话框。在"宽度"和"高度"文本框中分别输入数值，单击 确定 按钮即可按照定义的大小绘制矩形，如图3-63所示。

图3-62　绘制矩形　　　　图3-63　精确绘制矩形

实例操作： 使用矩形工具绘制包装盒

● 光盘\素材\第3章\花纹.jpg、花纹2.jpg ● 光盘\效果\第3章\包装盒.ai
● 光盘\实例演示\第3章\使用矩形工具绘制包装盒

包装盒顾名思义就是用来包装产品的盒子，为产品制作一个漂亮的包装盒，可使消费者对商品的整体细节有一定了解，下面将使用矩形工具制作一个简单的蛋糕包装盒，如图3-64所示。

图3-64　蛋糕包装盒

Step 1▶ 新建一个20cm×10cm的文档，在工具箱中选择"矩形工具" ，在画板中拖动鼠标绘制矩形，在工具箱中设置填充色为"红色，#8F3322"，并进行填充，如图3-65所示。然后通过置入命令，置入"花纹.jpg"图片，如图3-66所示。

图3-65　绘制矩形　　　　图3-66　置入花纹图片

技巧秒杀

绘制矩形时，同样按住Shift键，可以绘制正方形；按住Alt键，可以使用鼠标单击点为中心向外绘制矩形；按住Shift+Alt快捷键，则可以使用鼠标单击点为中心向外绘制正方形。

Step 2▶ 使用"椭圆工具" 在图形正中间位置绘制多个大小相同的圆形，并填充为"红色，#8F3322"，如图3-67所示。使用"文字工具" 在圆形上输入"芝士蛋糕"，并在工具属性栏中设置"字体"为"迷你简娃娃篆"、字号为17，如图3-68所示。

图3-67　绘制圆形　　　　图3-68　输入文字

Step 3 ▶ 使用相同的方法在矩形上方输入如图3-69所示的文字，并设置相应的颜色，完成盒盖的制作。使用"矩形工具" ▣绘制与盒盖相同大小的矩形，并置入"花纹2.jpg"图片，如图3-70所示。

图3-69　输入文字　　　　图3-70　绘制盒底

Step 4 ▶ 使用第2步的方法在盒底输入文字，并设置字体为"汉仪咪咪体简、微软雅黑"，颜色为"红色，#8F3322"和"黑色"，如图3-71所示。如图3-72所示为盒盖和盒底合成为立体效果图。

图3-71　输入文字　　　　图3-72　立体效果

> **操作解谜**　　这里的包装盒立体效果主要是为了便于查看制作平面盒盖和盒底后的效果，因此，这里未详细讲解其操作步骤。用户若想快速制作出立体包装盒效果，可将制作的平面图导出至Photoshop中执行扭曲和透视的转换。

3.4.2　圆角矩形工具

"圆角矩形工具" ▣可用来绘制圆角矩形。其绘制方法与矩形工具相同。如果要绘制精确大小的圆角矩形，可选择该工具，然后在画板中单击鼠标，将打开"圆角矩形"对话框，如图3-73所示。在其中设置宽度、高度和圆角半径的数值后，单击 确定 按钮

即可按定义的大小绘制圆角矩形，如图3-74所示。

图3-73　"圆角矩形"对话框　　图3-74　圆角半径为10

> **技巧秒杀**
>
> 绘制圆角矩形时，按↑键，可增加圆角半径，直到成为圆形；按↓键，可减少圆角半径，直到成为矩形；按→键，可创建圆形圆角；按←键，可创建方形圆角。

> **❓答疑解惑：**
>
> **如何绘制向内圆化角的矩形呢？**
>
> 可先绘制一个圆角矩形，再使用"直接选择工具" ▸单击并选择圆角上的一个锚点，选择出现的控制手柄，同时按住Shift键向内调整手柄线的位置即可（按住Shift键可确保手柄线是完全垂直的）。

3.4.3　椭圆工具

"椭圆工具" ⬭可用来绘制正圆形和椭圆形。选择该工具后，在画板中按住鼠标左键不放并拖动鼠标到需要的位置，释放鼠标，即可绘制椭圆形，如图3-75所示。如果按住Shift键，可绘制正圆形。按住Alt键，可以单击点为中心向外绘制椭圆；按住Shift+Alt快捷键，则以单击点为中心向外绘制正圆形。

如果要绘制指定大小的椭圆，可选择该工具，在画板中单击鼠标，将打开"椭圆"对话框，在其中设置宽度、高度数值后，单击 确定 按钮即可创建椭圆，如图3-76所示。

图3-75　椭圆　　　　图3-76　"椭圆"对话框

实例操作：使用椭圆工具制作标志

- 光盘\效果\第3章\标志.ai
- 光盘\实例演示\第3章\使用椭圆工具制作标志

　　标志又称为LOGO，通常由文字、图形、字母、数字和颜色等组合而成，本例将使用图形、文字和颜色结合的方式制作标志，效果如图3-77所示。

图3-77　最终效果

Step 1 ▶ 新建一个10cm×10cm的文档，使用"圆角矩形工具" 在画板中拖动鼠标绘制一个圆角矩形，并分别设置填充色为"绿色，#78B030"。按Ctrl+U快捷键开启智能参考线，再使用"选择工具" 选择圆角矩形，并在按住Alt键的同时向右侧拖动鼠标，沿参考线复制圆角矩形。在按住Alt键的同时向下拖动鼠标，复制圆角矩形，如图3-78所示。按住Shift键依次选择左侧和下方的矩形，设置并填充为"灰色，#5E5E5C"，如图3-79所示。

图3-78　沿参考线复制矩形　　　　图3-79　填充颜色

Step 2 ▶ 选择"椭圆工具" ，在矩形上方绘制一个椭圆，并填充为白色，再选择椭圆，将鼠标光标置于右下角的控制点上，当鼠标光标变为 形状时，向右上角拖动旋转椭圆角度，如图3-80所示。再复制椭圆并旋转椭圆的角度和位置，效果如图3-81所示。

图3-80　绘制椭圆　　　　　图3-81　复制椭圆

Step 3 ▶ 选择"钢笔工具" ，在矩形上方绘制一个如图3-82所示的形状，并填充为"绿色，#78B030"。再使用"文字工具" 在图形下方输入如图3-83所示的文字，并分别设置颜色为"灰色，#5E5E5C"和"绿色，#78B030"。

图3-82　绘制图形　　　　　图3-83　输入文字

3.4.4　多边形工具

　　"多边形工具" 可用来绘制多边形。选择该工具后，在画板中按住鼠标左键不放并拖动鼠标到需要的位置释放鼠标，即可绘制多边形，如图3-84所示。如果按↑键，可增加多边形边数，如图3-85所示；按↓键，可减少多边形边数，如图3-86所示。

图3-84　五边形　　图3-85　八边形　　图3-86　三角形

　　如果要创建具有精确半径和边数的多边形，可选择该工具，在画板中单击鼠标，将打开"多边形"对话框，如图3-87所示。在其中设置半径和边数数值后，单击 确定 按钮即可创建定义的多边形，如图3-88所示。

图3-87 "多边形"对话框　　图3-88 多边形

技巧秒杀

绘制多边形时，按住Shift键，创建的多边形将锁定水平方向（垂直）。如果正在创建三角形并按住Shift键，那么三角形有一条边将完全水平（底边）。如果按住空格键，则可移动多边形。

3.4.5 星形工具

"星形工具" ☆ 可用来绘制各种星形，其绘制方法与多边形相同，如图3-89所示。如果要创建具有精确半径和角点数的星形，可选择该工具，在画板中单击鼠标，将打开"星形"对话框，如图3-90所示。在其中设置半径和角点数数值后，单击 确定 按钮即可创建星形，如图3-91所示。

图3-89 五角星　图3-90 "星形"对话框　图3-91 星形

💬 **知识解析："星形"对话框**

◆ 半径1：可以定义所绘制星形图形内侧点到星形中心的距离。

◆ 半径2：可以定义所绘制星形图形外侧点到星形中心的距离。

◆ 角点数：可以定义所绘制星形图形的角数。

实例操作：使用星形工具制作图章

● 光盘\素材\第3章\手.jpg
● 光盘\效果\第3章\图章.ai
● 光盘\实例演示\第3章\使用星形工具制作图章

本例将使用椭圆、星形、文字等工具与颜色结合的方式制作图章，效果如图3-92所示。

图3-92 最终效果

Step 1 ▶ 启动Illustrator CC，打开"手.jpg"图像，如图3-93所示。选择"星形工具" ☆，在画板中单击鼠标，打开"星形"对话框，在其中设置半径和角点数数值后，单击 确定 按钮，如图3-94所示。

图3-93 打开图片　　　图3-94 设置半径和角点数

Step 2 ▶ 此时即可创建一个星形，填充颜色为"梅红色，#E52E65"，如图3-95所示。再使用椭圆工具在星形上绘制4个正圆，分别填充为白色、梅红色；描边颜色为梅红色、描边粗细分别为4、2，如图3-96所示。

图3-95 创建星形　　　图3-96 绘制圆形

Step 3 ▶ 使用"矩形工具" ▭ 在上方绘制作一个长方形，再使用"添加锚点工具" ▧ 在长方形两侧的中间位置添加两个锚点，并使用"直接选择工具"[icon]调整锚点位置，如图3-97所示。再绘制一个与中心圆相同大小的黑色路径，选择"路径文字工具"[icon]，将光标置于路径上，当其变为I形状时，单击定位插入点，如图3-98所示。

图3-97　调整矩形路径　　　图3-98　绘制路径

Step 4 ▶ 输入文字，文字将会沿路径排列，一组文字输入完成后，按多次空格键后，再输入一组文字，如图3-99所示。选择创建的路径文字，在工具属性栏中设置字体为"方正大标宋简体"、字号为24，颜色为"梅红色"，并调整位置，如图3-100所示。

图3-99　输入路径文字　　　图3-100　设置文字属性

Step 5 ▶ 使用"文字工具"[T]，在中间的横条上输入BABELY，设置字体为"华文隶书"、字号为52、颜色为"白色"，如图3-101所示。选择"星形工具"[icon]，打开"星形"对话框，参数设置如图3-102所示。

图3-101　输入文字　　　图3-102　设置星形

Step 6 ▶ 此时即可创建一个五星形，填充为"白色"，并按住Alt键复制一个五角星，将其移动至如图3-103所示的位置。选择绘制的图章并右击，在弹出的快捷菜单中选择"编组"命令，将其编组，然后调整其大小及位置，如图3-104所示。

图3-103　编组对象　　　图3-104　最终效果

3.4.6 光晕工具

"光晕工具"[icon]主要用于表现灿烂的日光以及镜头光晕等效果。其使用方法为：打开一幅图像，如图3-105所示。选择该工具后，在对象的角上拖动鼠标即可绘制一个光晕，如图3-106所示。

图3-105　打开图像　　　图3-106　绘制光晕

如果要编辑绘制的光晕，可使用"光晕工具"[icon]将光晕端点拖动到一个新长度或新方向，如图3-107所示；也可选择要编辑的光晕，双击"光晕工具"[icon]，打开"光晕工具选项"对话框，通过更改对话框中的数值即可进行详细编辑，如图3-108所示。

图3-107　调整光晕位置　　　图3-108　"光晕工具选项"对话框

💬**知识解析：** "光晕工具选项"对话框

◆ 居中：通过"直径"数值框可控制光晕的大小。通过"不透明度"和"亮度"下拉列表框可设置光晕中心的透明度和亮度。

◆ 光晕：可设置光晕向外淡化和模糊度的百分比，低模糊度可得到干净明快的光晕效果。

◆ 射线：可设置射线的数量、最长的射线长度和射线的模糊度。如果不想要射线，可将射线数值设置为0。

◆ 环形：可设置光晕的中心和最远环的中心之间的路径距离、环的数量、最大环的大小以及环的方向。

🎬**实例操作：** 为照片制作光照效果

● 光盘\素材\第3章\照片.jpg　　● 光盘\效果\第3章\照片.ai
● 光盘\实例演示\第3章\为照片制作光照效果

　　本例将打开一张照片，如图3-109所示。使用Illustrator CC中的"光晕工具" 📷 为普通照片添加光晕照射的效果，如图3-110所示。

图3-109　原图效果

图3-110　最终效果

Step 1 ▶ 打开"照片.jpg"素材文件，选择"光晕工具" 📷 ，在画板中单击，定位光晕中心点，如图3-111所示。拖动鼠标设置光晕的大小并旋转射线，如图3-112所示。

图3-111　打开素材文件　　图3-112　定位光晕

技巧秒杀

绘制光晕时，还可使用键盘按钮来修改光晕效果，按住Shift键，可以约束光晕放射线的角度。按住Ctrl键，可保持光晕的中心不变。按↑键，可增加射线和环形；按↓键，可减少射线和环形。

Step 2 ▶ 释放鼠标左键，在人物左下方位置再次单击并拖动鼠标，添加光环，再释放鼠标，即可创建光晕，如图3-113所示。保持光晕的选中状态，双击"光晕工具"按钮 📷 ，打开"光晕工具选项"对话框，取消选中□射线(R)和□环形(I)复选框，并在"居中"栏中进行如图3-114所示的设置。

图3-113　添加光环　　图3-114　"光晕工具选项"对话框

操作解谜 　　这里取消选中□射线(R)和□环形(I)复选框，可将光晕中的射线和光环隐藏，是为了在设置光晕的直径、不透明度和亮度时能更好地查看效果。

Step 3 ▶ 此时得到如图3-115所示的效果。再次选中 ☑射线(R) 和 ☑环形(I) 复选框，并进行如图3-116所示的设置。

Step 4 ▶ 单击 确定 按钮，返回工作界面，即可看到如图3-117所示的效果。

图3-115 光晕效果

图3-116 设置光晕

图3-117 查看光晕效果

读书笔记

技巧秒杀

在"光晕工具选项"对话框中设置光晕时，可选中 ☑预览(P) 复选框，以即时预览设置的光晕效果。如果对设置的效果不满意，可按住Alt键，此时 取消 按钮将变为 重置 按钮，单击 重置 按钮，可将光晕恢复为默认值，再重新进行设置。

3.5 编辑路径和锚点

在学会如何创建路径和绘制各种简单的矢量对象后，有时可能得不到想要的效果，这时就需要对所绘制的路径及对象进行编辑。编辑路径主要包括选择路径、添加和删除锚点、转换路径、改变路径形状、对齐和分布锚点等，下面将分别进行介绍。

3.5.1 选择和移动路径

绘制路径后，绘制的路径可能不够精确，需对路径进行修改和调整。而要对路径进行调整，首先要学会如何选择和移动路径。

1. 选择路径

使用工具箱中的"选择工具" ▶ 和"直接选择工具" ▷ 即可实现路径的选择。其方法是：使用"选择工具" ▶ 在路径上单击，即可选择所有路径和路径上的所有锚点，如图3-118所示。而使用"直接选择工具" ▷ 单击一个路径段时，可选择该路径段；单击路径中的一个锚点则可选择该锚点，且选中的锚点为实

心，如图3-119所示。

图3-118 选择路径和锚点   图3-119 选择单个锚点

2. 移动路径

移动路径主要用于调整路径的位置，当选择了路径、路径段或锚点后，按住鼠标左键不放并拖动，即

可进行移动。

3.5.2 添加与删除锚点

添加锚点可以增强对路径的控制；而删除不必要的锚点则可以降低路径的复杂性。但需注意的是，路径上不要添加过多的锚点，因为锚点较少的路径制作的对象会更加平滑，也易于编辑。下面将分别介绍添加与删除锚点的方法。

◆ **添加锚点**：打开需要编辑的对象，如图3-120所示。选择"对象"/"路径"/"添加锚点"命令或在工具箱中的"钢笔工具" 上按住鼠标左键不放，在弹出的工具列表中选择"添加锚点工具" ，将鼠标光标移到要添加锚点的路径上，当其变为 形状时，单击鼠标即可添加一个锚点，添加的锚点呈实心状，如图3-121所示。

◆ **删除锚点**：选择工具箱中的"删除锚点工具" ，将鼠标光标移到要删除的锚点上，当其变为 形状时，单击鼠标即可删除该锚点，同时路径的形状也会发生相应的变化，如图3-122所示。

图3-120 原图　图3-121 添加锚点　图3-122 删除锚点

3.5.3 转换锚点

使用"转换锚点工具" 可以转换路径上锚点的类型，可使锚点在平滑点和角点之间相互转换。

实例操作：转换平滑点与角点

● 光盘\素材\第3章\娃娃.ai　● 光盘\效果\第3章\娃娃.ai
● 光盘\实例演示\第3章\转换平滑点与角点

本例将打开一幅卡通素材，如图3-123所示。使用Illustrator CC中的"转换锚点工具" 对卡通进行编辑，最终效果如图3-124所示。

图3-123 原图效果　　　　图3-124 最终效果

Step 1 ▶ 打开"娃娃.ai"素材文件，使用"直接选择工具" 选择路径，如图3-125所示。在工具箱中的"钢笔工具" 上按住鼠标左键不放，在弹出的工具列表中选择"转换点工具" ，将鼠标光标置于顶部的锚点上，如图3-126所示。

图3-125 选择路径　　　图3-126 定位锚点

Step 2 ▶ 单击并向外侧拖动出控制线和控制柄，即可将角点转换平滑点，如图3-127所示。按住Ctrl键，切换为"直接选择工具" ，在脸部的平滑点上单击选择锚点，如图3-128所示。释放Ctrl键，切换为"转换锚点工具" ，在选择的锚点上单击，将当前平滑点转换为角点，如图3-129所示。

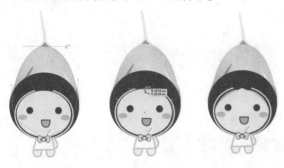

图3-127 转换锚点　图3-128 选择锚点　图3-129 转换锚点

技巧秒杀

通过工具属性栏也可将锚点转换为平滑点或角点。选择需要转换的一个或多个锚点，单击工具属性栏中的"将所选锚点转换为平滑点"按钮 或"将所选锚点转换为角点"按钮 即可实现。

3.5.4 平滑路径

在Illustrator CC中，通过"平滑工具" 可以对路径进行平滑处理。其方法为：选择路径，如图3-130所示。在工具箱中的"钢笔工具" 上按住鼠标不放，在弹出的工具列表中选择"平滑工具" ，在路径上单击并拖动鼠标即可，如图3-131所示。

图3-130　选择路径　　　图3-131　平滑路径

如果要修改平滑量，可双击"平滑工具"按钮

，打开"平滑工具选项"对话框，如图3-132所示。在其中设置保真度和平滑度后，单击 确定 按钮即可平滑路径，如图3-133所示。

图3-132　"平滑工具选项"对话框　图3-133　平滑后效果

💬**知识解析："平滑工具选项"对话框** ⋯⋯⋯⋯⋯

◆ **保真度**：用于控制必须将鼠标光标移动多大距离，才会向路径添加新的锚点。保真度为2.5像素时，表示小于2.5像素的工具移动时将不生成锚点。保真度的值介于0.5~20像素之间，该值越大，路径越平滑。

◆ **平滑度**：用于控制使用工具时Illustrator应用的平滑量。平滑度的值介于0%~100%之间，该值越大，路径越平滑。

3.5.5 简化路径

使用"删除锚点工具" 删除锚点通常比较麻烦，这时，可通过"简化"命令均匀地删除多余的锚点。其方法是：选择"对象"/"路径"/"简化"命令，打开"简化"对话框，在其中设置曲线精度和角度阈值等参数后，单击 确定 按钮，即可删除路径中多余锚点，如图3-134所示。

图3-134　简化路径

💬 知识解析：**"简化"对话框** ⋯⋯⋯⋯⋯⋯⋯•

◆ **曲线精度**：用于设置简化后的路径与原始路径的接近程度。该值越大，简化后的路径与原始路径的形状越接近，但锚点数量较多，如图3-135所示。该值越小，锚点的数量越少，路径的简化程度越高，如图3-136所示。

图3-135 曲线精度为90　　图3-136 曲线精度为7

◆ **角度阈值**：用于控制锚点的平滑度。如果角点的角度小于角度阈值，将不会改变角点；如果角点的角度大于阈值，则角点将会被简化。

◆ **直线**：选中该复选框，可在路径的原始锚点之间创建直线。如果角点的角度大于阈值，将删除角点，如图3-137所示。

◆ **显示原路径**：选中该复选框，可在简化的路径背后显示原始路径，以方便进行对比，如图3-138所示。

图3-137 直线　　　　图3-138 显示原路径

◆ **预览**：选中该复选框，可在文档窗口中预览路径简化的效果。

3.5.6 清理游离点

游离点是与图形无关的单独的锚点，在未彻底删除图形时，画板中即会残留游离点，这会妨碍绘制和编辑图形。选择"选择"/"对象"/"游离点"命令选择游离点，然后按Delete键将其删除即可。

3.5.7 偏移路径

偏移路径相当于扩展和收缩，当该值为正数时，图形将向外扩张；该值为负数时，则向内收缩。

📋 **实例操作：制作霓虹字**

● 光盘\素材\第3章\背景.jpg
● 光盘\效果\第3章\霓虹字.ai
● 光盘\实例演示\第3章\制作霓虹字

本例将通过偏移路径的方法，制作霓虹字特效文字，最终效果如图3-139所示。

图3-139 最终效果

Step 1 ▶ 新建10cm×10cm的文档，并置入"背景.jpg"素材文件，如图3-140所示。在工具箱中选择"文字工具" T，在背景图片的中间位置输入LOVE文本，并将字体设置为Showcard Gothic、字号为65，颜色为"白色"，如图3-141所示。

读书笔记 ▶

图3-140　导入图片　　　　　图3-141　输入文字

Step 2 ▶ 在文字上方右击，在弹出的快捷菜单中选择"创建轮廓"命令，如图3-142所示。选择"对象"/"路径"/"偏移路径"命令，打开"偏移路径"对话框，设置"位移"为-0.1，在"连接"下拉列表框中选择"圆角"选项，设置"斜接限制"为4，单击 确定 按钮，如图3-143所示。

图3-142　将文字转换为轮廓　　图3-143　偏移路径

操作解迷　　这里将文字创建为轮廓，类似于将文字转换成了图形，以便于对其进行编辑和应用特殊效果。

Step 3 ▶ 此时，可看到文字内部多了一条路径，在工具属性栏中单击"样式"右侧的下拉按钮，在弹出的下拉列表中选择"粉色箭头拱形高光"选项，如图3-144所示。使用"选择工具" ▶ 选择文字外轮廓，再次打开"偏移路径"对话框，设置"位移"为0.06，并选中 ☑ 预览(P) 复选框，预览效果，单击 确定 按钮，如图3-145所示。

读书笔记 ▶

图3-144　应用样式　　　　　图3-145　偏移路径

Step 4 ▶ 可看到文字最外面扩展了一条白色描边，在工具属性栏的"样式"下拉列表框中选择"火焰箭头拱形高光"选项，如图3-146所示。然后双击文字中间的白色区域，进入图层编辑状态，按住Shift键依次单击白色区域，选中白色区域文字，并使用前面相同的方法为其应用"照亮黄色5"样式，再双击画板外的区域，退出编辑状态，如图3-147所示。

图3-146　应用样式　　　　　图3-147　最终效果

? 答疑解惑：

在"样式"下拉列表框中没有"粉色箭头拱形高光"等选项应该怎么办？

若在"样式"下拉列表中未找到"粉色箭头拱形高光"等选项，可单击右下角的"图形样式库"按钮 ▥，在弹出的快捷菜单中选择"照亮样式"命令即可。也可选择其他命令载入更多的样式供使用，如图3-148所示。

图3-148　载入样式

💬**知识解析："偏移路径"对话框** ················●

◆ 位移：用于设置新路径的偏移距离，该值为正数时，新生成的路径向外扩展；该值为负数时，新生成的路径向内收缩。

◆ 连接：用于设置路径拐角处的连接方式，在该下拉列表框中有3个选项，分别为"斜接""圆角"和"斜角"，效果如图3-149～图3-152所示。

图3-149 原图

图3-150 斜接

图3-151 圆角

图3-152 斜角

◆ 斜接限制：用于控制角度的变化范围，该值越大，角度变化越大。

3.5.8 轮廓化描边

在AI文件中，对象的描边默认状态下，不能进行渐变颜色的填充（无论是基本描边，还是笔触效果）。如果用户想要对描边填充渐变，可将描边转换为轮廓化。

▦实例操作：为图形制作渐变描边

● 光盘\素材\第3章\卡通人物.ai
● 光盘\效果\第3章\卡通人物.ai
● 光盘\实例演示\第3章\为图形制作渐变描边

本例将打开一幅卡通素材文件，使用Illustrator中的轮廓化描边对卡通人物的轮廓进行渐变填充。

Step 1 ▶ 打开"卡通人物.ai"素材文件，如图3-153所示。使用"选择工具" ▮将卡通图形选中，选择"对象"/"路径"/"轮廓化描边"命令，将图形的填充和描边分离，如图3-154所示。

图3-153 打开素材　　　　图3-154 选择命令

Step 2 ▶ 按Ctrl+F9快捷键，打开"渐变"面板，将鼠标光标置于"渐变滑块"下方，当其变为 ▮ 形状时，单击鼠标添加渐变滑块，双击渐变滑块，在打开的面板中单击右上角的 ▤ 按钮，在弹出的快捷菜单中选择CMYK命令，如图3-155所示。此时，面板将变为CMYK选项状态，颜色值设置如图3-156所示。

图3-155 打开"渐变"面板　　　图3-156 设置颜色

Step 3 ▶ 使用相同的方法在"渐变"面板中添加并编辑渐变颜色，得到如图3-157所示的效果。返回工作界面，即可看到卡通图形轮廓化描边的效果如图3-158所示。

操作解谜　此处设置渐变和渐变的使用方法将在6.2节中详细进行介绍。

图3-157　设置渐变　　图3-158　最终效果

图3-161　水平分布　　图3-162　垂直分布

◆ 两者兼有：可将选择的锚点沿同一水平轴和垂直轴均匀分布，即锚点集中于一点（重叠），如图3-163所示。

3.5.9　对齐和分布锚点

如果要将路径上的多个锚点对齐或均匀分布，可以通过两种方法进行设置，下面将分别进行讲解。

1. 通过"平均"对话框

要均匀分布锚点，可以先选择锚点（这些锚点可分别属于不同的路径），如图3-159所示。选择"对象"/"路径"/"平均"命令，打开"平均"对话框，在其中进行相应设置即可，如图3-160所示。

图3-163　水平和垂直分布

2. 通过"对齐"面板

选择锚点后，如图3-164所示，可选择"窗口"/"对齐"命令，或按Shift+F9快捷键，打开"对齐"面板，在其中单击对应按钮即可，如图3-165所示。

图3-159　选择路径　　图3-160　"平均"对话框

图3-164　选择锚点　　图3-165　"对齐"面板

💬知识解析：**"平均"对话框**

◆ 水平：可将选择的锚点沿同一水平轴均匀分布，如图3-161所示。
◆ 垂直：可将选择的锚点沿同一垂直轴均匀分布，如图3-162所示。

💬知识解析：**"对齐"面板**

◆ 对齐锚点：用于对齐两个或多个锚点。从左至右分别为"水平左对齐"按钮、"水平居中对齐"按钮、"水平右对齐"按钮、"垂直顶对齐"

按钮、"垂直居中对齐"按钮和"垂直底对齐"按钮。

◆ **分布锚点**：用于按一定顺序均匀分布两个或多个锚点。从左至右分别为"垂直顶分布"按钮、"垂直居中分布"按钮、"垂直底分布"按钮、"水平左分布"按钮、"水平居中分布"按钮和"水平右分布"按钮。

◆ **分布间距**：用于设置锚点分布的距离。在下方的数值框中输入数值后，单击"垂直分布间距"按钮或"水平分布间距"按钮，可使选择的锚点按照设置的数值均匀分布。

技巧秒杀

选择锚点后，工具属性栏中将显示一组相应的对齐和分布按钮，如图3-166所示。这些按钮与"对齐"面板中各按钮的作用相同，这里不再赘述。

图3-166　对齐按钮组

3.5.10　连接路径

通过"连接"命令可以使两端断开的路径相连成为一个整体。其方法为：创建一条开放路径，使用"直接选择工具"选中各路径的一个端点，如图3-167所示。选择"对象" / "路径" / "连接"命令，或按Ctrl+J快捷键即可将路径闭合，如图3-168所示。

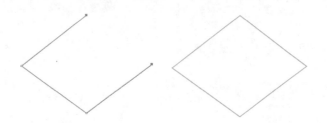

图3-167　选择锚点　　　　图3-168　连接路径

读书笔记

3.6 使用工具编辑路径

除了通过前面讲解的方法编辑路径外，在Illustrator中，还可利用其他工具对路径进行加工和编辑，如平滑工具、路径橡皮擦工具、剪刀工具、刻刀工具和橡皮擦工具等，从而得到满意的图形效果，下面将逐一介绍各工具的操作方法。

3.6.1　平滑工具

"平滑工具"主要用于对路径进行平滑处理。在Illustrator中，使用平滑工具的方法有两种，下面分别进行介绍。

◆ **通过工具按钮**：选择想要编辑的路径，在"铅笔工具"上按住鼠标左键不放，在弹出的工具组中选择"平滑工具"，然后在选择的路径上拖动鼠标，即可平滑线条。

◆ **通过快捷键**：单击"铅笔工具"按钮或"钢笔工具"按钮时，按住Alt键可快捷切换到"平滑工具"，然后在选择的路径上拖动鼠标，即可

平滑线条，如图3-169所示为使用"平滑工具"平滑路径前后的对比效果。

图3-169　平滑路径

若双击"平滑工具"按钮，可打开"平滑工具选项"对话框，在其中可设置"保真度"和"平滑

度"的参数值（与铅笔工具参数相同，这里不再赘述），如图3-170所示。

图3-170　"平滑工具选项"对话框

3.6.2　路径橡皮擦工具

"路径橡皮擦工具"位于铅笔工具组中，其使用方法与平滑工具相似。选择需要擦除的图形，如图3-171所示，选择"路径橡皮擦工具"，在路径上涂抹即可擦除路径，如图3-172所示为使用"路径橡皮擦工具"擦除路径前后的对比效果。

图3-171　选择路径　　　　图3-172　擦除路径

> **技巧秒杀**
> 闭合的路径经过"路径橡皮擦工具"擦除后会成为开放式路径，且图形中的路径经过反复擦除后，图形各部分将成为独立的路径；如果用户要将擦除的区域限定为一个路径段，可以先选择该路径段，再使用路径橡皮擦工具擦除。

3.6.3　橡皮擦工具

"橡皮擦工具"可以擦除图形的任何区域，不管它们是否属于同一对象或是在同一图层中。可以对路径、复合路径、"实时上色"组内的路径和剪贴路径使用橡皮擦工具。

实例操作：擦除图形背景

- 光盘\素材\第3章\小汽车.ai
- 光盘\效果\第3章\小汽车.ai
- 光盘\实例演示\第3章\擦除图形背景

　　本例将打开"小汽车.ai"素材文件，使用"橡皮擦工具"将图形中背景文字擦除。

Step 1 ▶ 打开"小汽车.ai"素材文件，如图3-173所示。选择文字背景图形，双击工具箱中的"橡皮擦工具"按钮，打开"橡皮擦工具选项"对话框，在"大小"文本框中输入100，单击 确定 按钮，如图3-174所示。

　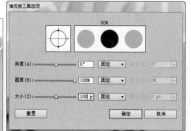

图3-173　打开文件　　　图3-174　设置橡皮擦大小

> **技巧秒杀**
> 在使用"橡皮擦工具"时，按"]"键可增大画笔，按"["键可减小画笔。

Step 2 ▶ 将鼠标光标置于画板中需要擦除的区域，在图形上涂抹即可，如图3-175所示。然后按住Alt键单击并拖动鼠标绘制出一个矩形区域，擦除剩余的图形，如图3-176所示。此时，即可查看到擦除背景的效果，如图3-177所示。

图3-175　涂抹擦除　图3-176　快捷键擦除　图3-177　最终效果

> **技巧秒杀**
> 使用"橡皮擦工具"擦除图形时，按住Shift键，可以擦除水平、垂直或对角线方向的图形。

💬**知识解析：** "橡皮擦工具选项"对话框 ·········•

◆ **角度**：用于设定橡皮擦工具旋转的角度，可在上方的预览区中拖动箭头或拖动"角度"右侧的△滑块，以及在文本框中输入数值来确定角度值。

◆ **圆度**：用于设定橡皮擦工具的圆度，将预览区中的黑点朝向或者背离中心方向拖移，以及在"圆度"文本框中输入值来确定圆度值。

◆ **大小**：用于设定橡皮擦工具的直径大小，可拖动右侧的△滑块，或在文本框中输入数值来确定擦除画笔的大小。

◆ **固定**：该下拉列表框中包含了7个选项，其中，"固定"是指使用固定的角度、圆度或大小；"随机"是指使角度、圆度或大小随机变化，在"变化"文本框中输入一个值，来指定画笔特征的变化范围；"压力"可根据绘画光笔的压力使角度、圆度或大小发生变化（此选项与"大小"选项一起使用时非常有用）；"光笔轮"可根据光笔轮的操作使直径发生变化；"倾斜"可根据绘画光笔的倾斜使角度、圆度或大小发生变化（此选项与"圆度"一起使用时非常有用）；"方位"可根据绘画光笔的压力使角度、圆度或大小发生变化；"旋转"可根据绘画光笔笔尖的旋转程度使角度、圆度或直径发生变化。

3.6.4 剪刀工具

"剪刀工具" ✄是用来分隔路径线段的，不能剪裁位图。该工具位于"橡皮擦工具"组中。其操作方法非常简单，只需选择要裁剪的路径，如图3-178所示。按住"橡皮擦工具" 🖊不放，在弹出的工具列表中选择"剪刀工具" ✄，在路径上单击即可剪断路径，如图3-179所示。

技巧秒杀

使用"直接选择工具" ▶选择路径上的锚点，再单击工具属性栏中的"在所选锚点处剪切路径"按钮⊟，可在当前锚点处剪断路径，且原锚点将变为两个锚点，其中一个锚点位于另一个锚点正上方。

图3-178　选择锚点　　　　图3-179　断开路径

3.6.5 刻刀工具

"刻刀工具" ✐是用来分隔路径线段的，不能剪裁位图。该工具位于"橡皮擦工具"组中。其操作方法非常简单，只需选择要裁剪的路径，如图3-180所示。按住"橡皮擦工具" 🖊不放，在弹出的工具列表中选择"刻刀工具" ✐，在路径上单击即可剪断路径，如图3-181所示。

图3-180　选择裁剪路径　　　图3-181　剪断路径

❓**答疑解惑：**

剪刀工具与刻刀工具有何区别？

剪刀工具是针对路径进行的操作，其作用是打断路径线，只能在路径上进行操作；而刻刀工具是针对物体进行切开的操作，就像真正的刀在纸上划开一样，可以把物体按任意形状分隔开。

读书笔记

知识大爆炸
——钢笔工具的绘图技巧

　　通过本章的学习，相信读者已经了解了钢笔工具的使用方法，下面将该工具的一些绘图技巧进行简要的介绍。

◆ 控制手柄线：使用"钢笔工具" 绘图时，必须先确认将下一个锚点定位在什么位置，再确定正在拖动的控制手柄线的长度。同时需记住，不要拖动到想定位下一个锚点的位置，只需要拖动到设定距离的1/3位置处即可。按1/3拖动可以取得较满意的路径效果。另外，控制手柄线不能长于下一条线段的1/2或短于下一条线段的1/4，因为控制手柄线太长或太短，都会使线条不规律地弯曲。

◆ 绘制路径：使用"钢笔工具"绘图时，不要使曲线的外侧与正在绘制图形的外侧混合在一起，需注意控制手柄线始终正切于它们引导的曲线段。且绘制路径时，如果当前绘制的锚点有误，尽量不在错误的方向线上拖动或将控制手柄拖动到某个荒谬的尺寸来过度修正误画的曲线路径。因为临时修改前面的曲线，会破坏下一条绘制的曲线段，导致重复地修改路径。若出现错误，可按Ctrl+Z快捷键还原，或将路径绘制完成后统一修改。

◆ 锚点：使用"钢笔工具"绘图时，如果绘制的图形要求平滑、流畅的线条，就尽量用非常少的锚点绘制路径；如果绘制的图形要求粗糙、不规则的线条，就尽量使用较多的锚点。如果在绘图时，不能确定需要多少锚点时，建议不要添加太多锚点。因为在后期编辑时，还可以使用"添加锚点工具"在路径上添加锚点。同时，路径上只有少量的几个锚点时，若想更改其形状，则比较快速容易。

读书笔记

Chapter

01 02 03 **04** 05 06 07 08 09 10 11 12 ......

图形的基本编辑

本章导读 ●

前面章节讲解了绘制图形的一些方法，而要制作较为复杂的图形，通过常用的绘图方法可能达不到目的，这就需要用一些编辑方法。而在编辑图形时，又需要用不同的选择方法去选择需要编辑的图形。故图形的选择和编辑在实际工作中常常用到，也十分重要。本章详细讲解了图形的常规选择和编辑方法，选取工具、常规编辑和对象管理等多种编辑方法。

4.1 选择对象

在对任何一个图形对象进行编辑之前，首先要确保该对象处于选中状态。在Illustrator CC中有多种选取工具和选择方法，下面将逐一进行讲解。

4.1.1 选择工具

"选择工具" ▶ 主要是用来选择对象，其选择对象的方法有两种，下面分别进行介绍。

◆ 选择单个对象：在工具箱中选择"选择工具" ▶，将鼠标光标放置在对象上方，此时光标将变为 ▶. 形状，单击鼠标即可将其选中，且所选对象周围将显示一个定界框，如图4-1所示。

图4-1　选择对象

◆ 选择多个对象：选择"选择工具" ▶，单击并拖出一个矩形选框，可选择矩形选框内的所有对象，如图4-2所示。或按住Shift键单击各个对象或拖动鼠标也可以选择多个对象。

图4-2　选择多个对象

4.1.2 直接选择工具

"直接选择工具" ▶ 主要用于选择路径或图形中的某一部分，包括路径的锚点、曲线或线段，然后通过对路径或图形局部的变形来完成对路径或图形整体形状的调整。同"选择工具" ▶ 的使用方法相同，利用"直接选择工具" ▶ 单击某个锚点或线段，可选择路径或锚点，如图4-3所示；若按住Shift键并单击其他的锚点可以进行添加选择，如图4-4所示；单击已经选中的锚点可以去掉选择。另外也可以用拖动选框的选择方法选择多条路径或多个锚点，如图4-5所示。

图4-3　单击选择路径

图4-4　选择多个路径　　图4-5　框选路径和锚点

技巧秒杀

将"选择工具" ▶ 或"直接选择工具" ▶ 放在未选中对象或编组对象上，鼠标光标将变为 ▶ 或 ▶ 形状；放到已选中的对象或编组对象上，鼠标光标将变为 ▶ 或 ▶ 形状；将其放到未选中对象的锚点上时，鼠标光标将变为 ▶ 或 ▶ 形状。

4.1.3 编组选择工具

在实际的绘图过程中，有时需要将几个图形进行群组。图形群组后，如果再想选择其中的一个图形，利用普通的选择工具是无法办到的，此时就需要用到工具箱中的"编组选择工具" ▶。

其方法为：在"直接选择工具" ▶ 上按住鼠标左键不放，在弹出的工具列表中选择"编组选择工具" ▶，在已经群组的图形中，使用"编组选择工具" ▶ 单击组中的任意一个图形，该图形即被选中，如图4-6所示。若再次单击先前已被选中的图形，即可将包含该图形的整个组中所有的图形对象选中，如图4-7所示。如果群组图形属于多重群组，那么每多单击一次鼠标即可多选择一组图形，以此类推。

图4-6　单击一次　　　图4-7　单击两次选择组中
　　　　　　　　　　　　　　　所有对象

技巧秒杀

选择不同的对象时，快速切换对应选择工具来选择对象可提高工作效率。按Ctrl+V快捷键可快速切换到"选择工具" ▶；按A键可选择"直接选择工具" ▶；在选择"直接选择工具" ▶ 时，按Alt键可选择"编组选择工具" ▶。

4.1.4 魔棒工具

利用"魔棒工具" ▶ 单击需要选择的图形或路径，可以选择同该图形或路径具有相同属性（如颜色、笔画宽度和不透明度等）的图形对象。

▓ 实例操作：为美女换头发颜色

- 光盘\素材\第4章\美女.ai　　● 光盘\效果\第4章\美女.ai
- 光盘\实例演示\第4章\为美女换头发颜色

本例将使用"魔棒工具" ▶ 对人物头发和衣袖处相同颜色进行换色，使头发和衣袖的颜色与人物衣服颜色对比更强。

Step 1 ▶ 按Ctrl+O快捷键，打开"美女.ai"素材文件，在工具箱中的"魔棒工具" ▶ 上双击鼠标，打开"魔棒"面板，选中 ☑填充颜色 复选框，在右侧设置容差值为32，如图4-8所示。将鼠标光标置于人物的衣袖上单击，即可选择该图形以及填充了相同颜色的头发区域，如图4-9所示。

图4-8　设置容差值　　　　图4-9　选择图形

技巧秒杀

要使用"魔棒工具" ▶ 选择对象，可按Y键快速选择"魔棒工具" ▶；另外，选择"窗口"/"魔棒"命令，也可打开"魔棒"面板。

Step 2 ▶ 在工具箱中双击"填充"色块，打开"拾色器"对话框，设置颜色为"黄色，#FFCC00"，单击 确定 按钮，如图4-10所示。返回工作界面，即可看到被选择的相同范围都被填充了黄色，如图4-11所示。

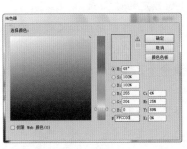

图4-10　选择颜色　　　图4-11　最终效果

💬 **知识解析：**"魔棒"面板 ·······················

◆ **填充颜色**：选中该复选框，可以选择与当前所选对象具有相同或相似填充颜色的图形对象。右侧的"容差"值决定了其他选择对象与当前单击对象的相似程度。对于RGB对象，其容差值介于0~255像素之间；对于CMYK对象，其容差值介于0~100像素之间；容差值越小，可选择与原始选中对象越接近的对象；容差值越大，可选择范围越广的对象。

◆ **描边颜色**：选中该复选框，可以选择与当前所选对象具有相同或相似描边颜色的对象。同选择对象的相似程度由右侧的"容差"值决定。

◆ **描边粗细**：选中该复选框，可以选择描边粗细与当前所选对象相同或相似的图形对象。同选择对象的相似程度由右侧的"容差"值决定。

◆ **不透明度**：选中该复选框，可以选择与当前所选对象具有相同或相似透明度设置的图形对象。同选择对象的相似程度由右侧的"容差"值决定。

◆ **混合模式**：选中该复选框，可以选择与当前所选对象具有相同混合模式的对象。

◆ **面板菜单**：单击 按钮，在弹出的下拉菜单中选择"隐藏笔画选项"命令或"隐藏透明区域选项"命令，系统将在面板中隐藏相应的选项。选择"复位"命令，可以使"魔棒"面板复位。选择"使用所有图层"命令，魔棒工具将作用于页

面中的所有图层，若不选择该命令，魔棒工具仅作用于当前所选中的路径或图形所在的图层。

❓ **答疑解惑：**

除了通过魔棒工具选择具有相同属性的对象外，还有其他方法吗？

除使用魔棒工具外，选择"选择"/"相同"命令，在弹出的子菜单中选择对应命令，也可以选择具有相同属性的所有对象，如图4-12所示。

全部(A)	Ctrl+A	外观(A)
现用画板上的全部对象(L)	Alt+Ctrl+A	外观属性(B)
取消选择(D)	Shift+Ctrl+A	混合模式(B)
重新选择(R)	Ctrl+6	填充和描边(R)
反向(I)		填充颜色(F)
上方的下一个对象(V)	Alt+Ctrl+]	不透明度(O)
下方的下一个对象(B)	Alt+Ctrl+[	描边颜色(S)
相同(M)	▶	描边粗细(W)
对象(O)	▶	图形样式(T)
存储所选对象(S)...		符号实例(I)
编辑所选对象(E)...		链接块系列(L)

图4-12　通过命令选择相同属性的对象

4.1.5　套索工具

使用"套索工具" 可以拖动鼠标进行自由选择。在工具箱中选择"套索工具" 或按Q键快速选择。然后在要选择的区域拖动鼠标绘制一个自由的闭合曲线即可选择曲线范围内的路径和锚点，如图4-13所示。

图4-13　使用套索工具选择对象的路径和锚点

▶ **技巧秒杀**

在使用任何工具选择对象时，按住Alt键都可以从所选对象中减少选中的内容。

4.1.6 使用命令选择对象

在Illustrator中，还有几种特殊的选择功能，位于"选择"菜单中，通过该菜单中的对应命令，可按堆叠顺序来选择对象或选择特定属性的对象。下面将分别进行介绍。

1. 按堆叠顺序选择对象

Illustrator中的图形是按照绘制的先后顺序进行排列的，如果用户想更改图形的堆叠顺序或选择被上方图形遮盖的底部图形，即可通过选择命令进行操作。

其方法为：先选择一个对象，如图4-14所示。如果要选择该对象上方的图形，可选择"选择"/"上方的下一个对象"命令，如图4-15所示。如果要选择该对象下方的图形，可选择"选择"/"下方的下一个对象"命令，如图4-16所示。

图4-14 选择对象

图4-15 选择上方对象 　 图4-16 选择下方对象

技巧秒杀

选择一个对象后，按Alt+Ctrl+]组合键可选择上方的下一个对象；按Alt+Ctrl+[组合键可选择下方的下一个对象。

知识解析："选择"菜单

◆ **全部**：选择该命令，可选择文档中的所有对象（除锁定的对象）。

◆ **现用画板上的全部对象**：选择该命令，可选择画板中的所有对象（除锁定的对象）。

◆ **取消选择**：选择该命令，可取消选择文档中的所有对象。

◆ **重新选择**：选择该命令，可重新选择最后一次的选择对象。

◆ **反向**：选择该命令，可选择隐藏的路径、参考线和其他难于选择的未锁定对象。适用于选择未选中的所有路径。

◆ **相同**：在该命令的子菜单中选择相应命令，可选择相同的外观、外观属性、填充颜色、不透明度、描边颜色、描边粗细、图形样式、符号实例、链接块系列等对象。

◆ **对象**：在该命令的子菜单中选择相应命令，可选择在同一图层上的所有对象、方向手柄、没有对齐的像素网格、画笔描边、剪切蒙版、游离点、各种类型的文本对象等。

◆ **存储所选对象**：选择该命令，可保存选择的对象。

◆ **编辑所选对象**：选择该命令，可编辑已选中的对象。

2. 选择特定属性的对象

"选择"/"对象"命令的子菜单中包含了多种选择命令，如图4-17所示。通过这些命令可以选择文档中特定属性的对象。

图4-17 菜单命令

💬知识解析： "对象"命令 ·············

◆ **同一图层上的所有对象**：选择一个对象后，如图4-18所示，选择该命令，可选择与当前对象位于同一图层上的所有对象，如图4-19所示。

图4-18　选择对象　　　图4-19　选择图层上的所有对象

技巧秒杀

"图层"面板用于管理文档中所用的图形，在该面板中选择某个图层，即可准确地选择该图层中相应的对象（"图层"功能将在第7章中进行详细介绍）。在选择"同一图层上的所有对象"命令后，按F7键，打开"图层"面板，可查看到与当前对象位于同一图层上的所有图层和对象均被选中，如图4-20所示。

图4-20　"图层"面板

◆ **方向手柄**：选择路径后，如图4-21所示。选择该命令，可选择当前选中对象上的所有方向控制手柄，如图4-22所示。

图4-21　选择对象　　　图4-22　选择方向控制手柄

◆ **没有对齐像素网格**：选择该命令，可选择没有对齐到像素网格的对象。
◆ **毛刷画笔描边**：选择该命令，可选择添加了毛刷画笔描边的对象。
◆ **画笔描边**：可选择与当前所选画笔描边具有相同属性的所有画笔描边。
◆ **剪切蒙版**：可选择文档中所有的剪切蒙版图形。
◆ **游离点**：可选择文档中所有孤立的游离点（即锚点）。
◆ **所有文本对象**：可选择文档中所有文本对象。
◆ **点状文字对象**：可选择文档中所有点状的文本对象。
◆ **区域文字对象**：可选择文档中所有区域文本对象。

4.2 编辑图形对象

在使用Illustrator CC绘制图形的过程中，可以根据需要对图像进行编辑操作，主要包括图像的移动、旋转、镜像、缩放和变换等，从而使图形更符合设计的需要。

4.2.1 移动对象

移动对象通常分为在同一文档中移动对象和在多个文档间移动对象，下面将对其操作方法分别进行介绍。

1. 在同一文档中移动对象

在同一文档中移动对象的方法非常简单，只需通过"选择工具" 即可实现对象的移动。选择工具箱中的"选择工具" ，单击并按住鼠标左键拖动对象即可进行移动，如图4-23所示为移动对象前的效果，如图4-24所示为移动对象后的效果。

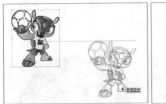

图4-23 移动对象

图4-24 移动后效果

技巧秒杀

选择对象后，按↑、↓、←、→键可以向对应方向轻移对象。如果同时按住Shift键，则可使对象以"键盘增量"首选项设定值的10倍移动。

2. 在多个文档间移动对象

当对象在不同文档中时，也可对其进行移动操作，且移动后原位置的对象依然保持不变。

实例操作：合成新图像

- 光盘\素材\第4章\文字.ai、花环.ai
- 光盘\效果\第4章\花环.ai
- 光盘\实例演示\第4章\合成新图像

本例将打开已制作好的两个文档，然后将其中一个文档中的图形移动到另一文档中，合成为新的图形。

Step 1 按Ctrl+O快捷键，打开"文字.ai"和"花环.ai"素材文件，如图4-25所示。

图4-25 打开文件

Step 2 在工具箱中选择"选择工具" ，单击选择文字图形，然后按住鼠标左键，将鼠标光标移动到

另一个文档（即花环）的标题栏上，如图4-26所示。

图4-26 移动图形

Step 3 停留片刻，将自动切换至花环文档中，将鼠标光标移动到画板中，再释放鼠标，即可将选择的图形移动到当前文档中，然后调整图形位置，如图4-27所示。

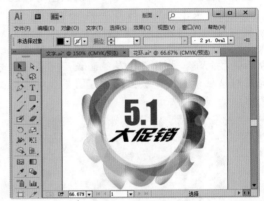

图4-27 最后效果

4.2.2 复制和删除对象

除了移动对象以外，用户还可以对文档中的图形对象直接进行复制或删除操作。

1. 复制对象

复制对象的方法有两种，下面分别进行介绍。

◆ **使用工具和快捷键**：选择"选择工具" ，然后按住Alt键不放，用鼠标光标指向要复制的对象，这时，鼠标光标将变为 形状，用鼠标拖动对象，当该对象移动至目标位置后释放鼠标即可，如图4-28所示。

图4-28　复制对象

◆ **使用命令或快捷键**：选择对象后，选择"编辑"/
"复制"命令或按Ctrl+C快捷键，然后选择"编辑"/"粘贴"命令或按Ctrl+V组合键，即可复制出一个新的对象。

实例操作：制作照片拼图

● 光盘\素材\第4章\照片.ai　　● 光盘\效果\第4章\照片拼图.ai
● 光盘\实例演示\第4章\制作照片拼图

拼图是常见的一种图片样式，也是小孩子喜欢玩的一种小游戏。本例将制作一个完整的拼图图片，该图片可以被打印出来供孩子玩拼图游戏，也可以放到QQ相册作为封面。如图4-29所示为原图，如图4-30所示为效果图。

图4-29　原图效果

图4-30　最终效果

Step 1 ▶ 新建一个112×112像素的文档，使用"钢笔工具" ，绘制一个如图4-31所示的图形。在工具属性栏中设置"描边"为0.75，"颜色"为"黑色"，如图4-32所示。

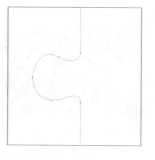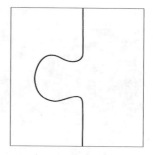

图4-31　绘制图形　　　　图4-32　描边和填充路径

Step 2 ▶ 打开一张想制作拼图效果的照片，这里打开"照片.ai"，然后使用"选择工具" ，将绘制好的路径拖曳到照片文档中，如图4-33所示。再按住Alt键不放，当鼠标光标变为 形状时，向下拖动复制3个路径，如图4-34所示。

图4-33　添加对象　　　　图4-34　复制对象

Step 3 ▶ 选择复制的多条路径，按住Alt不放，然后向右拖曳并复制路径，得到如图4-35所示效果。再选择一竖列路径，按Ctrl+C快捷键后，再按Ctrl+V快捷键复制路径。单击工具属性栏中的"变换"按钮，在弹出的面板中设置"旋转"为-90，然后调整路径的位置，如图4-36所示。

图4-35　复制路径　　　　图4-36　调整路径位置

Step 4 ▶ 再使用前面的方法继续复制路径，得到如图4-37所示效果。选择所有路径，按住Alt键不放，然后向右侧拖动并复制路径，在工具属性栏设置路径的"描边"颜色为"灰色，#757575"，"描边粗细"为2pt。再右击，在弹出的快捷菜单中选择"排列"/"后移一层"命令，将复制的路径置于黑色路径下方，如图4-38所示。

图4-37　再次复制路径　　　　图4-38　最终效果

技巧秒杀

选择一个或多个对象后，按Ctrl+C快捷键复制，切换到另一文档中，再按Ctrl+V快捷键，可以将选择的对象粘贴到当前文档中。该功能与在多个文档间移动对象作用类似。

2. 删除对象

为了避免错误操作，当对象没有作用时，要将其及时删除，其操作方法非常简单，只需选择"编辑"/"清除"命令，或按Delete键即可删除当前所选择的图像。

4.2.3　旋转对象

在Illustrator CC中可以根据需要，灵活地选择多种方式旋转对象。

◆ **使用定界框**：选择要旋转的对象，将鼠标光标移动到定界框控制点上，当鼠标光标变为↰形状时，按住鼠标左键并拖动，即可旋转对象，如图4-39所示。

图4-39　旋转对象

◆ **使用旋转工具**：选择要旋转的对象，选择"旋转工具" 🔄，对象四周将显示控制点。使用鼠标拖动控制点即可使对象围绕中心点旋转。将鼠标光标移动到旋转中心点上，按住鼠标左键拖动旋转中心点到需要的位置，如图4-40所示，可以改变旋转中心，通过旋转中心使对象旋转到新的角度及位置，如图4-41所示。

图4-40　改变旋转中心点位置　　图4-41　旋转对象

◆ **使用菜单命令**：双击"旋转工具" 🔄或选择"对象"/"变换"/"旋转"命令，打开"旋转"对话框，在"角度"选项数值框中输入对象旋转的角度，单击 确定 按钮可旋转对象，如图4-42所示。

◆ **使用"变换"面板**：选择"窗口"/"变换"命令，打开"变换"面板，在"旋转"下拉列表框中选择旋转角度或在文本框中输入数值后，按Enter键即可旋转对象，如图4-43所示。

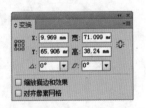

图4-42　"旋转"对话框　　　图4-43　"变换"面板

💬 知识解析：**"旋转"对话框**

◆ **角度**：右侧文本框中的数值为旋转的角度值，其取值范围为-360°~360°。

◆ **变换对象**：选中该复选框，在旋转有填充图案的图形时，系统将只对对象进行旋转，图案不发生变化。

◆ **变换图案**：选中该复选框，在旋转有填充图案的图形时，系统将只对图案进行旋转，对象不发生变化。

◆ 复制(C) 按钮：单击该按钮，系统将按对话框中设置的角度对图形进行旋转并复制。

实例操作：制作网页图标

● 光盘\素材\第4章\网页图标.ai　● 光盘\效果\第4章\网页图标.ai
● 光盘\实例演示\第4章\制作网页图标

　　本例将使用对已有的对象进行旋转并复制的操作，制作出一个全新的网页图标，最终效果如图4-44所示。

图4-44　最终效果

Step 1▶ 打开"网页图标.ai"素材文件，选择左侧的对象，再选择"旋转工具" ，将鼠标光标移动到旋转中心点上，按住鼠标左键拖动旋转中心点到彩圆中心的位置，如图4-45所示。按住Alt键的同时，拖动选择的对象进行旋转并复制，如图4-46所示。

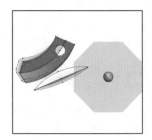
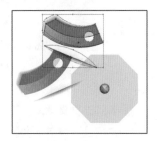

图4-45　定位中心点　　　图4-46　旋转并复制对象

Step 2▶ 再使用相同的方法对对象进行旋转并复制，如图4-47所示。在工具箱中选择"文字工具" T，在复制对象的白色圆对象上依次输入A～H文本，设置"字体"为"微软雅黑"，并分别设置为不同的颜色，如图4-48所示。

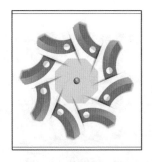

图4-47　旋转并复制对象　　图4-48　描边和填充路径

4.2.4　镜像对象

　　镜像对象是将所选的图形按水平、垂直或任意角度进行镜像或镜像复制。镜像对象最常用的方法是：选择需要镜像的图形，如图4-49所示。然后双击工具箱中的"镜像工具"按钮 或选择"对象"/"变换"/"镜像"命令，打开如

图4-49　原图

图4-50所示的"镜像"对话框，在其中设置适当的参数，单击 确定 按钮，即可对图形进行精确的镜像操作，如图4-51所示。若单击 复制(C) 按钮，则可镜像复制对象，如图4-52所示为镜像复制后调整对象位置的效果。

图4-50　"镜像"对话框　　　图4-51　镜像对象

图4-52　复制镜像对象

💬知识解析："镜像"对话框 ･････････････････

◆ **水平**：选中该单选按钮，可将图形在水平方向上

进行镜像操作。

◆ **垂直**：选中该单选按钮，可将图形在垂直方向上进行镜像操作。

◆ **角度**：选中该单选按钮，当在其右侧文本框中输入所需要的角度值，可将图形按此角度的方向进行镜像操作。

平"值和"垂直"值分别进行设置。"水平"与"垂直"文本框中的参数值分别代表图形在水平方向和垂直方向缩放的比例。

◆ **比例缩放描边和效果**：选中该复选框，对图形进行缩放的同时，图形的描边和效果也随之进行缩放。

技巧秒杀

使用选择工具选择图形，再直接拖动左侧或右侧的控制点到另一侧，可以得到水平镜像；直接拖动上方或下方的控制点到另一侧，可以得到垂直镜像。此外，在拖动鼠标时按住Alt键，可复制镜像对象。

4.2.5 缩放对象

缩放对象是将所选择的图形按等比或非等比的方式进行缩放或缩放复制。其方法为：使用"比例缩放工具" ，将鼠标光标移动到被选中的图形上，按住鼠标左键拖动即可进行任意缩放；或选中图形后双击"缩放工具"按钮 ，打开"比例缩放"对话框，在其中设置适当的参数，单击 确定 按钮，即可对图形进行精确的缩放操作，如图4-53所示。

图4-53　比例缩放对象

知识解析："比例缩放"对话框 ⋯⋯⋯⋯⋯

◆ **等比**：选中该单选按钮，设置其后的"缩放"值，即可对图形按当前的设置进行等比例缩放。当缩放值小于100时，图形缩小变形；当缩放值大于100时，图形放大变形。

◆ **不等比**：选中该单选按钮，可以对其下的"水

4.2.6 倾斜对象

选择需要倾斜的图形，在工具箱中使用鼠标按住"比例缩放工具"按钮 不放，在弹出的工具列表框中选择"倾斜工具" ，将鼠标光标移动到所选图形定界框的某一控制点位置并按下鼠标左键，即可对图形进行倾斜操作，如图4-54所示。

图4-54　倾斜对象

也可双击"倾斜工具" 或选择"对象"/"变换"/"倾斜"命令，打开"倾斜"对话框。在其中可选择水平或垂直倾斜，在"角度"文本框中输入对象倾斜的角度，单击 复制(C) 按钮，可在倾斜时复制对象，如图4-55所示。

技巧秒杀

选择"窗口"/"变换"命令，打开"变换"面板，在"倾斜"下拉列表框中选择倾斜角度或在文本框中输入数值后，按Enter键也可倾斜对象。

图4-55　倾斜并复制对象

💬知识解析：**"倾斜"对话框** ·····················●

◆ **倾斜角度**：该文本框用于控制图形的倾斜角度，
其取值范围为-360°～360°。

◆ **轴**：其下的单选按钮及参数可以精确控制倾斜轴
的方向。◎水平(H)单选按钮表示图形在水平方向上
倾斜，◎垂直(V)单选按钮表示图形在垂直方向上倾
斜；在◎角度(A)单选按钮右侧的文本框中设置倾斜角
度值，可将图形按此角度的方向进行倾斜，其取
值范围为-360°～360°。

4.2.7　变换对象

变换对象在Illustrator中经常使用，用户可以通过
分别变换、"变换"面板以及自由变换工具组（再次
变换）来变换对象。

1. 分别变换

使用分别变换可以对每个选定的对象分别进行变
换（相对于让所选对象一起变换）。选择"对象"/
"变换"/"分别变换"命令，或按Shift+Ctrl+Alt+D
组合键，打开"分别变换"对话框。在其中设置合适
的参数后，系统将会对每一个选择的对象按照设置的
参数分别进行变换，如图4-56所示为"分别变换"对
话框及使用分别变换前后的效果，顶图为原始效果；
中间是使用"分别变换"对话框旋转30°的效果；底
图为选中☑变换对象(B)复选框旋转30°的效果。

图4-56　分别变换对象

💬知识解析：**"分别变换"对话框** ···············●

◆ **缩放**：其下的参数决定了操作对象的缩放比例。
"水平"和"垂直"选项右侧的参数分别表示操
作对象在水平方向和垂直方向的缩放比例，其最
大值为200%，最小值为0%。

◆ **移动**：其下的参数决定操作对象移动的位置。
"水平"和"垂直"选项右侧的参数分别表示操
作对象在水平方向和垂直方向所移动的距离。当
其值为正数时，表示操作对象向右向上移动。值
为负数时，表示操作对象向左向下移动。

◆ **旋转**：其下的"角度"值决定了操作对象被旋转
的角度。

◆ **对称X/对称Y**：选中该复选框表示操作对象在变
换时沿X轴或Y轴翻转。

◆ **控制点坐标**：▦图标中间的黑点显示的是变换中
心的位置，在图标上单击其他的白色控制点，可
以改变变换中心的位置。

◆ **随机**：选中该复选框，系统将使操作对象在缩
放、移动、旋转时按无规律方式进行变换，如
图4-57所示为将网格变为一个随机纹理。

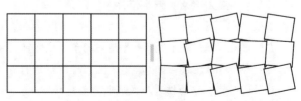

图4-57　倾斜对象

2. "变换"面板

利用"变换"面板可以控制所选对象的位置、大小、旋转角度及倾斜角度等。选择"窗口"/"变换"命令，或按Shift+F8快捷键，打开"变换"面板，在相应选项的文本框中设置适当的参数，再按Enter键即可。单击"变换"面板右上角的▣按钮，将弹出如图4-58所示的下拉菜单。

图4-58 "变换"面板

💬 **知识解析："变换"面板** ·············●

◆ **控制点坐标：** 在▦图标上单击其中的空心方块可以对选择对象的参考点进行修改，选择的参考点显示为黑色的实心点。

◆ **X/Y：** 分别表示所选对象在X轴和Y轴上的坐标值。若改变其右侧的参数，即可改变所选对象的位置。

◆ **宽/高：** 指所选对象的选择框的宽度和高度。若改变其右侧的参数，即可改变所选对象的大小。

◆ **约束宽度和高度比例：** 单击▣按钮后，在左侧的宽度或高度数值框中输入参数，可强制所选对象等比缩放。

◆ **旋转：** 使选择的对象产生旋转操作，在其右侧的文本框中设置相应的旋转角度，或单击其右侧的▾按钮，在弹出的下拉列表中选择一个适当的角度值即可。

◆ **倾斜：** 使选择的对象产生倾斜，在其右侧的文本框中设置相应的倾斜角度，或单击其右侧的▾按钮，在弹出的下拉列表中选择一个适当的角度值即可。

◆ **缩放描边和效果：** 选中该复选框，对图形进行缩放的同时，对象的描边和效果也随之进行缩放。

◆ **对齐像素网格：** 选中该复选框，可使选择的对象与像素网格对齐。

◆ **水平翻转：** 选择该命令，可使所选对象沿水平方向进行翻转变换。

◆ **垂直翻转：** 选择该命令，可使所选对象沿垂直方向进行翻转变换。

◆ **仅变换对象：** 选择该命令，在对有填充图案的选择对象进行变换时，只有所选对象产生变换。

◆ **仅变换图案：** 选择该命令，在对有填充图案的选择对象进行变换时，只有填充的图案产生变换。

◆ **变换两者：** 选择该命令，在对有填充图案的选择对象进行变换时，所选对象与填充图案同时发生变换。

◆ **使用符号的套版色点：** 该选项默认为选择状态。当选择符号实例时，套版色点的坐标将在"变换"面板中显示。所有符号实例的变换都对应于符号定义图稿的套版色点。

3. 自由变换工具

"自由变换工具"▦位于"比例缩放工具"▣下方，利用该工具可以对选择的图形进行多种变换操作，如缩放、旋转、镜像、倾斜和透视等。

▦ **实例操作：** 制作文字阴影效果

● 光盘\效果\第4章\文字阴影效果.ai
● 光盘\实例演示\第4章\制作文字阴影效果

在Illustrator中制作文字阴影效果有多种方法，本例将使用"自由变换工具"▦制作一个带有漂亮的阴影的字体设计效果，如图4-59所示。

图4-59 最终效果

Step 1 ▶ 按Ctrl+N快捷键，新建一个35cm×25cm的文档，并将其命名为"文字阴影效果"，如图4-60所示。选择"文字工具" T，在画板中单击并输入文字，然后设置"字体"为04b_03b，字号为100，字体颜色为"蓝色，#0D4170"，如图4-61所示。

图4-60 新建文档　　　　图4-61 输入文字

Step 2 ▶ 保持文字选中状态，按Ctrl+C快捷键，将其复制，再选择"编辑"/"贴在前面"命令，将其粘贴。使用"镜像工具" 在刚粘贴的文字下方的中间位置单击，确认镜像的中心点，如图4-62所示。按住Shift键并向下拖动鼠标，拖动至合适位置后释放鼠标，在原文字下方创建一个镜像对象，如图4-63所示。

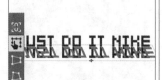

图4-62 定位中心点　　　　图4-63 镜像对象

Step 3 ▶ 选择"自由变换工具"，在弹出的工具列表框中选择"自由变换"工具选项，然后将鼠标光标置于镜像文本的底部，当其变为 形状时，按住鼠标左键向右侧拖动至合适位置释放鼠标，如图4-64所示。选择"文字"/"创建轮廓"命令，将文字转换为轮廓，如图4-65所示。

图4-64 倾斜对象　　　　图4-65 将文字转换为轮廓

Step 4 ▶ 选择"窗口"/"渐变"命令，打开"渐

变"面板，设置如图4-66所示的渐变参数，得到如图4-67所示的效果。

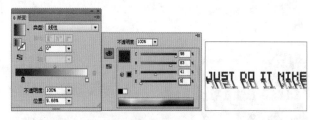

图4-66 设置渐变参数　　　　图4-67 渐变效果

Step 5 ▶ 使用"矩形工具" 在图形上方绘制4个相同大小的矩形，并分别填充颜色"橘红色，#EE7F19、草绿色，#8FC32A、蓝色，#085994、黄色，#F1E128"，如图4-68所示。选择4个矩形并右击，在弹出的快捷菜单中选择"编组"命令，将矩形编组，如图4-69所示。

图4-68 绘制矩形　　　　图4-69 编组对象

Step 6 ▶ 选择"自由变换工具"组中的"透视扭曲"工具，矩形四周将出现定界框，将鼠标光标置于左上角的控制点上，按住鼠标左键向右侧拖动至合适位置释放鼠标，如图4-70所示。选择"自由扭曲"工具，调整矩形下方的两个控制点，效果如图4-71所示。

图4-70 绘制矩形　　　　图4-71 编组对象

Step 7 ▶ 使用"镜像工具" 在透视矩形右侧的中间位置单击，确认镜像的中心点，再按住Alt键并向右侧拖动鼠标至合适位置后释放鼠标，在原矩形右侧创建一个镜像对象，如图4-72所示。选

择两个矩形，选择"窗口"/"透明度"命令，打开"透明度"面板，在其中设置"混合模式"为"颜色减淡"，"不透明度"为70%，如图4-73所示。

图4-72　复制对象　　　　图4-73　设置混合模式

技巧秒杀

在使用"自由变换工具" 时，为了得到更多控制，可在开始调整图形时按住Ctrl键。此外，"自由变换工具"组中的"限制"工具 可限制所选对象在变换和扭曲时的扭曲度。

4. 再次变换对象

在某些情况下，需要对同一变换操作重复数次，这个操作在复制对象时经常使用。用户可选择"对象"/"变换"/"再次变换"命令，或按Ctrl+D快捷键，即可根据需要重复执行移动、缩放、旋转、镜像和倾斜等操作。

其方法为：选择对象，在图形中定位中心控制点，再按住Alt+Shift快捷键，复制对象，然后连续按Ctrl+D快捷键即可连续复制选择的对象。如图4-74所示为应用"再次变换"命令后的效果。

图4-74　应用"再次变换"命令

4.3　对象管理

对象的排列与分布、编组与解组、锁定与解锁、隐藏与显示等操作是图形编辑过程中常常要使用的操作，使用这些操作可以十分方便地编辑复杂图形，下面将分别进行介绍。

4.3.1　对象的排列

复杂的绘图是由一系列相互重叠的对象组合而成的，而这些对象的排列顺序也决定了图形的外观。如果用户要调整图形的排列顺序，可先选择图形，选择"对象"/"排列"命令，在其子菜单中包含了5个命令，选择相应的命令，即可改变对象的排列顺序，如图4-75所示。

图4-75　对象排列菜单

💬知识解析：**对象排列菜单**

◆ 置于顶层：选择该命令，可将选择的对象移到所有对象的前面，如图4-76所示。

图4-76　左侧花纹置于顶层

◆ 前移一层：选择该命令，可将选择对象的排列顺序向前移动一层。

◆ **后移一层**：选择该命令，可将选择对象的排列顺序向后移动一层。

◆ **置于底层**：选择该命令，可将选择的对象移到所有对象的最底层（最后面）。

◆ **发送至当前图层**：选择该命令，可将选择的对象移到指定的（当前）图层中。如选择如图4-77所示的图层，再选择"图层2"，如图4-78所示，然后选择"发送至当前图层"命令，可将选择的图形发送到"图层2"中，如图4-79所示。

图4-77 选择图层　图4-78 选择图层　图4-79 发送图层

技巧秒杀

除了通过命令调整图层的排列顺序外，通过"图层"面板同样也可进行调整，其方法将在第7章中进行讲解。通过命令或"图层"面板调整图形的排列顺序的作用和效果都相同。

4.3.2 对象的对齐与分布

有时为了达到特定的效果，需要精确对齐和分布对象，对齐和分布对象能使对象之间互相对齐或间距相等。

1. 对象对齐

如果要对齐两个或多个图形，可先将其选中，再选择"窗口"/"对齐"命令，打开"对齐"面板，如图4-80所示。"对齐对象"栏中包含了6个对齐按钮，单击对应的按钮，可以沿指定的轴对齐所选对象。

图4-80 "对齐"面板

💬**知识解析：对齐对象** ··············

◆ **水平左对齐**：单击▣按钮，可使对象水平左对齐，如图4-81所示为原图；如图4-82所示为对象水平左对齐效果。

图4-81 原图效果　　图4-82 水平左对齐

◆ **水平居中对齐**：单击▣按钮，可使对象水平居中对齐，如图4-83所示。

◆ **水平右对齐**：单击▣按钮，可使对象水平右对齐，如图4-84所示。

图4-83 水平居中对齐　　图4-84 水平右对齐

◆ **垂直顶对齐**：单击▣按钮，可使对象垂直顶对齐，如图4-85所示。

◆ **垂直居中对齐**：单击▣按钮，可使对象垂直居中对齐，如图4-86所示。

◆ **垂直底对齐**：单击▣按钮，可使对象垂直底对齐，如图4-87所示。

图4-85 垂直顶对齐 图4-86 垂直居中 图4-87 垂直底对齐

技巧秒杀

在工具属性栏中也有一组对齐按钮，用户可单击对应按钮以对齐对象。

2. 分布对象

如果要让多个对象按照一定的规则均匀分布，可先将其选中，然后单击"对齐"面板中"分布对象"栏的分布按钮，即可使所选对象之间按相等间距分布。各按钮分别为："垂直顶分布"按钮、"垂直居中分布"按钮、"垂直底分布"按钮、"水平左分布"按钮、"水平居中分布"按钮和"水平右分布"按钮。

💬 **知识解析：分布对象** ·······································●

◆ **垂直顶分布**：单击按钮，可使对象垂直顶分布，如图4-88所示为原图；如图4-89所示为对象垂直顶分布效果。

图4-88　原图效果　　　　图4-89　垂直顶分布

◆ **垂直居中分布**：单击按钮，可使对象垂直居中分布，如图4-90所示。

◆ **垂直底分布**：单击按钮，可使对象垂直底分布，如图4-91所示。

图4-90　垂直居中分布　　　图4-91　垂直底分布

◆ **水平左分布**：单击按钮，可使对象水平左分布，如图4-92所示。

◆ **水平居中分布**：单击按钮，可使对象水平居中分布，如图4-93所示。

图4-92　水平左分布

◆ **水平右分布**：单击按钮，可使对象水平右分布，如图4-94所示。

图4-93　水平居中分布　　图4-94　水平右分布

3. 分布间距

如果需要指定对象间固定的分布间距，也可在"对齐"面板中进行操作。选择多个对象，然后单击其中的一个图形作为参照对象，如图4-95所示。在"分布间距"栏的数值框中输入数值，再单击"垂直分布间距"按钮或"水平分布间距"按钮，即可让所选图形按照设定的数值分布，如图4-96所示。

图4-95　选择参照对象　　　图4-96　垂直居中

💬 **知识解析：分布间距** ·······································●

◆ **垂直分布间距**：单击按钮，所有被选择的对象将以参照对象为参照，按设置的数值等距垂直分布，如图4-97所示。

◆ **水平分布间距**：单击按钮，所有被选择的对象将以参照对象为参照，按设置的数值等距水平分布，如图4-98所示。

图4-97　2cm等距　　　图4-98　2cm等距水平分布
　　　垂直分布

读书笔记 ▸

4.3.3 对象编组与解组

对象编组是将需要保持彼此空间关系不变的一系列对象放在一起，如果要同时移动多个对象、合并对象或在所有对象上执行同一个操作，可以将其编组。若要对组中的某个对象进行编辑，还可取消对象的编组。

1. 对象编组

将对象编组，有利于同时编辑一组中的所有对象。其方法为：选择要编组的对象，选择"对象"/"编组"命令，或按Ctrl+G快捷键，即可将选择的对象编组。编组后，单击组中的任何一个对象，都将选中该组所有对象。此外，不仅可以将几个对象编组在一起，也可以将编组再编组在一起，以形成一个嵌套的编组。

技巧秒杀

将对象编组后，也可以单独选中其中的某个对象，按住Ctrl键，同时单击编组中的一个对象，即可在编组中选中该对象；也可以使用"编组选择工具" 进行选取。

2. 对象解编

选择要解组的对象组合，选择"对象"/"取消编组"命令，或按Shift+Ctrl+G组合键，即可将选择的编组对象解组，如图4-99所示。解组后，可单独选取任意一个对象进行编辑，如图4-100所示。如果是嵌套编组，可以将取消编组的操作重复执行，直到全部解组为止。

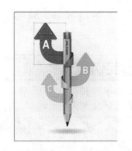

图4-99　选择解组对象　　图4-100　取消编组后的效果

4.3.4 对象隐藏与显示

若画板中的某些对象遮挡或影响了其他对象的显示效果，这种情况下，可以根据需要将对象隐藏起来。选择"对象"/"隐藏"/"所选对象"命令或按Ctrl+3快捷键即可，如图4-101所示为隐藏对象前后的效果。

图4-101　隐藏对象前后效果

若要显示所有隐藏对象，可以选择"对象"/"显示全部"命令或按Alt+Ctrl+3组合键。

技巧秒杀

选择"对象"/"隐藏"/"上方所有图稿"命令，可将选择对象上方（前面）的所有对象隐藏；选择"对象"/"隐藏"/"其他图层"命令，可在"图层"面板中看到所选对象图层之外的其他图层都被隐藏，同时画板中对应的对象也被隐藏（隐藏图层将在第7章进行讲解）。

4.3.5 对象锁定与解锁

锁定对象可以防止误操作发生，也可防止多个对象重叠时，选择一个对象会连带选取其他对象。选择"对象"/"锁定"命令，在弹出的子菜单中选择对应命令即可。下面分别进行介绍。

◆ **锁定所选对象**：选择该命令，可将选择的对象锁定。锁定后的对象将不能被选中或编辑，如图4-102所示。

◆ **锁定上方所有图稿**：选择该命令，可将选定对象上方的所有对象锁定。

图4-102 锁定所选对象

若要编辑被锁定的对象，可以选择"对象"/"全部解锁"命令，或按Alt+Ctrl+2组合键。

4.4 使用Illustrator路径查找器

使用Illustrator绘制图形时，许多看似复杂的对象，往往是由多个简单的图形快速修剪或组合而成的。使用Illustrator路径查找器功能即可快速实现，下面详细介绍。

4.4.1 设置"路径查找器"选项

选择"窗口"/"路径查找器"命令，或按Shift+Ctrl+F9组合键，打开"路径查找器"面板，如图4-103所示。单击面板右上角的 按钮，在弹出的下拉菜单中选择"路径查找器选项"命令，打开"路径查找器选项"对话框，如图4-104所示。通过该对话框可以自定义路径查找器工作的方式。

图4-103 "路径查找器"面板　　图4-104 "路径查找器"选项"对话框

💬 **知识解析："路径查找器选项"对话框** ·········

◆ **精度：** 可以影响路径查找器计算对象路径时的精确程度。计算越精确，绘图就越准确，生成结果路径所需的时间就越长。

◆ **删除冗余点：** 选中该复选框，可删除相同路径上并排的重叠点。

◆ **分割和轮廓将删除未上色图稿：** 选中该复选框，

Illustrator将自动删除未上色的图形。

◆ **默认值(F)** 按钮：单击该按钮，可将各参数重置到默认值。

4.4.2 联集

单击"路径查找器"面板中的"联集"按钮 ，可以将选择的多个图形合并为一个图形，且在合并后，轮廓线及其重叠的部分融合在一起。最前面对象的颜色决定了合并后对象的颜色。

🎨 **实例操作：制作卡通羊**

● 光盘\效果\第4章\卡通羊.ai
● 光盘\实例演示\第4章\制作卡通羊

本例将通过"路径查找器"面板中的"联集"功能制作一个可爱的卡通羊，如图4-105所示。

图4-105　最终效果

Step 1 ▶ 新建一个10cm×7cm的文档,使用"钢笔工具" ✍ 绘制出绵羊的轮廓,并填充颜色为"粉色,#D4A383",描边颜色为"褐色,#7D4D22",描边粗细为0.5,如图4-106所示。再使用"椭圆工具" ⬭ 并按住Shift键在轮廓上方绘制一些圆形,填充为"白色",描边颜色为"褐色,#673A1B",如图4-107所示。

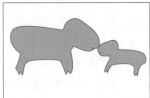

图4-106　绘制路径　　　　图4-107　绘制圆形

Step 2 ▶ 使用"选择工具" ▶ 选取左侧绵羊上方的所有圆形,如图4-108所示。按Shift+Ctrl+F9组合键,打开"路径查找器"面板,单击"联集"按钮 ⬒,将选择的图形组合在一起,如图4-109所示。

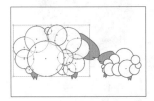

图4-108　选择圆形　　图4-109　"路径查找器"面板

Step 3 ▶ 得到如图4-110所示的效果。再使用相同的方法将右侧小绵羊上方的圆形组合,效果如图4-111所示。

图4-110　合并圆形效果　　　图4-111　合并图形

Step 4 ▶ 使用"钢笔工具" ✍ 绘制出绵羊的角,并填充颜色为"褐色,#783F1F",描边颜色为"深褐色,#532C14",如图4-112所示。再绘制两个圆形并填充为"浅褐色,#946134",将其选中,单击"路径查找器"面板中的"减去顶层"按钮 ⬚,制作一个月牙图形,如图4-113所示。

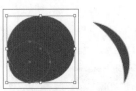

图4-112　绘制羊角　　　图4-113　修剪图形

Step 5 ▶ 将月牙图形放置于绵羊的角上,并复制多个月牙图形,再调整其大小和位置,如图4-114所示。再使用"椭圆工具" ⬭ 绘制绵羊的眼睛,如图4-115所示。

图4-114　制作羊角纹理　　　图4-115　绘制眼睛

Step 6 ▶ 使用"矩形工具" ▢ 绘制一个矩形,并填充颜色为"黄色,#F7BF0D",再按Shift+Ctrl+[组合键将其移到底层,如图4-116所示。按Ctrl+C快捷键复制背景,再按Ctrl+F快捷键将复制的背景粘贴在原背景前面,选择"窗口"/"色板库"/"图案"/"基本图形"/"基本图形_点"命令,打开"基本图形_点"面板,在其中选择如图4-117所示的图案样式。

图4-116　制作背景

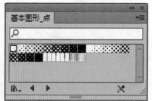

图4-117　选择填充图案

在添加"基本图形_点"时，图形将填充为黑点状。因此，为了得到黄色背景黑点的底纹效果，这里需先复制一个黄色背景并将其粘贴在原黄色背景的前面。

Step 7 ▶ 得到如图4-118所示的效果。单击工具属性栏中的"不透明度"选项，在打开的面板中设置"混合模式"为"颜色减淡"，效果如图4-119所示。

图4-118　添加图案的效果

图4-119　最终效果

4.4.3　减去顶层

单击"减去顶层"按钮，可从底部对象减去前面所有对象，其作用与"联集"相反。执行"减去顶层"操作后的对象保留了最底部对象的样式（填色和描边属性），如图4-120所示为原图效果；如图4-121所示为减去顶层图形后得到的效果。

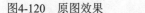

图4-120　原图效果

图4-121　减去顶层效果

4.4.4　交集

单击"交集"按钮后得到的图形效果与"减去顶层"相反，交集只保留图形重叠（相交）的部分，没有相交的任何部分都被删除。重叠部分显示为顶部图形的填色和描边属性，如图4-122所示为原图效果；如图4-123所示为对图形交集后得到的效果。

图4-122　交集前　　　　　图4-123　交集后

技巧秒杀

如果在使用"路径查找器"面板中的任何修剪功能时按住Alt键，对象将自动扩展。

4.4.5　差集

选择需操作的对象后，如图4-124所示，单击"差集"按钮，则选择对象的重叠区域被减去，而未重叠区域被保留。最终生成的新图形的填充和描边颜色与所选对象中位于最顶层的对象属性相同，如图4-125所示。

图4-124　差集前　　　　　图4-125　差集后

4.4.6　分割

单击"路径查找器"中的"分割"按钮可对图形的重叠区域进行分割，使之成为单独的图形，分割后的图形可保留原图形的填充和描边属性，并自动编组。如图4-126所示为在心形上方绘制一条路径；如图4-127所示为对图形进行分割后填充不同颜色并移动位置的效果。

图4-126　创建路径　　　　图4-127　分割效果

4.4.7　修边

单击"修边"按钮可将前后图形的重叠区域删除，并保留对象的填充，无描边。如图4-128所示为原图效果；如图4-129所示为对图形进行修边后的效果。

 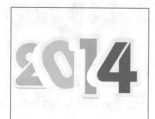

图4-128　原图效果　　　　图4-129　修边效果

4.4.8　合并

单击"合并"按钮可对不同颜色的图形进行合并，且在合并后，最顶层的图形形状保持不变，与后面图形重叠的区域将被删除。如图4-130所示为原图效果；如图4-131所示为对图形合并后移开的效果。

图4-130　原图效果　　　　图4-131　合并后移开的效果

4.4.9　裁剪

"裁剪"按钮的作用与蒙版的作用类似，只保留图形的重叠区域（也就是被裁剪区域外的部分都被删除），顶部的对象充当下方对象的蒙版，并显示为最底部图形的颜色。

▓实例操作：制作光盘

● 光盘\素材\第4章\花环.ai　　　● 光盘\效果\第4章\光盘.ai
● 光盘\实例演示\第4章\制作光盘

要使用"裁剪"命令创建图形，先要将用作裁剪器的对象置于顶层，再选择被裁剪的对象，单击"裁剪"按钮将删除裁剪器外部的所有内容，且已裁剪的对象与裁剪后的形状组合在一起。本例将在已制作好素材图形的基础上，使用裁剪功能制作光盘及光盘包装效果，如图4-132所示。

图4-132　最终效果

读书笔记

Step 1 ▶ 新建一个15cm×10cm的文档，使用"矩形工具" □ 绘制一个与画板相同大小的矩形，并填充为"灰色，#4A4949"，再使用相同的方法在其上绘制一白色矩形，如图4-133所示。使用"椭圆工具" ◯ 并按住Shift键在右侧绘制一个圆形，并填充渐变色为"墨蓝灰（67，51，43，0）到白色"，如图4-134所示。

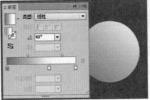

图4-133　绘制矩形　　　　　图4-134　绘制圆形

Step 2 ▶ 在圆形上方绘制一个稍小的白色圆形，选择两个圆形，单击"路径查找器"面板中的"减去顶层"按钮 ◨ ，如图4-135所示，得到新的图形，按Ctrl+C和Ctrl+V快捷键复制该图形，并将其填充为"白色"，将鼠标光标置于图形右上角的定界框上，当其变为 ☞ 形状时，再按住Shift+Alt键向内拖动鼠标缩小圆形，效果如图4-136所示。

图4-135　减去顶层　　　　　图4-136　调整圆的大小

Step 3 ▶ 使用相同的方法继续复制3个圆形并调整圆的大小，将第一个复制的圆形填充渐变色为如图4-137所示的效果，其他两个圆分别填充"浅蓝色，#D3E2ED"和"白色"。再选择3个小圆形，复制并缩小，得到如图4-138所示的效果。

图4-137　填充颜色　　　　　图4-138　复制圆形

Step 4 ▶ 选择左侧的矩形，按Ctrl+C快捷键，再按Ctrl+F快捷键，选择"文件"/"置入"命令，置入"花环.ai"素材文件，并放置于矩形右下角，如图4-139所示，选择上方的白色矩形，按Shift+Ctrl+]组合键将其置于顶层，再按住Shift键并单击花环图形，将其加选，单击"路径查找器"面板中的"裁剪"按钮 ◨ 得到如图4-140所示的效果。

图4-139　置入素材　　　　　图4-140　裁剪图形

Step 5 ▶ 使用相同的方法在右侧的白色圆形上进行图形的裁剪，得到如图4-141所示的效果。再次置入花环并缩小，然后复制多个花环并调整其位置，如图4-142所示。

图4-141　减去顶层　　　　　图4-142　调整圆的大小

操作解谜　需注意的是，在对白色圆进行图形裁剪前，同样需要在原位复制一个相同大小的圆形，并将图形置于复制圆的后方，再进行裁剪，才能得到上图的效果。

Step 6 ▶ 使用"文字工具" Ⓣ 在花环右侧输入文字，并设置字体为Expansiva，字号为10.5，字体颜色为#95C632，描边粗细和颜色分别为0.5、#95C632，得到如图4-143所示的效果。复制文字至右侧的光盘上，并使用相同的方法在光盘下方输入相应文字，字体为"微软雅黑"，效果如图4-144所示。

图4-143　输入文字　　　　　图4-144　最终效果

4.4.10 轮廓

单击"轮廓"按钮后，当选择的多个对象不重叠时，对象将会全部转换为轮廓线，轮廓线的颜色与原图形填充色相同，如图4-145所示；单击"轮廓"按钮后，当选择的多个对象重叠时，对象将会被分割，并且转换为轮廓外框线，如图4-146所示。

图4-145　原图效果　　　　图4-146　转换为轮廓的效果

4.4.11 减去后方对象

单击"减去后方对象"按钮，可用最前面的图形减去后面的所有图形，保留最前面图形的非重叠区域及描边和填充颜色，如图4-147所示为原图效果；如图4-148所示为用前面的图形减去后方对象的效果。

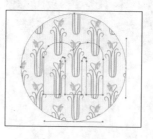 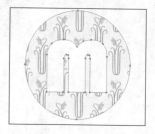

图4-147　原图效果　　　　图4-148　减去后方图形效果

? 答疑解惑：

"效果"菜单中的"路径查找器"命令中也包含了与"路径查找器"面板相同的命令，二者之间有什么区别？

用户可使用"效果"菜单来应用路径查找器效果。"效果"菜单中的路径查找器效果仅可应用于组、图层和文本对象。应用效果后，仍可选择和编辑原始对象。也可以使用"外观"面板来修改或删除效果。而"路径查找器"面板中的路径查找器效果可应用于任何对象、组和图层的组合。用户单击"路径查找器"面板时即创建了最终的形状组合；之后，便不能再编辑原始对象。如果这种效果产生了多个对象，这些对象会被自动编组到一起。

 知识大爆炸
——图形的还原与重做

还原与重做主要是对工作过程中出现的失误进行及时纠正，其操作方法是：当在工作过程中出现了失误时，可以选择"编辑"/"还原"命令（或按下键盘中的Ctrl+Z快捷键），即可对所做的操作进行还原，操作一次便可以还原一次。如果有时多还原了几步，又想恢复到还原之前的形态，此时可选择"编辑"/"重做"命令（或按下键盘中的Ctrl+Shift+Z组合键），即可将还原的命令重做，操作一次便可以重做一次。

图形编辑操作

本章导读 ●

Illustrator具有变换任何对象的功能，如通过缩放、旋转、镜像、倾斜来改变其形状，还可通过其他特殊的变形功能来编辑对象。本章除了讲解常用变形功能外，还讲解了封套扭曲、图像混合、图像描摹等图像编辑知识，通过这些功能可以制作复杂的图形，以达到图形美化、造型效果，从而创建出不同形状的图形。

5.1 形状工具的应用

在Illustrator中有一组可对对象进行变形操作的工具，被称为"液化"工具，该工具组中包括 "宽度工具""变形工具""旋转扭曲工具""缩拢工具""膨胀工具""扇贝工具""晶格化工具""皱褶工具"，这些工具被赋予了自由变形的能力，下面分别进行介绍。

5.1.1 宽度工具

使用"宽度工具" 可以对加宽绘制的路径描边，并调整为各种多变的形状效果。

■ 实例操作：绘制化妆品瓶子

- 光盘\素材\第5章\化妆品背景.jpg
- 光盘\效果\第5章\化妆品瓶子.ai
- 光盘\实例演示\第5章\绘制化妆品瓶子

本例将使用"宽度工具" 绘制化妆品瓶子，然后对化妆品瓶子应用渐变描边。通过本例让用户掌握宽度工具的操作方法，效果如图5-1所示。

图5-1 原图效果

Step 1 ▶ 按Ctrl+N快捷键，新建一个24cm×20cm的文档，使用"直线段工具" ✎ 在画板中绘制一条线条，如图5-2所示。按Ctrl+F9快捷键，打开"渐变"面板，在"渐变滑块"下方单击添加渐变滑块，双击添加的渐变滑块，在打开的面板中单击右上角的 按钮，在弹出的快捷菜单中选择CMYK命令，切换至CMYK渐变状态，设置渐变颜色为如图5-3所示的效果。

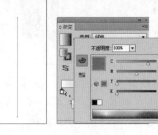 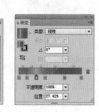

图5-2 绘制线条 　　图5-3 创建渐变颜色

Step 2 ▶ 单击工具箱中的"互换填充和描边"按钮 ↳ ，将渐变色切换至描边颜色填充线条，如图5-4所示。再选择工具箱中的"宽度工具" ，将鼠标光标置于线条上方的控制点上，当鼠标光标变为 形状时，按住鼠标左键不放向外拖动，调整线条宽度。再使用相同方法调整线条下方，效果如图5-5所示。在线条中上方和底部分别添加一个节点，使用相同的方法调整其宽度，效果如图5-6所示。

图5-4 切换填充色 　图5-5 调整线条宽度 　图5-6 添加节点

Step 3 ▶ 使用"直线段工具" ✎ 在瓶身上方绘制一条线条，使用相同的方法为线条应用渐变描边，并使用"宽度工具" 调整线条宽度，效果如图5-7所示。使用"椭圆工具" ⬭ 在瓶盖上方绘制一个椭圆，并切换描边色与填充色，得到如图5-8所示的效果。

图5-7　绘制瓶盖　　　　　图5-8　绘制椭圆

Step 4 ▸ 在瓶盖下方和瓶身交接处绘制一个矩形，并填充为与瓶盖相同的灰色渐变，效果如图5-9所示。选择"效果"/"变形"/"拱形"命令，打开"变形选项"对话框，选中 ⦿水平(H) 单选按钮，设置"弯曲"为15%，选中 ☑预览(P) 复选框预览设置效果，完成后单击 确定 按钮，如图5-10所示。

图5-9　绘制矩形　　　　图5-10　设置变形选项

Step 5 ▸ 保持矩形的选择状态，按Shift+F6快捷键，打开"外观"面板，单击右上角的 ▾≡ 按钮，在弹出的快捷菜单中选择"添加新填色"命令，如图5-11所示。选择"效果"/"扭曲和变换"/"变换"命令，打开"变换效果"对话框，设置"移动"栏的"垂直"值为0.0353cm，单击 确定 按钮，如图5-12所示。

读书笔记 ▸

- -

- -

- -

- -

- -

图5-11　添加新填色　　　　图5-12　设置变换效果

Step 6 ▸ 选择"效果"/"风格化"/"投影"命令，打开"投影"对话框，设置"不透明度"为35%，"X位移"为0cm，"Y位移"为0.1cm，"模糊"为0.1cm，颜色为"黑色"，单击 确定 按钮，如图5-13所示。使用"钢笔工具" 🖋 在瓶颈上绘制一条如图5-14所示的闭合路径，并填充与瓶盖相同的灰色渐变。

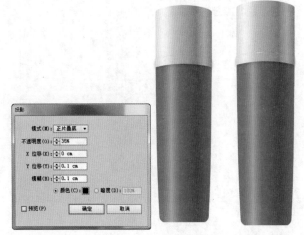

图5-13　设置投影　　　　图5-14　绘制路径

Step 7 ▸ 使用"文字工具" **T** 在瓶身上输入文字，并分别设置字体和字号，效果如图5-15所示。选择瓶身，选择"效果"/"风格化"/"投影"命令，打开"投影"对话框，设置"不透明度"为65%，其他参数保持默认，单击 确定 按钮，如图5-16所示。

图5-15　输入文字　　　　图5-16　设置投影

Step 8 ▶ 选择"新建"/"置入"命令，置入"化妆品背景.jpg"素材文件，如图5-17所示。在背景图上右击，在弹出的快捷菜单中选择"排列"/"置于底层"命令，将背景图置于底层，并调整其大小及位置，最终效果如图5-18所示。

图5-17　置入背景　　　　图5-18　最终效果

5.1.2　变形工具

　　"变形工具" 可对对象创建比较随意的变形效果。其使用方法是：选择对象，选择"变形工具" ，在对象上需要变形的区域单击并拖动鼠标即可，如图5-19所示为选择对象；如图5-20所示为使用变形工具变形后的效果。

技巧秒杀

在使用变形、旋转扭曲和缩拢等液化工具时，按住Alt键，然后在画板空白处上下左右拖动鼠标可以调整工具的大小。

图5-19　选择对象　　　　图5-20　对象变形效果

　　双击"变形工具"按钮 ，可打开"变形工具选项"对话框，在其中可以设置画笔尺寸和压笔感等参数，如图5-21所示。

图5-21　"变形工具选项"对话框

知识解析："变形工具选项"对话框

◆ **宽度和高度**：设置使用变形工具时画笔的大小。

◆ **角度**：设置使用变形工具时画笔的方向。

◆ **强度**：指定扭曲的改变速度。该值越大，扭曲对象的速度越快。

◆ **使用压感笔**：当计算机中安装了数位板或压感笔时，该复选框呈可用状态。选中该复选框，可通过压感笔的压力控制扭曲的强度。

◆ **细节**：指定引入对象轮廓的各点间的间距，值越大，间距越小。

◆ **简化**：指定减少多余锚点的数量，但不会影响形状的整体外观。该选项用于变形、旋转扭曲、缩拢和膨胀工具。

◆ **显示画笔大小**：选中该复选框，可在画板中显示画笔的形状和大小。

◆ **重置**：单击该按钮，可以将对话框中的参数恢复为Illustrator默认值状态。

5.1.3 旋转扭曲工具

"旋转扭曲工具" 🔄 可以使图形产生漩涡状变形效果。双击 "旋转扭曲工具" 按钮 🔄，可打开 "旋转扭曲工具选项" 对话框，其中各参数与 "变形工具选项" 对话框中的相似，因此这里不再赘述。

若要创建旋转扭曲效果，首先需选择要进行旋转扭曲的图形对象，如图5-22所示。然后在工具箱中选择 "旋转扭曲工具" 🔄，将鼠标光标放到对象的锚点上，按住鼠标左键拖动即可进行扭曲变形，如图5-23所示。

图5-22　原图效果　　　图5-23　旋转扭曲图形效果

5.1.4 缩拢工具

"缩拢工具" 🔳 类似于收缩效果，是通过向十字线方向移动控制点的方式收缩对象，使图形产生向内收缩的变形效果。双击 "缩拢工具" 按钮 🔳，可打开 "缩拢工具选项" 对话框，其选项含义与 "变形工具选项" 对话框相似。若要创建缩拢效果，首先需选择要进行缩拢变形的图形对象，如图5-24所示。然后在工具箱中选择 "缩拢工具" 🔳，在对象上单击鼠标或按住鼠标左键拖动即可进行缩拢变形，如图5-25所示。

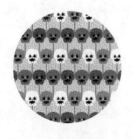 

图5-24　原图效果　　　图5-25　缩拢图形效果

5.1.5 膨胀工具

"膨胀工具" 🔳 可通过向十字线方向移动控制点的方式扩展对象，创建与缩拢工具相反的变形效果。其使用方法与 "缩拢工具" 🔳 相似，如图5-26所示为原图效果；如图5-27所示为使用 "膨胀工具" 🔳 将瓶身膨胀的效果。

图5-26　原图效果　　　图5-27　膨胀图形效果

5.1.6 扇贝工具

"扇贝工具" 🔳 可以对对象的轮廓创建随机弯曲的弓形纹理效果。

实例操作：制作光感花纹效果

- 光盘\效果\第5章\光感花纹.ai
- 光盘\实例演示\第5章\制作光感花纹效果

本例将使用 "扇贝工具" 🔳 制作光感花纹效果，首先是对圆形进行变形操作，然后复制并变换图形，最终效果如图5-28所示。

图5-28　最终效果

Step 1 ▶ 按Ctrl+N快捷键，新建一个7cm×7cm的文档，绘制相同大小的矩形并填充为"黑色"，再在画板中绘制一个正圆形，如图5-29所示。再按住"宽度工具" 不放，在弹出的工具列表框中选择"扇贝工具" ，双击该工具，打开"扇贝工具选项"对话框，取消选中□画笔影响内切线手柄(N)和□画笔影响外切线手柄(O)复选框，再选中☑画笔影响锚点(P)复选框，单击 确定 按钮，如图5-30所示。

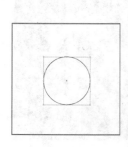

图5-29　创建圆形　　图5-30　"扇贝工具选项"对话框

> 操作解谜
>
> 在打开的"扇贝工具选项"对话框中取消选中□画笔影响内切线手柄(N)和□画笔影响外切线手柄(O)复选框，再选中☑画笔影响锚点(P)复选框，是为了不让画笔影响圆形的内外切线段，只影响锚点，才能将圆形快速变形为花朵形状。

Step 2 ▶ 返回工作界面，在圆形上按住鼠标左键不放，此时，圆形锚点将向内收缩，得到如图5-31所示的效果。在工具箱中设置"填充"为"深蓝色，#04192B"，并在工具属性栏中单击 按钮，在弹出的列表框中选择"无"选项，去掉描边，如图5-32所示。

图5-31　将圆形变形为花朵　　图5-32　填充颜色

Step 3 ▶ 按Shift+Ctrl+F10组合键打开"透明度"面板，在"正常"下拉列表框中选择"滤色"选项，

如图5-33所示。选择"对象"/"变换"/"分别变换"命令，打开对话框，在"缩放"栏设置"水平"和"垂直"为99%，在"旋转"栏设置"角度"为1°，单击 复制(C) 按钮，如图5-34所示。

图5-33　设置参数　　　　图5-34　设置参数

Step 4 ▶ 按住Ctrl+D快捷键不放，至出现如图5-35所示的效果。使用"矩形工具" 绘制一个矩形，并按Shift+Ctrl+[组合键将其置于底层，如图5-36所示。

图5-35　复制效果　　　　图5-36　添加背景

💬知识解析："扇贝工具选项"对话框 ………………

◆ **复杂性**：可以控制变形的复杂程度。

◆ **细节**：选中该复选框，可以控制变形的细节程度。

◆ **画笔影响锚点**：选中该复选框，画笔的大小会影响锚点。

◆ **画笔影响内切线手柄**：选中该复选框，画笔会影响对象的内切线。

◆ **画笔影响外切线手柄**：选中该复选框，画笔会影响对象的外切线。

5.1.7 晶格化工具

"晶格化工具" ⊡ 可以向对象的轮廓创建随机的弓形和锥化的细节。该工具与扇贝工具得到的效果相反。使用该工具时，可不选择对象，只需在需晶格化的对象上通过单击或单击并拖动鼠标的方式即可变形对象。如图5-37所示为原图；如图5-38所示为使用"晶格化工具" ⊡ 变形图形后的效果。

图5-37　原图效果　　　图5-38　晶格化图形效果

5.1.8 皱褶工具

"皱褶工具" ⊡ 可以向对象的轮廓创建类似于皱褶的纹理效果，产生不规则的起伏。该工具同样不必选择对象，只需在需皱褶的对象上使用单击或单击并拖动鼠标的方式即可变形对象。如图5-39所示为原图；如图5-40所示为使用"皱褶工具"变形图形后的效果。

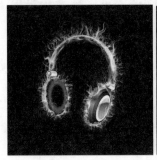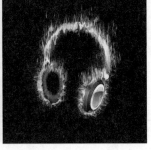

图5-39　原图效果　　　图5-40　皱褶图形效果

5.2 使用封套扭曲对象

封套扭曲是Illustrator中最灵活的变形功能，可以使当前选择的图形按封套的形状进行相应的扭曲变形，运用该功能可获得普通绘图工具无法获得的变形效果。建立封套扭曲的方法主要有3种，分别为用形状创建封套扭曲、用网格创建封套扭曲和用顶层对象创建封套扭曲，下面将分别进行介绍。

5.2.1 用预设形状建立封套扭曲

在Illustrator中，通过预设的变形形状可以创建多种封套扭曲效果。选择对象，选择"对象"/"封套扭曲"/"用变形建立"命令，或按Ctrl+Alt+W组合键，在打开的对话框中选择相应的封套类型即可创建。

▓ 实例操作：制作扇面

- 光盘\素材\第5章\扇子\　　● 光盘\效果\第5章\扇子.ai
- 光盘\实例演示\第5章\制作扇面

日常生活中，最常见的扇子款式是折扇，本例将通过预设封套形状创建折扇的扇面，最终效果如图5-41所示。

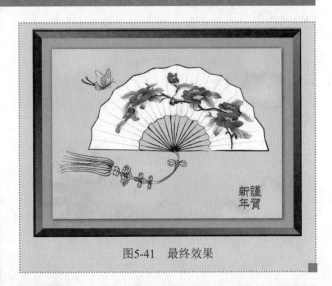

图5-41　最终效果

Step 1 ▶ 打开"折扇.ai"素材文件，如图5-42所示，再选择"文件"/"置入"命令，置入"梅花.ai"图形，如图5-43所示。

图5-42　打开素材文件　　　图5-43　置入图形

Step 2 ▶ 选择"梅花"图形，选择"对象"/"封套扭曲"/"用变形建立"命令，打开"变形选项"对话框，在"样式"下拉列表框中选择"弧形"选项，选中 ⊙水平(H) 复选框，设置"弯曲"为50%，单击 确定 按钮，如图5-44所示。选择变形后的梅花，按住Shift+Alt快捷键，调整梅花的大小并置于扇面的合适位置，效果如图5-45所示。

图5-44　"变形选项"对话框　　　图5-45　最终效果

技巧秒杀

在Illustrator中，不是所有的对象都能进行封套扭曲，如图表、参考线和链接对象等就不能进行封套扭曲。

💬 **知识解析："变形选项"对话框**

◆ **样式**：在其右侧的下拉列表框中可以选择图形封套扭曲的样式，系统为用户提供了多达16种样式，如图5-46~图5-61所示为每种样式生成的不同效果。

图5-46　原图效果　　　图5-47　弧形

图5-48　下弧形　　　图5-49　上弧形

图5-50　拱形　　　图5-51　凸出

图5-52　凹壳　　　图5-53　凸壳

图5-54　旗帜　　　图5-55　波形

图5-56　鱼形　　　图5-57　上升

图5-58　鱼眼　　　图5-59　膨胀

图5-60　挤压　　　图5-61　扭转

◆ 水平/垂直：选中其中某个单选按钮，可以决定选择对象的变形操作在水平方向上还是在垂直方向上。

◆ 弯曲：用于设置扭曲程度，该值越大，扭曲强度越大。

◆ 扭曲：决定选择对象在变形的同时是否扭曲。其下包括"水平"和"垂直"两个复选框，选中"水平"复选框，可以使变形偏向水平方向，如图5-62和图5-63所示。选中"垂直"复选框，可以使变形偏向垂直方向，如图5-64和图5-65所示。

图5-62 水平为-50

图5-63 水平为50

图5-64 垂直为-30

图5-65 垂直为30

技巧秒杀

为对象执行"对象"/"封套扭曲"/"用变形建立"命令后，可再次选择该对象，选择"对象"/"封套扭曲"/"用变形重置"命令，打开"变形选项"对话框，在其中可修改变形参数，制作出不同的变形效果。

5.2.2 用网格建立封套扭曲

用网格建立封套扭曲是指在对象上创建变形网格，再通过调整网格点来扭曲对象，通过网格可以更灵活地调节封套效果。

▦ 实例操作：制作红酒包装

● 光盘\素材\第5章\红酒\   ● 光盘\效果\第5章\红酒包装.ai
● 光盘\实例演示\第5章\制作红酒包装

本例将根据提供的"红酒瓶.ai"和"瓶贴.ai"素材图像制作红酒广告，完成前后的效果如图5-66和图5-67所示。

图5-66 原图效果　　　图5-67 最终效果

Step 1 ▶ 打开"红酒瓶.ai"和"瓶贴.ai"素材文件，如图5-68所示。使用"选择工具" ▶ 选择瓶贴图形，将其移动至红酒瓶图形上方，并调整其大小，如图5-69所示。

图5-68 打开素材　　　图5-69 添加图形

Step 2 ▶ 选择"对象"/"封套扭曲"/"用网格建立"命令，打开"封套网格"对话框，设置网格线的行数和列数分别为1和2，单击 确定 按钮，如图5-70所示。创建如图5-71所示的封套网格。

读书笔记

图5-70 "封套网格"对话框   图5-71 创建封套网格

使用网格对对象建立封套扭曲后，可在工具属性栏中修改网格的行数和列数，也可单击 重设封套形状 按钮，将网格恢复为原始的状态，再重新对对象进行编辑。

Step 3 ▶ 使用"直接选择工具" ▶ 单击网格左下角的网格点，将其选中，再拖动鼠标调整锚点的位置，如图5-72所示。对右侧的锚点进行相同的处理，如图5-73所示。

💬 **知识解析：** "封套网格"对话框

◆ 行数：用于设置封套网格的行数。

◆ 列数：用于设置封套网格的列数。

◆ 预览：选中该复选框，可预览网格效果。

图5-72 调整左侧锚点   图5-73 调整右侧锚点

Step 4 ▶ 使用"文字工具" T 在图形中输入文字，并设置文体分别为"方正大标宋简体、Affair、Charlemagne Std Bold"、字号分别为24、36、18，颜色分别为#AC9339、#AA9639，效果如图5-74所示。再使用"钢笔工具" ✎ 和"椭圆工具" ○ 在文字周围绘制花纹图形，描边粗细为0.75、颜色为#AC9339，如图5-75所示。

5.2.3 用顶层对象建立封套扭曲

用顶层对象建立封套扭曲是指在一个对象上面放置另外一个图形，用当前图形扭曲下面的对象。

🎬 **实例操作：** 制作手机壳

● 光盘\效果\第5章\美女.ai、帅哥.ai
● 光盘\效果\第5章\手机壳.ai
● 光盘\实例演示\第5章\制作手机壳

本例将使用顶层对象建立封套扭曲的方法，制作两个手机壳图形，最终效果如图5-76所示。

图5-76 最终效果

图5-74 输入文字   图5-75 绘制图形

Step 1 ▶ 新建一个10cm×10cm的文档，使用"矩形工具" ▢ 制作一个与画板相同大小的矩形，并填充为"玫红色，#B71170"，再使用"圆角矩形工具" ▢ 在画板上单击，打开"圆角矩形"对话框，设置"高度"和"宽度"分别为204mm、400mm，"圆角半径"为18mm，单击 确定 按钮，如图5-77

所示。得到一个圆角矩形，按住Alt键并向右侧拖动，复制圆角矩形，如图5-78所示。

图5-77　"圆角矩形"对话框　　图5-78　复制图形

Step 2 ▶ 在圆角矩形下方绘制两个椭圆，并为其填充"黑色至白色"的"径向"渐变，如图5-79所示。选择两个椭圆图形，按Shift+Ctrl+F10组合键，打开"透明度"面板，设置"混合模式"为"正片叠底"，"不透明度"为80%，得到如图5-80所示的投影效果。

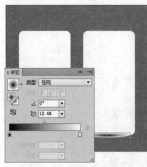 

图5-79　填充渐变　　　　图5-80　设置混合模式

Step 3 ▶ 选择"文件"/"置入"命令，置入"美女.ai"图片，调整其大小并将其放置于圆角矩形的下方，如图5-81所示。选择"对象"/"封套扭曲"/"用顶层建立"命令，创建封套扭曲，得到如图5-82所示的效果。

图5-81　设置图形混合模式　　图5-82　置入图片

Step 4 ▶ 使用相同的方法置入"帅哥.ai"图形，并创建封套扭曲，得到如图5-83所示的效果。在左侧的图形上绘制一个小的圆角矩形，并填充为与背景相同的颜色"蓝色，#B71170"，效果如图5-84所示。

图5-83　创建封套扭曲　　　图5-84　最终效果

5.2.4　编辑封套内容

创建封套扭曲之后，所有封套对象会合并到一个图层中，且"图层"面板中的对应图层的名称变为"封套"。虽然对象在一个图层中，但是用户也可对封套的内容进行编辑。其方法为：选择已创建封套扭曲的图表，如图5-85所示。单击工具属性栏中的"编辑内容"按钮，或选择"对象"/"封套扭曲"/"编辑内容"命令，封套内容将会释放出来，此时，即可对图形进行编辑操作，如图5-86所示。完成编辑后，单击工具属性栏中的"编辑封套"按钮，将恢复封套扭曲。

图5-85　创建封套扭曲　　　图5-86　最终效果

> **技巧秒杀**
>
> 释放封套内容后，可以使用路径编辑工具、变形工具和效果命令等对封套内容进行编辑操作。

5.2.5 设置封套选项

封套选项决定了以何种形式扭曲对象使之更适合封套。若要设置封套选项，可先选择封套对象，再选择"对象"/"封套扭曲"/"封套选项"命令，打开"封套选项"对话框，如图5-87所示。在其中进行相应设置即可。

图5-87 "封套选项"对话框

💬知识解析："封套选项"对话框 ·········

◆ 消除锯齿：在用封套扭曲对象时，可使用此复选框来平滑对象的边缘，但会增加处理时间。

◆ 保留形状，使用：当用非矩形封套扭曲对象时，可使用此选项指定栅格应以何种形式保留其形状。选中 剪切蒙版(C) 单选按钮，可在栅格上使用剪切蒙版；选中 透明度(T) 单选按钮，可对栅格应用Alpha 通道。

◆ 保真度：指定要使对象适合封套模型的精确程度。该值越大，封套内容的扭曲效果越接近于封套的形状，同时会向扭曲路径添加更多的锚点，而扭曲对象所花费的时间也会随之增加。

◆ 扭曲外观：如果封套对象应用了效果或图形样式等外观属性，选中该复选框，可将对象的形状与其外观属性一起扭曲。

◆ 扭曲线性渐变填充：如果封套对象填充了线性渐变，如图5-88所示，选中该复选框，可将对象与线性渐变一起扭曲，如图5-89所示。

技巧秒杀

选择封套对象后，单击工具属性栏中的"封套选项"按钮🗐，也可打开"封套选项"对话框。

图5-88 原图效果　　　图5-89 扭曲线性渐变填充

◆ 扭曲图案填充：如果封套对象填充了图案，如图5-90所示，选中该复选框，可将对象与图案一起扭曲，如图5-91所示。

图5-90 原图效果　　　图5-91 扭曲图案填充

5.2.6 释放封套扭曲

当对象应用封套扭曲后，如果要取消封套扭曲，可以先选择对象，如图5-92所示。选择"对象"/"封套扭曲"/"释放"命令，对象即会恢复为封套之前的状态。如果封套扭曲是使用"用变形建立"或"用网格建立"命令制作的，将会释放出一个封套形状图形，它是一个单色填充的网格对象，如图5-93所示。

图5-92 选择对象　　　图5-93 释放后的效果

5.2.7 扩展封套扭曲

当对象应用封套效果后，无法再为其应用其他类型的封套，如果想进一步对此对象进行编辑，可以对其进行转换。其方法是：选择"对象"/"封套扭曲"/"扩充"命令，即可将所封套的图形对象转换为独立的图形对象，如图5-94所示。对象仍保持扭曲状态，并可以继续对其进行编辑和修改，如图5-95所示。

图5-94 选择封套对象　　图5-95 扩展封套扭曲

5.3 混合对象

图形的混合操作是在两个或两个以上的图形路径之间创建混合效果，使参与混合操作的图形路径在形状、颜色等方面形成一种光滑的过渡效果。在Illustrator中，图形、文字、路径和应用渐变或图案的对象都可以用来创建混合。图形的混合操作主要包括混合图形的创建与释放、混合选项的设置、混合图形的编辑三大方面，下面进行逐一讲解。

5.3.1 创建混合

在Illustrator CC中，利用工具箱中的"混合工具" 或选择"对象"/"混合"/"建立"命令，（或按Ctrl+Alt+B组合键）均可将所选择的图形创建为混合效果。

实例操作：制作立体字

- 光盘\素材\第5章\文字.ai　　● 光盘\效果\第5章\立体字.ai
- 光盘\实例演示\第5章\制作立体字

立体字可应用于许多领域，如海报、DM单等，本例将对文字创建混合，制作出立体字效果，最终效果如图5-96所示。

图5-96 最终效果

Step 1 ▶ 打开"文字.ai"素材文件，选择文字，按住Alt键不放并向上方拖动鼠标，复制文字，如图5-97所示。选择复制的文字，将其填充为"黄色#FCD808"，如图5-98所示。

图5-97 打开素材　　　　图5-98 复制文字

Step 2 ▶ 按Ctrl+A快捷键选择画板中的两组文字，双击工具箱中的"混合工具" ，打开"混合选项"对话框，在"间距"下拉列表框中选择"指定的步数"，在右侧的数值框中输入50，单击 确定 按钮，如图5-99所示。将鼠标光标放在红色文字的锚点上，当捕捉到锚点后，鼠标光标将变为 形状，此时单击鼠标，如图5-100所示。

图5-99 "混合选项"对话框　　图5-100 单击锚点1

Step 3 ▶ 再将鼠标光标放在黄色文字的锚点上，当鼠标光标变为 ▶+ 形状时，单击鼠标，如图5-101所示。即可创建混合，如图5-102所示。

合对象中相临路径对象之间的距离，距离值越小，所取得的混合效果越平滑，如图5-108所示。

图5-101　单击锚点2　　　　图5-102　创建混合

Step 4 ▶ 使用"编组选择工具" ▶+，在下方黄色文字上单击两次，将黄色文字选中，如图5-103所示。选择"窗口"/"透明度"命令，打开"透明度"面板，设置"不透明度"为10%，得到的效果如图5-104所示。

 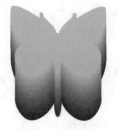

图5-105　原图效果　　　　图5-106　平滑颜色

图5-103　设置不透明度　　图5-104　最终效果

图5-107　指定步数为4　　　图5-108　指定距离为15

操作解谜 对图形创建混合后，系统默认会将所有图形编组。这里选择混合对象中的某一个文字图形，因此需要单击两次才能将下方的黄色文字选中。

◆ **取向：** 用于控制混合图形的方向。如果当前混合轴是弯曲的路径，单击"对齐页面"按钮，可以使混合效果中的每一个中间混合对象的方向垂直于页面的X轴，效果如图5-109所示。单击"对齐路径"按钮，可以使混合效果中的每一个中间混合图形的方向垂直于该处的路径，效果如图5-110所示。

💬**知识解析：** "混合选项"对话框 ·····················●

◆ **间距：** 用于控制混合图形之间的过渡样式，该下拉列表框中包括"平滑颜色""指定的步数""指定距离"3个选项。选择要混合的图形，如图5-105所示。再选择"平滑颜色"选项，系统将根据混合图形的颜色和形状来确定混合步数，如图5-106所示；选择"指定的步数"选项，并在其右侧的文本框中设置一个步数值，可以控制混合操作的步数，步数值越大，所取得的混合效果越平滑，如图5-107所示；选择"指定距离"选项，并在其右侧的文本框中设置一个距离参数，可以控制混

图5-109　单击锚点　　　　图5-110　创建混合

技巧秒杀
混合图形之间的间距是影响混合效果的重要因素，因此，在创建混合效果后，可通过"混合选项"对话框修改混合图形的间距、方向或颜色的过渡方式，制作所需要的混合效果。

5.3.2 修改混合轴

创建混合后，系统将自动生成一条连接混合对象的路径，这条路径即被称为混合轴。默认情况下，混合轴是一条直线路径，用户可使用路径编辑工具修改混合轴的形状。

实例操作：制作蓝色特效字

● 光盘\素材\第5章\特效字.ai　　● 光盘\效果\第5章\特效字.ai
● 光盘\实例演示\第5章\制作蓝色特效字

立体字可应用于许多领域，如海报、DM单等，本例将对文字创建混合，制作出立体字效果，最终效果如图5-111所示。

图5-111　最终效果

Step 1 ▶ 打开"特效字.ai"素材文件，按F7键，打开"图层"面板，单击"图层1"左侧的▶图标，展开图层列表，在"路径"图层后单击，如图5-112所示。此时可看到混合对象中的混合轴被选中，如图5-113所示。

图5-112　"图层"面板

图5-113　选中混合轴

Step 2 ▶ 选择"铅笔工具" ，将鼠标光标置于路径上，向上拖动鼠标绘制作一条曲线，如图5-114所示。这时，将改变混合效果，使其呈火焰跳动的效果，如图5-115所示。

图5-114　绘制路径　　　　图5-115　改变混合效果

Step 3 ▶ 使用"编组选择工具" 双击火焰尾端，选择上方的文字，如图5-116所示。再向上方拖动鼠标移动文字位置，增加火焰燃烧的效果，如图5-117所示。

图5-116　选择并移动路径　　图5-117　最终效果

5.3.3 替换混合轴

除了使用路径编辑工具修改混合轴的形状来改变混合样式，用户也可使用各种路径来替换混合轴，建立与路径相似的混合效果。其方法非常简单，在已建立混合的对象上方绘制一条路径，如图5-118所示。然后选择混合对象与路径，选择"对象"/"混合"/"替换混合轴"命令，即可用当前路径替换原有的混合轴，如图5-119所示。

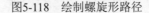

图5-118　绘制螺旋形路径　　图5-119　替换后的效果

从前面可以看出，都是在两个图形之间或两图形沿路径进行混合的。那么两个以上的图形之间是否也能进行混合呢？

当然可以，其实图形的混合主要有3种类型：一是直接混合，即在所选择的两个图形之间进行混合；二是沿路径混合，指图形在混合的同时沿指定的路径布置；三是复合混合，指在两个以上图形之间的混合。复合混合的方法与前面两种混合的操作方法相似。如绘制如图5-120所示的3个图形。选择"混合工具" ，将鼠标光标移动到左上边的五角星图形上单击一次，然后移动鼠标光标至中下的圆形上单击，再移动鼠标光标至右上边的五角星图形上单击，系统即可生成复合混合图形，如图5-121所示。

图5-120　绘制图形　　　图5-121　复合混合

5.3.4　编辑混合图形

当所选择的图形进行混合之后，就会形成一个整体，这个整体是由原混合对象以及对象之间形成的路径组成。除了混合步数之外，混合对象的层次关系以及混合路径的形态也是影响混合效果的重要因素。

1. 反向混合

选择混合后的图形，如图5-122所示。选择"对象"/"混合"/"反向混合轴"命令，可颠倒混合轴上的对象顺序，得到如图5-123所示的反向混合效果。

图5-122　选择混合图形　　　图5-123　反向混合轴

2. 反向堆叠

在创建混合效果时，所选图形的堆叠关系在很大程度上决定了混合操作的最终效果。图形的堆叠在绘制图形时就已决定，即先绘制的图形在下层，后绘制的图形在上层。当在不同层次中的图形进行混合操作后，可选择混合后的图形，如图5-124所示。选择"对象"/"混合"/"反向堆叠"命令，可颠倒对象堆叠顺序，使后面的图形排列在前面，如图5-125所示。

图5-124　选择混合后图形　　　图5-125　反向堆叠

5.3.5　扩展混合对象

当为对象创建混合效果之后，利用任何选择工具都不能选择和编辑混合图形中间的过渡图形。如果想编辑这些图形，则需要将混合图形扩展，也就是将混合图形解散，使混合图形转换成一个路径组。

　　扩充混合图形的方法是：首先选择需要扩展的混合图形，如图5-126所示，然后选择"对象"/"混合"/"扩展"命令，即可将混合图形扩展出来并转换成一个路径组，如图5-127所示。再使用选择工具便可选择路径组中的任意路径进行编辑。

　　图5-126　选择混合图形　　　　图5-127　扩展对象

　　当将混合图形扩充为路径组后，选择"对象"/"取消组合"命令，或在此对象上右击，在弹出的快捷菜单中选择"取消组合"命令，可以取消路径的组合状态，得到许多独立的图形对象，如图5-128所示。选择其中的某个对象，可进行编辑操作，如图5-129所示为对象填充图案的效果。

▷ 技巧秒杀

　　创建混合时，生成的中间对象越多，文件就越大，同时也会占用大量的内存。

　　图5-128　取消路径组合　　　　图5-129　填充图案

5.3.6　释放混合对象

　　当创建混合图形之后，如图5-130所示，选择"对象"/"混合"/"释放"命令或按Ctrl+Shift+Alt+B组合键，可将当前的混合图形释放，并删除由混合生成的新图形，从而还原成图形没混合之前的状态，如图5-131所示。需注意的是，释放混合对象时还会释放出一条无填充、无描边的混合轴（路径）。

　　图5-130　选择混合图形　　　　图5-131　释放混合对象

5.4　复合路径

　　复合路径就是由两个以上的路径组合在一起后，重叠的部分将按照一定的规则进行镂空，从而得到一个复杂的路径。如圆环就是由两个圆形叠加在一起，然后根据规则将中间的小圆镂空得到的复合路径。下面将对复合路径进行详细介绍。

5.4.1　创建复合路径

　　创建复合路径时，所有对象都使用最后面的对象填充内容和样式。不能更改某个对象的外观属性和效果等，也无法在"图层"面板中单独编辑对象。

　　创建复合路径的方法为：选择需要建立复合路径的两个或两个以上的图形，如图5-132所示。选择"对象"/"复合路径"/"建立"命令，即可对选择的图形建立复合路径。对图形创建复合路径时，图形也会随着所选对象的状态不同而发生变化，若选择的图形相交在一起，创建复合路径后，除了图形的填色与描边将保持统一外，相交部分的图形将被修剪掉，如图5-133所示。

图5-132　选择路径　　　　图5-133　创建复合路径

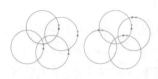

图5-135　建立复合路径前后　图5-136　镂空并填充后的效果

在Illustrator中，得到复合路径的方法有多种，如通过"路径查找器"面板的形状计算可以得到复合路径，或通过一些命令的扩展，例如，封套的扩展，文字的扭曲等，也可以得到复合路径。

5.4.3 释放复合路径

在创建复合路径之后，可以随时分离复合路径，但不会还原各个路径对象的原始属性。选择复合路径，如图5-137所示，选择"对象"/"复合路径"/"释放"命令，或按Shift+Ctrl+Alt+8组合键即可释放复合路径，如图5-138所示。

5.4.2 镂空规则

复合路径在多个路径重合时会根据规则来镂空重叠部分，其规则主要有两种，一种是"奇偶填充"规则；另一种是"非零缠绕填充"规则，下面分别进行介绍。

◆ 奇偶填充：此规则相对比较容易理解，如图5-134所示为所有的重叠区域的最外圈为1（奇数），与1相交的部分为2（偶数），与2相交的部分为3（奇数），以此类推，所有奇数的部分都会填充颜色，而偶数的部分就会镂空。

图5-137　复合路径　　　　图5-138　释放复合路径

  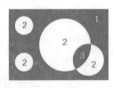

图5-134　奇偶填充

◆ 非零缠绕填充：选择多个路径建立复合路径以后，最下方的路径将保持顺时针方向，其他路径将全部重置成逆时针方向，如图5-135所示。顺时针方向的路径会被设定成1，逆时针方向的路径被设定成-1，当路径有重叠部分时，这两个路径相加的值如果为0，则重叠部分镂空，否则就是填充，如图5-136所示。

对两个或两个以上的图形创建复合路径与对图形进行编组的概念有点相似，因为对两个或两个以上未叠加在一起的图形建立复合路径后，图形将成为一个整体，所不同的是，若使用"编组选择工具"选择其中的某一图形，对该图形进行编辑后，编辑的效果将会是针对该复合对象上的所有图形。即若运用编组选择工具选择复合对象的某一图形，并对其描边和填色进行更改时，更改的操作将会作用于该复合对象中的所有图形。若对分开的图形创建复合路径，则图形会成为一个整体，只是图形的填色和描边自动保持为统一，而外形不会发生变化。

读书笔记

5.5 图像描摹

在Illustrator中，如果希望将新绘制的图形和原有图稿保持一致，可以描摹此图稿。通过图像描摹图稿，将位图图像转换为矢量图形，转换的图像可以是彩色的也可以是黑白的。这些都可以在"描摹选项"对话框中进行设置。对描摹的效果满意后可以将描摹转换为矢量图形，这时的图形可以像其他路径一样进行编辑。

5.5.1 认识"图像描摹"面板

"图像描摹"面板主要用于控制描摹样式、描摹程度和视图效果等。选择"窗口"/"图像描摹"命令，即可打开"图像描摹"面板，如图5-139所示。

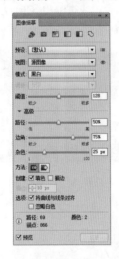

图5-139 "图像描摹"面板

💬 知识解析："图像描摹"面板 ┈┈┈┈┈┈┈

◆ 自动着色：单击🖌按钮，对描摹的图像自动添加颜色，如图5-140所示为原图效果，如图5-141所示为自动着色后的效果。

图5-140 原图　　　图5-141 自动着色后

◆ 高色：单击🔲按钮，将图像描摹为高色的效果，如图5-142所示。

◆ 低色：单击🔲按钮，将图像描摹为低色的效果，如图5-143所示。

图5-142 高色　　　图5-143 低色

◆ 灰度：单击🔲按钮，可将描摹的图像转换为灰色，如图5-144所示。

◆ 黑色：单击🔲按钮，可将描摹的图像转换为黑色，如图5-145所示。

图5-144 灰度　　　图5-145 黑色

◆ 轮廓：单击🔲按钮，将图像描摹为轮廓线的效果。

◆ 预设：可以使用预设的效果描摹图像。在该下拉列表框中包含了12种描摹效果，分别是默认、高保真度照片、低保真度照片、3色、6色、16色、灰阶、黑白徽标、素描图稿、剪影、线稿图和技术绘图，如图5-146~图5-157所示为应用预设的描摹效果。此外，单击右侧的🔲按钮，可将当前设置存储为新的描摹预设（以后要使用该预设描摹时，在"预设"下拉列表框中进行选择），或者删除或重命名现有预设。

图5-146　默认

图5-147　高保真度照片

图5-156　线稿图

图5-157　技术绘图

◆ 视图：用于指定描摹对象的视图。描摹对象由原始源图像和描摹结果（为矢量图稿）两部分组成。默认情况下，只能查看描摹结果，如果要查看源图像、轮廓以及其他选项，可在该下拉列表框中选择相应选项，如图5-158~图5-163所示。单击右侧的◉按钮，可在源图像上叠加所选视图。

图5-148　低保真度照片

图5-149　3色

图5-158　原图效果

图5-159　描摹结果

图5-150　6色

图5-151　16色

图5-152　灰阶

图5-153　黑白徽标

图5-160　描摹结果（带轮廓）

图5-161　轮廓

图5-154　素描图稿

图5-155　剪影

图5-162　轮廓（带源图像）

图5-163　源图像

◆ **模式：** 指定描摹结果的颜色模式，在该下拉列表框中包括3种模式，分别是彩色、灰度和黑白。

◆ **阈值：** 指定用于从原始图像生成黑白描摹结果的值。所有比阈值亮的像素转换为白色，而所有比阈值暗的像素转换为黑色（该选项仅在"模式"设置为"黑白"时可用）。

◆ **调板：** 指定用于从原始图像生成颜色或灰度描摹的调板（该选项仅在"模式"设置为"颜色"或"灰度"时可用）。

◆ **路径：** 控制描摹形状和原始像素形状间的差异。较低的值创建较紧密的路径拟合；较高的值创建较疏松的路径拟合。

◆ **边角：** 指定侧重角点。值越大则角点越多。

◆ **杂色：** 指定描摹时忽略的区域（以像素为单位）。值越大则杂色越少。

◆ **方法：** 指定一种描摹方法。选择邻接创建木刻路径，而选择重叠则创建堆积路径。

◆ **填色/描边：** 在描摹结果中创建填色区域或描边路径。

◆ **描边：** 用于指定原始图像中可描边的特征最大宽度。大于最大宽度的特征在描摹结果中成为轮廓区域。

◆ **将曲线与线条对齐：** 用于指定略微弯曲的曲线是否被替换为直线。

◆ **忽略白色：** 用于指定白色填充区域是否被替换为无填充。

5.5.2 快速描摹图稿

　　描摹图稿最简单的方式是打开或将文件置入到Illustrator中，然后使用"实时描摹"命令描摹图稿。同时通过"描摹图稿"面板来控制细节级别和填色描摹的方式。当对描摹结果满意时，可将描摹转换为矢量路径或"实时上色"对象。

▊▊ 实例操作： 制作夏日度假海报

● 光盘\素材\第5章\度假\　　● 光盘\效果\第5章\夏日度假海报.ai
● 光盘\实例演示\第5章\制作夏日度假海报

　　海报是目前商业宣传形式之一，具有传播信息及时、制作简便的优点，本例将通过描摹图稿的方法制作夏日度假海报，最终效果如图5-164所示。

图5-164　最终效果

Step 1 ▶ 打开"背景.ai"素材文件，如图5-165所示，再置入"椰树.tif"素材，并调整其大小及位置，如图5-166所示。

图5-165　打开图形　　　　图5-166　置入素材

Step 2 ▶ 选择"对象"/"图像描摹"/"建立"命令，创建描摹图像，如图5-167所示。选择"窗口"/"图像描摹"命令，打开"图像描摹"面板，选中 ☑预览 复选框预览描摹效果。将"阈值"设置为200，再单击"高级"栏左侧的▶按钮，展开该栏，在其中选中☑忽略白色复选框，如图5-168所示。

图5-167 创建图像描摹　　图5-168 设置描摹参数

Step 3 ▶ 选择"对象"/"图像描摹"/"扩展"命令，将图像转换为矢量图形，如图5-169所示。按Ctrl+F9快捷键打开"渐变"面板，设置"类型"为"线性"，"角度"为-90°，并设置渐变颜色为如图5-170所示的效果。

图5-169 创建　　　　图5-170 设置渐变效果
　　图像描摹

Step 4 ▶ 保持该图形的选择状态，选择"镜像工具"，将中心点定位于图形左侧，按住Alt键拖动鼠标镜像并复制图形，如图5-171所示。然后调整其大小及位置，如图5-172所示。

读书笔记

图5-171 镜像图像　　　　图5-172 调整图像大小

Step 5 ▶ 选择"文件"/"置入"命令，置入"美女.jpg"素材图像，如图5-173所示。使用"选择工具"选择美女图像，然后在"图像描摹"面板中设置"模式"为"彩色"，"颜色"为30，"路径"为30%，"杂色"为10px，单击描摹按钮，如图5-174所示。

图5-173 置入图像　　　　图5-174 设置描摹参数

Step 6 ▶ 选择"对象"/"图像描摹"/"扩展"命令，将图像扩展为矢量图形，如图5-175所示。使用"直接选择工具"选择并删除美女以外的背景图像，效果如图5-176所示。

图5-175 创建图像描摹　　　图5-176 删除多余图像

Step 7▶ 使用"文字工具" **T** 在图像上输入文字，并分别设置字体为"方正楷体简体、黑体"，颜色为"蓝色，#172A88、绿色、#22AC38"，字号为90、20，并复制SUMMER文本，填充为"白色"，并置于蓝色文字下方，如图5-177所示。再输入"夏假期"文本，将其设置为不同字体大小，右击，在弹出的快捷菜单中选择"创建轮廓"命令，如图5-178所示。

图5-177　输入文字　　　　图5-178　创建轮廓

Step 8▶ 打开"渐变"面板，将其设置为如图5-179所示的渐变效果。再复制渐变文字，按Ctrl+[快捷键，将复制的文字后移一层，并填充颜色为"灰色，#898989"，如图5-180所示。

图5-179　设置渐变　　　　图5-180　最终效果

读书笔记

5.5.3　扩展描摹对象

选择描摹的对象，如图5-181所示。选择"对象"/"图像描摹"/"扩展"命令。即可将其转换为矢量图形，如图5-182所示为扩展后选择的某个路径。

图5-181　选择对象　　　图5-182　扩展后选择路径效果

此外，也可在描摹对象的同时自动扩展对象，只需选择"对象"/"图像描摹"/"建立并扩展"命令即可。需注意的是，将对象转换为矢量图形后，将不能再调整描摹选项的参数。

技巧秒杀

单击工具属性栏中的 扩展 按钮，也可扩展对象，将对象转换为矢量图形。

5.5.4　释放描摹对象

描摹图像后，如果希望放弃描摹但保留原始图像，可先选择实时描摹的对象，如图5-183所示。然后选择"对象"/"图像描摹"/"释放"命令，即可还原为源图像效果，如图5-184所示。

图5-183　选择描摹图像　　　图5-184　释放描摹对象

知识大爆炸 ●
——复合路径与复合形状的区别

1. 复合路径的特点

复合路径可以使两个图形相交部分产生镂空效果，这两个图形成为了一个整体，无论用选择工具或是直接选择工具都只能使图形整体移动。即使编辑了复合路径的锚点，也还可以通过释放复合路径使其重新变成独立的个体。

2. 复合形状的特点

复合形状是通过"路径查找器"面板修剪、组合得到的图形，可以生成相加、相减、相交等不同的运算结果。虽然也可产生镂空效果，但是用直接选择工具选中其中一个图形，就可以发现这两个图形其实是独立的，它们可以单独移动（如果用选择工具选中复合形状，可以整体移动这两个图形）、修改、删除以及可以单独调整其中每个物体之间的形状模式。编辑复合形状后，为了减少文件大小，应用扩展命令，可使复合形状成为普通的图形。

3. 复合路径与复合形状的区别

释放复合路径时，所有对象可恢复为原来各自独立的状态，但不能恢复为创建复合路径前的填充内容和样式。而释放复合形状时，各个对象可恢复为创建前的效果，包括填充和样式等属性。

复合形状与复合路径最大的差别，就是其中可以包含的物体种类不同。复合路径中只能够包含路径或者复合路径，但是复合形状可以包含路径、复合路径、组、其他复合形状、混合、文本、封套和变形。

总之两者的区别主要是一个作为整体编辑，另一个作为单独个体编辑，后者更具有灵活性。

读书笔记▶

06

渐变与上色

本章导读 💬

对图形进行填充及混合效果处理是运用Illustrator工作时必不可少的操作。Illustrator CC为用户提供了多种填充方法，熟练掌握这些方法，可以大大提高用户的工作效率。本章将详细讲解图形的单色、渐变色、"样式"填充、填充属性的修改等操作方法和相关控制参数、面板内容等，这些在工作中将会被经常运用，需要用户仔细学习。

6.1 填充颜色

在Illustrator CC软件中，要完成单色填充的方法有多种，如通过"拾色器"面板、"色板"面板、"颜色"面板和色板库等。通过给图形填充不同的颜色，会产生不同的图形效果，下面就对这些进行详细讲解。

6.1.1 认识填充和描边

在Illustrator CC软件的工具箱底部有两个可以前后切换的颜色框，其中左上角的颜色框代表当前的填充，右下角的框状颜色框代表描边，如图6-1所示。

当将填充和描边改变成如图6-2所示的颜色后，单击其左下角的 按钮（或按键盘中的D键），系统会显示默认的填充与描边（系统所默认的填充为白色，描边为黑色）。当单击其右上角的 按钮（或按键盘中的Shift+X快捷键），将会交换所设置的填充与描边。

图6-3　原图效果　　　图6-4　最终效果

Step 1 ▶ 打开"降落伞.ai"素材文件，单击并选择左侧的图形，如图6-5所示。双击工具箱中的"填色"按钮 ，打开"拾色器"对话框，拖动"色谱滑块"调整颜色范围，再在"选择颜色"列表框中单击需要的颜色，如图6-6所示。

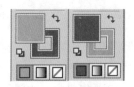

图6-1　填充和描边　　　图6-2　改变填充颜色

填充与描边下方的 、 和 按钮（渐变填充的操作将在后面讲解）分别代表单色、渐变和无色。单色即指单纯的颜色，如红、黄、蓝、绿等。

6.1.2 "拾色器"对话框

"拾色器"对话框是定义颜色的对话框，双击工具箱中的填色图标，即可打开"拾色器"对话框，在其中可单击需要的颜色进行设置，也可输入颜色数值精确设置颜色。

实例操作：制作彩虹降落伞
● 光盘\素材\第6章\降落伞.ai　● 光盘\效果\第6章\彩虹降落伞.ai
● 光盘\实例演示\第6章\制作彩虹降落伞

对于未填充或已经填充颜色的图形，可重新设置颜色并填充。本例将通过"拾色器"对话框重新填充图形的颜色，填充前后效果如图6-3和图6-4所示。

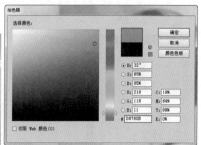

图6-5　原图效果　　　图6-6　"拾色器"对话框

Step 2 ▶ 单击 确定 按钮，得到如图6-7所示的效果，再选择左侧的绿色图形，打开"拾色器"对话框，拖动"色谱滑块"调整颜色范围，如图6-8所示。再选中 S单选按钮，然后拖动"色谱滑块"进行调整，以修改颜色的饱和度，如图6-9所示。单击 确定 按钮，得到如图6-10所示的效果。

技巧秒杀

若选中 B单选按钮，然后拖动"色谱滑块"进行调整，可修改颜色的明度。

图6-7　设置颜色后　　　图6-8　拖动色谱滑块

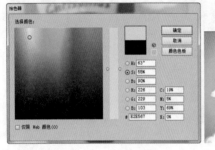

图6-9　调整颜色饱和度　　图6-10　填充效果

Step 3 ▶ 选择最右侧的红色图案，打开"拾色器"对话框，单击 颜色色板 按钮，在打开的对话框中可查看颜色色板，拖动"色谱滑块"调整颜色范围，再在"颜色色板"列表框中选择需要的颜色，如图6-11所示。单击 确定 按钮，得到如图6-12所示的效果。

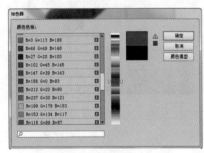

图6-11　"颜色色板"对话框　　图6-12　最终效果

技巧秒杀

"颜色色板"列表框右侧的两个颜色框，上方显示的是当前设置的颜色，下方显示的是调整前的颜色。此外，如果要将"颜色色板"列表框切换为色谱显示方式，可单击 颜色模型 按钮。

💬 **知识解析：** "拾色器"对话框

◆ **拾色器：** 在颜色区域中使用鼠标拖动 ○ 可拾取颜色。

◆ **色谱滑块：** 拖动色谱滑块 ◁■▷ 可调整颜色范围。

◆ **溢色警告：** 若当前颜色是非打印颜色，将出现⚠警告提示，此时需单击其下方的小方块，将颜色更改为CMYK色域中与其等同的颜色。

◆ **非Web安全色警告：** 表示当前颜色不能在网上正确显示。单击其下方的◉小方块，可将颜色更改为与其最接近的Web安全颜色。

◆ **文本框：** 显示了当前设置颜色的参数值，也可在文本框中输入数值精确定义颜色。在"#"文本框中还可以输入一个十六进制值来定义颜色，如000000为黑色、ffffff为白色、ff0000为红色。

◆ **取消：** 单击该按钮，可取消当前选择的颜色。

◆ **颜色色板：** 单击该按钮，可打开"颜色色板"列表框，在其中也可选择颜色。

6.1.3 "色板"面板

色板中是命名的颜色、色调、渐变和图案。与文档相关联的色板出现在"色板"面板中。色板可以单独出现，也可以成组出现。通过"色板"面板也可对图形进行填充，其方法与"拾色器"对话框相似。选择"窗口"/"色板"命令，打开"色板"面板，如图6-13所示。

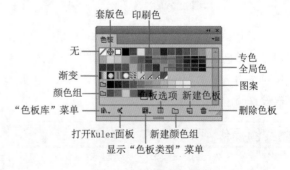

图6-13　"色板"面板

💬 **知识解析：** "色板"面板

◆ **无：** "无"色板用于从对象中删除描边或填色。

◆ **套版色：** 是内置的色板，利用它填充或描边的对象可从PostScript打印机进行分色打印。例如，套准标记使用"套版色"，这样印版可在印刷机上精确对齐。由于套版色是内置色板，因此不能进行编辑。

◆ 印刷色：印刷色是使用4种标准印刷色油墨的组合打印，青色、洋红色、黄色和黑色。默认情况下，Illustrator将新色板定义为印刷色。

◆ 渐变：渐变是两个或多个颜色或者同一颜色或不同颜色的两个或多个色调之间的渐变混合。渐变色可以指定为CMYK印刷色、RGB颜色或专色。

◆ 专色：专色是预先混合的用于代替或补充CMYK四色油墨的油墨色。

◆ 全局色：当编辑全局色时，图稿中的全局色自动更新，所有专色都属于全局色。

◆ 图案：图案是带有实色填充或不带填充的重复（拼贴）路径、复合路径和文本。

◆ 颜色组：颜色组可以包含印刷色、专色和全局印刷色，而不能包含图案、渐变、无或套版色色板。可以使用"颜色参考"面板或"重新着色图稿"对话框来创建基于颜色协调的颜色组。若要将现有色板放入到某个颜色组中，可在"色板"面板中选择色板（按住Ctrl键单击色板）并单击"新建颜色组"按钮 。

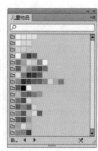
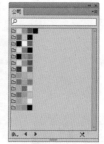

图6-14　选择色板库　图6-15　色板库　图6-16　切换色板库

1. 使用"色板库"菜单

为了方便用户，Illustrator提供了大量的色板库、渐变库和图案库。单击"色板"面板中的"'色板库'菜单"按钮 ，在弹出的下拉菜单中可选择一个色板库，如图6-14所示，即会打开一个新的色板库面板，如图6-15所示。单击面板底部的 或 按钮，可快速切换到相邻的色板库，如图6-16所示。若选择"其他库"命令，可在打开的对话框中将其他文件的色板样本、渐变样本和图案样本导入到"色板"面板中。

技巧秒杀

选择"窗口"/"色板库"命令，在弹出的子菜单中选择相应的库名称，也可选择并打开一个色板库，且呈单独的面板显示。

2. 使用Kuler面板

要使用Kuler面板，需要先连接到互联网，否则无法使用Kuler面板。单击"色板"面板中的"打开Kuler面板"按钮 或选择"窗口"/Kuler命令，可打开Kuler面板，此时，可自动访问由在线设计人员社区所创建的颜色组，如图6-17所示。

图6-17　Kuler面板

3. 使用"色板类型"菜单

通过"色板类型"菜单可以访问所有色板、颜色色板、渐变色板、图案色板和颜色组。单击"色板"面板中的"显示'色板类型'菜单"按钮 ，在弹出的下拉菜单中选择相应命令即可，如图6-18所示为显示颜色色板的效果。

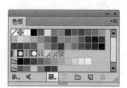

图6-18　显示颜色色板

4. 设置色板选项

双击"色板"面板中的印刷色色块或单击"色板"面板下方的"色板选项"按钮回，可打开"色板选项"对话框，在其中可以设置颜色属性，如图6-19所示。

创建一个新色板。其方法为：单击"色板"面板底部的"新建色板"按钮回，打开"新建色板"对话框。在此对话框中设置需要的颜色后，单击 确定 按钮，即可将所设置的颜色定义为新的颜色色块，如图6-21所示。

图6-19　设置颜色属性

💬 知识解析："色板选项"对话框 ·········

◆ **色板名称**：在其右侧的窗口中可以为新增的色板命名。

◆ **颜色类型**：在该下拉列表框中可将色板的颜色类型设置为印刷色或专色。

◆ **全局色**：指定在整个文档中应用更改。

◆ **颜色模式**：在其右侧的下拉列表框中选择一种需要的颜色模式，然后在其下的颜色条下方拖曳滑块或直接在文本框中输入数值，即可设置新增色板的颜色。

5. 新建颜色组

在"色板"面板中选择色板后，单击下方的"新建颜色组"按钮回，可打开"新建颜色组"对话框，在"名称"文本框中输入颜色组的名称，单击 确定 按钮，可以创建一个颜色组，如图6-20所示。

图6-20　新建颜色组

6. 新建色板

在"色板"面板中，基于当前的色板样式，可以

图6-21　新建颜色板

技巧秒杀

在"颜色"面板或"渐变"面板（在后面进行讲解）中设置所需要的颜色或渐变后，将其拖曳至"色板"面板中，即可在"色板"面板中生成新的色块。另外，将工具箱中设置的填充或描边拖曳至"色板"面板中，也可以生成新的色板。

7. 删除色板

在"色板"面板中选择需要删除的色块，然后单击该面板窗口右下角的 🗑 按钮，或单击右上角的 按钮，在弹出的快捷菜单中选择"删除色板"命令，即可将选择的色板删除。另外，在"色板"面板中将需要删除的色板直接拖动到 🗑 按钮上，释放鼠标后也可将该色板删除。

8. 使用"色板"弹出菜单

通过"色板"弹出菜单可更改色板的显示方式和排列顺序等。在"色板"面板右上角单击 按钮，即会弹出相应的快捷菜单，如图6-22所示。

读书笔记

图6-22　"色板"快捷菜单

💬 知识解析：**"色板"快捷菜单**

◆ **新建色板**：选择该命令，可创建一个新色板。与"色板"面板中的 ▫ 按钮作用相同。

◆ **新建颜色组**：选择该命令，可创建一个新颜色组。

◆ **复制色板**：选择该命令，可复制选定的色板。

◆ **合并色板**：选择该命令，选择的色板的名称和颜色来合并两个或多个选定的色板。

◆ **删除色板**：选择该命令，可删除选定的色板。

◆ **取消颜色组编组**：选择该命令，可取消选定颜色组的编组。

◆ **选择所有未使用的色板**：选择该命令，可选择在当前文档中没有使用的"色板"面板中的色板，常用于删除多余的色板。

◆ **添加使用的颜色**：选择该命令，可为文档中的每种颜色添加一个色板。

◆ **按名称排序**：选择该命令，系统可以使色板按名称的字母顺序进行排列。

◆ **按类型排序**：选择该命令，系统可以使色板按单一的颜色、渐变或图案进行分类排列。

◆ **显示查找栏位**：选择该命令，可打开一个"查找"字段，以便输入具体色板名称在"色板"面板中进行搜索。

◆ **"视图"栏**：通过该栏中的对应命令，可以用小、中、大缩览图视图来查看面板，或者在小的

列表或大的列表中查看所有色板，如果有名称，则可查看名称，如图6-23~图6-25所示。

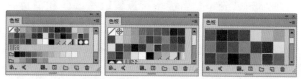

图6-23　小、中、大缩览图视图

图6-24　小列表视图　　　图6-25　大列表视图

◆ **色板选项**：选择该命令，可打开选择色板的"色板选项"对话框。

◆ **专色**：选择该命令，可打开"专色"对话框，在其中可选择使用Lab值或CMYK值来描边任何专色。

◆ **打开色板库**：选择该命令，在弹出的子菜单中可选择并打开其他色板库。

◆ **将色板库存储为ASE**：选择该命令，可打开"另存为"对话框，可将色板存储为库。

◆ **将色板库存储为AI**：选择该命令，可打开"另存为"对话框，通过该对话框可保存自定义的色板供以后使用。

技巧秒杀

在Illustrator中，可导入其他文档中的所有色板。选择"窗口"/"色板库"/"其他库"命令，在打开的对话框中选择要导入色板的文件，单击 确定 按钮，导入的色板即会显示在"色板库"面板中（不会显示在"色板"面板中）。如果只想导入某个文档中的部分色板，可以打开该文档，选择包含色板颜色的对象，将其复制并粘贴到当前文档中即可。通过这种方法导入的色板将会显示在"色板"面板中。

6.1.4 "颜色"面板

利用"颜色"面板也可设置填充颜色和描边颜色。选择"窗口"/"颜色"命令或按F6键，可打开或隐藏"颜色"面板。单击右上角的按钮，在弹出的下拉菜单中可创建当前填充颜色或描边颜色的反色和补色，或选定颜色创建一个色板。也可以选择当前取色时使用的颜色模式，如图6-26所示，即可使用不同颜色模式显示颜色值，如图6-27所示为使用RGB颜色模式显示颜色值。

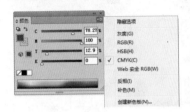

图6-26　"颜色"面板　　图6-27　RGB颜色模式面板

单击"颜色"面板上的图标，可在填充颜色和描边颜色之间相互切换（与工具箱中的图标作用相同）。同时，拖动"颜色"面板中的各个颜色滑块或在各个文本框中输入颜色值，可以设置填充颜色或描边颜色。将鼠标光标移动到下方的颜色光谱条上，当鼠标光标变为形状时，单击可选取颜色。此外，如果要删除填充或描边颜色，可单击面板左下角的按钮图标。

技巧秒杀

在拖动颜色滑块调整颜色时，按住Shift键，可以移动与之关联的其他滑块（除HSB颜色模式外），通过这种方式可以调整颜色的明度。

6.1.5 "颜色参考"面板

当使用"拾色器"对话框、"色板"面板或"颜色"面板设置一种颜色后，"颜色参考"面板将会自动生成与之协调的颜色方案供用户选择使用。选择"窗口"/"颜色参考"命令，或按Shift+F3快捷键，即可打开"颜色参考"面板，如图6-28所示。

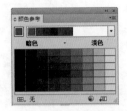

图6-28　"颜色参考"面板

知识解析：　"颜色参考"面板

◆ 协调规则：如图6-29所示为当前设置的颜色，打开"颜色参考"面板，单击该下拉列表框右侧的按钮，在弹出的下拉列表中可以选择一种颜色协调规则。如选择"三色组合"选项，可生成包含所有相同色相且饱和度级别不同的颜色组，如图6-30所示。

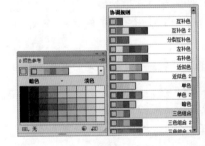

图6-29　选择颜色协调规则　　图6-30　三色组合效果

◆ 将颜色组限制为某一色板库中的颜色：如果要将颜色限定于某一色板库，可以单击按钮，在弹出的下拉列表中选择一个色板库，如图6-31所示，即可打开对应颜色库，如图6-32所示。

图6-31　选择颜色库　　图6-32　"金属"颜色库

◆ 编辑颜色：单击按钮，可打开"编辑颜色"对话框，在该对话框中可以对颜色进行更多的设置，如图6-33所示。

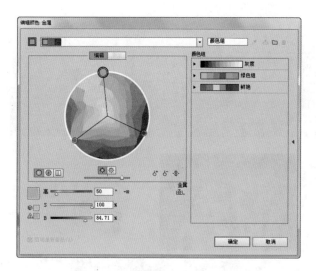

图6-33　"编辑颜色：金属"对话框

◆ 将颜色保存到"色板"面板：单击 按钮，可以将当前的颜色组或选定的颜色存储为"色板"面板中的颜色组。

6.1.6 吸管工具

"吸管工具" 用来吸取图像的颜色，对于用户来说使用吸管工具可事半功倍，这样就可以将相同的颜色量应用于多个对象。

要使用"吸管工具" 将图形颜色从一个对象传递到另一个对象，需先使用"选择工具" 选择需要改变颜色的对象，如图6-34所示。然后在工具箱中选择"吸管工具" ，再使用该工具单击画板中需要的颜色，如图6-35所示，即可吸取颜色并传递给另一对象，如图6-36所示。

图6-34　选择对象　图6-35　吸取颜色　图6-36　最终效果

若要对该工具可以选择和应用的对象进行更多的控制，可以通过"吸管选项"对话框来设置。双击

"吸管工具"按钮 ，打开"吸管选项"对话框，如图6-37所示。从中可以根据想应用的属性来选中或取消选中各种选项。

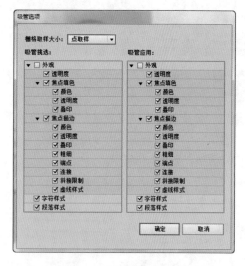

图6-37　"吸管选项"对话框

技巧秒杀

用"吸管工具" 吸取颜色时，如果选择了对象，那么所有选择对象的上色样式就更改为被单击对象的上色样式。由此可以看出，通过吸管工具不仅可吸取图形的颜色，同时可吸取图形的渐变、描边等属性。

读书笔记

6.2 渐变填充

渐变色指由两种或两种以上的颜色混合而成的一种填色方式，包括"线性"渐变和"径向"渐变两种类型。创建渐变填充的方法有多种，可以使用渐变工具，也可以使用"渐变"面板来设置渐变颜色，还可以将渐变存储为色板，将其应用于其他对象。

6.2.1 "渐变"面板

通过"渐变"面板可以应用、创建和修改渐变。选择"窗口"/"显示渐变"命令或按F9键，即可打开"渐变"面板，如图6-38所示。

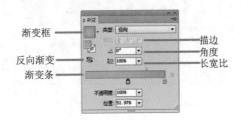

图6-38　"渐变"面板

💬知识解析：**"渐变"面板** ·······················

◆ **渐变框**：显示了当前的渐变颜色，单击可用渐变填充当前选择的对象。若单击右侧的下拉按钮🔽，可在弹出的下拉列表中选择一种预设的渐变样式（即"色板"面板中的渐变色板）。

◆ **类型**：在该下拉列表框中可以设置渐变的类型。其中包括"线性"渐变和"径向"渐变两种。选择不同的选项会得到不同类型的渐变效果。如图6-39和图6-40所示分别为选择"线性"和"径向"渐变时产生的不同填充效果。

图6-39　线性渐变　　　图6-40　径向渐变

◆ **反向渐变**：单击🔲按钮，可以反转渐变颜色的填充顺序。如图6-41所示为反向渐变前后的效果。

图6-41　反向渐变前后效果

◆ **描边**：单击🔲按钮，可以在描边中应用渐变；单击🔲按钮，可沿描边应用渐变；单击🔲按钮，可跨描边应用渐变，如图6-42～图6-44所示。

图6-42　描边中应用渐变　　　图6-43　沿描边应用渐变

图6-44　跨描边应用渐变

◆ **角度**：决定了线形渐变的方向（角度），如图6-45和图6-46所示分别为"角度"为0°和"角度"为45°时图形生成的不同效果。

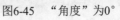

图6-45　"角度"为0°　　　图6-46　"角度"为45°

◆ 长宽比：当填充径向渐变时，在该下拉列表框中输入数值，或单击右侧的下拉按钮▼，在弹出的下拉列表中选择相应数值，可创建椭圆渐变，如图6-47和图6-48所示。

图6-47 "长宽比"为100%　图6-48 "长宽比"为40%

◆ 渐变条：用于设置渐变颜色和颜色的位置。选定下方的渐变滑块后，可通过"颜色"面板设置其颜色。上方菱形的◇图标用来定义两个滑块之间颜色的混合位置。单击滑块将其选中，再单击右侧的🗑按钮，或直接拖动到面板外，可将其删除。

◆ 不透明度：设置一个渐变滑块后，在该数值框中设置不透明度的值，可以使颜色呈现透明效果，如图6-49所示。

图6-49 "不透明度"为50%

◆ 位置：只有在"渐变"面板中选择了渐变滑块之后，该选项才可用，其右侧的参数显示了当前所选渐变滑块的位置。

技巧秒杀

默认的渐变颜色是黑白色，如果要添加新的颜色，可将鼠标光标置于渐变条下方，当其变为🏹形状时，在想要显示新颜色的地方单击，即会出现一个渐变滑块，新的颜色变成了左边颜色滑块和右边颜色滑块之间的一个步骤。再单击渐变滑块将其选择，然后在"颜色"面板中选择一种颜色进行更改。

6.2.2 使用渐变工具

在Illustrator CC工具箱中有一个"渐变填充工具"▣，用该工具可以任意改变渐变填充的方向角度，也可以给对象添加具有三维效果的外观。

▓ 实例操作：制作水晶按钮

● 光盘\效果\第6章\水晶按钮.ai
● 光盘\实例演示\第6章\制作水晶按钮

在浏览网页时，通常会看到各种各样的按钮，按钮外观也变得越来越多样化，具有丰富的视觉效果，这些按钮虽然看似复杂，其实制作过程非常简单，本例将主要使用渐变工具及"渐变"面板来制作漂亮的水晶按钮，效果如图6-50所示。

图6-50 水晶按钮效果

Step 1 ▶ 新建一个20cm×20cm的文档，选择"矩形工具"▣绘制一个与画板相同大小的正方形，并填充为"黑色"。选择"渐变工具"▣后，在正方形上单击鼠标应用默认渐变，如图6-51所示。选择"效果"/"扭曲"/"海洋波纹"命令，打开"海洋波纹"对话框，设置"波纹大小"为1，"波纹幅度"为20，单击 确定 按钮，如图6-52所示。

图6-51 填充渐变　　图6-52 应用海洋波纹效果

Step 2 ▶ 选择"椭圆工具" ，按住Shift键绘制作两个正圆，然后选择"直线段工具" 穿过圆心绘制一个直线，同时选择两个正圆形和直线，如图6-53所示。按Shift+Ctrl+F9组合键，打开"路径查找器"面板，单击"分割"按钮，如图6-54所示。

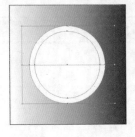

图6-53　绘制圆形　　　图6-54　分割图形

Step 3 ▶ 在图形上右击，在弹出的快捷菜单中选择"取消编组"命令，如图6-55所示。选择中间的圆形，按Delete键将其删除，得到如图6-56所示的圆环。

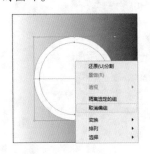

图6-55　取消编组　　　图6-56　删除多余对象

Step 4 ▶ 选择上半部的圆形，按Ctrl+F9快捷键，打开"渐变"面板，设置类型为"线性"，并设置渐变颜色从左至右分别为K:43、K:12、K:52、K:16和K:60，设置位置如图6-57所示。

图6-57　填充渐变

Step 5 ▶ 选择下半部的圆形，设置类型为"径向"，并设置渐变颜色从左至右分别为K:85、K:83、

K:28、K:23、K:31和K:44，设置位置如图6-58所示。

图6-58　填充渐变

Step 6 ▶ 选择两个半圆环，按Ctrl+C快捷键，再按Ctrl+F快捷键原位复制对象，选择"效果"/"像素化"/"铜版雕刻"命令，打开"铜版雕刻"对话框，设置"类型"为"中等点"，单击 确定 按钮，得到如图6-59所示效果。

图6-59　创建曲线调整图层

Step 7 ▶ 按Shift+Ctrl+F10组合键，打开"透明度"面板，设置"不透明度"为10%，如图6-60所示。使用"椭圆工具" 绘制一个与内圆相同大小的圆形，并使用相同的方法填充渐变颜色，设置"类型"为"线性"，"角度"为45°，渐变颜色从左至右分别为K:43、K:12、K:52、K:16和"K:60"，如图6-61所示。

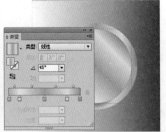

图6-60　设置不透明度　　　图6-61　渐变填充

Step 8 ▶ 再绘制一个稍小的圆形，并填充渐变为如图6-62所示的效果。

图6-62　渐变填充图形

Step 9 ▶ 继续绘制一个稍小的圆形，打开"渐变"面板，双击渐变滑块，在打开的面板中单击 按钮，在弹出的快捷菜单中选择CMYK命令，返回面板，分别设置CMYK值为24、0.14、36、0，如图6-63所示。再使用相同的方法设置后两个渐变滑块的颜色，得到如图6-64所示效果。

图6-63　设置CMYK颜色

图6-64　设置渐变颜色

Step 10 ▶ 继续绘制正圆，填充与上方相同的渐变，选择"渐变工具" ，显示如图6-65所示的渐变批注者。将鼠标光标置于渐变批注者上，按住鼠标左键不放，向右下角拖动调整渐变，如图6-66所示。

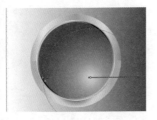

图6-65　应用渐变　　图6-66　调整渐变位置和大小

在"渐变"面板中添加多个滑块时，滑块的间隔会变得非常小，有时很难选择和添加新的滑块。如果用户遇到这种情况，可以将鼠标光标放在面板右下角，单击并拖动鼠标将面板拉宽，再进行渐变编辑，如图6-67所示。

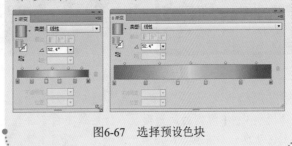

图6-67　选择预设色块

Step 11 ▶ 再次绘制一个正圆，填充为白色，在工具属性栏中单击 按钮，在弹出的列表框中选择"褪色的天空"选项，如图6-68所示。打开"渐变"面板，设置"角度"为-90°，设置"渐变滑块"颜色均为"白色"，得到如图6-69所示的效果。

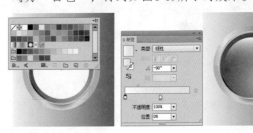

图6-68　选择预设色块　　图6-69　设置渐变颜色

Step 12 ▶ 再次绘制一个正圆，在"透明度"面板中设置"不透明度"为10%，如图6-70所示。使用"钢笔工具" 在圆形下方绘制反光部分，如图6-71所示。

图6-70　设置不透明度　　图6-71　绘制反光部分

Step 13 ▶ 选择"效果"/"模糊"/"高斯模糊"命令，打开"高斯模糊"对话框，设置"半径"

为20，单击 确定 按钮，得到如图6-72所示的效果。

图6-72　应用高斯模糊

Step 14 ▶ 再次利用"钢笔工具" 在左上角和右下角绘制3个不规则的反光形状，然后填充白色并设置不透明度，效果如图6-73所示。利用"椭圆工具" 绘制两个大小不相同的高光圆形，如图6-74所示。

图6-73　绘制反光形状　　图6-74　绘制高光圆形

Step 15 ▶ 使用"文字工具" 在按钮上方输入AI文本，设置字体为"微软雅黑"，字号为108，颜色为"黑色"，并复制文字，设置其颜色为"灰色，#595757"，将其放置于黑色文字下方，效果如图6-75所示。选择"效果"/"模糊"/"高斯模糊"命令，打开"高斯模糊"对话框，设置"半径"为15，单击 确定 按钮，得到如图6-76所示的效果。

图6-75　输入文字　　图6-76　模糊文字

技巧秒杀

单击"色板"面板底部的"色板库菜单"按钮 ，在弹出的下拉菜单的"渐变"子菜单中包含了系统提供的多种渐变库，选择一个库文件，即可打开单独的面板，在其中可选择需要的渐变样式，如图6-77所示。

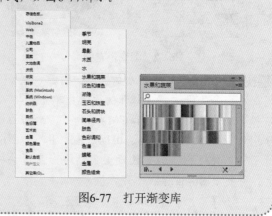

图6-77　打开渐变库

6.2.3 跨多个对象应用渐变

在Illustrator中，除了对单个对象应用渐变填充外，还可跨多个对象同时应用渐变填充。其方法为：选择多个图形，如图6-78所示。单击"色板"面板中预设的渐变，可为选择的多个图形都填充相同的渐变，如图6-79所示。

图6-78　选择图形　　　　图6-79　填充渐变

如果使用渐变工具在选择的多个图形上单击并拖动鼠标，则可将多个图形作为一个整体应用渐变，如图6-80所示。

读书笔记

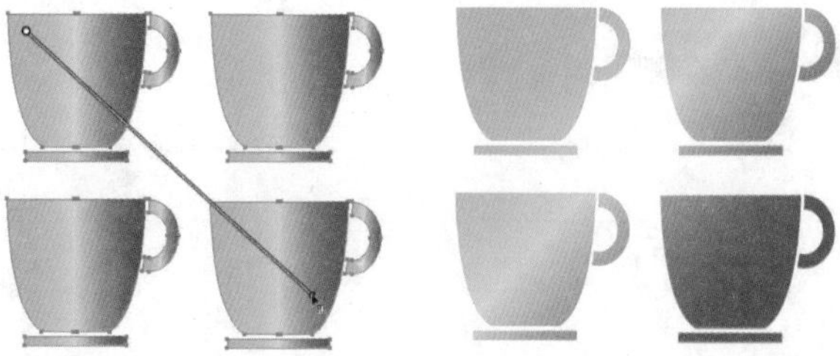

图6-80　渐变效果

6.2.4 编辑渐变批注者

为对象应用线性渐变或径向渐变后，选择“渐变工具”，图形上方都将显示渐变批注者。例如，以如图6-81所示的线性渐变为例，使用鼠标拖动渐变批注者上的图标（渐变原点），可以水平移动渐变，如图6-82所示。拖动右侧的图标，可以调整渐变的半径，如图6-83所示。将鼠标光标置于右侧的图标外，鼠标光标变为形状时，单击并拖动鼠标可旋转渐变，如图6-84所示。将鼠标光标置于渐变批注者上，可显示渐变滑块，若将上方的滑块拖动到图形外，可将其删除。

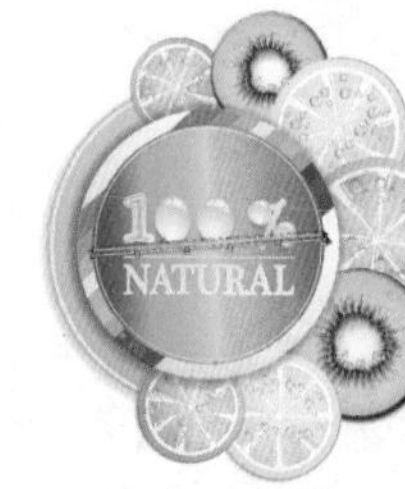

图6-81　原图效果

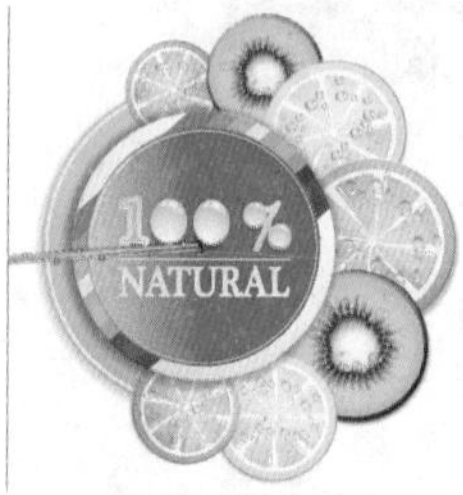

图6-82　移动渐变

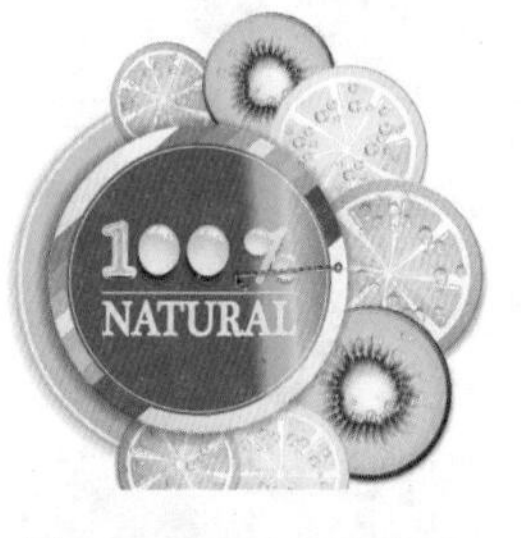

图6-83　调整渐变半径

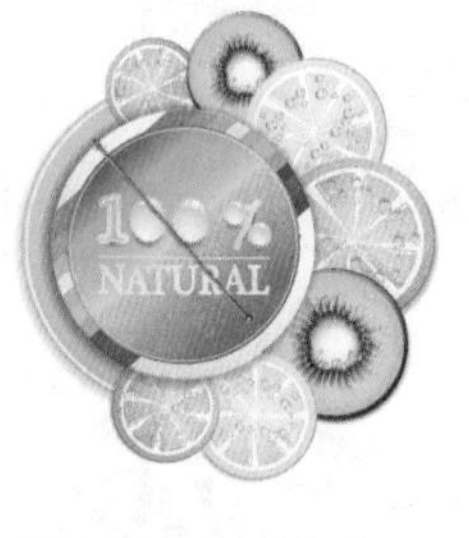

图6-84　旋转渐变

技巧秒杀

选择“视图”/“显示渐变批注者”命令，可以显示渐变批注者。

技巧秒杀

在径向渐变中，最左侧的渐变滑块决定了颜色填充的中心点，它呈辐射状向外逐渐过渡到最右侧的渐变滑块颜色，拖动左侧的圆形图标可以调整渐变的覆盖范围。拖动中间的圆形图标可以移动渐变；在圆形外侧拖动可以旋转渐变；将鼠标光标置于圆圈的黑色实心圆图标上，单击并向下拖动可调整渐变半径，生成椭圆形渐变。

6.2.5 将渐变扩展为图形

选择填充渐变后的对象，如图6-85所示。选择“对象”/“扩展”命令，打开“扩展”对话框，选中“填充(F)”复选框，在“指定”文本框中输入图形数值，单击“确定”按钮，即可将渐变填充扩展为相应数量的图形，如图6-86所示。

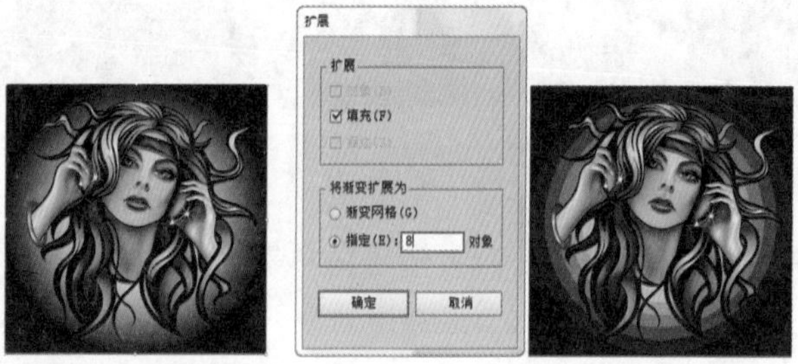

图6-85　选择渐变对象　　　图6-86　将渐变扩展为图形

6.2.6 保存渐变

调整渐变颜色后，单击“色板”面板中的“新建色板”按钮，打开“新建色板”对话框，输入渐变的名称，然后单击“确定”按钮，即可将渐变保存到“色板”面板，如图6-87所示。

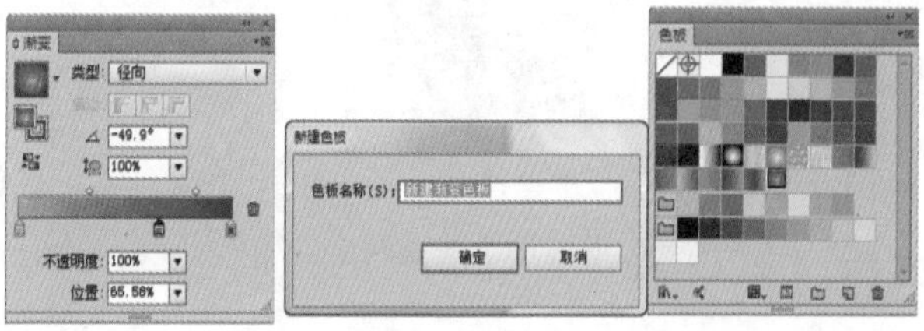

图6-87　保存渐变

在"渐变"面板中编辑渐变颜色时，可将"颜色"或"色板"面板中的一种颜色拖动到渐变滑块上，或在选择一个渐变滑块后，按住Alt键单击"色板"面板中的色块，可将该色块应用到所选的滑块，从而修改渐变颜色，如图6-88所示。

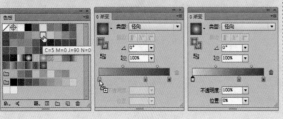

图6-88　修改渐变颜色

6.3 渐变网格填充

渐变网格是将网格与渐变填充完美地结合在一起，编辑或移动网格线上的点，可以对图形应用多个方向、多种颜色的渐变填充，使色彩渐变更加丰富、平滑。

6.3.1 认识渐变网格

网格对象是一种多色填充对象，创建网格对象时，会出现多条线交叉穿过对象，这些线称为网格线。在网格线相交处有一个锚点，该点被称为网格点，具有与锚点相同的属性，只是增加了接受颜色填充的功能。网格对象中任意4个网格点之间的区域称为网格单元，网格单元也可以进行颜色填充，如图6-89所示。

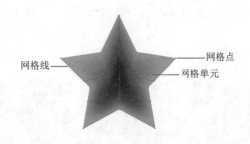

网格线————————————————网格点

网格单元

图6-89　渐变网格

答疑解惑：

渐变网格与渐变之间有什么区别？

渐变与渐变网格都可对对象创建多种颜色平滑过渡的渐变效果。二者区别在于，渐变网格只能应用于一个图形，但可以在图形内产生多个渐变，让渐变沿不同的方向分布，如图6-90所示；而渐变填充可以应用于一个或多个对象，但渐变的方向只能是单一的，如图6-91所示。

图6-90　渐变网格　　　　图6-91　线性渐变

6.3.2 创建渐变网格

严格来说，渐变网格物体都是由其他物体转化而来的。创建网格对象的方法有3种：一是利用工具箱中的"网格工具" ，二是利用"对象"/"建立渐变网格"命令；三是利用"对象"/"扩充"命令，下面将分别进行介绍。

1. 使用网格工具创建渐变网格

使用"网格工具" 可以在一个操作对象内创建多个渐变点，从而使图形显示多个方向和多种颜色的渐变填充效果。

实例操作：绘制逼真的运动鞋

● 光盘\效果\第6章\背景.jpg　● 光盘\效果\第6章\运动鞋.ai
● 光盘\实例演示\第6章\绘制逼真的运动鞋

在使用网格工具制作鞋子时，可以将鞋子的各部分分开制作，完成后，再将各部分组合到一起，这样会比整个绘制要有条理，也更快捷，效果如图6-92所示。

图6-92　运动鞋效果

Step 1▶ 新建一个20cm×20cm的文档，选择"钢笔工具" 绘制鞋底的轮廓，并填充颜色为#C6C1A8，完成后取消边框，如图6-93所示。选择"网格工具" ，在鞋底中间位置处单击，系统将根据图形的轮廓自动生成一个网格路径，如图6-94所示。

 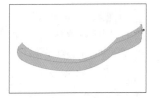

图6-93　绘制轮廓　　　　图6-94　添加网格路径

Step 2▶ 使用相同的方法再添加两条网格路径，然后将鼠标光标置于左侧网格点上，当鼠标光标变为 形状时，按住鼠标左键拖动调节锚点位置以及手柄的走向，如图6-95所示。使用相同方法调整左侧另外两个网格点，再使用"网格工具" 单击并选择左侧顶部的网格点，按F6键打开"颜色"面板，设置该锚点的颜色为#7F796B，再依次选择左侧的锚点，并分别填充颜色为#F4EDD3、#BDB28A、#EDE3C8和#CFCAAD，效果如图6-96所示。

图6-95　调整网格点　　　　图6-96　填充颜色

技巧秒杀

填充颜色时，如果需要某个锚点处的颜色比别的区域深，可用"直接选择工具" 或"网格工具" 选中锚点，在"拾色器"对话框或"颜色"面板中选择所需的颜色。另外，若需要同时对多个锚点应用相同颜色时，可以按住Shift键来选择所需要的多个锚点，再打开拾色器调节颜色。

Step 3▶ 使用第1步相同的方法绘制鞋面，并填充颜色为#A8632A，如图6-97所示。再使用"网格工具" 在鞋面上创建网格点，并调整网格点的位置，如图6-98所示。

图6-97　绘制鞋面　　　　图6-98　调整网格点

Step 4 ▶ 按照之前填充鞋底部分的原理和方法，对鞋面也进行网格填充，如图6-99所示。继续使用"钢笔工具" 绘制鞋面图形，并填充颜色为#333333，然后添加渐变网格，再选择如图6-100所示的网格点。

图6-99　绘制鞋面

图6-100　调整网格点

Step 5 ▶ 选择"吸管工具" ，鼠标光标将变为 形状，在鞋面的深色区域单击鼠标，吸取颜色，如图6-101所示。再使用相同的方法为不同的网格点吸取鞋面不同区域的颜色，依次类推完成所有填色，得到如图6-102所示效果。

图6-101　绘制鞋面

图6-102　调整网格点

Step 6 ▶ 使用与前面相同的方法继续绘制图形并进行渐变网格填充，得到如图6-103所示的效果。使用"椭圆工具" 在鞋子上绘制作一个椭圆，使用"渐变工具" 在圆上单击，填充默认渐变颜色，再打开"渐变"面板，设置"类型"为"线性"、"角度"为-40°，如图6-104所示。

图6-103　绘制鞋面

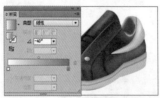
图6-104　填充渐变

Step 7 ▶ 在圆形上方再绘制一个稍小的圆，并在"渐变"面板中单击"反向"按钮 ，得到如图6-105所示的效果。再绘制一个稍小的圆，并填充颜色为#333333，得到如图6-106所示的效果。

图6-105　绘制鞋面

图6-106　填充渐变

Step 8 ▶ 按住Shift键依次单击以选择绘制的圆形并右击，在弹出的快捷菜单中选择"编组"命令将其编组，如图6-107所示。再按住Alt键，拖动鼠标，复制选择的图形，如图6-108所示。

图6-107　编组对象

图6-108　复制对象

Step 9 ▶ 使用前面的方法继续使用"钢笔工具" 绘制鞋带图形，并进行渐变网格编辑和填充，效果如图6-109所示。再按住Alt键，拖动鼠标，复制鞋带图形，得到如图6-110所示的效果。

图6-109　绘制鞋面

图6-110　填充渐变

技巧秒杀

添加网格点并为网格点填充颜色后，若继续为对象添加网格点，单击可添加相同填充色的网格点；若按住Shift键单击可添加网格点而不改变当前填充的颜色。

Step 10 ▶ 选择"文件"/"置入"命令，置入"背景.jpg"素材图片，并按Shift+Ctrl+[组合键将其置于最底层，效果如图6-111所示。使用"矩形工具" 绘制多个矩形，并分别填充颜色为"深红色，#491D00、黄色，#F4D600、深灰色，#36373E"。

然后使用"文字工具"T输入文字，设置"字体"为"微软雅黑"，"字号"分别为47、30，颜色为"白色、橘红色，#FF7900"，如图6-112所示。

图6-111　置入图片　　　图6-112　最终效果

使用渐变网格填充后的对象称为网格对象，在Illustrator中复杂的网格对象会使系统性能大大降低。因此，最好创建若干个小且简单的网格对象，而不要创建单个复杂的网格对象。

2. 使用菜单命令创建渐变网格

选择一个图形，如图6-113所示。然后选择"对象"/"创建渐变网格"命令，系统将打开如图6-114所示的"创建渐变网格"对话框。在该对话框中设置合适的参数及选项后，单击 确定 按钮，即可将当前选择的对象创建为网格对象，并在此对象内生成网格点及网格单元。

图6-113　选择对象　　　图6-114　"创建渐变网格"对话框

知识解析：　"创建渐变网格"对话框
◆ 行数/列数：用于设置水平方向或垂直方向的网格线的数量，范围为1~50。
◆ 外观：用于创建渐变网格后图形高光区域的位

置。在该下拉列表框中包含了3种外观显示，分别为"平淡色""至中心"和"至边缘"。选择"平淡色"选项时，表示将对象的初始颜色均匀地填充于表面，不产生高光效果，如图6-115所示；选择"至中心"选项时，可在对象的中心创建高光，如图6-116所示；选择"至边缘"选项时，可在对象的边缘处创建高光，如图6-117所示。选择后两个选项时，可以在"高光"文本框中设置高光的强度。

图6-115　平淡色　　图6-116　至中心　　图6-117　至边缘

◆ 高光：用于设置产生高光效果的强度。当该值为100%时，可以将最大的白色高光应用于对象。当数值为0%时，对象颜色均匀分布，将不会应用任何白色高光。

3. 由渐变填充创建渐变网格

Illustrator中的渐变填充对象（线性和径向）可以完美地转化成网格填充对象。选择一个渐变填充的对象，如图6-118所示。选择"对象"/"扩展"命令，打开"扩展"对话框，选中 ⊙渐变网格(G) 单选按钮，单击 确定 按钮，如图6-119所示。可将渐变填充对象转换为具有渐变外观的网格对象。

图6-118　选择对象　　　　图6-119　"扩展"对话框

6.3.3 编辑渐变网格

将对象转换为网格对象之后，便可以对生成的网格点进行编辑，编辑操作包括增加网格点、删除网格点、移动网格点和编辑网格点等。

1. 添加网格点

选择一个图形，如图6-120所示，再选择"网格工具" 图，将鼠标光标移动到网格对象中单击，可在单击处添加一个网格点，同时相应的网格线通过新的网格点延伸至对象的边缘，如图6-121所示。如果将鼠标光标移动到网格线上单击，则可在网格线上增加一个网格点，同时生成一条与此网格线相交的网格线，如图6-122所示。如果在增加网格点时，按下键盘中的Shift键同时单击鼠标，可以创建一个无颜色属性的网格点。

图6-120　选择图形　　　图6-121　添加网格点

图6-122　在网格线上添加网格点

2. 删除网格点

复杂的网格对象会使系统性能大大降低，因此，可将对象中多余的网格删除。其方法为：按住Alt键，再将鼠标光标放置到网格点上，鼠标光标将显示为 形状，此时单击即可将此网格点及相应的网格线删除。

3. 移动网格点

将鼠标光标移动到创建的网格点上，当鼠标光标显示为 形状时，按下鼠标左键并拖曳，即可改变网格点的位置，如图6-123所示。

图6-123　移动网格点

> **技巧秒杀**
>
> 如果在移动网格点的同时按住Shift键，可确保该网格点沿网格线移动。

4. 编辑网格点

利用"网格工具" 图选择网格点后，该网格点将如路径上的锚点一样在其两侧显示控制手柄，单击并拖曳控制手柄，可以编辑连接此网格点的网格线，改变网格线的形状，从而调整颜色的混合范围，如图6-124所示。

图6-124　编辑网格点

> **技巧秒杀**
>
> 若按住Shift键拖动控制手柄，可一次移动网的所有方向线。另外，如果使用"直接选择工具" 图在网格片面上单击，可以选择网格单元，单击并拖动鼠标，可以移动网格单元。利用"直接选择工具" 图和"转换锚点工具" 图都可以对网格点和网格线进行编辑，其方法与编辑路径的方法相同。

6.3.4 渐变网格对象的颜色调整

将图形转换为网格对象后，最重要的一个环节就是为其填充颜色，从而获得最终的渐变效果。在为网格对象填色时，可以分别为网格点或网格单元进行填色。其填充方法有多种，下面分别进行介绍。

1. 利用"颜色"面板填充颜色

使用"网格工具"圝或"直接选择工具"圂在网格对象中选择一个网格点或网格单元后，在"颜色"面板中拖动滑块或在文本框中输入数值，即可填充或调整网格点或网格单元的颜色，如图6-125所示。

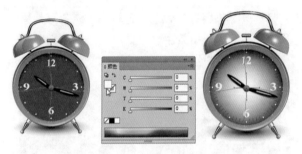

图6-125 为网格点填充颜色

2. 利用"色板"面板填充颜色

选择网格点或网格单元之后，在"色板"面板中单击所需的颜色或直接拖曳一种颜色到网格点或网格单元上，释放鼠标后即可将拖曳的颜色填充至网格点或网格单元上，如图6-126所示。

图6-126 拖动色块填充网格点

技巧秒杀

如果在移动网格点的同时按住Shift键，可确保该
● 网格点沿网格线移动。

3. 利用"吸管工具"填充颜色

选择网格点或网格单元之后，切换到"吸管工具"☑，即可在已有的填充物体上任意吸色，吸取的颜色会自动应用到网格点或网格单元上，如图6-127所示。

图6-127 吸取颜色并为网格单元应用颜色

答疑解惑：

网格点与网格单元在填充颜色时有什么区别？

为网格点填充颜色时，颜色会以该点为中心向外扩散，如图6-128所示；而为网格单元填充颜色时，则会以区域为中心向外扩散，如图6-129所示。

 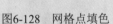 

图6-128 网格点填色 　 图6-129 网格单元填色

读书笔记

6.4 图案填充

在Illustrator软件中，不仅可以使用颜色、渐变色填充所选择的图形对象，还可以在图形中填充图案，图案填充可以使绘制的图形更加生动、形象，下面将进行详细讲解。

6.4.1 填充预设图案

在Illustrator中，系统提供了多种图案样式供用户使用。使用预设图案填充的方法为：选择需要填充图案的图形，如图6-130所示。在工具箱中将填色设置为当前编辑状态，单击"色板"面板中的"'色板库'菜单"按钮，在弹出的下拉菜单中选择系统预设的图案库，如图6-131所示。此时将打开一个单独的面板，单击面板中的任一图案，如图6-132所示，即可将其应用到所选对象，如图6-133所示。

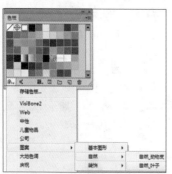

图6-130　选择图形　　　图6-131　选择图案库

图6-132　选择图案　　　图6-133　填充图案效果

技巧秒杀

在工具箱中将填色或描边设置为当前编辑状态，单击"色板"面板中的一个图案，也可将图案应用到所选对象或所选描边上。

6.4.2 自定义图案

除了使用Illustrator提供的图案以外，还可以创建自定义图案，以方便后期使用。

▓ 实例操作：为照片制作特效

● 光盘\素材\第6章\美女.jpg　　● 光盘\效果\第6章\照片特效.ai
● 光盘\实例演示\第6章\为照片制作特效

特效是指特殊的效果，通过制作特效可使原图像呈现不同的显示效果，下面将通过自定义图案的方法在照片上制作特效，完成前后的效果如图6-134和图6-135所示。

图6-134　原图效果

图6-135　最终效果

Step 1 ▶ 新建一个35cm×25cm的文档，按住Alt键并滚动鼠标滚轮，放大画板。再选择"矩形工具" 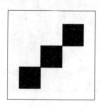，按住Shift键在画板中绘制3个小的矩形，如图6-136所示。拖动鼠标框选3个矩形，再打开"色板"面板，将选择的矩形拖动到"色板"面板中，即可自定义图案，如图6-137所示。

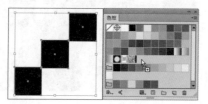

图6-136　绘制矩形　　　　图6-137　自定义图案

Step 2 ▶ 按Delete键删除画板中的矩形，选择"新建"/"置入"命令，置入"美女.jpg"照片，如图6-138所示。使用"矩形工具" 再绘制一个与照片相同大小的矩形，将照片覆盖，如图6-139所示。

图6-138　置入照片　　　　图6-139　绘制矩形

Step 3 ▶ 单击"色板"面板中自定义的图案，将其应用于矩形中，如图6-140所示。

图6-140　应用自定义图案

技巧秒杀

在"色板"中双击自定义的图案色板，将打开"图案选项"对话框，在"名称"文本框中可为自定义图案名称。

Step 4 ▶ 按Shift+Ctrl+F10组合键，打开"透明度"面板，在其中设置"混合模式"为"叠加"，"不透明度"为50%，最终效果如图6-141所示。

图6-141　最终效果

6.4.3　创建拼贴无缝图案

拼贴无缝图案的原则即是无缝性，也就是说，当建立一个拼贴后，不管使用什么样的方法，拼贴边框右边和顶部的元素都要完美地贴合拼贴边框左边和底部的元素。

实例操作：制作包装图案

● 光盘\素材\第6章\包装袋\　　● 光盘\效果\第6章\包装袋.ai
● 光盘\实例演示\第6章\制作包装图案

拼贴无缝图案常用于制作贺卡、包装纸之类的设计中，本例将在Illustrator中创建拼贴无缝图案，并将其应用于包装盒，最终效果如图6-142所示。

图6-142　最终效果

Step 1 ▶ 打开"花纹.ai"素材文件，如图6-143所示。使用"选择工具" 选择图形，如图6-144所示。

板中刚新建的图案，将图案应用到选择的图形，效果如图6-149所示。

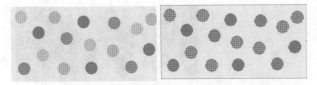

图6-143　打开素材　　　图6-144　选择图形

Step 2 ▶ 选择"对象"/"图案"/"建立"命令，打开"图案选项"面板，在"拼贴类型"下拉列表框中选择"砖形（按行）"，如图6-145所示。单击 完成 按钮，即可将图案保存到"色板"面板中，如图6-146所示。

图6-148　打开素材　　　图6-149　应用图案

Step 4 ▶ 使用相同的方法为包装袋其他几个面应用图案，效果如图6-150所示。选择"窗口"/"透明度"命令，打开"透明度"面板，分别选择包装袋侧面的3个面，设置"不透明度"分别为70%、50%、40%，最终效果如图6-151所示。

 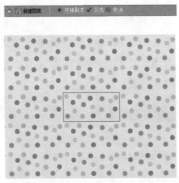

图6-145　设置图案　　　图6-146　保存图形

图6-150　应用图案　　　图6-151　最终效果

技巧秒杀

若单击 存储副本 按钮，可打开"新建图案"对话框，在"图案名称"文本框输入相应名称，单击 确定 按钮可为当前图案命名，如图6-147所示；如果单击 取消 按钮，则取消当前创建图案的操作。

图6-147　"新建图案"对话框

知识解析： "图案选项"面板

◆ 图案拼贴工具：单击 按钮后，画板中央的基本图案周围会出现定界框，如图6-152所示。此时拖动控制点可以调整拼贴图案的间距，如图6-153所示。

Step 3 ▶ 打开"包装袋.ai"素材文件，使用"选择工具" 选择整个图形，按Ctrl+C快捷键，如图6-148所示。切换到"花纹.ai"文档，再按Ctrl+V快捷键复制图形，选择包装袋的正面矩形，单击"色板"面

图6-152　单击图案拼贴工具　图6-153　调整拼贴图案间距

◆ 名称：用于输入图案的名称。

◆ 拼贴类型：在该下拉列表框中可选择图案的拼贴方式。其中包括网格、砖形（按行）、砖形（按列）、十六进制（按行）和十六进制（按列）5种拼贴类型，如图6-154~图6-158所示为选择不同拼贴方式的效果。

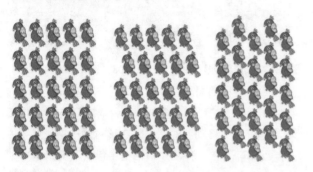

图6-154 网格 图6-155 砖形（按行） 图6-156 砖形（按列）

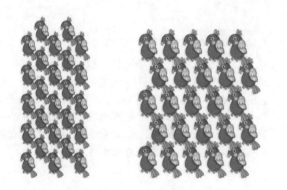

图6-157 十六进制（按行） 图6-158 十六进制（按列）

◆ 砖形位移：用于设置图形的位移间距。该选项只有在"拼贴类型"下拉列表框中选择"砖形"选项才可用。

◆ 宽度/高度：用于设置拼贴图案的宽度和高度。单击右侧的"保持宽度和高度比例"按钮，可进行等比缩放。

◆ 将拼贴调整为图稿大小：选中该复选框，可以将拼贴图案调整到与所选图形相同的大小。如果要设置拼贴图案间距的精确数值，可选中该复选框，然后在"水平间距"和"垂直间距"文本框中输入数值。

◆ 重叠：如果将"水平间距"和"垂直间距"设

置为负数值，拼贴图案将会产生重叠。单击右侧的对应按钮，可设置重叠的方式，这些按钮分别是"左侧在前"按钮、"右侧在前"按钮、"顶部在前"按钮和"底部在前"按钮，如图6-159~图6-162所示为单击各按钮后的效果。

图6-159 左侧在前 图6-160 右侧在前

图6-161 顶部在前 图6-162 底部在前

◆ 份数：用于设置拼贴图案的数量，在该下拉列表框中包括13种样式，如1×1、3×3、5×5、3×5、3×7、7×5等，如图6-163和图6-164所示分别为选择3×3和3×5选项的效果。

图6-163 3×3 图6-164 3×5

◆ 副本变暗至：选中该复选框，在右侧的下拉列表框中输入或选择相应参数来设置图案副本的显

示程度，如图6-165所示为设置副本变暗至50%的
效果。

◆ **显示拼贴边缘**：选中该复选框，可以显示基本图
案的边界框，如图6-166所示；取消选中，则隐藏
边界框。

图6-165 副本变暗至50% 图6-166 显示拼贴边缘

◆ **显示色板边界**：选中该复选框，可以显示色板的
边界框。

6.4.4 变换图案

在创建了图案并将其应用到图形中后，可能发
现图案太大或在图形中的角度有误，此时，即可使用
"自由变换工具" 或命令来解决这些问题。

其方法为：使用"选择工具" 选择填充图
案的图形，如图6-167所示。双击"旋转工具"按钮
，打开"旋转"对话框，在"角度"文本框中输

入相应数值，取消选中 变换对象(O) 复选框，选中
变换图案(T) 复选框，单击 确定 按钮。此时，可按照
设置的参数旋转图案，如图6-168所示。

图6-167 选择图形 图6-168 旋转图案

如果要移动图形中的图案，可先选择图案，选择
"对象" / "变换" / "移动"命令，或双击"选择工
具" 打开"移动"对话框，在该对话框中设置相关
的参数即可。在"移动"对话框中包含了复选框，如
果取消选中 变换对象(O) 复选框，选中 变换图案(T) 复选
框，即只会移动图案。

> **技巧秒杀**
>
> 选择"旋转工具" ，按住~键的同时在图形上
> 单击并拖动鼠标，可旋转填充图案。此外，使用
> Illustrator中的其他变换工具，如镜像工具、比例
> 缩放工具、倾斜工具等也可以按照上面的方法对
> 图案进行移动、镜像、缩放和变形等操作。变换
> 图案的方法与变换图形的操作方法相似。

6.5 实时上色

Illustrator CC中还有一个可用于填充图形的实时工具，即"实时上色工具"，该工具可自动检测相交
的图形区域，任意对图稿进行着色，与对画布或纸稿上的绘画进行着色相似。

6.5.1 了解实时上色

"实时上色"是一种创建彩色图画的直观方法。
通过这种方法，可以使用Illustrator中的所有矢量绘画
工具，将绘制的全部路径视为在同一平面上，也就是
说，没有任何路径位于其他路径之后或之前。实际
上，路径将绘画平面分割成几个区域，可以对其中的
任何区域进行着色，而不论该区域的边界是由单条路

径还是多条路径段确定的。这样一来，为对象上色就
如在涂色簿上填色，或是用水彩为铅笔素描上色。

但是，在为图形上色之前，需要将其转换为实
时上色组，然后即可任意对其进行着色。如使用不同
颜色为每个路径段描边，或使用不同的颜色、图案或
渐变填充每个封闭路径，如图6-169所示。一旦建立
了"实时上色"组，每条路径都会保持完全可编辑。
移动或调整路径形状时，前期已应用的颜色不会像在

自然介质作品或图像编辑程序中那样保持在原处，相反，Illustrator 自动将其重新应用于由编辑后的路径所形成的新区域，如图6-170所示。

图6-169 "实时上色"组　　　图6-170 调整路径

"实时上色"组中可以上色的部分称为边缘和表面。边缘是一条路径与其他路径交叉后，处于交点之间的路径部分。表面是一条边缘或多条边缘所围成的区域。用户可以为边缘描边、为表面填色。例如，绘制一个圆，再绘制一条线穿过该圆。作为"实时上色"组，分割圆的线条（边缘）在圆上创建了两个表面。可以使用"实时上色工具"，用不同颜色为每个表面填色、为每条边缘描边，如图6-171所示。

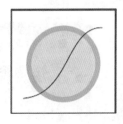 

图6-171 用不同颜色填充和描边

6.5.2 创建实时上色组

如果要对对象进行着色，并且每个边缘或交叉线使用不同的颜色，可先将图稿转换为实时上色组，再使用"实时上色工具"进行颜色的填充。

实例操作：制作插画效果

● 光盘\素材\第6章\线稿.ai　　● 光盘\效果\第6章\插画.ai
● 光盘\实例演示\第6章\制作插画效果

插画是运用图案表现形象的一种艺术设计手段，插画的应用范围很广，如平面和电子媒体、书籍、商品包装和T恤等领域，下面将对线稿图形进行

实时上色，得到插画的效果，完成前后的效果如图6-172和图6-173所示。

图6-172 原图效果

图6-173 最终效果

Step 1 ▶ 打开"线稿.ai"素材文件，如图6-174所示。按Ctrl+A快捷键选择所有图形，选择"对象"/"实时上色"/"建立"命令，将图形转换为实时上色组，如图6-175所示。

图6-174 打开素材　　　图6-175 转换为实时上色组

Step 2 ▶ 按F6键打开"颜色"面板，在该面板中调整

如图6-176所示的颜色。选择"实时上色工具" ，将鼠标光标放在对象上，当检测到表面时会显示红色的边框，如图6-177所示。

图6-176　调整颜色　　　图6-177　定位光标

技巧秒杀

将鼠标光标置于要填充颜色的对象上时，实时上色工具上方还会显示当前设置的颜色，如果是图案或颜色色板，可以按左或右方向键切换到相邻的颜色。

Step 3 ▶ 单击鼠标即可填充设置的颜色，如图6-178所示。在"颜色"面板中继续调整颜色，并使用相同的方法为其他图形填色，如图6-179所示。

图6-178　填充颜色　　　图6-179　完成填充

Step 4 ▶ 使用"选择工具" 框选整个图稿将其选中，单击工具箱中的 按钮，删除描边，如图6-180所示。再双击"实时上色工具"按钮 ，打开"实时上色工具选项"对话框，选中 描边上色(S)复选框，单击 确定 按钮，如图6-181所示。

操作解谜　　这里先将所有描边删除，是为了后期为坐椅描边。如果再统一删除描边，会将坐椅描边也删除。如果不统一删除描边，而是单独删除描边，则操作将变得繁琐。

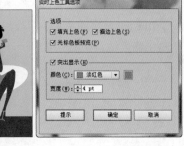

图6-180　删除描边　　　图6-181　"实时上色工具选项"对话框

Step 5 ▶ 在工具箱中按住"实时上色工具" 不放，在弹出的工具列表框中选择"实时上色选择工具" ，将鼠标光标置于坐椅边缘上，当鼠标光标变为 形状时，再按住Shift键依次单击坐椅边缘，将多个边缘选中，如图6-182所示。在"色板"面板中单击如图6-183所示的色块，为其描边。

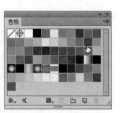

图6-182　选择边缘　　　图6-183　描边上色

Step 6 ▶ 在工具属性栏中的"描边"下拉列表框中选择2pt选项，加粗描边，如图6-184所示。然后在画板外单击，取消选择，可看到最终效果如图6-185所示。

图6-184　选择边缘　　　图6-185　最终效果

💬 **知识解析**："实时上色工具选项"对话框……

◆ **填充上色**：选中该复选框，可对"实时上色"组的各表面上色。

◆ 描边上色：选中该复选框，可对"实时上色"组
的各边缘上色。

◆ 光标色板预览：选中该复选框，从"色板"面板
中选择颜色时显示。实时上色工具光标显示为3种
颜色色板，选定填充或描边颜色以及"色板"面
板中紧靠该颜色左侧和右侧的颜色。

◆ 突出显示：选中该复选框，即会显示出光标当前
所在表面或边缘的轮廓。用粗线突出显示表面，
细线突出显示边缘。

◆ 颜色：设置突出显示线的颜色。可以从下拉列表
框中选择颜色，也可以单击上色色板以指定自定
义颜色。

◆ 宽度：指定突出显示轮廓线的粗细。

6.5.3 选择实时上色组中的项

　　将对象转换为实时上色组后，若要对实时上色
组中的项进行编辑，需先选择对应的项，如表面和边
缘。此时，可使用"实时上色选择工具" 来进行选
择。选择方法有多种，下面将对常用的选择方法分别
进行介绍。

◆ 选择单个表面或边缘：将实时上色选择工具光标
放在表面或边缘上，当鼠标光标将变为或形
状时，单击该表面或边缘即可，如图6-186所示为
选择表面的效果。如图6-187所示为选择边缘的
效果。

图6-186　选择表面　　　图6-187　选择边缘

◆ 选择多个表面或边缘：在要选择的表面或边缘周
围按住鼠标左键拖动绘制出选框，或按住Shift键
依次单击要选择的表面或边缘，即可选择多个表

面或边缘，如图6-188所示。

图6-188　选择多个表面或边缘

◆ 选择具有相同填充或描边的表面或边缘：在具
有相同填充或描边的表面或边缘上单击3次鼠标。
或在单击一次后，选择"选择"／"相同"命令，
在弹出的子菜单中选择"填充颜色"、"描边颜
色"或"描边粗细"命令即可，如图6-189所示。

图6-189　选择具有相同填充或描边的表面或边缘

技巧秒杀

若要选择没有被上色边缘分隔开的所有连续表
面，可双击某个表面；而要在当前选区中添加或
删除选择项，同样可按住Shift并单击这些项，或
者按住Shift键并在这些项周围拖动选框。此外，
可根据要影响的实时上色组内容来选择选择工
具。如果要将不同的渐变应用于实时上色组中的
不同表面，可使用"实时上色选择工具" ；如
果要将相同的渐变应用于整个实时上色组，可使
用"选择工具" 。

读书笔记

6.5.4 编辑实时上色组

创建实时上色组后，组中的每条路径都可以进行编辑，如移动或调整路径形状时，Illustrator将使用现有组中的填充和描边对修改的或新的表面和边缘进行着色。如果不是所希望的效果，用户可以使用实时上色工具重新应用所需的颜色。

其方法为：使用"直接选择工具" ▶.单击路径将其选择，如图6-190所示。然后移动路径，填色区域即会随之改变，如图6-191所示。或使用"转换锚点工具" ▶ 在锚点上单击，如图6-192所示。将曲线转换为直线，填色区域的边界也会呈直角显示，如图6-193所示。

图6-190 选择路径

图6-191 移动路径

图6-192 单击锚点

图6-193 转换锚点

如果删除边缘，将连续填充任何新扩展的表面；若删除一条将圆分割成两半的路径，则会使用该圆中某种填充色来填充整个图形，如图6-194所示。

图6-194 删除路径后的填充效果

可以将实时上色组中使用的填充和描边颜色存储在"色板"面板中。这样，如果在修改过程中丢失了要保留的颜色，还可以选择该颜色的色板，并使用实时上色工具重新应用填充或描边。

6.5.5 在实时上色组添加路径

创建实时上色组后，用户也可向其添加更多路径，以创建新表面和边缘。

实例操作：制作多彩文字

● 光盘\素材\第6章\爱心.ai　● 光盘\效果\第6章\多彩文字.ai
● 光盘\实例演示\第6章\制作多彩文字

本例先将已有的变形文字创建实时上色组，然后在实时上色组中添加路径，对新创建的表面进行填充，如图6-195所示为最终效果。

图6-195 最终效果

Step 1 ▶ 打开"爱心.ai"素材文件，如图6-196所示。选择"对象"/"实时上色"/"建立"命令，创建实时上色组，如图6-197所示。

图6-196 打开素材

图6-197 创建实时上色组

Step 2 ▶ 使用"直线段工具" ，在变形文字上方绘制作一条直线，在实时上色组中添加新路径，如图6-198所示。完成后，按住Ctrl+Shift快捷键单击文字图案，将其与直线一起选择，如图6-199所示。

图6-198　绘制作直线　　　图6-199　选择多个对象

Step 3 ▶ 选择"对象"/"实时上色"/"合并"命令，将路径合并到实时上色组中，如图6-200所示。合并路径后，选择"实时上色工具" ，并在工具箱中设置填色，将鼠标光标分别置于路径上下部分各表面并单击，依次填充如图6-201所示的颜色。

图6-200　合并路径　　　图6-201　最终效果

6.5.6　封闭实时上色组中的间隙

如果实时上色对象的路径之间没有封闭完全，即会出现空隙，如图6-202所示。那么用户在为图形实时上色时，颜色即会出现渗漏，如图6-203所示。

图6-202　路径间隙　　　图6-203　填充颜色后渗漏

此时，可选择"对象"/"实时上色"/"间隙选项"命令，打开"间隙选项"对话框，在其中设置间隙选项进行调整，如图6-204所示。

图6-204　　"间隙选项"对话框

💬知识解析：　**"间隙选项"对话框** ·············

◆ 间隙检测：选中此复选框时，Illustrator 将识别实时上色路径中的间隙，并防止颜料通过这些间隙渗漏到外部。请注意，在处理较大且非常复杂的实时上色组时，这可能会使 Illustrator 的运行速度变慢。在这种情况下，可以选择"用路径封闭间隙"选项，帮助加快 Illustrator 的运行。

◆ 上色停止在：该下拉列表框用于设置颜色不能渗入的间隙大小。如图6-205所示为选择"大间隙"选项后并填充颜色的效果，此时虽然路径仍然未封闭，但Illustrator自动视其为封闭状态。

图6-205　选择大间隙选项后填色的效果

◆ 间隙预览颜色：设置在"实时上色"组中预览间隙的颜色。可以从下拉列表框中选择颜色，也可以单击最右侧的颜色框来指定自定颜色。

◆ 用路径封闭间隙：单击 用路径封闭间隙(C) 按钮时，将在实时上色组中插入未上色的路径以封闭间隙（而不是只防止颜料通过这些间隙渗漏到外部）。需注意的是，由于这些路径没有上色，即使已封闭了间隙，也可能会显示仍然存在间隙。

◆ 预览：选中该复选框，可将当前"实时上色"组中检测到的间隙显示为彩色线条，所用颜色根据选定的预览颜色而定。

技巧秒杀

选择"视图"/"显示实时上色间隙"命令，可根据当前所选实时上色组中设置的间隙选项，突出显示在该组中发现的间隙。

6.5.7 扩展实时上色组

通过扩展实时上色组，可以将其变为与实时上色组视觉上相似，事实上却是由单独的填充和描边路径所组成的对象，同时还可以使用编组选择工具来分别选择和修改这些路径，其方法为：选择实时上色组，选择"对象"/"实时上色"/"扩展"命令即可。

读书笔记

6.5.8 释放实时上色组

通过释放实时上色组，可以将其变为一条或多条普通路径，它们没有进行填充且具有 0.5 磅宽的黑色描边，但没有填色。其方法为：选择实时上色组，如图6-206所示，选择"对象"/"实时上色"/"释放"命令即可扩展和释放实时上色组，如图6-207所示为释放实时上色组的效果。

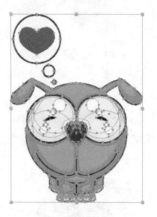 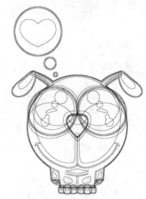

图6-206　原图效果　　图6-207　释放实时上色组

技巧秒杀

通过使用"选择工具" ，双击实时上色组或单击工具属性栏中的"隔离选定的组"按钮 ，可使其处于隔离模式，即可将实时上色组与图稿其余部分隔离。

6.6 为路径描边

描边是包围图形对象的路径线条，通过前面的学习，可知道除了对图形进行填充外，还可对图形进行描边，并对描边进行颜色的填充。下面将介绍在Illustrator中图形对象描边的方法。

6.6.1 认识"描边"面板

描边其实就是对象的轮廓线，若要对图形进行描边，可选择"窗口"/"描边"命令或按Ctrl+F10快捷键，打开"描边"面板，在其中可设置描边粗细、描边对齐方式、斜接限制以及线条样式等，如图6-208所示。

图6-208　"描边"面板

💬知识解析："描边"面板 ••••••••••••••••••••••••••

◆ 粗细：用于设置描边线条的宽度，该值越大，描边线条越粗。

◆ 端点：用于设置开放式路径两个端点的形状。单击"平头端点"按钮▣，路径将在终端锚点处结束，如图6-209所示。如果要准确对齐路径，该选项非常有用；单击"圆头端点"按钮▣，路径末端呈半圆形圆滑效果，如图6-210所示；单击"方头端点"按钮▣，将向外延长到描边"粗细"值一半的距离结束描边，如图6-211所示。

图6-209　平头端点　　　图6-210　圆头端点

图6-211　方头端点

◆ 边角：用于设置直线路径中边角处的连接方式。单击"斜接连接"按钮▣，边角将呈直角，如图6-212所示；单击"圆角连接"按钮▣，边角将呈圆角，如图6-213所示；单击"斜角连接"按钮▣，边角将呈斜角，如图6-214所示。

图6-212　斜接连接　　　图6-213　圆角连接

图6-214　斜角连接

◆ 限制：用于设置斜角的大小，范围为1~500。

◆ 对齐描边：如果对象是封闭的路径，可单击相应按钮来设置描边与路径对齐的方式。单击"使描边居中对齐"按钮▣，描边与路径将居中对齐，如图6-215所示；单击"使描边内侧对齐"按钮▣，描边与路径的内侧对齐，如图6-216所示；单击"使描边外侧对齐"按钮▣，描边与路径的外侧对齐，如图6-217所示。

图6-215　使描边居中对齐　　　图6-216　使描边内侧对齐

图6-217　使描边外侧对齐

◆ 虚线：选中该复选框后，可在下方的"虚线"文本框中可设置虚线线段的长度，在"间隙"文本框中可设置虚线线段的宽度，如图6-218所示。单击▣按钮，可以保留虚线和间隙的精确长度，如图6-219所示。单击▣按钮，可以使虚线与边角和路径终端对齐，并调整到适合的长度，如图6-220所示。

图6-218　虚线线段宽度为12pt

图6-219　间隙为20pt　　　图6-220　虚线边角、路径
终端对齐

◆ 箭头：在该下拉列表框中可为路径的起点和终点添加箭头，如图6-221~图6-224所示。单击右侧的 ⇄ 按钮，可互换起点和终点箭头。如果要删除箭头，可在"箭头"下拉列表框中选择"无"选项。

图6-221　原线条　　　　图6-222　起点箭头

图6-223　终点箭头　　图6-224　互换起点和终点箭头

◆ 缩放：用于调整箭头的缩放比例，单击 🔗 按钮，

可同时调整起点和终点箭头的缩放比例。

◆ 对齐：单击 ➡ 按钮，箭头会超过路径的末端。单击 ➡ 按钮，可以将箭头放置于路径的终点处。

◆ 配置文件：选择一个配置文件，如图6-225所示。可以让描边的宽度发生变化，如图6-226所示。单击 ⬚ 按钮，可进行横向翻转，如图6-227所示；单击 ⬚ 按钮，可进行纵向翻转，如图6-228所示。

图6-225　原图　　　　图6-226　改变描边宽度

图6-227　横向翻转　　　图6-228　纵向翻转

？答疑解惑：

怎样创建不同样式的虚线？

创建虚线样式后，在"端点"栏中可修改虚线的样式，例如，单击 ⬚ 按钮，可创建具有方形端点的虚线，如图6-229所示；单击 ⬚ 按钮，可创建具有圆形端点的虚线，如图6-230所示；单击 ⬚ 按钮，可创建扩展虚线的端点样式，如图6-231所示。

图6-229　方形　　图6-230　圆形　　图6-231　扩展虚线

6.6.2 设置描边粗细

在Illustrator中，默认情况下，绘制的图形是以黑色进行描边，描边粗细为1pt。若想改变图形的描边粗细，除了通过"描边"面板中的"粗细"下拉列表框自由地设置描边的粗细外，还可通过工具属性栏同样进行设置。

其方法为：在工具属性栏的"粗细"下拉列表框中选择需要的描边粗细值，或直接输入合适的数值，如图6-232所示。按Enter键，即可设置描边的粗细，如图6-233所示。

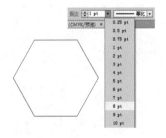 

图6-232 选择描边粗细值　图6-233 设置描边粗细效果

技巧秒杀

通过使用"吸管工具" 🖋，也可以拾取描边的粗细和填充等样式。其操作方法与拾取图形颜色的方法相同。

6.6.3 设置描边填充

在Illustrator中，同样可对描边进行填充。其填充方法与填充图形的方法相同，且都可设置描边颜色、渐变描边和图案描边。

其方法为：在"色板"面板中单击选取所需的填充色板，可填充描边，如图6-234所示为单击图案色板后的效果；在"颜色"面板中设置所需颜色，或单击工具箱中的"描边填充"按钮🔲，打开"拾色器"对话框，设置需要的颜色后，单击 确定 按钮也可填充描边，如图6-235所示。

 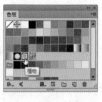

图6-234 通过"色板"面板进行图案描边

图6-235 通过"颜色"面板填充

6.7 画笔的应用

利用Illustrator CC中的"笔刷工具"按钮 和"画笔"面板，可以创造出许多具有不同艺术效果的图形，从而可以使普通用户能够充分展示自己的艺术构思，表达自己的艺术思想。同时，利用"画笔"面板可以给自己需要的路径或图形添加一些画笔内容，达到丰富路径和图形的目的。

6.7.1 认识"画笔"面板

"画笔"面板主要用于创建和管理画笔，并且系统为用户提供了包括散点画笔、书法画笔、毛刷画笔、图案画笔和艺术画笔5种类型的画笔样式，组合使用这几种画笔样式可以得到千变万化的图形效果。选择"窗口"/"画笔"命令，或按F5键，即可打开"画笔"面板，如图6-236所示。

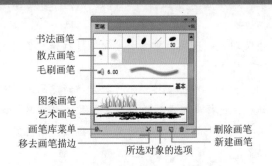

图6-236 "画笔"面板

💬**知识解析：**"画笔"面板

◆ **书法画笔**：可以模拟传统的毛笔创建书法效果的描边，如图6-237所示。

◆ **散点画笔**：可以创建图案沿着笔刷路径分布的效果，如图6-238所示。

图6-237　书法画笔　　　图6-238　散点画笔

◆ **毛刷画笔**：可创建具有自然笔触的描边，如图6-239所示。

◆ **图案画笔**：可绘制由图案组成的笔刷路径，这种图案沿着路径不断地重复拼贴，如图6-240所示。

◆ **艺术画笔**：可以沿路径的长度均匀拉伸画笔或对象的形状，模拟水彩、炭笔或毛笔等效果，如图6-241所示。

图6-239　毛刷画笔　图6-240　图案画笔　图6-241　艺术画笔

◆ **画笔库菜单**：单击按钮，可在弹出的下拉列表中选择预设的画笔库。

◆ **移去画笔描边**：选择一个已应用画笔描边的对象，再单击×按钮，可删除应用于对象的画笔描边。

◆ **所选对象的选项**：单击按钮，可打开"画笔选项"对话框。

◆ **新建画笔**：单击按钮，可打开"新建画笔"对话框，选择新建画笔的类型。如果将"画笔"面板中的一个画笔样式拖动至该按钮上，则可复制画笔。

◆ **删除画笔**：选择"画笔"面板中的画笔样式，单击按钮，可将其删除。

❓**答疑解惑：**

散点画笔与图案画笔的区别？

一般情况下，散点画笔与图案画笔可以达到相同的效果。而二者之间的区别在于，散点画笔会沿路径散布；图案画笔则会完全依循路径。例如，在曲线路径上，散点画笔的箭头会保持直线方向；而图案画笔的箭头会沿曲线弯曲。

读书笔记

6.7.2　使用画笔库

在Illustrator CC中除了默认的"画笔"面板所提供的画笔样式外，还提供了丰富的画笔资源库以供加载。加载的方法是：单击面板中的"画笔库菜单"按钮，或选择"窗口"/"画笔库"命令，在弹出的子菜单中选择所需要的画笔库文件名，即可打开相应的画笔库面板，如图6-242所示。选择其中的一个画笔，如图6-243所示，即会自动添加到"画笔"面板中，如图6-244所示。

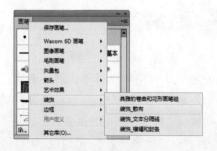

图6-242　选择画笔库

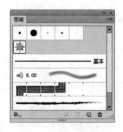

图6-243　选择画笔　　　图6-244　添加画笔

如果用户需要将其他文档中的画笔库导入到当前文档中，可选择"窗口"/"画笔库"/"其他库"命令，打开"选择要打开的库"对话框，选择该文件并单击 打开(O) 按钮即可。

6.7.3 应用画笔描边

　　画笔描边主要是通过模拟不同的画笔或油墨笔刷来绘制图像，产生绘画效果。画笔描边可以应用于由任何绘图工具，包括钢笔工具、铅笔工具、基本的形状工具或者是文字轮廓化后所创建的路径线条。

实例操作：制作藤蔓字

● 光盘\素材\第6章\纹理.ai　● 光盘\效果\第6章\藤蔓字.ai
● 光盘\实例演示\第6章\制作藤蔓字

　　应用画笔描边方法有两种，一种是先在"画笔"面板中选择画笔样本，再使用"画笔工具" ✔ 在画板中绘制路径，绘制的路径直接带有画笔样式效果。另一种是使用路径工具绘制出路径图形，再为路径添加画笔样式。本例将采用后一种方法进行七彩描边文字的制作，最终效果如图6-245所示。

图6-245　最终效果

Step 1 ▶ 打开"纹理.ai"素材文件，如图6-246所示。选择"文字工具" **T**，在画板中输入Happy文本，设置"字体"为"微软雅黑"，"字号"为85，如图6-247所示。

图6-246　打开素材　　　　图6-247　输入文字

Step 2 ▶ 在文字上方右击，在弹出的快捷菜单中选择"创建轮廓"命令，将文字转换为路径，如图6-248所示。按F5键，打开"画笔"面板，单击"画笔库菜单"按钮 ，在弹出的下拉菜单中选择"装饰"/"装饰_文本分隔线"命令，如图6-249所示。

图6-248　将文字转换为路径　　图6-249　选择画笔库

Step 3 ▶ 打开"装饰_文本分隔线"面板，在其中选择一种画笔样式，这里选择"文本分隔线13"，如图6-250所示。

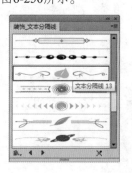

图6-250　应用画笔

Step 4 ▶ 单击"画笔"面板底部的 ◀ 按钮，如图6-251所示。切换到上一个画笔库面板中，将鼠标光标置于画笔上，如图6-252所示。

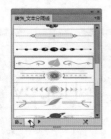

图6-251　切换画笔库　　图6-252　选择画笔

Step 5 ▶ 单击并拖动鼠标，将其拖动至画板中的圆圈上，如图6-253所示。再使用"文字工具" T 输入New Year文本，每个文字中间空格，并设置字体为"微软雅黑"，字号为21，颜色为"深灰色，#3C3D3D"，如图6-254所示。

图6-253　应用画笔　　图6-254　输入文字

技巧秒杀

默认情况下，"画笔"面板中的画笔以缩览图的形式显示，未显示画笔名称。如果用户要查看画笔名称，只需将鼠标光标置于画笔样本上即可。如果要同时查看所有画笔的名称，则可单击"画笔"面板右上角的 ≡ 按钮，在弹出的下拉菜单中选择"列表视图"命令，如图6-255所示。

图6-255　查看画笔名称

6.7.4　使用画笔工具

在使用"画笔工具" ✐ 绘制图形之前，首先要在"画笔"面板中选择一个合适的画笔样式，当选用不同的画笔样式时，所绘制的图形形状也不相同。

▨ 实例操作：绘制水墨竹子

● 光盘\素材\第6章\画轴.jpg　● 光盘\效果\第6章\水墨竹子.ai
● 光盘\实例演示\第6章\绘制水墨竹子

本例将介绍运用Illustrator CC绘制国画水墨竹子，主要学习如何运用钢笔工具和画笔工具表现中国水墨画写意绘画的技巧，效果如图6-256所示。

图6-256　最终效果

Step 1 ▶ 打开Illustrator软件，选择"文件"/"新建"命令，打开"新建文档"对话框，在"名称"文本框中输入"水墨竹子"，并在"大小"下拉列表框中选择A4选项，单击 确定 按钮，如图6-257所示。

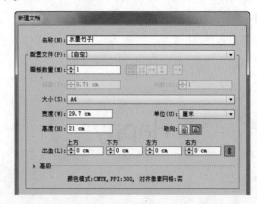

图6-257　新建文档

Step 2 ▶ 选择工具箱中的"钢笔工具" 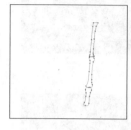，在画板中绘制如图6-258所示的竹竿封闭路径形状。然后打开"渐变"面板，设置"类型"为"线性"，"角度"为-11°，"颜色"为"黑色、灰色和白色"，如图6-259所示。

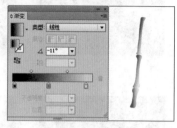

图6-258 绘制图形　　图6-259 填充渐变颜色

Step 3 ▶ 使用相同的方法在竹竿左侧绘制两根如图6-260所示的细竹竿，并填充相同的渐变颜色。在工具箱中选择"画笔工具" ，设置"描边颜色"为"黑色"，并打开"画笔"面板，在其中选择Fude画笔，在工具属性栏中设置"描边"为0.25，在竹节处拖动鼠标绘制出竹枝，效果如图6-261所示。

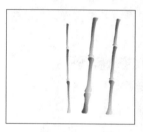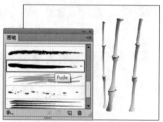

图6-260 绘制多个竹竿　　图6-261 使用画笔

Step 4 ▶ 在工具属性栏中设置"不透明度"为57%，再使用相同的方法在竹竿上绘制如图6-262所示的竹枝。在工具属性栏中再次设置"描边"为1pt，"不透明度"为20%，在竹枝上拖动鼠标绘制出竹叶，效果如图6-263所示。

图6-262 设置不透明度　　图6-263 绘制竹叶

Step 5 ▶ 使用相同的方法在工具属性栏中分别设置不同的"不透明度"为50%、100%，并在竹枝上拖动鼠标绘制出更多不同透明度的竹叶，使其具有层次感，效果如图6-264所示。双击"画笔工具" ，打开"画笔工具选项"对话框，设置"保真度"为10，并选中 ☑填充新画笔描边(N) 复选框，单击 确定 按钮，如图6-265所示。

图6-264 绘制竹子　图6-265 "画笔工具选项"对话框

Step 6 ▶ 在工具箱中设置"填充"为"灰色，#C4CCC7"，选择"画笔工具" ，在竹子下方拖动鼠标绘制一个不规则的线条纹理，此时，线条内部将自动填充为"灰色"，效果如图6-266所示。再按Shift+Ctrl+[组合键将绘制的纹理置于底层，然后置入素材图像"画轴.jpg"，同样放置于底层并调整其位置，最终效果如图6-267所示。

图6-266 填充图形　　图6-267 添加素材

💬 知识解析：**"画笔工具选项"对话框** ···············●

◆ **保真度**：用于控制必须将鼠标光标移动多大距离，Illustrator才会在路径上添加新锚点。该值范围可介于0.5~20像素之间，值越大，路径越平滑，复杂程度越低。例如，保真度为2.5像素时，表示小于2.5像素的工具移动将不生成锚点。

◆ **平滑度**：用于控制使用画笔工具绘制路径的平滑程度。数值越小，路径越粗糙。数值越大，路径越平滑。

◆ **填充新画笔描边**：选中该复选框，可将填色应用于路径，即使是开放式路径所形成的区域也会自动填充颜色，如图6-268所示。若取消选中，则路径内部无填充，如图6-269所示。

图6-268　选中的效果　　图6-269　取消选中的效果

◆ **保持选定**：选中该复选框，路径绘制完成后仍保持被选择状态。

◆ **编辑所选路径**：选中该复选框，可使用画笔工具像对普通路径一样运用各种工具对绘制的路径进行编辑。

◆ **范围**：用于控制鼠标光标与现有路径在多大距离之内才能使用画笔工具编辑路径。该选项只有在选中了 ☑编辑所选路径(E) 复选框时才可用。

6.7.5　使用斑点画笔工具

使用"斑点画笔工具" 🖉 可以绘制出用颜色或图案填充、无描边的形状，还能与具有相同颜色的其他形状进行交叉和合并。

其方法为：打开素材文件，如图6-270所示。选择"斑点画笔工具" 🖉，在图形中间位置拖动鼠标绘制一个心形，如图6-271所示。然后在心形内部进行涂抹，此时，可发现涂抹到与心形线条相交处即会自动

合并，如图6-272所示。

图6-270　素材文件　　　图6-271　绘制形状

图6-272　使用斑点画笔工具涂抹后的效果

若双击"斑点画笔工具"按钮 🖉，还可打开"斑点画笔工具选项"对话框，在其中可设置画笔的相应属性，如图6-273所示。

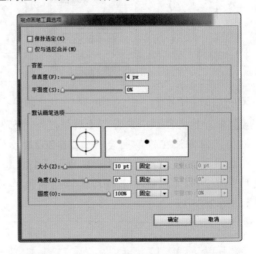

图6-273　"斑点画笔工具选项"对话框

💬 知识解析：**"斑点画笔工具选项"对话框** ········●

◆ **保持选定**：用于指定绘制合并路径时，所有路径都将被选中，并且在绘制过程中保持被选中状态。该选项在查看包含在合并路径中的全部路径时非常有用。

◆ 仅与选区合并：用于指定仅将新笔触与目前已选中的路径合并。如果选中该复选框，则新笔触不会与其他未选中的交叉路径合并。

◆ 大小：用于设置画笔的大小。

◆ 角度：用于设置画笔的旋转角度。拖移预览区中的箭头，或在"角度"文本框中输入数值都可进行设置。

◆ 圆度：用于设置画笔的圆度。将预览区中的黑点朝向或背离中心方向拖移，或在"圆度"文本框中输入一个值均可进行设置，该值越大，圆度就越大。

6.7.6 将画笔转换为轮廓

在Illustrator中，用户还可将画笔描边转换为轮廓，其方法非常简单，只需选择使用画笔工具绘制的线条或添加了画笔描边的路径，再选择"对象" / "扩展外观"命令，即可将画笔描边转换为轮廓，Illustrator CC会自动扩展路径中的组件并将其输入一个组中，此时，可使用"编组选择工具" 选择其中的组件进行单独编辑。

6.7.7 创建与设置画笔

虽然Illustrator CC为用户提供了大量的画笔样式，但要能够满足设计创意要求，还是不够的，这就需要用户在绘图过程中创建和设置自己所需要的新画笔样式。

1. 创建画笔

在创建新画笔样式时，首先要选择用于定义新画笔样式的对象，否则，"新建画笔"对话框中的选项将显示为灰色。若要创建"图案"画笔样式，可以使用简单的路径来定义，也可以使用"色板"面板中的"图案"来定义。

实例操作：绘制邮票

● 光盘\素材\第6章\京剧人物.ai　　● 光盘\效果\第6章\邮票.ai
● 光盘\实例演示\第6章\绘制邮票

本例将介绍运用Illustrator CC绘制邮票，主要学习创建画笔和设置画笔在实际操作中的应用方法，最终效果如图6-274所示。

图6-274　最终效果

Step 1 ▶ 新建一个A4的空白文档，选择"矩形工具" ，在画板中绘制一个20mm×5mm的矩形，设置"填充"为"白色"，"描边"为"无"，效果如图6-275所示。再使用"椭圆工具" 绘制一个5mm×5mm的正圆，设置"填充"为"白色"，"描边"为"无"，效果如图6-276所示。

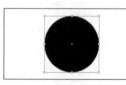

图6-275　绘制背景图形　　　图6-276　绘制圆形

技巧秒杀

这里在绘制矩形和圆形之前，可先选择"视图" / "智能参考线"命令，显示智能参考线，然后在进行图形的绘制时，可查看绘制图形的大小。

Step 2 ▶ 将鼠标光标置于圆形上，并按住Ctrl键不放，拖动鼠标分别复制两个相同的圆形，并将圆形等距放置在矩形的上边缘，如图6-277所示。同时选中圆形和矩形，再按Shift+Ctrl+F9组合键打开"路径查找器"面板，单击"减去顶层"按钮 ，如图6-278所示。

图6-277　复制图形

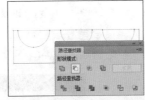

图6-278　减去图形

Step 3▶ 选择修剪后的图形，按F5键打开"画笔"面板，单击右下角的"新建画笔"按钮🗔，如图6-279所示。打开"新建画笔"对话框，选中 ⊙图案画笔(P) 单选按钮，单击 确定 按钮，如图6-280所示。

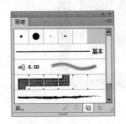

图6-279　选择画笔样式

图6-280　"新建画笔"对话框

Step 4▶ 打开"图案画笔选项"对话框，在"名称"文本框中可为新建的画笔命名，这里输入"邮票边缘"，再单击 确定 按钮，即将选择的图案创建为新画笔，如图6-281所示。

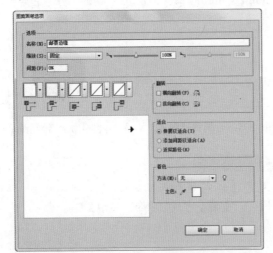

图6-281　"图案画笔选项"对话框

技巧秒杀

单击"画笔"面板窗口右上角的 ☰ 按钮，在弹出的快捷菜单中选择"新笔刷"命令。也可打开"新建画笔"对话框。

Step 5▶ 返回"画笔"面板，可看到创建的画笔样式。使用"矩形工具" 🔲 在画板中绘制一个16cm×19cm的矩形，并填充为"黑色"，再使用相同的方法绘制一个10cm×13cm的矩形，填充为"白色"，描边为"黑色"，描边粗细为"1pt"，如图6-282所示。选择白色矩形，选择"对象"/"路径"/"偏移路径"命令，在打开的"偏移路径"对话框中设置"偏移"为0.5cm，单击 确定 按钮，如图6-283所示。

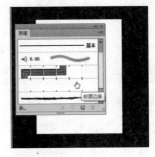

图6-282　绘制背景

图6-283　偏移路径

技巧秒杀

由于裁剪后的图形为白色，因此在新建画笔后，"画笔"面板中的画笔样式栏呈白色显示，即这里无法查看到画笔效果。

Step 6▶ 返回画板中，即可查看到对象偏移后的效果，如图6-284所示。选择偏移后的矩形，在"画笔"面板中单击之前新建的"邮票边缘"画笔缩览图，得到如图6-285所示的效果。

图6-284　矩形偏移

图6-285　应用画笔

Step 7▶ 置入"京剧人物.ai"素材文件，并放置于图形的中间位置，作为邮票的图案，如图6-286所示。

然后使用"文字工具" T 在邮票右上角输入"50分"，并设置"字体"为"方正大标宋简体"，"字号"为18，"字体颜色"为"黑色"，如图6-287所示。

图6-286　置入素材

图6-287　输入文字

技巧秒杀

如果用户要创建散点画笔、艺术画笔和图案画笔时，必须先创建要使用的图形，且图形遵循以下规则：图形不能包含混合、渐变、其他画笔描边、网格对象、位图图像、图表、位置文件或蒙版，对于艺术画笔和图案画笔，图形中不能包含文字。如果要创建包含文字的画笔描边效果，可先将文字转换为轮廓，然后进行创建，对象图案画笔，最多只能创建5种图案拼贴，并会将拼贴添加到"色板"面板中。

2. 设置画笔选项

使用画笔工具绘制路径或创建画笔的过程中，如果在默认的画笔选项参数状态下不能得到满意的效果，可以在"画笔选项"对话框中重新设置画笔选项的各个参数，从而绘制出更理想的画笔效果。下面将分别进行介绍。

（1）书法画笔的设置

在"画笔"面板中双击任意一个书法画笔，或单击右上角的 按钮，在弹出的下拉菜单中选择"画笔选项"命令，系统将打开如图6-288所示的"书法画笔选项"对话框，在其中可对书法画笔的各选项参数进行设置。

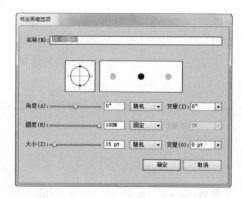

图6-288　"书法画笔选项"对话框

💬 知识解析："书法画笔选项"对话框

◆ 名称：在该文本框中可输入画笔的名称。

◆ 画笔形状编辑器：单击并拖动黑色的圆形调杆可以调整画笔的圆度，如图6-289所示。单击并拖动缩览图中的箭头可调整画笔的角度，如图6-290所示。

图6-289　调整画笔的圆度　　图6-290　调整画笔的角度

◆ 画笔效果预览区：用于观察画笔调整的结果。在预览区中，左侧显示的是随机变化最小范围的画笔；中间显示的是修改前的画笔，右侧显示的是随机变化最大范围的画笔。

◆ 角度、圆度和大小：用于设置画笔的角度、圆度和直径。在这3个选项右侧的下拉列表框中包含了"固定""随机""压力"等选项，这些选项决定了画笔角度、圆度和直径的变化方式。

技巧秒杀

在设置画笔选项时，如果当前文档包含用修改的画笔绘制的路径，那么在画笔选项对话框中单击 确定 按钮后，则会弹出提示对话框。单击其中的 应用于描边(A) 按钮，可更改既有描边。单击 保留描边(L) 按钮，可保留既有描边不变，并仅将修改的画笔应用于新描边。

（2）散点画笔的设置

在"画笔"面板中双击任意一个散点画笔，或单击右上角的按钮，在弹出的下拉菜单中选择"画笔选项"命令，系统将打开如图6-291所示的"散点画笔选项"对话框，在其中可对散点画笔的各选项参数进行设置。

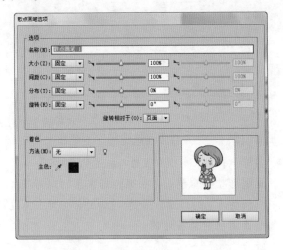

图6-291 "散点画笔选项"对话框

💬 知识解析："散点画笔选项"对话框 ·················

◆ 名称：在该文本框中可输入画笔的名称。

◆ 大小：用于控制散点分布在路径上的对象大小。

◆ 间距：用于控制对象间的间距。

◆ 分布：用于控制路径两侧对象与路径之间的接近程度。数值越大，对象距路径越远。

◆ 旋转：用于控制对象的旋转角度。

◆ 旋转相对于：用于设置散布对象相对页面或路径的旋转角度。如在复选框右侧的下拉列表框中选择"页面"选项，则对象将以页面的水平方向为基准旋转，如图6-292所示。若选择"路径"选项，则对象将会按照路径的走向旋转，如图6-293所示。

图6-292 页面　　　　　图6-293 路径

◆ 方法：用于设置画笔路径对象的着色方式。在右侧的下拉列表框中包括"无""淡色""淡色和暗色""色相切换"4种方式。选择"无"选项，表示画笔绘制的颜色与样本图形的颜色一致；选择"淡色"选项，用户可以对画笔的颜色重新着色；选择"淡色和暗色"选项，表示画笔中除了黑色和白色部分保持不变外，其他部分均使用工具箱中描边颜色不同浓淡的颜色；选择"色相转换"选项，工具箱中的描边颜色将替换画笔样本图形的主色，画笔中的其他颜色在变化的同时保持彼此之间的色彩关系。该选项可保证画笔中黑色、灰色和白色不变。如果用户要了解各选项的具体区别，可单击"提示"按钮，打开"着色提示"对话框进行查看，如图6-294所示。

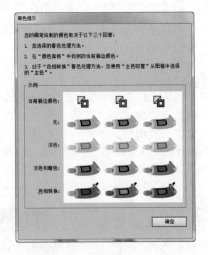

图6-294 "着色提示"对话框

◆ 主色：用于设置图形中最突出的颜色。如果修改主色，可在对话框中单击按钮，在预览区中单击样本图形，将单击点的颜色定义为主色，如图6-295所示。

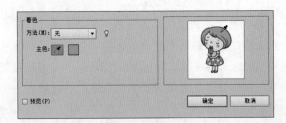

图6-295 更改主色

（3）毛刷画笔的设置

在"画笔"面板中双击任意一个毛刷画笔，或单击右上角的▼按钮，在弹出的下拉菜单中选择"画笔选项"命令，系统将打开如图6-296所示的"毛刷画笔选项"对话框，在其中可对毛刷画笔的各选项参数进行设置。

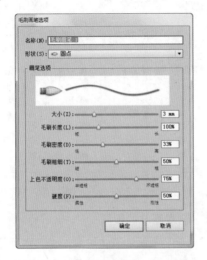

图6-296　"毛刷画笔选项"对话框

💬知识解析：**"毛刷画笔选项"对话框** ··········●

◆ **名称**：在该文本框中可输入画笔的名称。

◆ **形状**：在该下拉列表框中可以从10个不同画笔模型中选择画笔形状，这些模型提供了不同的毛刷画笔路径的外观，如图6-297所示。

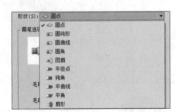

图6-297　画笔形状

◆ **大小**：可设置画笔的直径。如同物理介质画笔，毛刷画笔直径从毛刷的笔端开始计算。

◆ **毛刷长度**：毛刷长度是从画笔与笔杆的接触点到毛刷尖的长度。

◆ **毛刷密度**：毛刷密度是在毛刷颈部的指定区域中的毛刷数。

◆ **毛刷粗细**：毛刷粗细可从细致到粗糙（从

1%～100%）。

◆ **上色不透明度**：可以设置所使用的画笔的不透明度。

◆ **硬度**：表示毛刷的坚硬程度。如果设置较低的毛刷硬度值，毛刷会很轻便。设置一个较高值时，则会变得坚硬。

技巧秒杀

如果一个文档中包含的毛刷画笔描边超过30个，在尝试打印、存储该文档或拼合文档的透明度时，将会显示一个警告消息。这些警告会在用户存储、打印和拼合文件内容时显示。

（4）图案画笔的设置

在"画笔"面板中双击任意一个图案画笔，或单击右上角的▼按钮，在弹出的下拉菜单中选择"画笔选项"命令，系统将打开如图6-298所示的"图案画笔选项"对话框，在其中可对图案画笔的各选项参数进行设置。

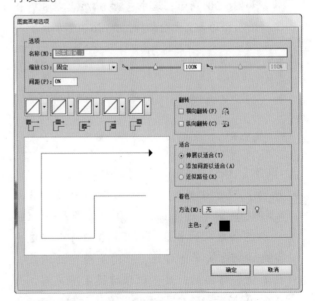

图6-298　"图案画笔选项"对话框

💬知识解析：**"图案画笔选项"对话框** ··········●

◆ **名称**：在该文本框中可输入画笔的名称。

◆ **缩放**：用于设置图案相对于原如图形的缩放比例。

◆ **间距**：用于设置各个图案之间的间距。

◆ 拼贴按钮：在"图案画笔选项"对话框中有5个拼贴按钮。从左至右依次为边线拼贴、外角拼贴、内角拼贴、起点拼贴和终点拼贴。通过这些按钮可以将图案应用于路径的不同位置。其操作方法是，单击一个按钮，然后在下方的图案列表中选择一个图案，该图案即会显示在与其对应的路径上，如图6-299所示为在拼贴选项中设置的图案；如图6-300所示为使用画笔描边的路径。

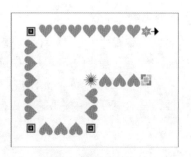

图6-303　伸展以适合

 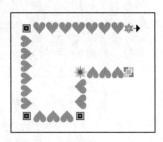

图6-299　设置图案　　　图6-300　画笔描边路径

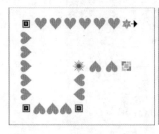 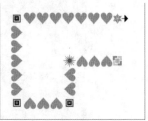

图6-304　添加间距以适合　　　图6-305　近似路径

（5）艺术画笔的设置

在"画笔"面板中双击任意一个艺术画笔，或单击右上角的▤按钮，在弹出的下拉菜单中选择"画笔选项"命令，系统将打开如图6-306所示的"艺术画笔选项"对话框，在其中可对艺术画笔的各选项参数进行设置。

◆ 翻转：用于改变图案相对于路径的方向。选中☑横向翻转(F)复选框，图案将沿路径的水平方向翻转，如图6-301所示；选中☑纵向翻转(C)复选框，图案将沿路径的垂直方向翻转，如图6-302所示。

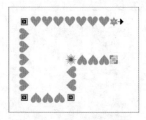 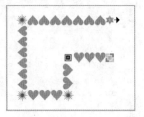

图6-301　横向翻转　　　图6-302　纵向翻转

◆ 适合：用于设置图案适合路径的方式。选中◉伸展以适合(T)单选按钮，可自动拉长或缩短图案以适合路径的长度，如图6-303所示；选中◉添加间距以适合(A)单选按钮，可增加图案的间距，使其适合路径的长度，以保持图案不变形，如图6-304所示；选中◉近似路径(R)单选按钮，可在不改变拼贴的情况下使拼贴适合于最近似的路径，该选项所应用的图案会向路径内侧或外侧移动，以保持均匀拼贴，而不是将中心落在路径上，如图6-305所示。

图6-306　"艺术画笔选项"对话框

知识解析：**"艺术画笔选项"对话框**

◆ **名称**：在该文本框中可输入画笔的名称。

◆ **宽度**：用于设置图形的宽度，也可使用右侧的宽度滑块和输入数值来指定宽度。

◆ **画笔缩放选项**：用于在缩放图稿时保留比例。

◆ **方向**：决定图稿相对于线条的方向。单击←按钮，将描边端点放在图稿左侧，如图6-307所示；单击→按钮，将描边端点放在图稿右侧，如图6-308所示；单击↑按钮，将描边端点放在图稿顶部，如图6-309所示；单击↓按钮，将描边端点放在图稿底部，如图6-310所示。

图6-307　描边端点在左侧　　图6-308　描边端点在右侧

图6-309　描边端点在顶部　　图6-310　描边端点在底部

◆ **着色**：用于选取描边颜色和着色方法。可使用该下拉列表框从不同的着色方法中进行选择。其选项是色阶、色调和色相转换。

◆ **横向翻转或纵向翻转**：选中对应的复选框，可改变图稿相对于线条的方向。

◆ **重叠**：如果要避免对象边缘的连接和皱褶重叠，可以单击右侧的或按钮。

读书笔记

6.7.8　管理画笔

创建并设置画笔后，可对画笔进行管理。主要包括笔刷在"画笔"面板中的显示及笔刷的复制和删除等，同时还可以加载其他需要的笔刷。

1. 显示画笔

默认情况下，"画笔"面板中的画笔以缩览图的形式显示，未显示画笔名称。如果用户要查看画笔名称，将鼠标光标置于画笔样本上即可。如果要同时查看所有画笔的名称，则可单击"画笔"面板右上角的按钮，在弹出的下拉菜单中选择"列表视图"命令，画笔将以列表的形式在"画笔"面板中显示，如图6-311所示。

图6-311　查看画笔名称

2. 删除画笔

在"画笔"面板中创建了多个画笔后，为了视觉上的美观，可将不再使用的画笔删除。

其操作方法为：在"画笔"面板中选择需要删除的画笔样式，然后单击面板底部的"删除画笔"按钮或单击右上角的按钮，在弹出的下拉菜单中选择"删除画笔"命令，如图6-312所示。此时系统会打开如图6-313所示的Adobe Illustrator对话框，提示是否删除所选画笔。当单击是按钮，即可将选择的画笔删除。

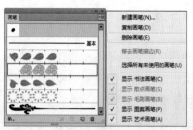

图6-312　删除画笔　　　　图6-313　确认删除

图6-314　"删除画笔警告"对话框

3. 复制画笔

此外，当在"画笔"面板中删除一个使用过的画笔时，系统将打开如图6-314所示的删除画笔警告对话框，询问是否删除所选画笔。单击 扩展描边(E) 按钮，系统将画笔删除的同时，会让使用该画笔绘制的路径自动转变为画笔的原始图形状态；若单击 删除描边(R) 按钮，系统将画笔删除，并将路径恢复到没添加画笔时的状态。

在对某种画笔进行编辑前，最好将其复制，以确保在操作错误的情况下能够快速恢复。

复制画笔的操作方法为：在"画笔"面板中选择需要复制的画笔，然后单击面板右上角的 按钮，在弹出的快捷菜单中选择"复制画笔"命令，即可复制当前所选择的画笔。或者将需要复制的画笔拖动至面板底部的"新建画笔"按钮 上，释放鼠标后，也可将所选择的画笔进行复制。

技巧秒杀

在"画笔"面板中将需要删除的画笔拖曳到面板底部的 按钮处，释放鼠标后也可直接将该画笔删除。

知识大爆炸——实时上色组的相关知识

1. 实时上色限制

填色和上色属性附属于"实时上色"组的表面和边缘，而不属于定义这些表面和边缘的实际路径，在其他 Illustrator 对象中也是这样。因此，某些功能和命令对"实时上色"组中的路径或者作用方式有所不同，或者不适用，下面分别进行介绍。

（1）适用于整个实时上色组（而不是单个表面和边缘）的功能和命令

分别有透明度、效果、"外观"面板中的多种填充和描边、"对象"/"封套扭曲"命令、"对象"/"隐藏"命令、"对象"/"栅格化"命令、"对象"/"切片"/"建立"命令、建立不透明蒙版（在"透明度"面板菜单中）、画笔（如果使用"外观"面板将新描边添加到实时上色组中，则可以将画笔应用于整个组）。

（2）不适用于实时上色组的功能

分别有渐变网格、图表、"符号"面板中的符号、光晕、"描边"面板中的"对齐描边"选项和魔棒工具。

（3）不适用于实时上色组的对象命令

分别有轮廓化描边、扩展（可以改用"对象"/"实时上色"/"扩展"命令）、混合、切片、"剪切蒙版"/"建立"命令、创建渐变网格。

（4）不适用于实时上色组的其他命令

分别有路径查找器命令、"文件"/"置入"命令、"视图"/"参考线"/"建立"命令、"选择"/"相同"/"混合模式"命令、填充和描边、不透明度、样式、符号实例或链接块系列以及"对象"/"文本绕排"/"建立"命令。

2. 用于合并的实时上色组的间隙规则

合并具有不同间隙设置的实时上色组时，Illustrator 使用以下规则来处理间隙：

◆ 如果在选择的所有组中关闭了间隙检测，可通过将"上色停止在"设置为"小间隙"来封闭间隙并打开间隙检测。

◆ 如果选择的所有组都打开了间隙检测，则会封闭间隙并保留间隙设置。

◆ 如果选择的所有组并非都打开了间隙检测，则会封闭间隙并保留最下面的实时上色组的间隙设置（如果该组打开了间隙检测）。如果最下面的组关闭了间隙检测，则会打开间隙检测并将"上色停止在"设置为"小间隙"。

读书笔记

07

01 02 03 04 05 06 ⟨07⟩ 08 09 10 11 12 ······

图层与蒙版

本章导读

在Illustrator CC中，图层和蒙版是经常用到的，本章将详细介绍图层的基本应用，主要包括图层的概念、"图层"面板的详细介绍、图层的创建、复制和删除等基本操作。另外，还介绍了蒙版的基本应用，如剪切蒙版和不透明蒙版设置等。

7.1 图层

图层可以形象地看作是许多形状相同的透明画纸叠加在一起，位于不同画纸上的图形叠加起来便形成了完整的图形。图层在进行图形处理的过程中起到十分重要的作用，可以将创建或编辑的不同图形通过图层来进行管理，方便对图形的编辑操作，也可以更加丰富图形的效果。

7.1.1 认识"图层"面板

在Illustrator CC中，各图层主要通过"图层"面板来进行操作，其显示方法是在新建一个文件后，再选择"窗口"/"图层"命令或按F7键，打开"图层"面板，如图7-1所示。

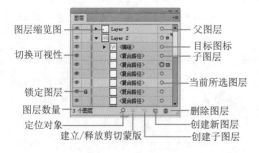

图7-1 "图层"面板

💬知识解析："图层"面板 ·······················•

◆ 切换可视性：单击👁图标可进行图层显示与隐藏的切换。有该图标的图层为显示的图层，如图7-2所示。无该图标的图层为隐藏的图层，如图7-3所示。被隐藏的图层不能进行编辑操作，也不能打印出来。

图7-2 显示图层

◆ 图层缩览图：显示了当前图层中的所有图形。

◆ 锁定图层：单击▦图标，可以锁定图层，被锁定的图层不能再进行任何编辑，并且会显示出一个🔒形状的图标，如果要解除锁定，可再次单击🔒图标。

图7-3 隐藏图层

◆ 图层数量：显示了当前文档中图层的个数。

◆ 目标图标：一个对象被选定时，目标图标呈一个双环◎显示；对象没有被选定时，则会呈一个单环◎显示，单击该图标可快速选择对象，如图7-4所示。

图7-4 选择对象

◆ 父图层：新建或打开的文件只有一个图层，在开始绘制图形时，会在当前选择的图层中添加子图层。同时，单击图层前的▶图标可展开图层列表，查看其中包含的子图层。

◆ 当前所选图层：使用鼠标在"图层"面板中单击相应图层，即可选择该图层和图层中的所有图形内容，且图层呈高亮显示。

◆ 定位对象：选择一个对象后，如图7-5所示，单击🔍按钮，即可选择对象所在的图层或子图层，如图7-6所示。当文档中图层、子图层、组的数量较多时，通过该方法可以快速找到并选择所需图层。

图7-5　选择对象　　图7-6　选择对应图层

- 建立/释放剪切蒙版：单击▣按钮，可以创建或释放剪切蒙版。

- 创建子图层：单击▣按钮，可在当前选择的父图层内创建一个子图层。

- 创建新图层：单击▣按钮，可以创建一个图层（即父图层），且新建的图层总是位于当前选择的图层之上，如果要在所有图层的最上面创建一个图层，可按住Ctrl键单击该按钮，将创建一个位于最上面的图层或子图层；若将一个图层或子图层拖动到▣按钮上，可以复制该图层。

- 删除图层：单击🗑按钮，可删除选择的图层。

7.1.2 创建图层

在Illustrator中，创建图层的方法主要有两种，下面分别进行介绍。

- 通过按钮：在图层面板中单击"新建图层"按钮▣，即可创建一个新图层。

- 通过命令：单击"图层"面板右上角的▣按钮，在弹出的下拉菜单中选择"新建图层"命令，如图7-7所示。打开"图层选项"对话框，在其中进行相应设置后，单击　确定　按钮，可创建具有名称和颜色等属性的图层，如图7-8所示。

图7-7　选择命令　　图7-8　"图层选项"对话框

💬 知识解析："图层选项"对话框 ⋯⋯⋯⋯•

- 名称：显示当前选择图层的名称，在其右侧的文本框中可以为所选择的图层重新命名。

- 颜色：在该下拉列表框中选择一种颜色，可以定义所选图层中被选中图形的边界框颜色。另外，当双击右侧的颜色色块，在打开的"颜色"对话框中可以选择需要的颜色，从而自定义所选图层中被选中图形的边界框的颜色。

- 模板：选中该复选框，可以将当前图层转换为模板，当图层转换为模板之后，其左侧的◉图标将变为🔒图标，同时该图层被锁定（即出现一个锁定标志）。

- 显示：选中该复选框，可以将当前图层中的对象在页面中显示。若取消选中该复选框，则可以隐藏当前图层中的对象，且"图层"面板中该图层左侧的◉图标会自动消失。

- 预览：选中该复选框，系统将以预览的形式显示当前图层中的对象。若取消选中该复选框，将使当前图层中的对象以线条的形式进行显示，此时该图层左侧的◉图标变为○图标。

- 锁定：选中该复选框，可以锁定当前图层中的对象，并在图层的左侧出现🔒图标。图层被锁定后将不可编辑，也无法选择其中的对象。

- 打印：选中该复选框，在输入时将打印当前图层中的对象。若不选中该复选框，该图层中的对象将无法被打印，图层名称将以斜体形式显示。

- 变暗图像至：选中该复选框，可以使当前图层中的图像变暗显示，其右侧的数值决定了图像变暗显示的程度。当然"变暗图像至"复选框只能使图层中图像变暗显示，但在打印和输出时效果不会改变。

7.1.3 选择图层

在制作一个图层较多的图像时，通常需要选择图层，所以在选择一个或多个图层时，选择的方法有所不同，下面将介绍选择图层的方法。

◆ 选择一个图层：在图层的名称上单击即可将其选中，被选中的图层将以深蓝色显示，如图7-9所示。

◆ 选择多个图层：若选择多个连续的图层，可先单击要求选择的第一个图层，然后按住Shift键单击最后一个图层。若选择多个不连续的图层，可在按住Ctrl键的同时单击要选择的图层即可，如图7-10所示。

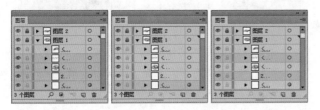

图7-9 选择一个　　图7-10 选择多个图层
图层

如果要选中某一图层中的所有图形对象，其操作方法有两种：一是在"图层"面板中单击图层名称右侧的 图标，该图标变成 ，即表示已经将该图层中的所有对象选中；二是按下Alt键单击该图层的名称，即可将该图层中的所有图形对象选中。

7.1.4 移动图层

"图层"面板中的图层是按照一定的顺序叠放在一起的，图层叠放的顺序不同，在画板中产生的效果也不同。因此在绘图的过程中，经常需要移动图层，按需要来调整其叠放顺序。

其操作方法是：在"图层"面板中选择要移动位置的图层，然后单击将其向上或向下拖动，如图7-11所示。此时"图层"面板中会有一个线框跟随鼠标移动，当线框调整至需要的位置后释放鼠标，即可将所选图层移动到释放鼠标的图层位置处，如图7-12所示。

图7-11 移动图层

图7-12 移动图层后的效果

技巧秒杀

利用"图层"面板可以在不同的图层上移动图形对象。首先选择要移动的图形对象，然后在该图层右侧的彩色点 处单击并将其拖动到目标图层中即可，在拖动的过程中将会有一个小矩形框跟随手形标志一起移动。

7.1.5 复制图层

在"图层"面板中，将需要复制的图层拖动到"创建新图层"按钮 上，即可复制图层，得到的图层将位于原图层之上，并在原图层名称之后加上"复制"二字，如图7-13所示。如果按住Alt键并将一个图层拖动到其他图层的上面或下面，此时鼠标光标将变为 形状，然后释放鼠标，即可将图层复制到指定的位置，如图7-14所示。

图7-13 复制图层

图7-14　复制图层

单击"图层"面板右上角的 按钮，在弹出的快捷菜单中选择"复制图层"命令，也可复制图层。

7.1.6　显示与隐藏图层

有时为观察绘制的图像效果，需将部分不需要的图层隐藏。其方法为：在"图层"面板中，单击某个子图层前的 图标，当 图标变为 图标时该图层即被隐藏，如图7-15所示。单击父图层前的 图标，则可隐藏该图层下的所有对象，如图7-16所示。如果要重新显示图层或图层中的对象，可在 图标处单击。

图7-15　隐藏子图层

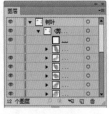 

图7-16　隐藏父图层

7.1.7　合并与拼合图层

在"图层"面板中，相同层级上的图层和子图层可以进行合并，以节省内存资源。其方法是：按住Ctrl键单击这些图层，将其选择，然后单击"图层"面板右上角的 按钮，在弹出的下拉菜单中选择"合并所选图层"命令，即可将所选图层合并到最后一次选择的图层中，如图7-17所示。

图7-17　合并图层

如果要将所有图层拼合到一个图层中，可选择图层，单击"图层"面板右上角的 按钮，在弹出的快捷菜单中选择"拼合图稿"命令，如图7-18所示。

图7-18　拼合图稿

7.1.8　锁定图层

在对图形进行编辑时，为了不影响当前对象的编辑操作或破坏其他对象，可以将这些图层对象锁定。其方法为：在"图层"面板中单击需锁定图层 图标后的 图标，此时，该图标将变为 ，即该图层被锁定，如图7-19所示。如要解除锁定，再单击锁定图标 即可。

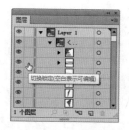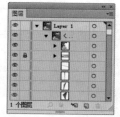

图7-19　锁定图层

技巧秒杀

在编辑复杂的对象时，为避免因操作不当而影响图形效果，可以将无需编辑的对象锁定，下面介绍锁定对象的方法。

◆ 如果锁定当前选择的对象：选择"对象"/"锁定"/"所有对象"命令，或按Ctrl+2快捷键。

◆ 如果要锁定与所选对象重叠且位于同一图层中的所有对象：选择"对象"/"锁定"/"上方所有图稿"命令。

◆ 如果要锁定所选对象所在图层外的所有图层：选择"对象"/"锁定"/"其他图层"命令。

◆ 如果要锁定所有图层：可先在"图层"面板中选择所有图层，再单击右上角的按钮，在弹出的下拉菜单中选择"锁定其他图层"命令。

◆ 如果要解锁所有对象和图层：选择"对象"/"全部解锁"命令。

7.1.9　删除图层

在"图层"面板中选择需要删除的图层，单击面板中的按钮，即可将选择的图层删除。或者将鼠标光标移动到被选中的图层上，然后按住鼠标左键将其拖动至按钮处，直接删除图层。删除图层时同时也会删除图层中所包含的对象，如图7-20所示。

图7-20　删除图层

读书笔记

_____

_____

_____

_____

_____

_____

7.2　使用不透明度和混合模式

在Illustrator中能够将透明度和混合模式应用到任何图层和对象上，可以调整出各种效果。在使用透明度时，100%代表完全不透明、50%代表半透明、0%代表完全透明；混合模式则决定了对象之间的混合方式，可用于对象之间的合成、制作特效和纹理等。下面将分别进行介绍。

7.2.1　使用不透明度

默认情况下，对象的不透明度为100%，如果设置对象的不透明度，可通过"透明度"面板中的"不透明度"进行设置。其方法为：选择"窗口"/"透明度"命令，或按Shift+Ctrl+F10组合键，打开"透明度"面板，在"不透明度"下拉列表框中输入相应数值即可，如图7-21所示。

图7-21　"透明度"面板

💬 知识解析："透明度"面板 ....

◆ 混合模式：在该下拉列表框中选择任意一种混合模式，都可创建一个不同的图形效果。

◆ 不透明度：在该下拉列表框中输入精确的数值，或单击右侧的下拉按钮▼，在弹出的下拉列表中选择相应选项，可设置对象的不透明程度。

◆ 制作蒙版：单击 制作蒙版 按钮，可为图形创建蒙版。此时，该按钮变为 释放 按钮，且在创建蒙版后，☑剪切 和 ☑反相蒙版 复选框呈可选中状态。

◆ 剪切：选中该复选框，可创建一个黑色背景的剪切蒙版。

◆ 反相蒙版：选中该复选框，可反向被掩盖对象的发光度和不透明度值。

◆ 隔离混合：选中该复选框，将只影响编组或图层的不透明度。

◆ 挖空组：选中该复选框，表示不透明度不会影响编组或图层，只影响对象。

◆ 不透明度和蒙版用来定义挖空形状：选中该复选框，表示可以使用蒙版来描绘Illustrator在何处应用透明度设置。

技巧秒杀

默认情况下，打开"透明度"面板，其选项未显示完全，可单击右上角的 ≡ 按钮，在弹出的快捷菜单中选择"显示选项"命令。

7.2.2 调整对象和图层的不透明度

在Illustrator CC中，可以将透明度应用到一个对象、编组对象、子图层和整个图层（父图层），也可以将透明度应用于符号、图案、文字、三维对象、图形样式、描边和画笔描边等对象。

其方法为：选择要调整不透明度的对象，然后在"透明度"面板中的"不透明度"下拉列表框中输入数值，或单击▼按钮，在弹出的下拉列表中选择对应参数，即可使其呈现透明效果，如图7-22所示。

图7-22　设置不透明度

7.2.3 使用混合模式

在Illustrator的"透明度"面板中提供了16种混合模式，共分为6组，每一组中的混合模式有近似的用途。应用到相同对象时，每种模式都会创建一个不同的混合效果。

其使用方法非常简单，选择一个或多个对象，单击"透明度"面板中 正常 ▼ 按钮右侧的下拉按钮 ▼，在弹出的下拉列表中选择一种混合模式后，即会采用这种模式与下面的对象混合，如图7-23所示。

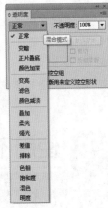

图7-23　混合模式

💬 知识解析：混合模式 ....

◆ 正常：该模式为系统默认的模式，即对象的不透明度为100%时，完全遮盖下方的对象，如图7-24所示。

◆ 变暗：在混合过程中对比底层对象和当前对象的颜色，使用较暗的颜色作为结果色，比当前对象亮的颜色将被取代，暗的颜色保持不变，如图7-25所示。

的颜色来显示混合效果，如图7-30所示。

◆ 叠加：以混合色显示对象，并保持底层对象的明暗对比，如图7-31所示。

图7-24　正常　　　　　图7-25　变暗

◆ 正片叠底：将当前对象和底层对象中的深色相互混合，结果色通常比原来的颜色深，效果与变暗类似，如图7-26所示。

◆ 颜色加深：对比底层对象与当前对象的颜色，使用低明度显示，如图7-27所示。

图7-30　颜色减淡　　　　图7-31　叠加

◆ 柔光：当混合色大于50%灰度时，对象变亮，小于50%灰度时，对象变暗，如图7-32所示。

◆ 强光：与柔光模式效果相反，当混合色大于50%灰度时，对象变暗，小于50%灰度时，对象变亮，如图7-33所示。

图7-26　正片叠底　　　　图7-27　颜色加深

◆ 变亮：对比底层对象和当前对象的颜色，使用较亮的颜色作为结果色，比当前对象暗的颜色被取代，较亮的颜色保持不变，如图7-28所示。

◆ 滤色：当前对象与底层对象的明亮颜色相互融合，效果通常比原来的颜色亮，如图7-29所示。

图7-32　柔光　　　　　图7-33　强光

◆ 差值：以混合色中较亮颜色的亮度减去较暗颜色的亮度，如果当前对象为白色，可以使底层颜色呈现反相，与黑色混合时保持效果不变，如图7-34所示。

◆ 排除：与差值的混合效果相似，只是产生的效果比差值模式柔和，如图7-35所示。

图7-28　变亮　　　　　图7-29　滤色

◆ 颜色减淡：在底层对象与当前对象中选择明度高

技巧秒杀

默认情况下，选择一个对象并调整不透明度时，其填充和描边的不透明度将同时被修改。如果要单独调整填充或描边的不透明度，可在"外观"面板中进行设置。

图7-34　差值　　　　　　　图7-35　排除

◆ 色相：混合后的亮度和饱和度由底层对象决定，色相由当前对象决定，如图7-36所示。

◆ 饱和度：混合后的亮度和色相由底层对象决定，饱和度由当前对象决定，如图7-37所示。

图7-36　色相　　　　　　　图7-37　饱和度

◆ 混色：混合后的亮度由底层对象决定，色相和饱和度由当前对象决定，如图7-38所示。

◆ 明度：与混色模式效果相反，混合后的色相和饱和度由底层对象决定，亮度由当前对象决定，如图7-39所示。

图7-38　混色　　　　　　　图7-39　明度

读书笔记

7.3 剪切蒙版

使用剪切蒙版可以将一幅图像置于所需的图像区域中，并可对图像进行编辑，图像的形状不会发生变化。在使用Illustrator时，经常需要导入位图进行编辑，为了制作出更好的效果，在导入位图后可使用图层蒙版进行编辑。

7.3.1 了解剪切蒙版

剪切蒙版是一个可以用其形状遮盖其他图稿的对象，因此使用剪切蒙版只能看到蒙版形状内的区域，从效果上来说，就是将图稿裁剪为蒙版的形状。剪切蒙版和遮盖的对象称为剪切组合。可以通过选择的两个、多个对象或者一个组甚至图层中的所有对象来建立剪切组合。

对象级剪切组合在"图层"面板中组合成一组。如果创建图层级剪切组合，则图层顶部的对象会剪切下面的所有对象，如图7-40所示。对对象级剪切组合执行的所有操作（如变换和对齐）都基于剪切蒙版的边界，而不是未遮盖的边界。在创建对象级的剪切蒙版之后，只能通过使用"图层"面板、"直接选择工具" k 或隔离剪切组来选择剪切的内容。

图7-40　蒙版效果

7.3.2　创建剪切蒙版

在Illustrator中，可以通过两种方法来创建剪切蒙版，一是将剪切对象创建为剪切组，剪切组以外的图形即使在一个图层中也不会被影响。另一种方法是建立在图层基础上的剪切蒙版，蒙版的遮盖效果针对图层中的所有对象。

▦实例操作：合成手机屏幕

● 光盘\素材\第7章\手机.jpg、鱼.jpg　● 光盘\效果\第7章\手机.ai
● 光盘\实例演示\第7章\合成手机屏幕

通过对图片创建剪切蒙版，可快速得到需要的图形效果，本例将使用创建剪切蒙版功能为手机添加图案屏幕。

Step 1 ▶ 打开"手机.jpg"素材文件，使用"钢笔工具" 💽 沿手机屏幕边缘绘制一个矩形路径，如图7-41所示。再打开"鱼.jpg"素材文件，将其复制到"手机"文档中，如图7-42所示。

图7-41　绘制矩形

图7-42　添加素材

Step 2 ▶ 按住Shift键，依次单击矩形和鱼素材将其选中，然后选择"对象"/"剪切蒙版"/"建立"命令，建立剪切蒙版，此时矩形以外的对象（图形）都会被隐藏，路径也将变为无填充色和描边的对象，效果如图7-43所示。

图7-43　创建剪切蒙版

技巧秒杀

在使用同一图层上的对象创建剪切蒙版时，需将剪切路径放置在需要隐藏对象的上方。如果是使用位于图层上的图形制作剪切蒙版，则将剪切路径所在的图层调整到被遮盖对象的上一层。此外，将其他图层中的对象拖动到剪切组中，也可对其进行遮盖。

7.3.3　编辑剪切蒙版

创建剪切蒙版后，剪切路径和被遮盖的对象都可以进行编辑，如果发现制作的效果不明显，可对其进行编辑。

1. 编辑剪切路径

在"图层"面板中，选择并定位剪切路径，或选择剪切组合，如图7-44所示。然后选择"对象"/"剪切蒙版"/"编辑蒙版"命令，使用"直接选择工具" ▷ 改变剪切路径形状或拖动对象的中心参考点，移动剪切路径即可，如图7-45所示。

读书笔记

图7-44　移动锚点　　　图7-45　编辑蒙版

2. 编辑剪切内容

要编辑路径中位于剪切蒙版之外的部分，必须先选择剪切蒙版边界内的特定路径，然后再编辑路径。

其方法为：使用"直接选择工具" ，在剪切蒙版路径内的图形上单击，选择剪切内容，如图7-46所示，然后对其形状、颜色和描边等进行编辑即可。如图7-47所示为更改剪切内容颜色后的效果。

NEW　NEW

图7-46　选择剪切内容　　图7-47　更改剪切内容颜色

技巧秒杀

创建剪切蒙版时，任何对象（位图或矢量图形）都可作为被隐藏的对象，但只有矢量图形可以作为剪切蒙版。

读书笔记

3. 在剪切蒙版中添加对象

创建剪切蒙版后，还可在被蒙版的图稿中添加对象，使对象效果更加丰富。其方法为：在需要添加对象的图层右侧单击，选择该图层中的所有内容，如

图7-48所示。然后将其拖动至包含剪切路径的组或图层中即可，效果如图7-49所示。

图7-48　选择并移动对象

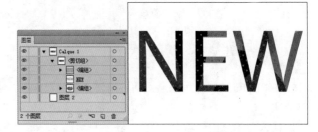

图7-49　在剪切蒙版中添加对象

7.3.4 释放剪切蒙版

选择包含剪切蒙版的组，然后选择"对象"/"剪切蒙版"/"释放"命令，或在"图层"面板中选择包含剪切蒙版的组或图层。单击面板底部的"建立/释放剪切蒙版"按钮 ，即可释放剪切蒙版，被剪切蒙版遮盖的对象将重新完整地显示出来，如图7-50所示。

图7-50　释放剪切蒙版

技巧秒杀

单击"图层"面板右上角的 按钮，在弹出的下拉菜单中选择"释放剪切蒙版"命令，或将剪切蒙版中被隐藏的对象拖动至其他图层，也可释放剪切蒙版。

7.4 不透明蒙版

在Illustrator中，除了可创建剪切蒙版外，还可创建不透明蒙版。可以使用不透明蒙版和蒙版对象来更改图稿的透明度，还可以通过不透明蒙版（也称为被蒙版的图稿）提供的形状来显示其他对象，是制作矢量图形常用的功能之一。

7.4.1 创建不透明蒙版

Illustrator通过使用蒙版对象中颜色的等效灰度来表示蒙版中的不透明度。如果不透明蒙版为白色，则会完全显示图稿。如果不透明蒙版为黑色，则会隐藏图稿。蒙版中的灰阶会导致图稿中出现不同程度的透明度。

▓ 实例操作：将阴天调整为晴天

- 光盘\素材\第7章\阴天.jpg　　● 光盘\效果\第7章\阴天.ai
- 光盘\实例演示\第7章\将阴天调整为晴天

本例通过为图像创建不透明蒙版将阴天图像调整为晴天，完成前后的效果如图7-51和图7-52所示。

图7-51　原图

图7-52　效果图

Step 1 ▶ 打开"阴天.jpg"素材文件，如图7-53所示。使用"矩形工具"▭在图像上绘制一个矩形并去掉边框，如图7-54所示。

图7-53　打开素材文件　　　图7-54　绘制矩形

Step 2 ▶ 按Ctrl+F9快捷键，打开"渐变"面板，在"类型"下拉列表框中选择"线性"，并设置"角度"为90°，"位置"为25%，得到如图7-55所示的渐变效果。

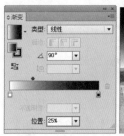

图7-55　填充渐变

Step 3 ▶ 同时选择矩形和后方的图像，选择"窗口"/"透明度"命令，打开"透明度"面板，单击右上角的▤按钮，在弹出的下拉菜单中选择"建立不透明蒙版"命令，得到如图7-56所示的效果。

图7-56　创建不透明蒙版

直接单击"透明度"面板中的 制作蒙版 按钮，也可创建不透明蒙版。

Step 4 ▶ 在"透明度"面板中取消选中 □剪切 复选框，得到如图7-57所示的最终效果。

图7-57 最终效果

操作解谜

"剪切"选项会将蒙版背景设置为黑色。因此，用来创建不透明蒙版且已选定"剪切"选项的黑色对象将不可见，例如这里的背景图像。若要使对象可见，可使用其他颜色，或取消选中 □剪切 复选框。

7.4.2 编辑不透明蒙版

用户可以编辑蒙版对象来更改蒙版的形状或透明度，从而得到不同的形状或透明效果。创建透明蒙版之后，"透明度"面板中将出现两个缩览图，左侧是被遮盖的对象的缩览图，右侧是蒙版缩览图。通过选择缩览图，即可编辑不透明蒙版。

实例操作：调整图像

● 光盘\素材\第7章\儿童.ai　　● 光盘\效果\第7章\儿童.ai
● 光盘\实例演示\第7章\调整图像

本例将对创建的不透明蒙版进行编辑，然后为其添加背景，使蒙版对象与背景颜色过渡融合。

Step 1 ▶ 打开已创建不透明蒙版的"儿童.ai"素材文件，如图7-58所示。打开"透明度"面板，单击蒙版缩览图，选择蒙版，如图7-59所示。

图7-58 打开图像　　图7-59 选择不透明蒙版

按住Alt并单击蒙版缩览图可以隐藏文档窗口中的所有其他图稿。如果未显示缩览图，可单击面板右上角的 ≡ 按钮，在弹出的下拉菜单中选择"显示缩览图"命令将其显示出来。

Step 2 ▶ 按住Shift+Alt快捷键向外拖动定界框的一角，将不规则路径放大，如图7-60所示。选择"效果"/"风格化"/"羽化"命令，打开"羽化"对话框，设置"半径"为6mm，单击 确定 按钮，返回画板，得到如图7-61所示的效果。

图7-60 调整蒙版大小　　图7-61 羽化蒙版对象

Step 3 ▶ 单击"透明度"面板中的对象缩览图，进入对象编辑状态，如图7-62所示。

图7-62 进入对象编辑状态

Step 4 ▶ 使用"矩形工具" □绘制一个与对象缩览图相同大小的矩形，然后在"颜色"面板中设置矩形颜色为如图7-63所示的效果。

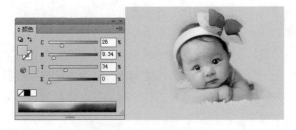

图7-63　设置背景颜色

◢ 技巧秒杀

> 如果要编辑蒙版，可单击蒙版缩览图；如果要编辑对象，则需单击对象缩览图进行编辑。编辑不透明蒙版时，可使用任何Illustrator编辑工具和菜单命令来编辑蒙版。

7.4.3　取消链接与重新链接蒙版

创建不透明蒙版之后，蒙版与被遮盖的对象呈链接状态。为了便于进行单独编辑，可根据情况取消链接或重新链接蒙版。其操作方法分别介绍如下。

◆ **取消链接蒙版：** 在"图层"面板中定位被应用蒙版的图稿，然后单击"透明度"面板中缩览图之间的链接图标 ⑧，或者单击"透明度"面板右上角的 ▣按钮，在弹出的下拉菜单中选择"取消链接不透明蒙版"命令，如图7-64所示。

图7-64　取消链接蒙版

◆ **重新链接蒙版：** 要重新链接蒙版，可在"图层"面板中定位需要应用蒙版的图稿，再单击"透明度"面板中缩览图之间的 ▣按钮。或者单击"透明度"面板右上角的 ▣按钮，在弹出的下拉菜单中选择"链接不透明蒙版"命令。

7.4.4　停用或激活不透明蒙版

编辑不透明蒙版时，停用蒙版可删除其所创建的透明度，且在停用后，为便于查看图形的最终编辑效果，还可激活不透明蒙版。

◆ **停用蒙版：** 在"图层"面板中定位被蒙版的图稿，如图7-65所示。再按住 Shift键并单击"透明度"面板中的蒙版对象的缩览图（右缩览图）。或单击"透明度"面板右上角的▣按钮，在弹出的下拉菜单中选择"停用不透明蒙版"命令。停用不透明蒙版后，"透明度"面板中的蒙版缩览图上会显示一个红色的×符号，如图7-66所示。

图7-65　定位蒙版对象

图7-66　停用不透明蒙版

◆ **激活蒙版：** 在"图层"面板中定位被蒙版的图稿，然后按住 Shift 键并单击"透明度"面板中的蒙版对象的缩览图。或者单击"透明度"面板右上角的▣按钮，在弹出的下拉菜单中选择"启用不透明蒙版"命令即可。

7.4.5　剪切与取消剪切蒙版

默认状态下，创建不透明蒙版的对象以外的区域都会被剪切，且自动选中"透明度"面板中的☑剪切复选框，即表示当前不透明蒙版为剪切状态，如图7-67所示。如果取消选中□剪切复选框，则位于蒙版以外的对象将会全部显示出来，并得到不同的图形效果，如图7-68所示。

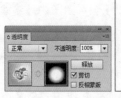

图7-67　剪切不透明蒙版

图7-68　取消剪切不透明蒙版

7.4.6　反相蒙版

反相蒙版可以反相蒙版对象的明度值，即反转蒙版的遮盖范围。例如，90%透明度区域在蒙版反相后变为10%透明度的区域。用户只需选中"透明度"面板中的 ☑反相蒙版 复选框，即可反相蒙版，如图7-69所示。如果取消选中 □反相蒙版 复选框，可将蒙版恢复为原始状态。

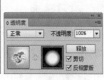

图7-69　反相蒙版

读书笔记

7.4.7　使用透明度定义挖空形状

可以使用"不透明度和蒙版用来定义挖空形状"复选框来创建与对象不透明度成比例的挖空效果。在接近 100% 不透明度的蒙版区域中，挖空效果较强；在具有较低不透明度的区域中，挖空效果较弱。如果使用渐变蒙版对象作为挖空对象，则会逐渐挖空底层对象，就好像它被渐变遮住一样。可以使用矢量和栅格对象来创建挖空形状。

其方法为：若要使用不透明蒙版来创建挖空形状，先选择被蒙版图稿，然后将其与要挖空的对象进行编组，再选择该组，在"透明度"面板中选中 ☑不透明度和蒙版用来定义挖空形状 复选框即可，如图7-70所示。

图7-70　使用透明度定义挖空形状

技巧秒杀

需要注意的是，默认状态下，"透明度"面板中未显示 ☑不透明度和蒙版用来定义挖空形状 复选框，可单击面板右上角的 按钮，在弹出的下拉菜单中选择"显示选项"命令将其显示出来。

7.4.8　删除不透明蒙版

如果对当前创建的不透明蒙版效果不满意，用户可将不透明蒙版删除。其操作方法为：在"图层"面板中选择被应用蒙版的图稿，然后单击"透明度"面板单击面板右上角的 按钮，在弹出的下拉菜单中选择"释放不透明蒙版"命令即可，蒙版对象会重新出现在被蒙版的对象上方。

知识大爆炸
——图层和蒙版的经验技巧

　　本章主要介绍了图层和蒙版的使用方法，要想在设计作品中制作出更加漂亮、更丰富的图形效果，需注意以下几个方面：

◆ 在制作一个复杂的图形时，往往会产生大量的图层，及时为图层命名和将图层归类可以使图层一目了然，从而提高制作效率。

◆ 图层过多不但会增加文件大小，而且会使图形不便于编辑。所以，在制作图形时，可将不需要的图层删除。若不确定是否需要，可暂时将无用的图层隐藏，在需要时再将其显示。

◆ 若制作的蒙版图形颜色较淡，可复制图形，再将复制的图形与原图形重合，最后在"透明度"面板中设置重叠方式，以加强图像颜色。

读书笔记

08

文字编排

本章导读 ●

Illustrator CC作为功能强大的矢量绘图软件，还提供了强大的文本处理和图文混排功能，不仅可以像其他文字处理软件一样排版大量的文字，还可以将文字作为对象进行处理。也就是说，可以充分利用Illustrator中强大的图形处理功能来修饰文本，创建炫丽的文字效果。

8.1 创建文本

文字处理是Illustrator CC的强大功能之一，在Illustrator工具箱中提供了7种不同类型的文字工具，分别是文字工具、区域文字工具、路径文字工具、直排文字工具、直排区域文字工具、直排路径文字工具和修饰文字工具。利用这些工具可以创建各种类型的文字，下面将分别介绍使用这些工具创建文本的方法。

8.1.1 认识文字工具

创建文字前，需了解Illustrator中有哪几种文字工具。文字工具位于工具箱中，只需在工具箱中按住"文字工具"按钮 T 不放，在弹出的工具列表中将可查看到Illustrator提供的7种文字工具，如图8-1所示。

图8-1 文字工具

8.1.2 创建点文本

当在图稿中输入少量文本时，可使用"文字工具" T 和"直排文字工具" IT 在需输入文字的位置单击，当出现插入点时，输入一行横排或一列直排的文字即可。这样输入的文字也可称为点文字。点文字都是独立成行，不会自动换行，当需要换行时，按Enter键开始新的一行。

实例操作：制作店招

- 光盘\素材\第8章\卡通.tif、水果.ai ● 光盘\效果\第8章\店招.ai
- 光盘\实例演示\第8章\制作店招

店招即店铺招牌，主要起到户外品牌推广的作用，本例将通过添加素材和文本的方法，制作一个水果店铺的招牌，最终效果如图8-2所示。

图8-2 最终效果

Step 1 ▶ 新建一个3402×1134像素的文档，使用"矩形工具" □ 制作一个与画板相同大小的矩形，并填充为"黄色，#F8B62C"，如图8-3所示。再选择"钢笔工具" ✍，在矩形左侧绘制一个不规则的如图8-4所示的形状，并填充为"白色"。

图8-3 绘制矩形　　　图8-4 绘制不规则形状

Step 2 ▶ 选择"文件"/"置入"命令，分别置入"卡通.tif"和"水果.ai"素材文件，调整图像大小后并放置于矩形的左侧和右上角，效果如图8-5所示。

图8-5 置入图像

Step 3 ▶ 在工具箱中选择"文字工具" T，将鼠标光标置于卡通人物下方，此时鼠标光标将变为 ꕤ 形状（直排文字工具变为 ꕤ 形状）时单击鼠标，定位文本插入点，此时输入"水果乐园"文本，输入完成后，按Esc键，结束文字的输入，如图8-6所示。

图8-6 输入文字

技巧秒杀

输入文字时，首次输入的文字"字体"和"字号"默认为"Adobe 仿宋 Std R"和12。第3步中为了便于查看文字输入，是放大后的效果。此外，当输入文字后，选择工具箱中的其他工具，也可结束文字的输入。

Step 4 ▶ 在工具属性栏中设置"字体"为"方正粗倩简体"，"字体大小"为100pt，"颜色"为"绿色，#006834"，如图8-7所示。

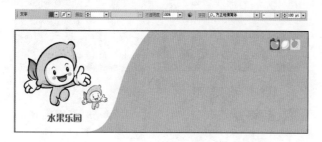

图8-7　输入文字

Step 5 ▶ 使用相同的方法在右侧的空白区域输入相应文字，并分别设置"字体"为"汉仪咪咪体简、方正准圆简体"，"字体大小"为290pt、60pt，"颜色"设置为"绿色，#006834"，如图8-8所示。

图8-8　最终效果

技巧秒杀

在创建文字时，不要单击现有的对象，否则会将对象转换为区域文字或路径文字（将在后面讲解），如果现在对象恰好位于要输入文本的位置，可先锁定和隐藏对象。同时，关于文字字体、大小和颜色等属性的更多设置方法，可参考8.2节。

8.1.3　创建段落文字

如果有大段的文字输入，可使用"文字工具"T和"直排文字工具"IT在需输入文字的位置按住鼠标左键拖动，此时将出现一个文本框，拖动文本框到适当大小后释放鼠标，此时，该文本框中将出现文本插入点（即闪烁的光标），即可输入文本，如图8-9所示。

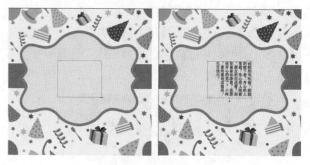

图8-9　输入直排段落文字

在输入文字的过程中，输入的文字到达文本框边界时会自动换行，且框内的文字会根据文本框的大小自动调整。如果文本框上显示⊞标记，表示文本框无法容纳所有的文本，此时，可将鼠标光标置于文本框四周的角点上，当鼠标光标变为⇕形状时，拖动可调整文本框大小，并显示隐藏的文字，如图8-10所示。

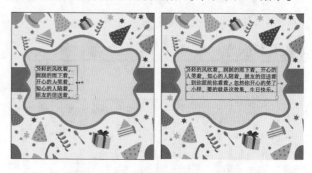

图8-10　段落文本未显示完的效果

技巧秒杀

在文本框内输入文字后，如果文本框无法容纳所有的文本，单击⊞按钮，鼠标光标将变为▷形状，在其他位置拖动鼠标绘制文本框，也可将隐藏的文本显示出来（其具体操作方法可参考"串接文本"）。

8.1.4 创建区域文字

在Illustrator中还可创建区域文字，创建区域文字与段落文字后得到的效果有点类似，二者之间的不同之处在于，段落文字是通过文本框来控制字符排列的，而区域文字是利用对象形状来控制字符排列，当输入的文字到达对象形状的边界时也会自动换行。创建区域文字这种输入文字的方式常用于画册、版式之类的作品中。

实例操作：制作文字海报

● 光盘\素材\第8章\吉他.ai　　● 光盘\效果\第8章\文字海报.ai
● 光盘\实例演示\第8章\制作文字海报

文字海报也是海报中的一种，主要是通过对文字进行编排、设计，从而体现出海报要表达的主题，最终效果如图8-11所示。

图8-11　文字海报

Step 1 ▶ 打开"吉他.ai"素材文件，在工具箱中按住"文字工具"按钮 **T** 不放，在弹出的工具列表中选择"区域文字工具" **T**，此时，鼠标光标将变为 形状，如图8-12所示。单击鼠标会自动删除图形的填充和描边属性，并出现闪烁的文本插入点，如图8-13所示。

图8-12　打开素材　　　　图8-13　定位文本插入点

Step 2 ▶ 设置"填充"为"白色"，然后输入多个MUSIC文本，整个文本将基于形状排列，如图8-14所示。在文字上单击并拖动鼠标选择输入的文字，在工具属性栏中设置"字体"为"微软雅黑"，如图8-15所示。

图8-14　输入文字　　　　图8-15　设置字体

操作解谜　　这里在输入一个MUSIC之后，在文字上单击并拖动鼠标选择输入的文字，然后按一次Ctrl+C快捷键，再按多次Ctrl+V快捷键可快速得到如图8-14所示的效果，而不用手动输入。

Step 3 ▶ 使用相同的方法依次选择不同的music文本，并设置不同的字体大小，最终效果如图8-16所示。此时，可发现右下角出现 标记，表示有无法容纳的溢流文本，双击工具箱中的"区域文字工具" **T**，打开"区域文字工具选项"对话框，在

"宽度"数值框中输入10.5cm，单击 确定 按钮，如图8-17所示。

图8-16　设置字体大小　　图8-17　区域文字选项设置

Step 4 ▶ 单击工具属性栏中的"段落"超链接，打开如图8-18所示的面板，单击"两端对齐末行居中对齐"按钮▤，并设置"段前距"和"段后距"分别为10pt和-7pt。设置完成后，按Esc键退出文本编辑状态，得到如图8-19所示的效果。

图8-18　设置段落样式　　图8-19　最终效果

技巧秒杀

若要在形状中输入直排的文字，可使用"直排区域文字工具"▥输入，其操作方法与"区域文字工具"相似。同时需注意的是：如果对象为开放式路径（形状），则必须使用"区域文字工具"▥或"直排区域文字工具"▥来定义边框区域。Illustrator将会在路径的端点之间绘制一条虚构的直线来定义文字的边界。

💬**知识解析：** "区域文字选项"对话框 ⋯⋯⋯⋯⋯•

◆ **宽度/高度：** 在"宽度"和"高度"数值框中输入相应数值，可调整文本区域的大小。如果文本区域不是矩形的，则这些值将用于确定对象边框的尺寸。

◆ **行：** 如果要创建文本行，可在"数量"数值框内指定希望对象包含的行数，在"跨距"数值框内指定单行的高度，在"间距"数值框中指定行与行之间的间距。如果要确定调整文字区域大小时行高的变化情况，可选中☑固定复选框来设置。选中该复选框后，调整区域大小时，只会更改行数和栏数，而不会改变高度。如果希望行高随文字区域的大小而变化，则应取消选中该复选框。如图8-20所示为区域文字的原图效果；如图8-21所示为在"行"栏中设置相应参数后得到的效果。

图8-20　原图效果　　图8-21　设置"行"参数

◆ **列：** 如果要创建文本列，可在"数量"数值框内指定希望对象包含的列数，在"跨距"数值框内指定单列的高度，在"间距"数值框中指定列与列之间的间距。如果要确定调整文字区域大小时列宽的变化情况，可选中☑固定复选框来设置。选中该复选框后，调整区域大小时，只会更改列数和栏数，而不会改变宽度。如果希望栏宽随文字区域的大小而变化，则应取消选中该复选框。如图8-22所示为在"列"栏中设置相应参数的效果；如图8-23所示为设置文本列的文本效果。

图8-22　设置列　　　　图8-23　最终效果

图8-26　X高度　　　　图8-27　行距

◆ **位移**：可对内边距和首行文字的基线进行调整。在区域文字中，文本和边界路径之间的边距称为内边距。在"内边距"数值框中输入数值来更改文本区域的边距，如图8-24所示为内边距为0的区域文字效果；如图8-25所示为内边距为20的区域文字效果。在"首行基线"下拉列表框中可选择一个选项来控制第一行文本与对象顶部的对齐方式。例如，可以使文字紧贴对象顶部，也可以从对象顶部向下移动一定的距离。这种对齐方式称为基线位移。在"最小值"数值框中输入相应数值，可以指定基线位移的最小值，如图8-26所示为将"首行基线"设置为"X高度"的区域文字效果；如图8-27所示为将"首行基线"设置为"行距"的区域文字效果。

◆ **选项**：用于设置文本流的走向，即文本的阅读顺序。单击"文本排列"右侧的"按行，从左到右"按钮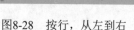，文本按行从左到右排列，如图8-28所示。单击"按列，从左到右"按钮，文本按列从左到右排列，如图8-29所示。

图8-28　按行，从左到右　　　图8-29　按列，从左到右

8.1.5　创建路径文字

路径文字是指沿着开放或封闭的路径排列的文字。当水平输入文字时，字符的排列会与基线平行；当垂直输入文字时，字符的排列会与基线垂直。在Illustrator CC中，使用"路径文字工具"和"直排路径文字工具"即可输入沿开放或闭合路径的边缘排列的文字。

图8-24　内边距为0　　　　图8-25　内边距为20

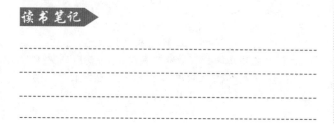
实例操作：制作潮流啤酒瓶盖文字

● 光盘\素材\第8章\瓶盖.ai　　● 光盘\效果\第8章\啤酒瓶盖.ai
● 光盘\实例演示\第8章\制作潮流啤酒瓶盖文字

瓶盖也是饮料包装工业中的重要一环，随着饮业的蓬勃发展，对产品包装的要求越来越高，随之带动对瓶盖产品的需求。因此，一个较好的瓶盖设

计也是饮料产品销售的亮点，本例将使用路径文字工具在已有素材上输入文字完善潮流啤酒瓶盖，最终效果如图8-30所示。

图8-30　啤酒瓶盖

Step 1 ▶ 打开"瓶盖.ai"素材文件，如图8-31所示。使用"选择工具" ▶ 在黑色路径上单击，选择路径，如图8-32所示。

图8-31　打开素材　　　　图8-32　选择路径

Step 2 ▶ 选择"路径文字工具" ✎ ，将鼠标光标置于选择的路径上，此时，鼠标光标将变为 ✎ 形状，单击鼠标定位文本插入点，此时，Illustrator将自动删除对象的填充或描边等属性，如图8-33所示。

图8-33　定位文本插入点

Step 3 ▶ 输入大写字母文字，文字将沿路径排列，在输入完第一组单词后，多次按空格键，再输入下一组单词，如图8-34所示。输入完成后，按Esc键，即可创建路径文字，再单击文字并拖动鼠标选择文字，在工具属性栏中设置"字体"为"方正大标宋简体"，"字号"为15，"字体颜色"为"白色"，如图8-35所示。

图8-34　输入路径文字　　　图8-35　设置字体格式

Step 4 ▶ 双击"路径文字工具"按钮 ✎ ，打开"路径文字选项"对话框，在"效果"下拉列表框中选择"重力效果"，在"对齐路径"下拉列表框中选择"字母下缘"，单击 确定 按钮，如图8-36所示。返回画板，可看到设置后的效果，再选择"星形工具" ☆ ，在文字之间的空白区域绘制两个星形，并填充为"白色"，最终效果如图8-37所示。

图8-36　设置路径文字　　　图8-37　最终效果

技巧秒杀

选择路径文本后，选择"文字"/"路径文字"/"路径文字选项"命令，也可打开"路径文字选项"对话框对路径文本进行设置，同时需注意"文字工具" T 和"直排文字工具" IT 都可在开放式路径上创建路径文字，但如果路径为封闭状态，则需要使用"路径文字工具" ✎ 。

💬知识解析："路径文字选项"对话框 ············•

◆ 效果：在右侧的下拉列表框中包含了5个选项，分别为"彩虹效果""倾斜""3D带状效果""阶梯效果""重力效果"。选择其中的任意一个选项，可沿路径扭曲字符方向，如图8-38~图8-42所示为选择不同选项后得到的效果。

图8-38　彩虹效果　　　　图8-39　倾斜

图8-40　3D带状效果　　　图8-41　阶梯效果

图8-42　重力效果

◆ 翻转：选中 ☑翻转 复选框，可翻转路径上的文字。
◆ 对齐路径：在该下拉列表框中可设置如何将字符对齐到路径。选择"字母上缘"选项，可沿字体上边缘对齐，如图8-43所示。选择"字母下缘"选项，可沿字体下边缘对齐，如图8-44所示。选择"居中"选项，可沿字体上、下边缘间的中心

点对齐，如图8-45所示。选择"基线"选项，可沿基线对齐，如图8-46所示。

图8-43　字母上缘　　　　图8-44　字母下缘

图8-45　居中　　　　　　图8-46　基线

◆ 间距：当字符围绕尖锐曲线或锐角排列时，因为突出展开的关系，字符之间可能会出现额外的间距。出现这种情况时，可使用"间距"选项来缩小曲线上字符间的间距。设置较大的值，可消除锐利曲线或锐角处的字符间的不必要的间距，如图8-47所示为间距为"自动"的文字效果；如图8-48所示为间距为-36的文字。

图8-47　间距为自动　　　图8-48　间距为-36

8.2 设置字符格式

在输入各种类型的文本后，通常需要设置字符的格式，如文字的字体、大小、字距、行距等，字符格式决定了文本在图稿中的外观效果。用户可通过"字符"面板或工具属性栏来设置字符格式。

8.2.1 文字工具属性栏

对于简单的文字字体和大小等设置，可以先选中需要设置的文字，在文字工具属性栏中直接修改即可，如图8-49所示。

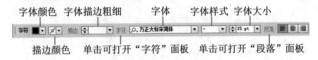

图8-49　文字工具属性栏

8.2.2 认识"字符"面板

若要对字符格式进行精确的设置，如字体、字号大小、字体颜色、行距、间距、基线偏移、水平和垂直比例等，可在"字符"面板中进行设置。其方法为：选择需要设置字符格式的文字，选择"窗口"/"文字"/"字符"命令，或按Ctrl+T快捷键，打开"字符"面板，单击面板右上角的按钮，在弹出的下拉菜单中选择"显示选项"命令，可将面板显示完全，并在其中进行设置即可，如图8-50所示。

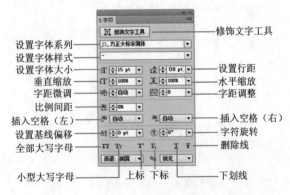

图8-50　"字符"面板

技巧秒杀

在设置字符格式时，用户可使用Tab键在"字符"面板中切换设置不同的文本字段。按Shift+Tab快捷键可反向切换并设置文本字段。

？答疑解惑：

如何快速预览字体效果？

在"字符"面板的"设置字体系列"和"设置字体样式"下拉列表框上单击，然后按键盘上的上、下方向键，每按一次方向键，可预览一种字体效果。此外，在弹出的下拉列表中，字体名称左侧有不同的图标，代表了不同类型的字体。例如，代表True type字体；O代表OpenType字体。

8.2.3 设置字体和字体样式

选择要更改的字符或文本对象，单击"字符"面板"设置字体系列"右侧的按钮，在弹出的下拉列表中可选择一种字体，一部分英文字体包含变体。单击"设置字体样式"右侧的按钮，在弹出的下拉列表中可选择一种变体样式，包括Regular（规则的）、Italic（斜体）、Bold（粗体）和Bold Italic（粗斜体）等，如图8-51所示。

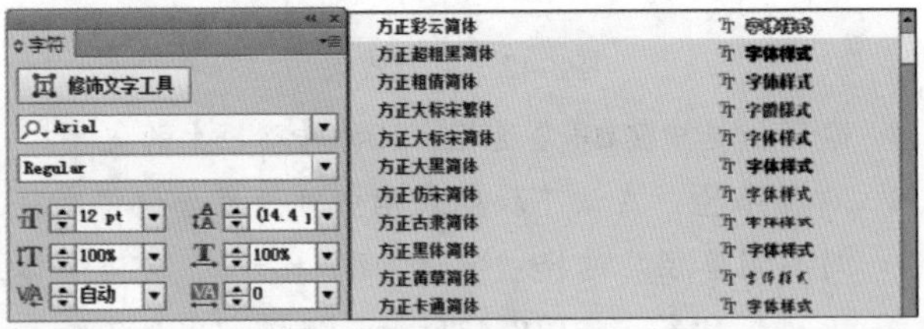

图8-51　设置字体和字体样式

在文字工具属性栏的"字体"和"字体样式"下拉列表框中可进行上述设置。此外，选择"文字"/"字体"命令，在弹出的子菜单中也可选择字体。在该菜单中还显示了可用字体的预览效果供用户预览。

8.2.4 设置字体大小

通过"字符"面板中的"设置字体大小"数值框可以更改字体的大小。单击右侧的下拉按钮▼，在弹出的下拉列表中列出了可用的标准点大小选项。字体大小的度量单位为磅（1磅等于1/72英寸），可以指定介于0.1~1296磅之间的任意字体大小，也可在该数值框中输入一个字体大小数值，如图8-52所示。

图8-52　设置字体大小

通过键盘中的快捷键同样可调整文字大小，例如，按Shift+Ctrl+>组合键可将文字调整大；按Shift+Ctrl+<组合键可将文字调整小。

8.2.5 缩放文字

"字符"面板中的"水平缩放"和"垂直缩放"数值框可以设置文字的水平缩放比例和垂直缩放比例。其中，"水平缩放"控制文字的宽度，可使文字

变宽或变窄；而"垂直缩放"控制文字的高度，其参数范围为1%~10000%。当这两个参数值相同时，可对文字进行等比缩放，如图8-53所示。

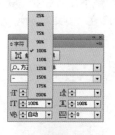

图8-53　缩放文字

8.2.6 设置行距

文字行与行之间的垂直间距被称为行距，在Illustrator中默认的行距为字体大小的120%，如10点的文字默认使用12点的行距。在"字符"面板的"设置行距"数值框中可输入0.1~1296pt之间（增量为0.00pt）的行距值，或者单击右侧的▼按钮，在弹出的下拉列表中可选择一种常见的行距值来设置行距，如图8-54所示为行距为30的效果；如图8-55所示为行距为48的效果。

图8-54　行距为30　　　图8-55　行距为48

技巧秒杀

若对设置的行距效果不满意，可选择"编辑"/"首选项"/"文字"命令，打开"首选项"对话框，在"文字"栏中设置"行距"的增量。

8.2.7 字距微调与字距调整

字距微调是增加或减少特定字符之间的距离，只有在两个字符之间有一个闪亮的插入点时，才可以进行字距微调；字距调整则是放宽或收紧当前选择的所有文字之间的距离。

使用"文字工具"在两个字符之间单击，定位插入点，如图8-56所示。然后在"字符"面板的"字距微调"数值框中可调整插入点左右两个字符之间的间距，如图8-57所示。该值为正值时，可加大字距，如图8-58所示；为负值时，可减小字距，如图8-59所示。

图8-56　定位插入点　　　图8-57　设置间距

图8-58　正值100　　　　图8-59　负值-75

如果要调整部分字符的间距，使用"文字工具"选择字符，设置"字距调整"的参数，字距将

只影响选定字符之间的空格，如图8-60所示。如果使用"选择工具"选择文字区域，再设置"字距调整"的参数，可调整整个文字区域中所有字符之间的所有空格，如图8-61所示。

图8-60　设置单个字符间距　　图8-61　设置所有字符间距

8.2.8 设置比例间距

如果要压缩字符间的空白间距，可先选择要设置的字符，如图8-62所示。然后在"字符"面板中的"比例间距"数值框中设置百分比，百分比值越大，字符间的空白间距（空格）越窄，如图8-63所示。

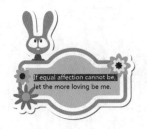

图8-62　选择字符　　　图8-63　设置字符间距为70%

8.2.9 设置调整空格

空格是字符前后的空白间隔，正常情况下，字符间应采用固定的空白间距。如果用户要在字符之间添加空格，可先选择要调整的文本，如图8-64所示。然后在"字符"面板的"插入空格（左）"或"插入空格（右）"数值框中设置要添加的空格参数即可，如图8-65和图8-66所示。

图8-64　选择字符

图8-65　1/2全角空格　　　图8-66　1/4全角空格

8.2.10　设置基线偏移

基线是字符排列时一条不可见的直线。用户可通过"字符"面板中的"设置基线偏移"数值框来调整基线的位置。其方法为：选择需设置的字符，如图8-67所示。在"设置基线偏移"数值框中输入正数时，可向上移动选择的字符；输入负数时，可向下移动选择的字符，如图8-68所示。

图8-67　选择字符　　　图8-68　基线偏移30

8.2.11　字符旋转

选择字符或文本对象后，如图8-69所示。可在"字符"面板中的"字符旋转"数值框中设置文字的旋转角度。在该数值框中输入相应的参数值或单击右侧的按钮，在弹出的下拉列表中选择可用的标准点大小即可，如图8-70所示为旋转45°的效果。需要注意的是，该选项旋转的文字是相对于基线旋转，但不会更改基线的方向。

图8-69　选择字符　　　图8-70　字符旋转45°

8.2.12　设置特殊格式

在"字符"面板下方列出了一系列T字按钮，通过这些按钮可以为文字添加特殊的格式。如单击"全部大写字母"按钮和"小型大写字母"按钮，可以对文字应用常规大写字母和小型大写字母，如图8-71和图8-72所示；单击"上标"按钮或"下标"按钮可相对于字体基线上升或降低文字位置并将其缩小，如图8-73和图8-74所示；单击"下划线"按钮，可为文字添加下划线；单击"删除线"按钮，则可在文字的中间位置添加删除线，如图8-75和图8-76所示。

图8-71　全部大写字母　　　图8-72　小型大写字母

图8-73　上标　　　　　　　图8-74　下标

图8-75　添加下划线　　　　图8-76　添加删除线

8.2.13　设置语言选项

如果当前语言选择不是英文，那么用户还可以通过"字符"面板中的"语言"下拉列表框为文本指定语言。其方法为：先选择文本，然后在"语言"下拉列表框中选择适当的词典，可以为文本指定一种语言，以便拼写检查和生成连字符。Illustrator使用Proimity语言进行拼写检查和连字。每个语言词典都包含了数十万具有标准音节间隔的单词。

读书笔记

8.2.14　字体填充与描边

为了使文字更加美观，用户还可对文字进行颜色、图案等填充，并进行描边设置。

实例操作：制作斑纹字

● 光盘\效果\第8章\斑纹字.ai
● 光盘\实例演示\第8章\制作斑纹字

本例将通过"色板"面板对创建文字填充颜色和图案，并为文字描边，最终效果如图8-77所示。

图8-77　斑纹字

Step 1 ▶ 新建一个10cm×7cm的文档，使用"矩形工具" □绘制一个与画板相同大小的矩形，并填充为"玫红色，#A40B5D"，如图8-78所示。使用"文字工具" T在画板中输入文字Smile，并在工具属性栏中设置"字体"为"华文琥珀"，"字体大小"为100pt，如图8-79所示。

图8-78　创建矩形　　　　图8-79　输入文字

Step 2 ▶ 打开"色板"面板，在其中单击白色色块，为文字填充"白色"，如图8-80所示。选择"效果"/"风格化"/"内发光"命令，打开"内发光"对话框，设置"模式"为"正片叠底"，再单击右侧的色块，在打开的"拾色器"对话框中设置颜色为"黄色，#F5A517"，单击 确定 按钮返回"内发光"对话框，设置"不透明度"为100%，"模糊"为0.18cm，选中 ⊙边缘(E) 单选按钮，单击 [确定] 按钮，如图8-81所示。

 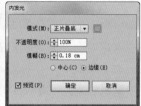

图8-80　创建矩形　　　图8-81　输入文字

Step 3 ▶ 返回画板，即可看到设置后的效果，如图8-82所示。然后按Ctrl+C快捷键和Ctrl+F快捷键，在原位复制一个相同的文字效果。在"色板"面板中单击"美洲虎"色块，为添加图案，如图8-83所示。

图8-82　创建矩形　　　图8-83　输入文字

操作解谜　　若发现"色板"面板中未有"美洲虎"图案色块。可单击"色块"面板左下角的"色板库菜单"按钮，在弹出的下拉菜单中选择"图案"/"自然"/"自然，动物皮"命令，在打开的面板中即可找到该图案。

Step 4 ▶ 返回画板，可看到文字添加图案的效果，如图8-84所示。再按Ctrl+[快捷键将其后移一层，选择顶层的文字，在工具属性栏中设置"不透明度"为50%，得到如图8-85所示的效果。

图8-84　为文字添加图案　　图8-85　设置文字不透明度

Step 5 ▶ 继续保持文字对象的选中状态，单击工具箱中的 ◪ 图标，为文字描边，并在"色板"面板中选择需要描边的颜色，这里单击如图8-86所示的色块。返回画板可得到如图8-87所示的效果。

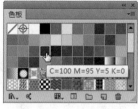 

图8-86　为文字添加描边　　图8-87　查看描边效果

Step 6 ▶ 使用"选择工具" ▶ 选择底层的图案文字，选择"效果"/"风格化"/"投影"命令，打开"投影"对话框，设置"不透明度"为80%，"X位移"和"Y位移"均为0.01cm，"模糊"为0.08cm，选中 ⊙颜色 单选按钮，并设置"颜色"为"黑色"，单击 [确定] 按钮，如图8-88所示。返回画板，可看到添加投影后的效果如图8-89所示。

图8-88　添加投影　　　图8-89　最终效果

操作解谜　　这里若想快速选择底层的图案文字，可选择顶层的文字，再执行"选择"/"下方的下一个对象"命令或按Alt+Ctrl+[组合键来快速选择下方的对象。

读书笔记 ▶

8.3 设置段落格式

段落格式是指段落在图稿中定义的外观样式，包括对齐方式、段落缩进、段落间距和悬挂标点等设置，在创建文字前或创建文字后，用户都可以通过"段落"面板或工具属性栏设置段落格式。

8.3.1 认识"段落"面板

选择"窗口"/"文字"/"段落"命令，或按 Alt+Ctrl+T组合键，打开"段落"面板，如图8-90所示。在其中可设置段落的对齐方式、左右缩进、段间距等。

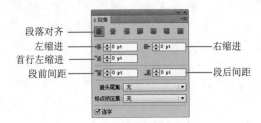

图8-90　"段落"面板

8.3.2 段落对齐

在"段落"面板的顶部有一排按钮，主要用于控制段落的对齐方式。选择需设置的段落文本或将鼠标光标定位于需设置的段落中，再单击相应的按钮即可对齐段落，下面将对各按钮分别进行介绍。

◆ 左对齐：单击■按钮，可使段落文本中各行文字以左边缘对齐，如图8-91所示。

◆ 居中对齐：单击■按钮，可使段落文本中各行文字居中对齐，如图8-92所示。

图8-91　左对齐　　　　　图8-92　居中对齐

◆ 右对齐：单击■按钮，可使段落文本中各行文字以右边缘对齐，如图8-93所示。

◆ 两端对齐，末行左对齐：单击■按钮，可使段落文本中最后一行的文本左对齐，其他行左右两端强制对齐，如图8-94所示。

图8-93　右对齐　　　　　图8-94　末行左对齐

◆ 两端对齐，末行居中对齐：单击■按钮，可使段落文本中最后一行的文本居中对齐，其他行左右两端强制对齐，如图8-95所示。

◆ 两端对齐，末行右对齐：单击■按钮，可使段落文本中最后一行的文本右对齐，其他行左右两端强制对齐，如图8-96所示。

图8-95　末行居中对齐　　　　　图8-96　末行右对齐

◆ 全部两端对齐：单击■按钮，可在段落文本间添加额外的间距使其左右两端强制对齐，如图8-97所示。

读书笔记

图8-97　全部两端对齐

8.3.3　段落缩进

段落缩进是指从文本对象的左、右边缘向内移动文本。在"左缩进"和"右缩进"数值框中可以通过输入数值来设定段落的左、右边界向内缩进的距离。其中，"首行左缩进"只应用于段落的首行，并且是相对于左侧缩进进行定位的。输入正值时，表示文本框与文本之间的距离增大；输入负值时，表示文本框与文本之间的距离缩小，如图8-98所示为原图效果；如图8-99、图8-100和图8-101所示分别为左缩进、右缩进和首行左缩进的效果。

图8-98　选择段落文本

图8-99　左缩进20

图8-100　右缩进50

图8-101　首行左缩进35

8.3.4　段落间距

为了方便阅读，经常需要将段落之间的距离设置得大一些，以便于更加清楚地区分段落。使用"文字工具"单击需要修改段落间距的段落，插入鼠标光标，或选择段落的全部文本，如图8-102所示。在"段前间距"数值框中输入数值，可增加当前选择段落与上一段落的间距，如图8-103所示；在"段后间距"数值框中输入数值，可增加当前选择段落与下一段落的间距，如图8-104所示。

图8-102　选择段落文本

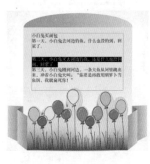

图8-103　段前间距为30

图8-104　段后间距为30

8.3.5　避头尾集

不能位于行首或行尾的字符称为避头尾字符。避头尾字符用于指定中文或日文文本的换行方式。在"段落"面板中，可以从"避头尾集"下拉列表框中选择相应的选项。如选择"无"选项，表示不使用避头尾法则；选择"宽松"或"严格"选项，则可避免所选字符位于行首或行尾。

8.3.6 标点挤压集

标点挤压用于指定亚洲字符、罗马字符、标点符号、特殊字符、行首、行尾和数字之间的间距，确定中文或日文排版方式。在"段落"面板中的"标点挤压集"下拉列表框中选择相应的选项来设置标点挤压。

8.3.7 连字

连字是针对罗马字符而言的。当行尾的单词不能容纳在同一行时，如果不设置连字，则整个单词就会转到下一行；如果使用了连字，可以用连字符使单词分开在两行，这样就不会出现字距过大或过小的情况，如图8-105所示为使用连字和未使用连字的效果。

图8-105　连字效果和未使用连字效果

在"段落"面板中选择"连字"选项，即可启用自动连字符连接。若要对连字进行更详细的设置，可单击"段落"面板右上角的 按钮，在弹出的下拉菜单中选择"连字"命令，打开"连字"对话框，在其中进行设置即可，如图8-106所示。

图8-106　"连字"对话框

💬 **知识解析：** "连字"对话框

◆ **单词长度超过：** 指定用连字符连接的单词的最少字符数。

◆ **断开前和断开后：** 指定可被连字符分隔的单词开关或结尾处的最少字符数。

◆ **连字符限制：** 指定可进行连字符连接的最多连续行数。0表示行尾处允许的连接连字符没有限制。

◆ **连字区：** 从段落右边缘指定一定边距，划分出文字行中不允许进行连字的部分。设置为0时允许所有连字。该选项只有在使用"Adobe单行书写器"时才可用。

◆ **连字大写的单词：** 选中该复选框，可防止用连字符连接大写的单词。

技巧秒杀

Illustrator中，可通过Adobe单行书写器和Adobe逐行书写器对特定的段落进行检查并选择最佳的分行、连字和对齐。其中，单行书写器查看每行文字，而不是整段文本来确定最佳的分行、连字和对齐；逐行书写器检查段落中所有行，并将段落作为一个整体进行计算。可以从"段落"面板的快捷菜单中选择这两个选项。

8.3.8 通过字距调整控制间距

通过更改"字距调整"对话框中的参数值，能够控制文本中的字母、单词、自动行距和字形间距等。其方法为：单击"段落"面板右上角的 按钮，在弹出的下拉菜单中选择"字距调整"命令，打开"字距调整"对话框，在其中进行设置即可，如图8-107所示。

图8-107　"字距调整"对话框

知识解析："字距调整"对话框

◆ 单词间距：通过按空格键创建单词之间的间距。在设置最小值、所需值和最大值时，其参数范围为0%~1000%，默认值为100%。

◆ 字母间距：指单词字母之间的间距，其参数范围为-100%~500%，0%表示不添加任何间距。

◆ 字形缩放：字形指的是任何字体字符。"字形缩放"将字符的宽度更改为原来的百分比。其参数范围为50%~200%，默认值为100%，表示没有任何缩放。

◆ 自动行距：将"自动行距"设置为百分比，其参数范围为0%~500%，默认值为120%。

◆ 单字对齐：最后一行单个单词需要对齐时，在该下拉列表框中选择相应选项，可使其两端对齐、左对齐、居中对齐或右对齐。

8.4 字符样式和段落样式

字符样式是许多字符格式属性的集合，可应用于所选文本范围。段落样式包含字符和段落格式属性，并可应用于所选段落，也可应用于段落范围。设置字符和段落样式可提高工作效率，还可确保文本格式的统一。

8.4.1 创建字符和段落样式

在Illustrator CC中，可基于现有的文本样式创建字符或段落样式，也可在字符和段落样式后，再对样式进行编辑或设置。创建字符和段落样式的方法有多种，下面将分别进行介绍。

◆ 在现有文本基础上创建新样式：可先选择文本，然后在"字符样式"面板或"段落样式"面板中单击"创建新样式"按钮 ，将该文本或段落的样式保存到面板中，如图8-108所示。

 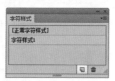

图8-108 创建字符样式

技巧秒杀

用户也可将面板中现有的样式拖动到"创建新样式"按钮 上，复制现有样式，在现有样式的基础上创建新样式。

◆ 直接创建新样式：单击"字符样式"面板或"段落样式"面板右上角的 按钮，在弹出的下拉菜单中选择"新建字符样式"或"新建段落样式"命令，打开"新建字符样式"或"新建段落样式"对话框，在其中输入样式名称后，单击 确定 按钮即可创建新样式，如图8-109所示。

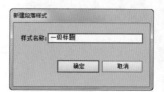 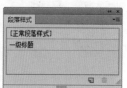

图8-109 创建段落样式

8.4.2 应用字符和段落样式

在创建字符和段落样式后，即可将创建的样式应用到文本或段落中。

其方法为：先选择需要处理的文本对象，再单击"字符样式"面板或"段落样式"面板中保存的字符样式或段落样式名称即可，如图8-110所示。

图8-110 应用字符样式

技巧秒杀

在"字符样式"面板或"段落样式"面板中选择一个样式，单击面板底部的"删除所选样式"按钮，可删除样式。此时使用该样式的段落外观并不会发生改变，但其格式将不再与任何样式相关联。

技巧秒杀

单击"字符样式"面板或"段落样式"面板右上角的按钮，在弹出的下拉菜单中选择"字符样式选项"或"段落样式选项"命令，也可打开相应的对话框。

8.4.3 编辑字符和段落样式

创建字符样式和段落样式后，可以根据需要对其进行编辑修改。在编辑修改样式时，使用该样式的所有文本都会发生变化。其方法为：双击需要修改的样式名称，打开"字符样式选项"或"段落样式选项"对话框，在对话框左侧选择格式类别并设置相应选项，完成后单击 确定 按钮，如图8-111所示，即可编辑修改字符样式或段落样式，如图8-112所示。

8.4.4 载入字符和段落样式

单击"字符样式"面板或"段落样式"面板右上角的按钮，在弹出的快捷菜单中选择"载入字符样式"或"载入段落样式"命令，或者选择"载入所有样式"命令，在打开的"选择要导入的文件"对话框中选择包含要导入样式的Illustrator文档，再单击 打开(O) 按钮，如图8-113所示，即可从其他Illustrator文档中载入字符和段落样式。

图8-113 载入字符和段落样式

8.4.5 删除样式覆盖

在使用字符样式或段落样式时，经常会发现"字符样式"或"段落样式"面板中样式名称旁边出现"＋"图标，这表示文本与样式所定义的属性不匹配，具有覆盖样式。例如，为文本应用字符样式后，再对文本进行字体、颜色等修改操作，那么"字符样式"面板或"段落样式"面板中的样式后面将显示"＋"图标。

如果用户想删除覆盖样式并将文本恢复到样式定义的外观，可重新应用相同的样式，或单击面板右上

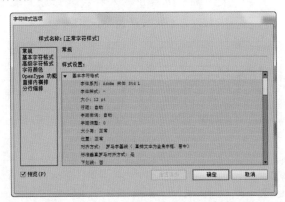

图8-111 "字符样式选项"对话框

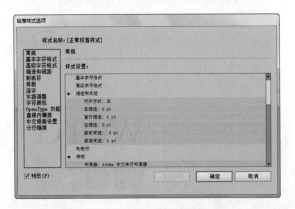

图8-112 "段落样式选项"对话框

角的 按钮，在弹出的下拉菜单中选择"清除优先选项"命令即可，如图8-114所示。

图8-114　清除覆盖样式

8.5 通过其他面板编辑文本

在Illustrator CC中除了输入键盘上可看到的字符文本外，还可通过"字形"面板添加许多特殊的字符，如分字、装饰字、标题和文本替代字等。也可通过OpenType面板和"制表符"面板来设置文本，以及在文本对象中的特定位置定位文本，下面将分别进行介绍。

8.5.1 使用"字形"面板

字形是指具有特殊形式的字符，在大多数字体中，一个文本都有几种字形可用。使用"字形"面板可以查看字体中的字形，并在文档中插入特定的字形。其方法为：使用"文字工具" T 在文本中单击，定位文本插入点。选择"窗口"/"文字"/"字形"命令，打开"字形"面板，在面板中双击一个字符，即可将其插入到文本中，如图8-115所示。

默认情况下，"字形"面板中显示了当前所选字体的所有字形。如果用户想插入其他类型的字形，可在"字形"面板左下角的下拉列表中选择一个字体系列和样式来更改字体，如图8-116所示。同时，在"字形"面板中选择OpenType字体时，可在"显示"下拉列表框中选择相应的选项，将面板限制为只显示特定类型的字形，如图8-117所示。

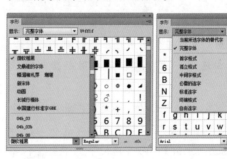

图8-116　更改字体　　图8-117　显示特定类型的
　　　　　　　　　　　　　　　　　字形

图8-115　插入文本

8.5.2 使用OpenType面板

OpenType 字体使用一个适用于Windows和Macintosh计算机的字体文件，因此，可以将文件从一个平台移到另一个平台，而不用担心字体替换或其他导致文本重新排列的问题。它们可能包含一些当前PostScript 和 TrueType 字体不具备的功能，如花饰字和自由连字。

使用 OpenType 字体时，可以自动替换文本中的替代字形，如连字、小型大写字母、分数字以及旧式的等比数字。如果要使用OpenType字体替换字符，可选择"窗口"/"文字"/OpenType命令，或按Alt+Shift+Ctrl+T组合键，打开OpenType面板，如图8-118所示。

图8-118　OpenType面板

💬知识解析：OpenType面板 ·······················

◆ **标准连字/自由连字**：连字是某些字母在排版印刷时的替换字符。大多数字体都包括一些标准字母对的连字，如fi、fl、ff、ffi和ffl等。单击"标准连字"按钮，可启用或禁用标准字母对的连字。单击"自由连字"按钮，可启用或禁用可选连字。

◆ **上下文替代字**：上下文替代字是某些脚本字体中所包含的替代字符，可提供更好的合并行为。如使用Caflisch Script Pro而且启用了上下文替代字时，单词bloom中的bl字母对便会合并，使其看起来更像手写字母。单击该按钮，可以启用或禁用上下文替代字。

◆ **花饰字**：是具有夸张花样的字符。单击该按钮，可以启用或禁用花饰字字符。

◆ **文体替代字**：是可创建纯美学效果的风格化字符。单击"文体替代字"按钮，可以启用或禁用文体替代字。

◆ **标题替代字**：是专门为大尺寸设置（如标题）而设计的字符，通常为大写。单击该按钮，可以启用或禁用标题替代字。

◆ **序数字/分数字**：单击"序数字"按钮，可以用上标字符设置序数字；单击"分数字"按钮，可以将用斜线分隔的数字转换为斜线分数字。

> **技巧秒杀**
>
> OpenType面板中可以设置字形的使用规则，例如，可以指定在给定文本块中使用连字、标题替代字符和分数符。与每次插入一个字形相比，使用OpenType面板会更加便捷，并且可确保效果更加一致。但是，不同的OpenType字体所提供的功能有很大不同。如果在OpenType面板中选择一个已经选择的字体，Illustrator就将鼠标光标更改为有斜线的圆圈，以指出不能选择的选项。

8.5.3 使用"制表符"面板

制表符用来在文本对象中的特定位置定位文本。选择"窗口"/"文字"/"制表符"命令，或按Ctrl+Shift+T组合键，打开"制表符"面板，在其中可设置缩进和制表符，如图8-119所示。

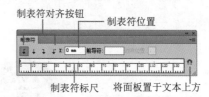

图8-119　"制表符"面板

💬知识解析："制表符"面板 ·······················

◆ **制表符对齐按钮**：用于指定如何相对于制表符位置对齐文本。单击"左对齐制表符"按钮，可以靠左侧对齐横排文本，右侧边距会因长度不同而参差不齐；单击"居中对齐制表符"按钮，可按制表符标记居中对齐文本；单击"右对齐制表符"按钮，可以靠右侧对齐横排文本，左侧边距会因长度不同而参差不齐；单击"小数点对齐制表符"按钮 ↓ ，可将文本与指定的小数点字符（如名号或货币符号）对齐；在创建数字列时，该选项特别有用。

◆ **前导符**：前导符可使目录或清单更加清晰明了，可沿着前导符方便地阅读两边的内容或条目，增强可读性。

◆ **移动制表符**：在"制表符"面板中，从标尺上选择一个制表位，将制表符拖动到新位置。如果要同时移动所有制表符，可按住Ctrl键拖动制表符。若要将制作表位与标尺单位对齐，可在拖动制表符的同时按住Shift键。

◆ **首行缩进/悬挂缩进**：用于设置文字的缩进。在进行缩进时，首先使用"文字工具" T 单击要缩进的段落或选择要缩进的段落文本。当拖动"首行缩进"图标 时，可以缩进首行文本，如图8-120所示。拖动"悬挂缩进"图标 时，可以缩进除第一行外的所有行文本，如图8-121所示。

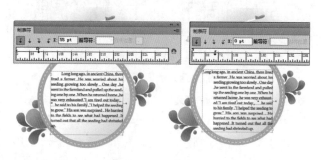

图8-120　首行缩进　　　图8-121　悬挂缩进

◆ **将面板置于文本上方**：单击 按钮，可将"制表符"面板自动对齐到当前选择的文本上，并自动调整宽度以适合文本的宽度。

8.6 使用高级文字功能

Illustrator还内置了一些更高级的文字功能，这些功能远远超出了基本用户的需要，包括串接文本、绕排文本、适合标题、查找字体、拼写检查和更改大小写等，下面将分别对这些功能进行介绍。

8.6.1 使用修饰文字工具

"修饰文字工具" 可以为纯文本创建美观而突出的效果。文本的每个字符都可以进行单独编辑，就像每个字符都是一个独立的对象。使用该工具可快速对字符进行移动、缩放或旋转操作，下面将对其操作方法分别进行介绍。

◆ **移动**：选择"修饰文字工具" ，在需要修饰的字符上单击，此时文字四周将显示定界框，如图8-122所示。将鼠标光标置于定界框中的任何位置，当鼠标光标变为 ▶ 形状时，按住鼠标左键不放进行拖动，可移动文本，如图8-123所示。

图8-122　单击选择文字　　　图8-123　移动文字

◆ **缩放**：选择"修饰文字工具" ，在需要修饰的字符或一个段落中的某个字符上单击，此时文字四周将显示定界框，将鼠标光标置于定界框四周的 控制点上，当鼠标光标变为 、↕ 或 ↔ 形状时，按住鼠标左键不放进行拖动，可对文本进行大小、宽度和高度的缩放，如图8-124所示。

图8-124　放大和拉宽

◆ 旋转：选择"修饰文字工具"，在需要修饰的字符或段落中的某个字符上单击，此时文字四周将显示定界框，将鼠标光标置于定界框顶部的控制点上，当鼠标光标变为形状时，按住鼠标左键不放进行拖动，可旋转文本，如图8-125所示。

图8-125　选择文字并旋转文字

技巧秒杀

在使用"修饰文字工具"对文字进行移动、旋转和缩放操作时，未被选择的文字会根据当前被操作的文字自动进行位置的调整。

8.6.2　创建轮廓

创建文字后，可将文字创建为轮廓，使其可像图形一样进行渐变、滤镜和效果的应用，以及每条路径的独立编辑。但需注意的是，将文字创建为轮廓后，不能再转换回文字，因此，无法更改字体或任何其他的字体属性。

实例操作：字体设计

● 光盘\效果\第8章\字体设计.ai
● 光盘\实例演示\第8章\字体设计

标准的字体设计常用于广告、企业名称或品牌名称等领域，是信息传播途径之一。本例将通过对文字进行设计，最终效果如图8-126所示。

图8-126　字体设计

Step 1 ▶ 新建一个10cm×7cm的文档，选择"文字工具"，在画板中输入文字"新品上市"，在工具属性栏中设置"字体"为"微软雅黑"，"字体大小"为36pt，"颜色"为"绿色，#007C06"，如图8-127所示。选择"文字"/"创建轮廓"命令，将文字转换为轮廓，如图8-128所示。

图8-127　输入文字 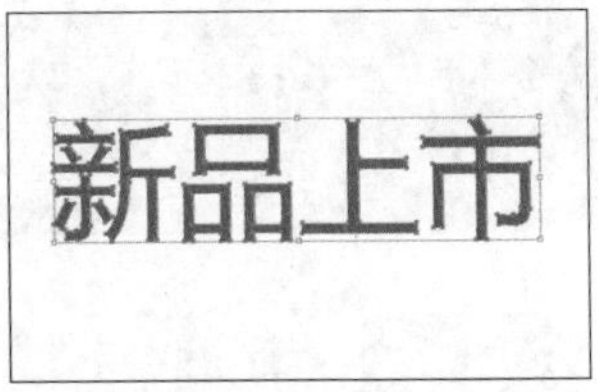　　　图8-128　将文字创建为轮廓

Step 2 ▶ 使用"直接选择工具"在"新"字左侧拖动鼠标，框选如图8-129所示的两个锚点。将鼠标光标放在所选择的任意锚点上，在按住Shift键的同时按住鼠标左键向右侧拖动，如图8-130所示。

图8-129　选择锚点 　　　图8-130　移动锚点

Step 3 ▶ 在画板空白区域单击，取消选择，如图8-131所示。再使用相同的方法分别对其他文字的锚点进行编辑，使文字具有设计效果，如图8-132所示。

图8-131　取消选择锚点　　图8-132　编辑锚点

Step 4 ▶ 使用"矩形工具"▢在文字下方绘制两个矩形，并填充"颜色"为"绿色，#007C06"，如图8-133所示。然后使用"文字工具"Ⅰ在矩形上方分别输入New和Article文本，并设置"字体"为"微软雅黑"，"字体大小"为6pt，"颜色"为"白色"，如图8-134所示。

图8-133　绘制矩形　　　　图8-134　输入文本

Step 5 ▶ 使用"椭圆工具"◯在中间空白区域绘制两个正圆形，并填充"颜色"为"橘红色，#D77D35"，如图8-135所示。然后使用"文字工具"Ⅰ在圆形上方输入"春夏"文本，并设置"字体"为"微软雅黑"，字体大小为6pt，"颜色"为"白色"，如图8-136所示。

图8-135　绘制圆形　　　　图8-136　输入文字

技巧秒杀

在对创建为轮廓的文本进行编辑时，用户可根据情况对锚点进行删除、添加或移动，从而设计出更丰富漂亮的字形。

8.6.3　串接文本

创建段落文本或路径文本时，如果当前输入的文字超过了区域范围，那么多余的文字将被隐藏。区域边框或路径边缘底部将会出现红色图标，表示有被隐藏的溢流文本。此时，用户可以通过将文本从当前区域串接到另一个区域，或调整区域大小将溢流文本显示出来。

其方法为：使用"选择工具"▶选择有溢流文本的区域，单击红色⊞图标，此时，鼠标光标将变为▤形状，如图8-137所示。在左侧的空白区域单击，可将溢流文本串接到与原始文本框相同大小，如图8-138所示；或单击某个对象，可将溢流文本串接到对象中，如图8-139所示。此外，也可拖动鼠标绘制一个文本框，可将溢流的文本导出并串接到绘制的文本框中，如图8-140所示。

图8-137　选择文本　　　　图8-138　串接文本

图8-139　串接到对象中　　图8-140　串接到绘制的文本框

技巧秒杀

选择两个独立的区域文本或路径文本，再选择"文本"/"串接文本"/"创建"命令，也可将其链接为串接文本。需注意的是，Illustrator中只有区域文本和路径文本才能创建串接文本，点文本不能进行串接。

8.6.4 取消串接文本

　　如果要中断串接，可双击连接点（红色图标），文本会重新排列（还原）到第一个对象中，如图8-141所示。如果要删除所有文本的串连，可选择"文本"/"串接文本"/"移去串接文本"命令，将文本保留在原始位置，文本区域间不相互串接，如图8-142所示。如果有多个串接文本，选择其中的某个文本区域（除最后一个外），再选择"文本"/"串接文本"/"释放所选文字"命令或按Delete键，可将文本排列到下一个文本区域中。

图8-141　还原串接

图8-142　移去串接

8.6.5 文本绕排

　　Illustrator具有较好的文本绕排功能，可以实现常见的图文混排效果。文本绕排是指将区域文本绕排在文字对象、导入的图像或绘制的图形周围。如果当前绕排的对象是嵌入的位图图像，Illustrator会在不透明和半透明的像素周围绕排文本，而忽略完全透明的像素。

　　其方法为：使用"选择工具"选择区域文本和图形，如图8-143所示。选择"对象"/"文本绕排"/"建立"命令，即可将文本绕排在对象的周围，如图8-144所示。

图8-143　选择文本和图形　　　图8-144　文本绕排

　　选择文本绕排的对象后，选择"对象"/"文本绕排"/"建立"命令，可打开"文本绕排选项"对话框，在其中可对文本和绕排对象之间的间距等进行设置，如图8-145所示。

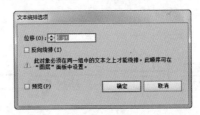

图8-145　"文本绕排选项"对话框

💬 知识解析："文本绕排选项"对话框 ·············●

◆ **位移**：可以设置文本和绕排对象之间的间距。在右侧的数值框中输入正值时，文本与对象之间的间距越远，如图8-146所示。输入负值时，文本与对象之间的间距越近，如图8-147所示。

图8-146　位移15　　　　　图8-147　位移-5

◆ **反向绕排**：选中 ☑反向绕排(I) 复选框，可围绕对象反向绕排文本。

技巧秒杀

建立文本绕排后，使用"选择工具" ▶ 移动文字或图形时，文字的排列形状会随之发生变化。如果要取消文本绕排，可选择"对象"/"文本绕排"/"释放"命令。

8.6.6 查找和替换文本

利用"查找和替换"命令可以查找指定的文字，并将查找的文字替换为其他文字，同时文字将仍保持原来的样式。

其方法为：先选中需要查找与替换的文本区域（或使用文字工具将鼠标光标置于文字中），如图8-148所示，选择"文字"/"查找和替换"命令，打开"查找和替换"对话框，在"查找"下拉列表框中输入要查找的文字内容，在"替换为"下拉列表框中输入要替换为的文字，单击 查找(F) 按钮，如图8-149所示。待查找到之后，"查找和替换"对话框将变为如图8-150所示的效果，单击 替换(R) 按钮逐步进行替换（或单击 全部替换(A) 按钮全部进行替换），替换后，单击 完成 按钮，即可查看到效果，如图8-151所示。

图8-148 选择文本区域　　　图8-149 查找文本

图8-150 替换文本　　　图8-151 完成替换

知识解析： "查找和替换"对话框

◆ **查找**：在该下拉列表框中输入要查找的文字。

◆ **替换为**：在该下拉列表框中输入要将查找内容替换为的文字。

◆ **查找下一个**：单击 查找下一个(F) 按钮，系统将查找下一个需要查找的文字。

◆ **替换**：单击 替换(R) 按钮，系统将以"替换为"下拉列表框中的文字替换"查找"下拉列表框中的文字。

◆ **替换和查找**：单击 替换和查找(E) 按钮，系统将替换查找到的第一处符合条件的文字，同时查找到下一个符合条件的文字。依次单击 查找下一个(F) 按钮和 替换(R) 按钮。

◆ **全部替换**：单击 全部替换(A) 按钮，系统将会把文本中所有与"查找"下拉列表框中相同的文字全部替换。

◆ **完成**：单击 完成 按钮，表示查找与替换操作已经完成，同时关闭"查找和替换"对话框。

◆ **区分大小写**：选中该复选框，系统将只查找与"查找"下拉列表框中大小写完全相同的单词，如要查找Book，则bookes就不会被查找到。

◆ **全字匹配**：选中该复选框，系统将只查找与"查找"下拉列表框中完全相同的单词，如要查找Book，则Bookes就不会被查找到。

◆ **向后搜索**：选中该复选框，系统在查找时，将由文本插入点后的位置对文字进行查找。

◆ **检查隐藏图层**：选中该复选框，指示Illustrator在隐藏图层的文本中查找。

◆ **检查锁定图层**：选中该复选框，指示Illustrator在锁定图层的文本中查找。

技巧秒杀

在查找和替换文本时， 替换(R) 按钮、 全部替换(A) 按钮和 替换和查找(E) 按钮只有在文本中查找到符合条件的文字后，才显示为可用状态。如果文本中查找不到符合条件的文字，这3个按钮将显示为灰色。另外，只有在查找和替换英文单词时， ☑全字匹配(H) 和 ☑区分大小写(C) 复选框才可用。

8.6.7 查找字体

使用"查找字体"命令在文档中查找某些字体，并用指定的字体进行替换。如果从其他应用程序中粘贴一些文本，并要确定保存Illusrtrator文档具有统一的外观，使用该命令将非常方便。

其方法为：将文本插入点定位在文档中，如图8-152所示。选择"文字"/"查找字体"命令，打开"查找字体"对话框，在"文档中的字体"列表框中显示了文档中使用的所有字体，选择需要替换的字体，单击 查找(F) 按钮，然后在"替换字体来自"下拉列表框中选择文档或系统选项，此时，下方的列表框中将列出文档或系统中所有字体，在其中选择用于替换的字体，单击 全部更改(H) 按钮，即可用所选字体替换查找到的字体，如图8-153所示。

图8-152　查找字体　　　图8-153　查找文字前后

💬知识解析："查找字体"对话框 ⋯⋯⋯⋯•

- **文档中的字体**：该选项下的列表框中罗列了当前文档中所有的字体。
- **替换字体来自**：右侧的下拉列表框中包括"文档"和"系统"两个选项。当选择"文档"选项时，在下方的列表框中将只罗列当前文档中的字体。当选择"系统"选项时，其下方的列表框中将罗列当前操作系统中的所有可用字体。
- **包含在列表中**：取消其下任意一个复选框的选中状态，都将在"替换字体来自"栏下的"文档中

的字体"列表中取消此类字体的显示。

- **查找**：单击 查找(F) 按钮，系统将查找所设置字体中的文字。
- **更改**：单击 更改(C) 按钮，系统将查找到的字体更改为新设置的文字字体。
- **全部更改**：单击 全部更改(H) 按钮，系统将会把文字中所有符合条件的字体更改为新设置的字体。
- **存储列表**：单击 存储列表(S)... 按钮，将打开"另存字体列表为"对话框，在该对话框中可以将当前"文档中的字体"列表框中的字体以文档的形式保存。

8.6.8 适合标题

使用"文字"菜单中的"适合标题"命令，可自动增加文字的宽度，以便让标题完全放入文字区域的左边到相同文字区域的右边。

其方法为：使用"文字工具" **T** 在文字的标题处单击，定位文本插入点，如图8-154所示。选择"文字"/"适合标题"命令，可使标题与正文对齐，如图8-155所示。

图8-154　定位文本插入点　　图8-155　适合标题

8.6.9 更改大小写

利用"更改大小写"命令，可以将当前所选择的英文单词更改为全部大写、全部小写或混合大小写（即每个单词的第一个字母为大写）的形式。

其方法为：选择需要更改大小写的英文单词，然后选择"文字"/"更改大小写"命令，在弹出的子菜单中选择相应的命令可对字符的大小写进行更改，如图8-156所示。

图8-156　更改大小写

知识解析：**"更改大小写"菜单**

◆ **大写**：选择该命令后，选择的字母将全部转换为大写字母。

◆ **小写**：选择该命令后，选择的字母将全部转换为小写字母。

◆ **词首大写**：选择该命令后，选择的每个单词的第一个字母均变为大写字母。

◆ **句首大写**：选择该命令后，选择的每个句子的第一个字母均变为大写字母。

8.6.10　拼写检查

拼写检查可检查文档中的所有文字，以查看其拼写和大小写是否正确。

其方法为：选择包含英文的文本，如图8-157所示。选择"编辑"/"拼写检查"命令，或按Ctrl+I快捷键，打开"拼写检查"对话框，单击 开始 按钮，即可进行拼写检查，如图8-158所示。当查找到单词或其他错误时，会显示在对话框顶部的文本框中，如图8-159所示。在"建议单词"列表框中选择正确的单词，单击 更改 按钮即可更改查找的错误单词，如图8-160所示。

图8-157　选择文本　　　　图8-158　开始检查

图8-159　更改文本　　　图8-160　拼写检查后的效果

知识解析：**"拼写检查"对话框**

◆ **开始**：单击 开始 按钮，可对选择的文本进行拼写检查。

◆ **忽略**：单击 忽略 按钮，可忽略出现的错误拼写单词。

◆ **全部忽略**：单击 全部忽略 按钮，可忽略文档中出现的所有错误拼写单词。

◆ **更改**：单击 更改 按钮，可用"建议单词"列表框中突出显示的单词替换错误的单词。

◆ **全部更改**：单击 全部更改 按钮，可在整个文档中用正确的拼写单词替换所出现的单词的所有错误单词。

◆ **添加**：单击 添加 按钮，可将选定的误拼单词添加到自定义词典。

◆ **选项**：选中对应的复选框，可查找和忽略相应的单词或数字。

技巧秒杀

在拼写检查文本时，如果Illustrator的词典中没有单词的某种拼写形式，系统会将其视为拼写错误。选择"编辑"/"编辑自定词典"命令，可将单词添加到Illustrator的词典中。

8.6.11　更改文字方向

使用"文字"菜单中的"文字方向"命令，可轻松地更改文字的水平方向或垂直方向。

其方法为：选择需改变方向的文字，如图8-161所示。选择"文字"/"文字方向"命令，在弹出的子菜单中选择水平或垂直命令即可，如图8-162所示。

图8-161　选择文字　　　图8-162　更改为垂直方向

8.6.12　更改旧版文本

旧版文本是Illustrator 10或更早版本中所创建的文字对象，由于Illustrator目前使用新的Adobe Text Engine，因此旧版文本必须进行转换才能使用新的文字引擎。其变化是字符用字间距、行距等进行定位，单词中的变换导致不同连字，以及来自串接文本的单词排列变化。在打开一个Illustrator 10或更早版本的文件时，会打开如图8-163所示的对话框，询问是否想更新所有的旧版文字，如果要对文字进行编辑，可单击 更新 按钮。如果不需要编辑文本，则不必对其进行更新。未更新的文本即称为旧版文本。

图8-163　更新旧版文字

技巧秒杀

如果在打开文件时，没有打开"更新旧版文本提示"对话框，用户可以选择"文字"/"旧版文字"命令，在子菜单中选择相应命令进行更新。

8.6.13　使用智能标点

智能标点用于对Illustrator文档中的字符进行查找，并用指定的字符进行替换。

其方法为：选择文本或文本区域，选择"文字"/"智能标点"命令，打开"智能标点"对话框。在其中选中相应的复选框，单击 确定 按钮，即可对智能标点进行替换，如图8-164所示。

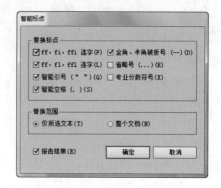

图8-164　"智能标点"对话框

💬 **知识解析：** "智能标点"对话框

◆ **ff,fi,ffi连字和ff,fl,ffl连字：** 选中 ☑ ff，fi，ffi 连字(F) 或 ☑ ff，fl，ffl 连字(L) 复选框，可用连字替换 ff、fi（或fl）和ffi（或ffl）。

◆ **全角、半角破折号（——）：** 选中 ☑ 全角、半角破折号 (——)(D) 复选框，可用全角破折号（—）替换双连字号（– –）。

◆ **省略号（……）：** 选中 ☑ 省略号 (...)(E) 复选框，可用3个名点（...）替换省略号。

◆ **智能引号（""）：** 选中 ☑ 智能引号（" "）(Q) 复选框，可用花引号替换直引号（""和'），花引号称为印刷商的引号或打印机的引号（""和''）。

◆ **专业分数符号：** 选中 ☑ 专业分数符号(X) 复选框，可用专业分数符号替换分数符号，如果正在使用的字体系列有专业分数符号，则分数符号保持不变。

◆ **智能空格：** 选中 ☑ 智能空格 (.)(S) 复选框，可在句子后面用一个空格替换多个空格（在排版中，只应该是一个句号后面的一个空格）。

◆ **替换范围：** 用于选择更改的范围；选中 ⊙ 仅所选文本(T) 单选按钮，可确定更改的范围只是选中的文本；选中 ⊙ 整个文档(N) 单选按钮，可确定更改的范围是整个文档。

◆ **报告结果：** 选中该复选框，可显示更改了多少个标点。

8.6.14 显示隐藏的字符

在输入字符时，通常会输入一些特殊字符，如空格、回车、制表符、全角字符、自由连字符和文本结束字符等。但这些字符一般情况下都已被隐藏。因此，若要查看这些字符，可选择"文字"/"显示隐藏的字符"命令将其显示出来。若再次执行该命令还可以隐藏这些字符。在使用导入文本时，该命令特别有用，因为它允许找出可干扰正确格式化文本的任何其他隐藏字符。

8.6.15 置入文本

在Illustrator中，还可以将其他程序创建的文本导入到当前文档，且置入的文本可以保留字符和段落的格式不变。其方法为：选择"文件"/"置入"命令，打开"置入"对话框，在其中选择要置入的文本文件，单击 置入 按钮，即可将其转入到当前文档中，如图8-165所示。

图8-165　置入文本文件

8.6.16 导出文本

用户还可以从Illustrator中导出文本，以便在其他程序中使用。其方法为：选择要导出的文本，选择"文件"/"导出"命令，打开"导出"对话框，在其中选择文件位置并输入文件名，在"保存类型"下拉列表框中选择"文本格式（TXT）"，单击 导出 按钮，在弹出的"文本导出选项"对话框中选择一种平台和编码方法，再单击 导出(X) 按钮，即可导出文本。

 知识大爆炸 ●————

——文字创建和编辑的相关知识

本章主要介绍了文字的创建和编辑方法，要想更好地制作出文字效果或进行图文排版，还需要掌握一些文字编辑技巧，下面将介绍几点提高创建和编辑文字效果的技巧。

◆ 使用吸管工具可以直接复制文字字符、段落、填充和画笔等属性。用户只需选择需要修改的文字，再使用吸管工具在符合属性的文字上单击即可。

◆ 如果要对文字整体变形，可使用选择工具选择路径文字或区域文字；如果只对路径或文字边框变形，则使用直接选择工具。

◆ 文字同样可以作为蒙版，其方法是：将文字置于图像上层，再选择文字及图像并右击，在弹出的快捷菜单中选择"建立剪切蒙版"命令。

09

01 02 03 04 05 06 07 08 09 10 11 12 ......

图表、符号和样式应用

本章导读 ●

在实际工作中，为了将获得的各种数据进行统计和比较，使用图表可以获得较为准确、直观的效果。Illustrator为用户提供了大量丰富的图表类型和强大的图表编辑功能，从而使用户运用图表进行资料统计和比较时更为得心应手。

9.1 图表的类型

Illustrator CC中共有9种图表工具，可以建立9种不同的图表。每种图表都有其自身的优点，用户可以根据自己的不同需要选择相应的图表工具，从而创建所需要的图表。下面对图表工具组中的9种工具及其所建立的图表进行介绍。

9.1.1 柱形图

柱形图也称为条形图，是以坐标轴的方式逐栏显示输入的所有资料，柱的高度代表所比较的数值。柱状图表最大的优点是：在图表上可以直接读出不同形式的统计数值。使用工具箱中的"柱状图工具" 可以创建最基本的柱形图，如图9-1所示。

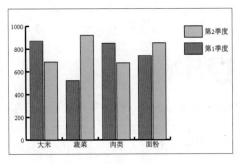

图9-1　柱形图

9.1.2 堆积柱形图

堆积柱形图是以柱形的高度体现数的大小。在该类型的图表中，比较数据会堆积在一起，这种堆积形式可以显示某类数据的总量，便于观察到每一个分量在总量中所占的比例。使用工具箱中的"堆积柱形图工具" 可以创建堆积柱形图，如图9-2所示。

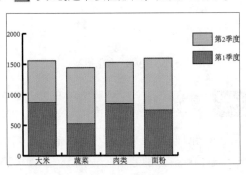

图9-2　堆积柱形图

9.1.3 条形图

条形图用一个单位长度表示一定的数量，根据数量的多少形成长短不同的直线，再将这些直线按一定的顺序排列起来。使用工具箱中的"条形图工具" 可以创建条形图，如图9-3所示。

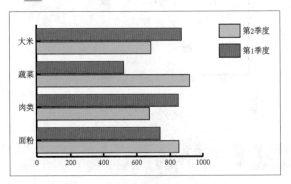

图9-3　条形图

9.1.4 堆积条形图

堆积条形图与条形图图表类似，其不同之处在于该类型的图表是以堆积条形的形式来显示同一图表类型的序列。使用工具箱中的"堆积条形图工具" 可以创建堆积条形图，如图9-4所示。

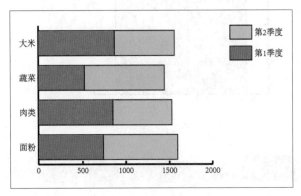

图9-4　堆积条形图

9.1.5 折线图

折线图是用点来表示一组或者多组资料，并用折线将代表同一组资料的所有点进行连接，不同组的折线颜色也不相同。用此类型的图表来表示数据，便于表现数据的变化趋势。使用工具箱中的"折线图工具" 可以创建折线图表，如图9-5所示。

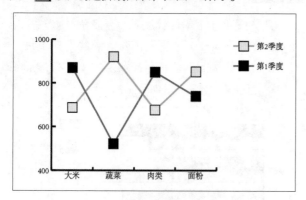

图9-5　折线图

9.1.6 面积图

面积图主要是以点显示统计数据，用不同颜色的折线连接不同组的点，并对形成的区域给予填充。使用工具箱中的"面积图工具" 可以创建与折线图类似的面积图表，如图9-6所示。

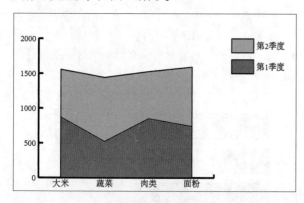

图9-6　面积图

9.1.7 散点图

散点图是以X轴和Y轴为数据坐标轴，在两组资

料的交汇处形成坐标点，并由直线将这些点相连接的一种图表。使用这种图表也可以反映资料的变化趋势。使用工具箱中的"散点图工具" 可以创建散点图表，如图9-7所示。

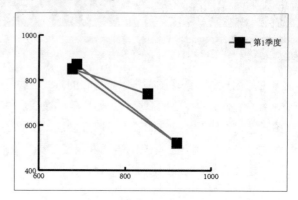

图9-7　散点图

9.1.8 饼图

饼图是把数据的总和作为一个圆形，圆形中的每个扇形表示一组数据，此类图表用于表示个体占总体的百分比例，百分比越高所占的面积也就越大。使用工具箱中的"饼图工具" 可以创建饼图图表，如图9-8所示。

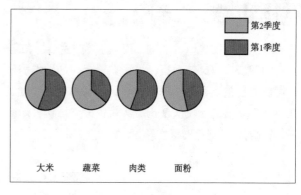

图9-8　饼图

9.1.9 雷达图

雷达图用于比较在某个点设置的值，这类图表被视为一个扇面图。分别分布在扇面上，并具有较高值的数据从中央向外扩展。使用工具箱中的"雷达图工

具"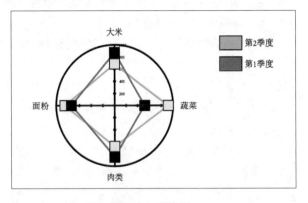可以创建雷达图表，如图9-9所示。

图9-9　雷达图

9.2 图表的应用

图表的创建工作主要包括设定图表范围的长度和宽度以及进行比较的图表数，而数据才是图表的核心和关键，下面将讲解这两方面的具体内容和控制方法。

9.2.1 创建图表

了解图表的分类后，即可根据情况创建需要的图表，各种图表的创建方法基本相同，主要通过两种方法来创建，一是通过拖动鼠标来创建任意大小的图表，二是通过"图表"对话框创建精确大小的图表。

1. 创建任意大小的图表

在Illustrator中，创建任意大小的图表的方法非常简单，只需在创建图表的位置拖动鼠标并在弹出的文本框中输入相应数据即可。

实例操作：创建产品月销量统计图表

- 光盘\效果\第9章\产品月销量统计图表.ai
- 光盘\实例演示\第9章\创建产品月销量统计图表

条形统计图主要用于表示离散型数据资料，即计数数据，本例将创建一个自定义大小的产品月销量统计图表。

Step 1 ▶ 新建一个A4大小的文档，在工具箱中选择"柱形图工具"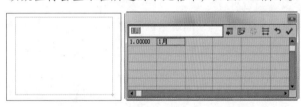，在画板中单击并拖动鼠标绘制一个矩形框，定义图表的大小，如图9-10所示。释放鼠标后，将打开"图表数据"输入框，单击一个单元格，然后在对话框顶部的文本框中输入数值，该数值将会显示在所选的单元格中，如图9-11所示。

图9-10　绘制图表　　　　图9-11　输入数据

技巧秒杀

在拖动绘制图表的过程中，同时按下Shift键将绘制正方形的图表；如果按Alt键，图表将以开始拖动处为中心向外绘制。

Step 2 ▶ 使用相同的方法继续输入其他数据，单击右上角的"应用"按钮✓，完成输入，如图9-12所示。

图9-12　输入数据

Step 3 ▶ 此时即可创建一个条形产品月销量统计图表，效果如图9-13所示。

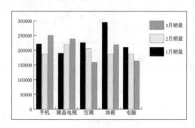

图9-13　创建的图表效果

技巧秒杀

输入数据时，如果希望Illustrator为图表生成图例，可先选择左上角单元格并按Delete键删除其中的内容并保留此单元格为空白。另外，按键盘键中的↑、↓、←、→键可以切换单元格；按Tab键可输入数据并选择同一行中的下一个单元格；按Enter键可输入数据并选择同一列中的下一单元格。

💬 **知识解析**："图表数据"输入框

◆ **导入数据**：单击🔲按钮，可以导入应用程序创建的数据。

◆ **换位行/列**：单击🔲按钮，可以转换行与列中的数据。

◆ **切换X/Y**：创建散点图图表时，单击🔢按钮，可以对调X和Y轴的位置。

◆ **单元格样式**：单击🔳按钮，可在打开的"单元格样式"对话框中定义小数点后面包含几位数字，以及调整图表数据对话框中每一列数据间的宽度，以便查看更多的数据，但不会影响图表。

◆ **恢复**：单击🔄按钮，可以将修改的数据恢复到初始状态。

2. 创建指定大小的图表

当需要精确地创建图表时，可以在"图表"对话框中使用精确的数值设置来创建。首先选择一个图表工具，然后在页面中任意位置单击鼠标，即可打开"图表"对话框，如图9-14所示。在该对话框的"宽度"和"高度"文本框中分别输入需要的数值，然后单击 确定 按钮。在打开的"图表数据"输入框中根据需要输入图表数据，如图9-15所示，然后单击✔按钮即可得到相应的图表，如图9-16所示。

图9-14　输入数据　　　　图9-15　输入数据

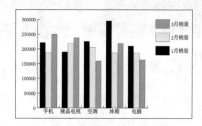

图9-16　创建的图表效果

9.2.2　添加图表数据

图表数据的输入是创建图表过程中特别重要的一环，在Illustrator中可以通过3种方法来输入图表资料：第一种方法是利用"图表数据"输入框直接输入相应的图表数据；第二种方法是导入其他文件中的图表资料；第三种方法是从其他的程序或图表中复制资料。下面对这3种方法分别进行介绍。

1. 利用"图表数据"输入框输入数据

在"图表数据"输入框中，第一排左侧的文本框为数据输入框，一般图表的数据都在此文本框中输入。图表数据输入框中的每一个方格就是一个单元格。在实际的操作过程中，单元格内既可以输入图表数据，也可以输入图表标签和图例名称。图表标签和图例名称是组成图表的必要元素，一般情况下需要先输入标签和图例名称，然后在与其对应的单元格中输入数据，数据输入完后单击☑按钮即可创建相应的图表。

技巧秒杀

在输入标签或图例名称时，如果标签和图例的名称是由单纯的数字组成的，如输入年份、月份等而不输入其单位时，则需要为其添加引号或括号，以免系统将其与图表数据混淆。

2. 导入其他文件中的图表数据

在Illustrator中导入其他应用程序中的资料，则其文件必须被保存为文本格式。用户可以将图表中需要的资料先输入到记事本中，然后在"图表数据"输入框中直接调用。当然，在导入的文本文件中，资料之间必须用制表符加以分隔，并且行与行之间用回车符分隔。

▓ 实例操作：为表格添加数据

- 光盘\素材\第9章\成绩统计表.txt
- 光盘\效果\第9章\成绩统计表.ai
- 光盘\实例演示\第9章\为表格添加数据

利用导入其他文件中的图表资料的方法，导入由记事本创建的文本文件。

Step 1 ▶ 打开创建的"成绩统计表.txt"纯文本格式的文件，如图9-17所示。在画板中拖动鼠标定义图表大小，释放鼠标后，将打开"图表数据"输入框，然后单击"导入数据"按钮▨，如图9-18所示。

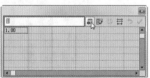

图9-17　打开文件　　　　图9-18　导入数据

Step 2 ▶ 打开"导入图表数据"对话框，在其中选择创建的纯文本格式的文件，这里选择"成绩统计表.txt"，单击 打开(O) 按钮，如图9-19所示。

图9-19　选择导入的数据

Step 3 ▶ 此时即可将选择的文件导入到当前的"图表数据"输入框中，生成的图表资料结果如图9-20所示。单击"图表数据"输入框右上角的☑按钮，然后将"图表数据"输入框关闭，可见工作页面中所生成的条形图表如图9-21所示。

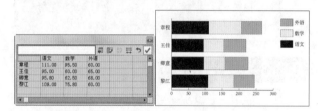

图9-20　导入的数据　　　　图9-21　图表效果

技巧秒杀

使用文本文件时需要注意：数据只能包含小数或小数点分隔符，如要输入200000，而不是200,000。另外，文本文件中的每个单元格的数据应由制表符隔开，每行的数据应由段落回车符隔开。例如，在记事本中输入一行数据，数据间的空格部分需要按Tab键隔开，然后再按Enter键换行，再输入下一行数据，如图9-22所示。

图9-22　换行输入数据

3. 从其他的程序或图表中复制数据

利用复制、粘贴的方法，可以在某些电子表格（如Excel电子表格）或文本文件中复制需要的资料。其具体的操作方法与复制文本文件的操作方法相同，首先在其他的应用程序中选择需要复制的资料，选择"编辑"/"复制"命令（或按Ctrl+C快捷键），然后打开"图表数据"输入框，利用鼠标选择要粘贴数据的单元格，再选择"编辑"/"粘贴"命令（或按Ctrl+V快捷键），即可将所需要的数据复制到选择的单元格中，完成后单击☑按钮即可创建相应的图表。

技巧秒杀

若要对已经创建的图表数据进行修改，可先选择要修改的图表，选择"对象"/"图表"/"资料"命令，或将鼠标光标移动到图表上并右击，在弹出的快捷菜单中选择"数据"命令，将打开该图表相关的数据输入框，在其中对数据进行修改并将其应用到图表中即可。

9.2.3 图表的编辑

创建图表后，由于图表外观很单一，用户可使用"图表类型"对话框对图表进行编辑。

1. 图表类型的编辑

选择"对象"/"图表"/"类型"命令，或双击工具箱中的图表工具，系统均可以打开"图表类型"对话框。利用该对话框可以更改图表的类型、添加图表的样式、设置图表选项和对图表的坐标轴进行相应的设置。

如果想将当前的图表改为用另一种类型来表示，利用"图表类型"对话框可以很方便快捷地实现。其具体方法是：在画板中选择需要更改类型的图表，然后双击工具箱中的图表工具或选择"对象"/"图表"/"类型"命令，打开如图9-23所示的"图表类型"对话框。在"类型"栏中单击相应类型的按钮，单击 确定 按钮即可变换图表类型。如图9-24所示分别为将柱形图表变换为饼形图表的效果。

图9-23 "图表类型"对话框

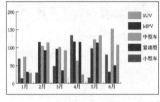 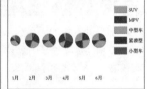

图9-24 将柱形图表变换为饼图

💬 **知识解析**：**"图表类型"对话框**

◆ **数值轴**：用来确定数值轴（此轴表示测量单位）出现的位置，包括"位于左侧""位于右侧""位于两侧"，如图9-25~图9-27所示。

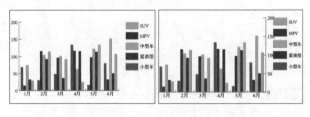

图9-25 位于左侧　　　图9-26 位于右侧

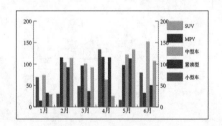

图9-27 位于两侧

◆ **添加投影**：选中☑添加投影(D)复选框，可以在柱形、条形和线段后面，以及对整个饼图图表添加投影，如图9-28所示。

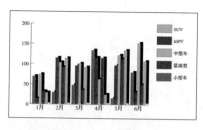

图9-28　添加投影

◆ **在顶部添加图例**：默认情况下，图例显示在图表的右侧水平位置。若选中 ☑在顶部添加图例(L) 复选框，图例会显示在图表顶部，如图9-29所示。

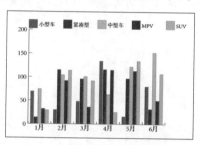

图9-29　位于顶部

◆ **第一行在前**：当"簇宽度"大于100%时，可以控制图表中数据的类别或簇重叠的方式，使用柱形或条形图时，该选项非常有用，如图9-30所示为设置"簇宽度"为120%并选中该复选框时的图表效果。

图9-30　"簇宽度"为120%并选中复选框的效果

◆ **第一列在前**：可在顶部的"图表数据"输入框中放置与数据第一列相对应的柱形、条形或线段。该选项还确定"列宽"大于100%时，柱形和堆积柱形图中哪一列位于顶部，以及"条宽度"大于100%时，条形和堆积条形图中哪一列位于顶部，如图9-31所示为设置"列宽"为120%并选中该复选框时的图表效果。

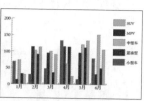

图9-31　"列宽"为120%并选中复选框的效果

2. 设置图表选项

在"图表类型"对话框中，除了面积图图表以外，其他类型的图表都有一些附加选项可供选择，下面分别对各类型图表的选项进行介绍。

（1）柱形图和堆积柱形图

在"图表类型"对话框中，单击"柱形图"按钮或"堆积柱形图"按钮时，其"选项"栏将显示为如图9-32所示的效果。

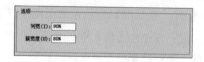

图9-32　图表选项

💬**知识解析**：**柱形图和堆积柱形图图表选项**

◆ **列宽**：该选项用于定义图表中矩形条的宽度。当该值大于100%时，柱形将相互堆叠，该值小于100%时，会在柱形之间保留空距。该值为100%时，会使柱形相互对齐，如图9-33和图9-34所示分别为设置该值为60%和140%时的图表效果。

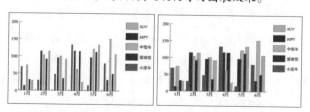

图9-33　列宽为60%　　　图9-34　列宽为140%

◆ **簇宽度**：用于定义一组中所有矩形条的总宽度。所谓"簇"就是指与"图表数据"输入框中一行数据相对应的一组矩形条。当"列宽"和"簇宽

227

度"大于100%时，相邻的矩形条就会重叠在一起，甚至会溢出坐标轴，如图9-35和图9-36所示分别为设置该值为50%和100%时的图表效果。

图9-35　簇宽度为50%　　图9-36　簇宽度为100%

（2）条形图和堆积条形图

在"图表类型"对话框中，单击"条形图"按钮 或"堆积条形图"按钮 时，其"选项"栏将显示为如图9-37所示的效果。

图9-37　图表选项

知识解析：**条形图和堆积条形图图表选项**⋯⋯⋯

◆ **条形宽度**：用于定义图表中矩形横条的宽度。

◆ **簇宽度**：用于设置图表中数据群集的空间数量。

（3）折线图、雷达图和散点图

在"图表类型"对话框中，单击"折线图"按钮 、"雷达图"按钮 或"散点图" 按钮时，其"选项"栏将显示为如图9-38所示的效果。

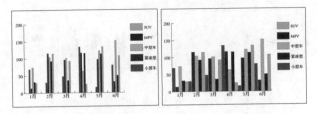

图9-38　图表选项

知识解析：**折线图、雷达图和散点图图表选项**⋯⋯

◆ **标记数据点**：选中 复选框，将在每个数据点处绘制一个矩形点作为该点的标记。若未选中该复选框，将不会在数据点处做标记，如图9-39和图9-40所示分别为选中和未选中该复选框时的图表效果。

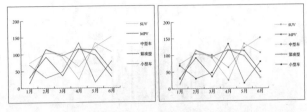

图9-39　选中标记数据点　　图9-40　未选中标记数据点

◆ **连接数据点**：选中 复选框，将在数据点之间绘制一条折线，以更直观地显示资料。若不选中该复选框，各数据点将会独立存在，如图9-41和图9-42所示分别为选中和未选中该复选框时的图表效果。

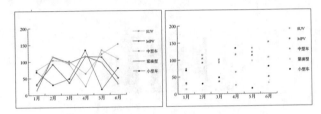

图9-41　选中连接数据点　　图9-42　未选中连接数据点

◆ **线段边到边跨X轴**：选中 复选框后，可以沿水平轴从左到右绘制跨越图表的线段。单击"散点图"按钮 时，没有该复选框，如图9-43和图9-44所示分别为选中和未选中该复选框时的图表效果。

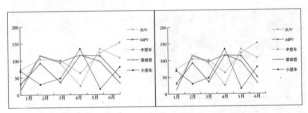

图9-43　选中效果　　　　图9-44　未选中效果

◆ **绘制填充线**：当选中 复选框后，该复选框才可用。选中该复选框，将会用不同颜色的闭合路径代替图表中的线段，同时，其下的"线宽"选项右侧的文本框中才可以输入确定闭合路径宽度的数值，如图9-45和图9-46所示分别为选中该复选框后，设置"线宽"为1和3时的图表效果。

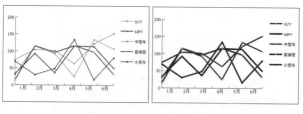

图9-45　线宽为1　　　图9-46　线宽为3

（4）饼图

在"图表类型"对话框中，单击"饼图"按钮 ⬛ 时，其"选项"栏将显示为如图9-47所示的效果。

图9-47　图表选项

💬知识解析：**饼图图表选项** ·····················●

◆ **图例**：该选项决定图例在图表中的位置，其右侧的下拉列表框中包括"无图例"、"标准图例"和"契形图例"3个选项。当选择"无图例"选项时，图例在图表中将被省略，如图9-48所示；当选择"标准图例"选项时，图例将被放置在图表的外围，如图9-49所示；当选择"契形图例"选项时，图例将被插入到图表中的相应位置，如图9-50所示。

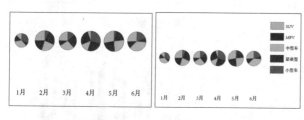

图9-48　无图例　　　　图9-49　标准图例

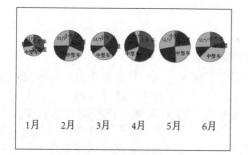

图9-50　契形图例

◆ **位置**：该选项决定饼形图表的大小，其右侧的下

拉列表框中包括"比例""相等""堆积"3个选项。当选择"比例"选项时，系统将按比例显示图表的大小，如图9-51所示；当选择"相等"选项时，系统将按相同的大小显示图表，如图9-52所示；当选择"堆积"选择时，系统将按比例把每个饼形图表堆栈在一起显示，如图9-53所示。

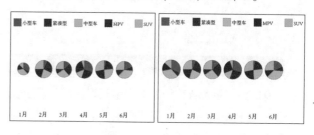

图9-51　比例　　　　　图9-52　相等

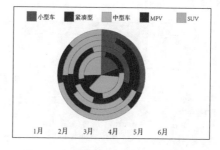

图9-53　堆积

◆ **排序**：该选项决定了图表元素的排列顺序，其右侧的下拉列表框中包括"无"、"全部"和"第一个"3个选项。当选择"无"选项时，系统将所有图表元素按照输入顺序顺时针排列，如图9-54所示。选择"全部"选项时，图表元素将按从大到小的顺序顺时针排列，如图9-55所示；当选择"首个"选项时，系统将最大的图表元素放在顺时针方向的第一个位置，其他的按输入顺序顺时针排列，如图9-56所示。

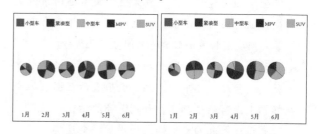

图9-54　无　　　　　　图9-55　全部

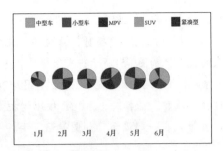

图9-56 首个

3. 设置数值坐标轴

有时为了更加直观地在图表中表现，需要对图表坐标轴进行精确的设定。在"图表类型"对话框顶部的下拉列表框中选择"数值轴"选项，其设置对话框如图9-57所示。

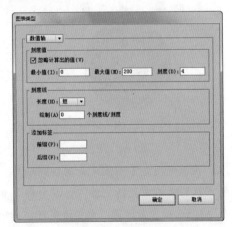

图9-57 设置数值轴

💬 知识解析："数值轴"选项 ••••••••••••••••

◆ 刻度值：主要用来定义图表坐标轴的刻度数值。只有在选中 ☑忽略计算出的值(V) 复选框时，其下的各参数选项才可用。其中，"最小值"文本框用来设定坐标轴的起始值；"最大值"文本框用来设定坐标轴的最大刻度值；"刻度"文本框用来表示最大刻度值和最小刻度值之间分成几部分。

◆ 刻度线：在"长度"下拉列表框中可以设定刻度标志的长度。其中，"无"选项表示在图表的坐标轴上没有刻度标志，如图9-58所示；"短"选项表示在图表的坐标轴上使用短的刻度标志，如

图9-59所示；"全宽"选项表示在图表的坐标轴上其刻度线贯穿整个图表，如图9-60所示；"绘制"用于决定每一个坐标轴分隔之间用多少刻度标志显示。如图9-61所示为将"绘制"设置为5的图表效果。

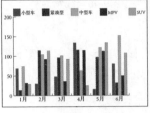
图9-58 无

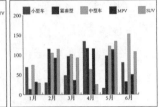
图9-59 短

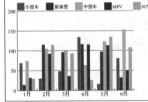
图9-60 全宽

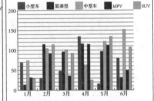
图9-61 绘制为5

◆ 添加标签：对图表数据轴上的数据添加"前缀"和"后缀"。例如，将"前缀"设置为"共"，将"后缀"设置为"辆"，效果如图9-62所示。

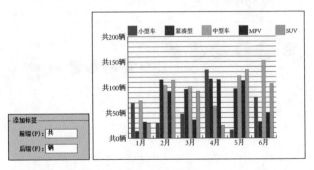

图9-62 添加标签

技巧秒杀

如果在"图表选项"对话框中顶部的下拉列表框中选择了"位于两侧"选项，则其左上角的"图表选项"下拉列表框中将不显示"数值轴"选项，而显示为"下侧轴"和"顶轴"选项，用户可分别对其进行设置，其设置方法与本节讲解的设置方法完全相同，这里不再赘述。

4. 设置类别坐标轴

在对话框顶部的下拉列表框中选择"类别轴"选项，则可以对图表的类别坐标轴的刻度标记进行设置，其对话框内容变为如图9-63所示的形态。

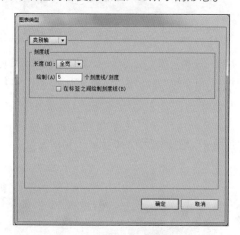

图9-63　设置类别坐标轴

💬知识解析：**"类别轴"选项** ·····················•

◆ 长度：用于控制类别刻度标记的长度。在该下拉列表框中包括"无""短""全宽"3个选项。选择"无"选项表示不使用刻度标记，如图9-64所示；选择"短"选项表示使用短刻度标记，如图9-65所示；选择"全宽"选项表示刻度线贯穿整个图表，如图9-66所示。

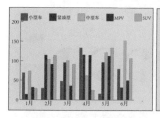

图9-64　无

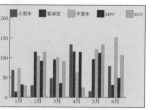

图9-65　短

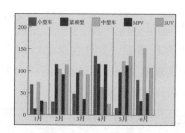

图9-66　全宽

◆ 绘制：用于设置在相邻两个类别刻度间刻度标记的条数，如图9-67和图9-68所示分别设置为2和4时的图表效果。

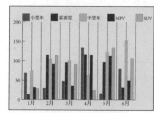

图9-67　绘制为2

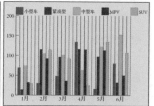

图9-68　绘制为4

◆ 在标签之间绘制刻度线：选中 ☑ 在标签之间绘制刻度线(B) 复选框时，可在标签或列的任意一侧绘制刻度线。取消选中时，则标签或列上的刻度线居中。

读书笔记

9.3 自定义图表

在实际工作中，为了适应不同的情况，有时需要对图表的颜色、文字属性等进行自定义，甚至需要建立自定义图案，从而使所创建的图表丰富多彩，满足工作需要。

9.3.1 改变图表部分显示

图表中的部分显示包括图表元素的颜色、图表中的文字等，如果不想保持默认的颜色或文字等状态，也可以将几组图表类型组合显示。

1. 修改图表样式

图表绘制完成后，其颜色都是以灰度模式显示的，为了使图表更美观、更生动，可以对图表中的图例和文本等内容进行修改。

实例操作：制作立体特效图表

● 光盘\素材\第9章\图表.ai
● 光盘\效果\第9章\立体特效图表.ai
● 光盘\实例演示\第9章\制作立体特效图表

本例将使用"选择工具" 选择图表中的图例和文本等内容，然后通过色板和字符工具属性栏对图表进行设置，如图9-69和图9-70所示分别为原图效果和最终效果。

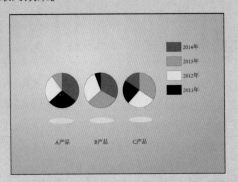

图9-69　原图效果

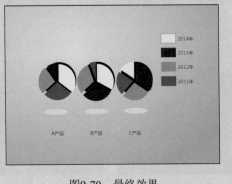

图9-70　最终效果

Step 1 ▶ 打开"图表.ai"素材文件，选择"选择工具" 并按住Shift键，单击饼图选择不同的饼图图形，如图9-71所示。在工具属性栏中单击"样式"下拉列表框左侧的 按钮，在弹出的列表框中单击

图标，取消饼图描边，如图9-72所示。

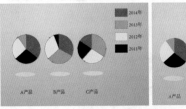
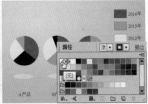

图9-71　选择饼图　　图9-72　取消描边

Step 2 ▶ 使用"选择工具" 并按住Shift键选择饼图上的白色区域，在"色板"面板中选择"蓝色"，如图9-73所示。再使用相同的方法为饼图上的其他区域分别填充不同的颜色，如图9-74所示。

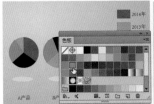
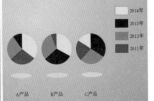

图9-73　选择颜色　　图9-74　填充颜色

Step 3 ▶ 双击"饼图工具"按钮 ，打开"图表类型"对话框，选中 添加投影(D)复选框，单击 确定 按钮，如图9-75所示。返回画板中，即可查看到添加投影的效果，如图9-76所示。

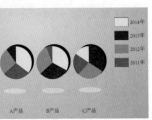

图9-75　设置图表类型　　图9-76　添加投影

Step 4 ▶ 使用"选择工具" 并按住Shift键选择图表中的文字，在工具属性栏中设置"字体"为"微软雅黑"，"字体大小"为18，颜色为"红色，#C30D22"，如图9-77所示。使用"编组选择工具" 选择饼图中的每个图形，然后按↑或↓键微调其位置，得到如图9-78所示的图表效果。

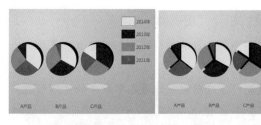

图9-77　设置字体　　　　图9-78　移动图形

2. 图表类型组合显示

在制作图表过程中，不同类型的图表还可以组合在一起使用。先选择图表，利用"直接选择工具" 在图表中选择一组数据图例，然后在"图表类型"对话框中选择另外一种类型的图表，单击 确定 按钮即可。如图9-79所示为选中的柱状图表中基本的数据图例，如图9-80所示为第一季度的线型图表与柱状图表组合使用的图表效果。

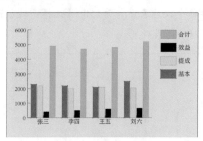

图9-79　选择图例

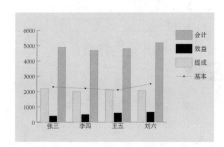

图9-80　组合不同的图表类型

9.3.2　定义图表图案

图表不仅可以使用单纯的颜色或柱状矩形等表示，还可以使用自定义的图案来表现，从而使图表更具有鲜明个性和特点。

1. 定义图表设计

如果用户要创建更加形象化、个性化的图表，可以创建并应用自定义的图案来标记图表中的数据。而用来标记图表资料的图案可以是由简单的图形或路径组成，也可以包含图案、文本等复杂的操作对象。

定义图表设计的方法为：在画板中绘制一个图形，使用"选择工具" 将绘制的图形选中，如图9-81所示。选择"对象"/"图表"/"设计"命令，在打开的如图9-82所示的"图表设计"对话框中单击 新建设计(N) 按钮，最后单击 确定 按钮即可。

图9-81　选择图形　　　图9-82　"图表设计"对话框

💬知识解析："图表设计"对话框 ┈┈┈┈┈┈

◆ 新建设计：单击 新建设计(N) 按钮，可将当前选择的对象创建为一个新的设计图案。

◆ 删除设计：单击 删除设计(D) 按钮，可以在对话框中删除当前选择的设计。

◆ 重命名：单击 重命名(R) 按钮，系统将打开

"重命名"对话框，在其"名称"选项右侧的文本框中可重新定义当前选择设计的名称。

◆ **粘贴设计**：单击 粘贴设计(P) 按钮，可以将选择的设计粘贴到页面中。

◆ **选择未使用的设计**：单击 选择未使用的设计(S) 按钮，将在对话框中选择除当前选择设计外的所有设计。

2. 运用图表设计

在定义图表设计之后，最重要的就是在图表中使用所做的设计。不同类型的图表使用设计时用到的命令也不相同，下面分别进行介绍。

（1）在柱状图表和条形图表中使用

定义好设计图案后，选择一个图表对象，如图9-83所示。选择"对象"/"图表"/"柱形图"命令，打开"图表列"对话框，在左侧的"选取列设计"列表框中单击自定义图案的名称，该图案便会显示在右侧的预览窗口中，单击 确定 按钮，如图9-84所示。可使用该图案替换图表中的柱形和标记，如图9-85所示。

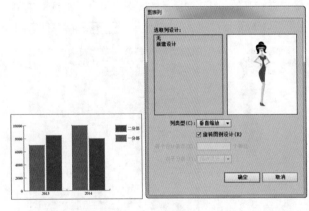

图9-83　选择图例　　　图9-84　"图表列"对话框

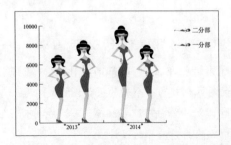

图9-85　使用图案替换柱形和标记

💬**知识解析：　"图表列"对话框** ·····················●

◆ **选取列设计**：在其下的列表框中可以选择需要的设计类型。

◆ **列类型**：该选项决定设计在图表中的显示形态，其中包括"垂直缩放""一致缩放""重复堆叠""局部缩放"4个选项。

❖ **垂直缩放**：选择该选项，根据数据的大小在垂直方向伸展或压缩，但图案的宽度保持不变。

❖ **一致缩放**：选择该选项，可根据数据的大小对图案进行等比缩放。

❖ **重复堆叠**：选择该选项后，其下方的选项将被激活，在"每个设计表示"文本框中可以输入每个图案代表几个单位。例如，输入100表示每个图案代表100个单位，Illustrator会以该单位基准自动计算使用的图案数量。单位设置完成后，需要在"对于分数"下拉列表框中设置不足一个图案时如何显示图案。选择"截断设计"选项，表示不足一个图案时使用图案的一部分，该图案将被截断；选择"缩放设计"选项，表示不足一个图案时图案将被等比缩小，以便完整显示。如图9-86所示为设置"每个设计表示"为1500并选择"截断设计"选项时的图表效果；如图9-87所示为设置"每个设计表示"为1500并选择"缩放设计"选项时的图表效果。

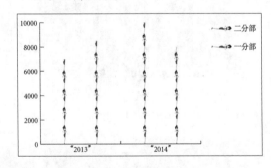

图9-86　截断设计

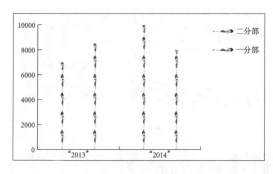

图9-87　缩放设计

❖　**局部缩放**：选择该选项后，可以对局部图案进行缩放。

◆　**旋转图例设计**：选中该复选框后，图例中的图案将被旋转90°，如图9-88所示。取消选中该复选框时，图案将不旋转，如图9-89所示。

图9-88　旋转图例设计

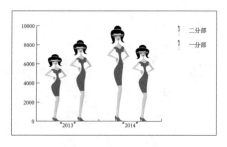

图9-89　未旋转图例设计

（2）在线型图表和散点图表中使用

一般情况下，线型图表和散点图表中的数据都是由不同的小矩形表示的。用户也可以在线型图表和散点图表中用创建的设计图案来代替图表中的数据点。

其具体的操作方法是：利用"编组选择工具" ![图标] 选择图表中的标记或图例，注意不要选择线段，如图9-90所示，选择"对象"/"图表"/"标记"命令，系统会打开如图9-91所示的"图表标记"对话框，在"选取标记设计"列表框中选择需要的图表设计，然后单击 确定 按钮即可，如图9-92所示。

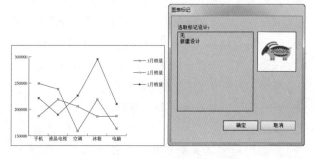

图9-90　选择图例和标记　图9-91　"图表标记"对话框

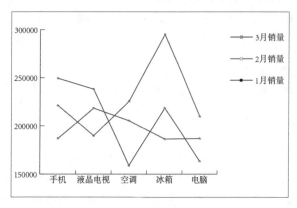

图9-92　应用图案设计效果

9.4　了解Illustrator中的"符号"

在Illustrator CC中的符号是指保存在"符号"面板中的图形对象，而这些图形对象可以在当前的文件中被多次运用，而且不会增加文件的大小。在符号工具的运用中，主要包含"符号"面板的使用和符号喷射工具的运用。

9.4.1　"符号"面板

选择"窗口"/"符号"命令或按Shift+Ctrl+F11组合键，即可打开"符号"面板，如图9-93所示是完全展开"符号"面板中所有内容的效果。

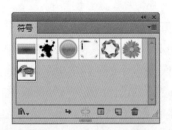

图9-93 "符号"面板

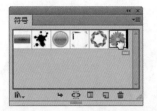

图9-94 应用符号

💬知识解析："符号"面板 ••••••••••••••••••••••

◆ **符号库菜单**：单击 按钮，可在弹出的下拉菜单中选择一个预设的符号库。

◆ **置入符号实例**：选择面板中的一个符号，再单击 按钮，可以在画板中创建该符号的一个实例。

◆ **断开符号链接**：选择面板中的一个符号，单击 按钮，可以断开它与面板中符号样本的链接，该符号实例成为可单独编辑的对象。

◆ **符号选项**：单击 按钮，可打开"符号选项"对话框。

◆ **新建符号**：选择面板中的一个对象，单击 按钮，可将其定义为符号。

◆ **删除符号**：选择面板中的样本符号，单击 按钮，可将其删除。

9.4.2 应用符号

要将"符号"面板中的符号应用于图形中，主要有以下4种方法，下面分别进行介绍。

◆ **通过按钮**：在"符号"面板中选择需要的符号图形，单击面板下方的"置入符号实例"按钮 。

◆ **直接拖动**：直接将选择的符号图形拖动到页面中，如图9-94所示。

◆ **通过菜单命令**：在"符号"面板中选择需要的符号图形，再单击面板右上角的 按钮，在弹出的快捷菜单中选择"放置符号实例"命令。

◆ **通过工具**：在"符号"面板中选择需要的符号图表，选择"符号喷枪工具" ，在画板中单击或拖动鼠标可以同时创建多个符号实例，并且可以将多个符号实例作为一个符号集合。

9.4.3 创建新符号

如果用户不喜欢"符号"面板中可用的默认符号图形，可以将自己喜欢的图形创建为符号，以方便随时调用。

🎬**实例操作：将对象创建为符号**

● 光盘\素材\第9章\小狗.ai
● 光盘\实例演示\第9章\将对象创建为符号

Illustrator中的大部分对象，如绘制的图形、路径、文本、位图图像和网格对象等都可创建为新符号，本例将小狗图形创建为新符号并应用于图形中。

Step 1 ▶ 打开"小狗.ai"素材文件，使用"选择工具" 选择小狗图形，如图9-95所示。打开"符号"面板，将其拖动至"符号"面板中，如图9-96所示。

图9-95 打开素材　　　图9-96 拖动图形至面板

Step 2 ▶ 此时，将打开"符号选项"对话框，在"名称"文本框中输入符号的名称，这里输入Dog，单击 确定 按钮，如图9-97所示。即可将对象创建为符号，如图9-98所示。

📋**技巧秒杀**

在画板中选择需要创建为符号的图形，然后单击"符号"面板右上角的 按钮，在弹出的快捷菜单中选择"新符号"命令，即可创建新符号。

图9-97　输入符号名称

图9-98　新建符号

技巧秒杀

默认情况下，将一个对象创建为符号时，所选对象会自动变为符号实例，如果不希望该对象变为实例，可以在创建符号的同时按住Shift键，如果不想在创建符号时打开"符号选项"对话框，可在创建符号时按住Alt键。

知识解析：　"符号选项"对话框

◆ 名称：在右侧的文本框中可输入新符号的名称。

◆ 类型：在该下拉列表框中包含了"影片剪辑"和"图形"两个选项。如果要将符号导出到Flash中，可选择"影片剪辑"选项；如果要将符号导出为图形，则选择"图形"选项。

◆ 启用9格切片缩放的参考线：如果要在Flash中使用9格切片缩放，可选中 ☑启用 9 格切片缩放的参考线 复选框。

◆ 对齐像素网格：选中 ☑对齐像素网格 复选框，可以对符号应用像素对齐属性。

9.4.4　使用符号工具组

使用工具箱中的"符号喷枪工具" 🔳 可以在页面中喷射出大量无序排列的符号图形，并且可以根据需要进行编辑。Illustrator CC的工具箱中包含8种符号工具，分别是"符号喷枪工具" 🔳、"符号移位器工具" 🔳、"符号紧缩器工具" 🔳、"符号缩放器工具" 🔳、"符号旋转器工具" 🔳、"符号着色器工具" 🔳、"符号滤色器工具" 🔳 和"符号样式器工具" 🔳，下面分别介绍其使用方法。

1. 符号喷枪工具

"符号喷枪工具" 🔳 就像是一个粉雾喷枪，可以将大量相同的符号对象添加到画板中。使用"符号喷枪工具" 🔳 创建的一组符号实例称为符号组，用户可以在一个符号组中添加不同的符号，创建符号实例混合。

▓实例操作：　绘制秋天插画

● 光盘\效果\第9章\秋天插画.ai
● 光盘\实例演示\第9章\绘制秋天插画

本例将使用"椭圆工具" 🔳、"钢笔工具" 🔳 结合"符号喷枪工具" 🔳 绘制秋天插画，效果如图9-99所示。

图9-99　最终效果

Step 1 ▶ 新建一个A4的纵向空白文档，使用"钢笔工具" 🔳 绘制土地的形状，并填充"颜色"为C:35、M:60、Y:80、K:25，如图9-100所示。再使用相同的方法绘制草皮，并填充"颜色"为C:50、M:0、Y:100、K:0，如图9-101所示。

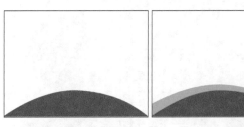

图9-100　绘制土地的形状　　　图9-101　绘制草皮

Step 2 ▶ 再次使用"钢笔工具" 🔳 绘制出树干的形状，并填充"颜色"为C:90、M:85、Y:90、K:80，如图9-102所示。选择"椭圆工具" 🔳 绘制一个直径为145mm的正圆形，再按Ctrl+F9快捷键打开"渐变"面板，为其填充从左往右依次为C:0、M:85、Y:95、K:0到C:0、M:55、Y:90、K:0的径向渐变，并放置到树干的后面，如图9-103所示。

图9-102　绘制树干　　　图9-103　选择路径

Step 3 ▶ 打开"符号"面板，单击右下角的"符号库菜单"按钮，在弹出的下拉菜单中选择"自然"命令，如图9-104所示。打开"自然"面板，选择"枫叶"符号，如图9-105所示。

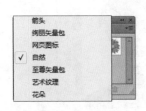

图9-104　使用符号库　　　图9-105　选择符号

Step 4 ▶ 双击"符号喷枪工具"按钮，打开"符号工具选项"对话框，分别设置"强度"为5，"符号组密度"为3，单击 确定 按钮，如图9-106所示。然后使用"符号喷枪工具" 在树枝上按住鼠标左键并拖动绘制出树叶，如图9-107所示。

图9-106　设置强度和密度　　　图9-107　应用符号

使用"符号喷枪工具" 时，单击一次鼠标可以创建一个符号；按住鼠标左键不放进行拖动，则符号会以鼠标单击点为中心向外扩散。

Step 5 ▶ 在"自然"面板中，选择"云彩1"符号，如图9-108所示。然后使用"符号喷枪工具" 在树枝上按住鼠标左键并拖动绘制出树叶，如图9-109所示。

图9-108　选择符号　　　图9-109　最终效果

答疑解惑：

使用"符号喷枪工具" 时，使用哪些快捷键能加快绘图速度？

使用任何一个符号工具时，按]键，可增加符号工具的直径；按[键，可减小符号工具的直径；按Shift+]快捷键，可增加符号的创建强度；按Shift+[快捷键，可减小符号的创建强度。另外，画板中符号工具光标外侧的圆圈代表了工具的直径，圆圈的深浅代表了工具的强度，颜色越浅，强度值越低，如图9-110所示。

图9-110　符号强度对比

💬 知识解析："符号工具选项"对话框 ·············●

◆ **直径**：在该文本框中输入数值，可确定符号工具的画笔大小。

◆ **方法**：用来指定符号紧缩器、符号缩放器、符号旋转器、符号着色器、符号滤色器和符号样式器工具调整符号实例的方式。选择"用户定义"选项，可根据光标位置逐步调整符号；选择"随机"选项，则在光标下的区域随机修改符号；选择"平均"选项，将逐步平滑符号。

◆ **强度**：用来设置符号工具的更改速度，该值越大，更改速度越快。

◆ **符号组密度**：用来设置符号组的吸引值，该值越大，符号的密度就越大。如果当前选择了整个符号组，则修改该值时，将影响符号线中所有符号的密度，但不会影响符号的数量。

◆ **符号工具**："缩紧""滤色""大小""染色""旋转""样式"这6个选项只在选择"符号喷枪工具"工具 🖉 才出现，用于控制符号喷射的效果。其中每个选项提供了两种选择方式，选择"平均"选项，可以添加一个新符号，具有画笔半径内现有符号实例的平均值；选择"用户定义"选项，则会为每个参数应用特定的预设值。另外，选择"符号缩放器工具" 🖉 时，会显示"等比缩放"和"调整大小影响密度"两个选项，选择前一个选项，可保持缩放时每个符号实例的形状一致；选择后一个选项，在放大时，可以使用符号实例彼此远离；缩小时，可以使用符号实例彼此聚拢。而使用其他的符号工具时则没有这些选项。

◆ **显示画笔大小和强度**：选中 ☑ 显示画笔大小和强度(B) 复选框，在使用符号工具时会显示工具的大小和强度。

2. 符号移位器工具

利用"符号移位器工具" 🖾 可以在画板中将所选中的符号图形应用移动操作。在使用该工具时，按住Shift键后再单击某一个符号图形，则可以将其移动到所有图形的最前面。按住Shift+Alt快捷键再单击某一

个符号图形，可以将其移动到所有图形的最后面。如图9-111所示为利用该工具将符号图形移动前与移动后的效果。

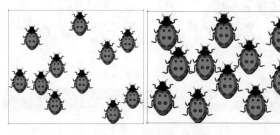

图9-111　移动前后效果

3. 符号紧缩器工具

利用"符号紧缩器工具" 🖾 可以将所选择的符号图形向光标所在的点聚集缩紧。在使用该工具时，如果先按住Alt键，则可使符号图形远离光标所在的位置。

4. 符号缩放器工具

利用"符号缩放器工具" 🖾 可以调整符号的大小。直接在选择的符号图形上单击，可放大图形。如果先按住Alt键，再单击选择的符号图形，可缩小图形。如图9-112所示为调整符号图形大小后的效果。如果按住Shift键再单击符号图形，则可将其删除。

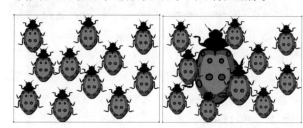

图9-112　放大符号后效果

5. 符号旋转器工具

利用"符号旋转器工具" 🖾 可以对所选择的符号图形进行旋转操作，如图9-113所示为旋转符号图形前后的效果。

读书笔记 ▶

- -

- -

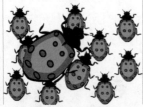

图9-113 旋转符号前后的效果

6. 符号着色器工具

利用"符号着色器工具" 可以用前景色修改所选符号图形的颜色，且可持续修改颜色，在符号上按住鼠标左键的时间越长（单击鼠标次数越多），注入的颜色就越深。如果位于两个符号之间，将获得两种颜色的混合效果。如图9-114所示为设置前景色为紫色，并对符号图形进行着色修改后的效果。

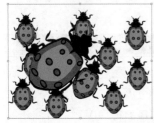

图9-114 符号修改颜色前后的效果

7. 符号滤色器工具

利用"符号滤色器工具" 可以更改符号的透明度。在使用该工具时，将鼠标光标放置在符号图形上按下鼠标左键停留的时间越长，则符号图形越透明。如果同时按住Alt键，可以恢复符号图形的透明度。如图9-115所示为选择的符号图形与降低透明度后的效果。

图9-115 降低符号图表的透明度效果

8. 符号样式器工具

利用"符号样式器工具" 可以对所选符号图形应用"样式"面板中所选择的样式。在使用该工具时，如按住Alt键，可取消符号图形应用的样式。如图9-116所示为选择的符号图形与应用样式后的效果。

图9-116 应用样式前后的效果

9.4.5 使用符号库

符号库是预设的符号集合。在Illustrator中，除了默认的"符号"面板所提供的符号外，还提供了丰富的符号库以供加载使用，包括3D符号、箭头和网页图标等。其操作方法为：选择"窗口"/"符号库"命令，或打开"符号"面板，单击面板底部的"符号库菜单"按钮 ，在弹出的下拉菜单中可以选择一个符号库命令，如图9-117所示。打开的符号库会出现在一个单独的面板中，如图9-118所示。

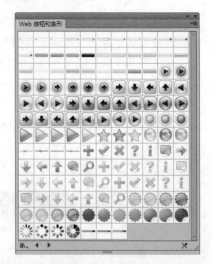

图9-117 选择符号库　　　图9-118 打开符号库

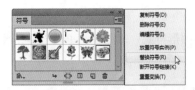

选择"窗口"/"符号库"/"其他库"命令，或在"符号"面板中单击■按钮，在弹出的下拉菜单中选择"打开符号库"/"其他库"命令，在打开的对话框中选择一个符号库文件，单击 打开(O) 按钮，可将该文件中的符号库导入到符号库面板中。

图9-119　选择符号

9.4.6 替换符号

对于画板中已应用的符号，在需要的情况下，也可将其替换为另一种符号。其操作方法为：选择需要替换的符号图形。在"符号"面板中选择另外一种符号，再单击面板右上角的■按钮，在弹出的下拉菜单中选择"替换符号"命令，如图9-119所示，即可替换原来的符号图形。如图9-120所示为符号替换前和替换后的效果。

图9-120　符号替换前和替换后的效果

应用符号后，在符号图形上右击，在弹出的快捷菜单中选择"断开符号链接"命令，或单击"符号"面板右上角的■按钮，在弹出的下拉菜单中选择"断开符号链接"命令，可将符号图形的链接取消，使其成为单个独立路径。

9.5 图形样式

图形样式是一组可反复使用的外观属性，图形样式可以快速更改对象的外观，通过它不仅可以更改对象的填充和描边，还可以为对象应用多种特殊效果。Illustrator CC提供了多种样式库供选择和使用。

9.5.1 "图形样式"面板

利用"图形样式"面板可以快速地为选择对象设置已定义的描边效果、填充效果以及阴影等对象样式，同时具有创建、管理和存储图形样式的功能。选择"窗口"/"图形样式"命令，或按Shift+F5快捷键，打开"图形样式"面板，如图9-121所示。

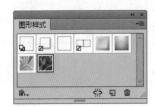

图9-121　"图形样式"面板

💬知识解析："图形样式"面板

◆ **默认样式**：单击□样式，可以将当前选择的对象设置为默认的基本样式，即黑色描边、白色填充。

◆ **图形样式库菜单**：单击■按钮，可在弹出的下拉菜单中选择一个图形样式库。

◆ **断开图形样式链接**：单击■按钮可断开当前对象使用的样式与面板中样式的链接，断开链接后，可单独修改应用于对象的样式，而不会影响面板中的样式。

◆ **新建图形样式**：单击□按钮可以将当前对象的样式保存到"图形样式"面板中，以便于其他对象使用，此外，将面板中的一个样式拖动到该按钮上，可复制样式。

◆ 删除图形样式：选择面板中的图形样式，单击 🗑 按钮，可将其删除。

9.5.2 应用图形样式

将"图形样式"面板中的样式应用到对象上时，将在对象和图形样式之间创建一种链接方式。若"图形样式"面板中的样式发生变化，那么应用到对象中的图形样式也会随之改变。

■ 实例操作：制作花纹字

● 光盘\素材\第9章\文字.ai ● 光盘\效果\第9章\花纹字.ai
● 光盘\实例演示\第9章\制作花纹字

本例将使用不同的方法为如图9-122所示的对象添加图形样式，得到如图9-123所示的最终效果。

图9-122　原图效果

图9-123　最终效果

Step 1▶ 打开"文字.ai"素材文件，使用"选择工具" ▶ 选择背景图形，如图9-124所示。选择"窗口"/"图形样式"命令，打开"图形样式"面板，将鼠标光标置于"黄昏"样式上，如图9-125所示。按住鼠标左键不放将其拖动到背景图形中，如图9-126所示。即可为选择的对象添加该样式，如图9-127所示。

图9-124　选择对象　　　　图9-125　选择图形样式

图9-126　应用图形样式　　　图9-127　查看效果

Step 2▶ 按住Shift键依次单击蓝色文字，将其选中，如图9-128所示。单击"图形样式"面板中的"植物_GS"样式，如图9-129所示。

图9-128　选择文字对象　　　图9-129　应用图形样式

Step 3▶ 将其应用于选择的文字对象上，效果如图9-130所示。再按Shift+Ctrl+F10组合键，打开"透明度"面板，设置"混合模式"为"滤色"，如图9-131所示。

图9-130　应用图形样式效果　　图9-131　设置混合模式

读书笔记

9.5.3 使用样式库

图形样式库是一组预设的图形样式集合，Illustrator中自带了多个图形样式库，如3D效果、文字效果、涂抹效果等，通过这些样式库可对图形进行更丰富的编辑。

其操作方法为：选择"窗口"/"图形样式库"命令，或打开"图形样式"面板，单击面板底部的"图形样式库菜单"按钮，在弹出的下拉菜单中可以选择一个图形样式库命令，如图9-132所示。打开的图形样式库会出现在一个单独的面板中，单击相应的图形样式即可为对象添加该样式，如图9-133所示。

图9-132 打开图形样式库

图9-133 应用样式

9.5.4 创建图形样式

在实际工作中，用户可根据需要创建独特的图形样式，从而创建自定义样式库。

其操作方法非常简单，选择要创建为图形样式的图形，如图9-134所示，再单击"图形样式"面板右上角的 按钮，在弹出的下拉菜单中选择"新建图形样式"命令，如图9-135所示。打开"图形样式选项"对话框，在"样式名称"文本框中输入新建样式的名称，如图9-136所示。单击 确定 按钮，即可将其创建为图形样式，如图9-137所示。

图9-134 选择对象　　　　　图9-135 新建图形样式

图9-136 为图形样式命名　　　图9-137 图形样式

技巧秒杀

需注意的是，单击"图形样式"面板底部的"新建图形样式"按钮 也可创建图形样式，但不会打开"图形样式选项"对话框，用户若要对其重命名，可在创建样式后双击该样式，打开"图形样式选项"对话框对其进行命名。

9.5.5 重新定义图形样式

在"图形样式"面板中，可以对所运用的样式进行重新编辑，使其生成新的样式，从而满足设计的需要。

实例操作：快速制作按钮

● 光盘\素材\第9章\图标.ai　　● 光盘\效果\第9章\按钮.ai
● 光盘\实例演示\第9章\快速制作按钮

本例将通过添加图形样式快速制作按钮，然后对按钮的样式进行编辑，得到新的图形样式，完成前后的效果如图9-138和图9-139所示。

图9-138 原图效果　　　　　图9-139 最终效果

Step 1▶ 打开"图标.ai"素材文件，使用"选择工具" 选择蓝色背景，如图9-140所示。打开"图形样式"面板，单击面板下方的"图形样式库菜单"按钮，在弹出的下拉菜单中选择"按钮和翻转效果"命令，如图9-141所示。

图9-140 选择背景图形　　图9-141 选择样式库

Step 2▶ 在打开的面板中单击"斜角蓝色插入"样式，为图形添加该样式，效果如图9-142所示。

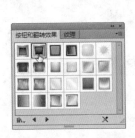

图9-142 添加样式

Step 3▶ 选择"窗口"/"外观"命令，打开"外观"面板，在其中选择第3个"填色"选项，单击右侧的下拉按钮，在弹出的列表框中选择White，Black渐变色块，如图9-143所示。此时，按钮内部的黑色线条将变为如图9-144所示的效果。

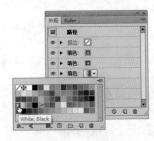

图9-143 设置填充颜色　　图9-144 修改样式外观

Step 4▶ 选择"效果"/"风格化"/"外发光"命令，打开"外发光"对话框，在其中设置参数为如

图9-145所示的效果。单击 确定 按钮，返回画板中即可看到当前图形样式的效果，如图9-146所示。

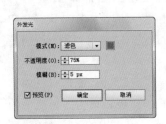

图9-145 设置外发光　　图9-146 外发光效果

Step 5▶ 在"外观"面板中单击右上角的 按钮，在弹出的下拉菜单中选择"重新定义图形样式'斜角蓝色插入-按下鼠标'"命令，用修改后的样式替换"图形样式"面板中原有的样式，如图9-147所示。此时在"图形样式"面板中可查看到重新定义的图形样式，且应用该样式的所有图形都将被更新为新的样式，如图9-148所示。

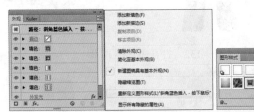

图9-147 重新定义图形样式　　图9-148 查看样式

技巧秒杀

当样式发生改变后，所有应用该样式的图形对象都将发生变化。因此，如果一些应用了该样式的图形对象不需要改变时，则可以先将其取消链接，然后再重新定义样式。取消样式链接的方法为：选择对象，单击"图形样式"面板底部的"断开样式链接"按钮，即可将对象取消样式链接，此时，再改变样式外观后，对象将不发生任何变化。

9.5.6 合并图形样式

在编辑图形的过程中，常常需要将两种或更多的样式进行合并，从而得到更加美丽的样式效果。其操作方法为：按住Ctrl键的同时，在"图形样式"面板中选择需要合并的多个样式，再单击面板右上角的按钮，在弹出的下拉菜单中选择"合并图形样式"命令，如图9-149所示。在打开的"图形样式选项"对话框中为合并的图形样式命名，单击 确定 按钮，即可将选择的多个样式合并为一个样式，如图9-150所示。

9.5.7 从其他文档导入图形样式

单击"图形样式"面板中的 按钮，在弹出的下拉菜单中选择"其他库"命令，在打开的对话框中选择一个图形样式库文件，单击 打开(O) 按钮，可将该文件中的图形样式库导入到图形样式面板中。

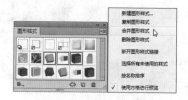

图9-149　选择多个样式　　　图9-150　合并样式效果

知识大爆炸
——图形样式的应用技巧

图形样式除了可应用于对象外，还可应用于组和图层。将图形样式应用于组和图层时，组和图层内的所有对象都将具有图形样式的属性。如先创建一个由30%的不透明度组成的图形样式，然后选择图层，如图9-151所示。单击创建的样式，如图9-152所示。将其应用于图层，则该图层内的所有对象都将显示30%的不透明效果，如图9-153所示。但是，如果将图层中的对象移出该图层，则对象的外观将恢复其以前的不透明度。

图9-151　选择图层　　　　　图9-152　应用创建的样式　　　　　图9-153　最终效果

Chapter

10

01 02 03 04 05 06 07 08 09 10 11 12 ······

外观与效果应用

本章导读 ●

在Illustrator中，外观是在不改变对象基础结构的前提下影响对象表面的一种属性，如填色、描边、透明度和各种效果等。而效果则是用于修改对象的外观。Illustrator CC中主要包括两种效果，一种是Illustrator效果，另一种是Photoshop效果，下面将分别进行介绍。

10.1 使用外观

外观实际上是对象的外在表现形式，它是在不改变对象结构的前提下影响对象的表面属性，包括填充、描边、透明度和各种特殊效果。这些属性都可通过"外观"面板灵活地设置，且在设置完成后，可随时修改或删除。

10.1.1 认识"外观"面板

选择一个对象，选择"窗口"/"外观"命令，或按Shift+F6快捷键，可打开"外观"面板，如图10-1所示。该对象的填充、描边和效果等属性在面板中按应用的先后顺序依次堆叠排列，且当某个项目包含其他属性时，该选项名称的左上角便会显示出一个三角形，单击此三角形可以显示其他属性。

图10-1 "外观"面板

💬知识解析："外观"面板 ……………………

◆ 所选对象缩览图：■缩览图用于显示当前选择对象的缩览图，其右侧的名称表示当前对象的类型，如路径、文字、图层等。

◆ 描边：显示并可修改对象的描边属性，包括描边颜色、宽度和类型。

◆ 填色：显示并可修改对象的填充内容。

◆ 不透明度：显示并可修改对象的不透明度和混合模式。

◆ 眼睛图标：单击◉图标，可隐藏或重新显示效果。

◆ 添加新描边：单击□按钮，可以为对象增加一个描边属性。

◆ 添加新填色：单击■按钮，可以为对象增加一个填色属性。

◆ 添加新效果：单击fx.按钮，可在弹出的下拉菜单中选择一个效果添加到对象上。

◆ 清除外观：单击◉按钮，可清除所选对象的外观。

◆ 复制所选项目：选择面板中的一个项目后，单击|▣|按钮可复制该项目。

◆ 删除所选项目：选择面板中的一个项目后，单击▣按钮，可删除该项目。

10.1.2 调整外观属性的顺序

在"外观"面板中，外观属性是按照应用的先后顺序依次堆叠排列的。用户可通过调整外观属性的顺序来更改对象的显示效果。

其方法为：在需要调整的外观属性项目上按住鼠标左键向上或向下拖动，可以调整其堆叠顺序，同时更改对象的效果。如图10-2所示的图形描边应用了"投影"效果，将"投影"属性拖动到"填色"属性上方，图形的外观即发生了变化，如图10-3所示。

图10-2 调整外观属性

图10-3 调整后的效果

10.1.3 添加和编辑外观效果

在Illustrator中，可为对象添加描边和填充以及特定效果。在添加效果后，若对效果不满意，也可双击想编辑的项目，对其外观属性进行编辑更改。

实例操作：制作漂亮的发光字

● 光盘\效果\第10章\发光字.ai
● 光盘\实例演示\第10章\制作漂亮的发光字

本例将通过"外观"面板为文字对象添加外观属性效果，最终效果如图10-4所示。

图10-4　最终效果

Step 1 ▶ 新建一个A4大小的文档，使用"矩形工具" □ 绘制一个与画板相同大小的矩形，并填充颜色为#221814，如图10-5所示。再使用"文字工具" T 在画板中输入文字music，并设置"字体"为Impact，"字体大小"为200，如图10-6所示。

图10-5　绘制矩形　　　　图10-6　输入文字

技巧秒杀

由于绘制矩形时填充了黑色，所以在输入文字时，系统默认与前一个设置对象的颜色相同，因此这里不能查看到文字效果。

Step 2 ▶ 按Shift+F6快捷键，打开"外观"面板，单击右上角的 按钮，在弹出的下拉菜单中选择"添加新填色"命令，如图10-7所示。将在"外观"面板中添加一个新填充属性，单击该属性"填充"右侧的下拉按钮 ，在弹出的列表框中选择"白色"选项，如图10-8所示。

图10-7　添加新填色　　　　图10-8　设置填充色

Step 3 ▶ 此时文字颜色将变为白色，效果如图10-9所示。再使用相同的方法，添加3个新的填充色，如图10-10所示。

图10-9　设置填充色效果　　　　图10-10　添加新填充色

Step 4 ▶ 选中最下方的一个填色属性，单击面板底部的"添加新效果"按钮 ，在弹出的下拉菜单中选择"效果"/"路径"/"位移路径"命令，如图10-11所示。打开"偏移路径"对话框，设置"位移"为0.5cm，"连接"为"圆角"，单击 确定 按钮，如图10-12所示。

图10-11　设置外观效果　　　　图10-12　设置偏移路径

Step 5 ▶ 按照相同的方法，依次为倒数第2个填色属性添加"位移路径"效果，并设置"位移"为0.25cm，"连接"为"圆角"；为倒数第3个填色属性添加"位移路径"效果，设置"位移"为0.1cm，"连接"为"圆角"，如图10-13所示。选择第2个填充属性，按Ctrl+F9快捷键，打开"渐变"面板，设置渐变"类型"为"线性"，颜色如图10-14所示。

图10-17 查看效果　　　　图10-18 设置外发光

10.1.4 复制外观属性

在Illustrator中，复制外观属性的常用方法有两种，一种是通过拖动复制外观属性，另一种是使用吸管工具复制外观属性，下面将分别进行介绍。

1. 通过拖动复制外观属性

选择要复制其外观的对象或组（或在"图层"面板中定位到相应的图层），如图10-19所示。将"外观"面板顶部的缩览图拖动到文档窗口中的一个对象上（如果未显示缩览图，可从面板菜单中选择"显示缩览图"命令，显示缩览图）即可，如图10-20所示。

图10-13 添加位移路径效果　　　图10-14 设置渐变颜色

Step 6 ▶ 使用相同的方法分别为第3、4个属性设置相同的渐变颜色，效果如图10-15所示。设置第3个属性"不透明度"为"55%"，如图10-16所示。

图10-15 设置渐变颜色　　　图10-16 设置不透明度

图10-19 选择对象

Step 7 ▶ 使用相同的方法，为第4个填充属性设置"不透明度"为30%，效果如图10-17所示。选择第3个填充属性，单击面板底部的"添加新效果"按钮 <i>fx</i>，在弹出的快捷菜单中选择"效果"/"风格化"/"外发光"命令，打开"外发光"对话框，设置"模式"为"正常"，"颜色"为"白色"，"不透明度"为30%，"模糊"为0.1cm，单击确定按钮，如图10-18所示。

图10-20 复制的外观效果

选择要复制其外观的对象或组，按住Alt键（Windows）或Option键（Mac OS）并将"图层"面板中的定位图标拖动到要应用到的项目，也可复制外观属性。

2. 使用吸管工具复制外观属性

用户也可以使用"吸管工具" ✐ 在对象间复制外观属性，其中包括文字对象的字符、段落、填色和描边属性等。

其方法为：选择想要更改属性的对象、文字对象或字符，选择"吸管工具" ✐，将其移至要进行属性取样的对象上。单击鼠标对所有外观属性取样，如图10-21所示，并将其应用于所选对象上，如图10-22所示。

图10-21　使用工具取样　　　图10-22　应用外观属性

按住Shift+Alt快捷键并单击鼠标进行取样，可将一个对象的外观属性添加到所选对象的外观属性中。另外，需注意的是，还可以单击一个未选中对象，对其属性进行取样，然后按住Alt键并单击一个要对其应用属性的未选中对象，即可对其应用所取的属性。

10.1.5　隐藏和删除外观属性

对于不需要或无用的外观属性，可将其隐藏或删除，以免造成误操作，下面将分别进行介绍。

1. 隐藏外观属性

选择对象后，在"外观"面板中单击一个属性前的眼睛图标 ◉，即可隐藏该属性，如果要重新将其显示出来，则可再次在眼睛图标处单击。

2. 删除外观属性

如果要删除一种外观属性，可在"外观"面板中选择需要删除的外观属性，然后单击底部的"删除所选项目"按钮 🗑 即可；或将选择的外观属性拖动到"删除所选项目"按钮 🗑 上，释放鼠标后，也可将其删除，如图10-23所示。

图10-23　删除外观属性

另外，若要删除填色和描边之外的所有外观属性，可单击"外观"面板右上角的 ▤ 按钮，在弹出的下拉菜单中选择"简化至基本外观"命令。如果要删除所有外观，使对象变为无填色、无描边效果，可单击"外观"面板底部的"清除外观"按钮 ⊘。

10.1.6　扩展外观属性

选择对象，如图10-24所示。选择"对象" / "扩展外观"命令，可将对象的填充、描边和应用的效果等外观属性扩展为独立的对象，且对象会自动编组。如图10-25所示为扩展外观后取消编组并移动对象后的效果。

图10-24　使用对象　　　图10-25　扩展外观

10.2 使用效果

在Illustrator 中包含有多种效果，如变形、扭曲、投影和羽化等，这些效果主要是用于修改对象的外观。用户在为对象添加效果后，可以通过"外观"面板进行编辑和修改，也可得到意想不到的特殊效果。

10.2.1 了解效果

在Illustrator CC中的"效果"菜单分为Illustrator效果和Photoshop效果两种类型。使用"效果"可以对矢量图形和位图图像添加各种变形效果，要得到这些变形效果，可通过"效果"菜单中的各命令来实现。

"效果"菜单上半部分是矢量效果，这些效果只能应用于矢量对象，或者某个位图图像的填色和描边；而下半部分是栅格效果，可以将这些效果应用于矢量对象或位图图像，为对象应用这些类似于Photoshop中滤镜的效果，可快速实现各种特殊效果。

当为对象应用某一个效果命令后，"效果"菜单的顶部将会显示该效果的名称。例如，应用"外发光"效果后，"效果"菜单顶部会显示"应用'外发光'"和"外发光"两个命令，如图10-26所示。此时，如果选择"效果"/"应用外发光"命令，可再次为对象应用上次使用的效果及其参数设置；如果选择"效果"/"外发光"命令，则可再次应用上次使用的效果，并可修改对应的参数设置。

图10-26　"效果"菜单

10.2.2 应用效果

在Illustrator CC中应用效果的方法非常简单，只需在"效果"菜单中选择一个命令即可。

其方法为：选择对象或组（或在"图层"面板中定位一个图层），如图10-27所示。然后在"效果"中选择一个命令，如选择"效果"/"扭曲和变换"/"波纹效果"命令，或单击"外观"面板中的"添加新效果"按钮 ，并从弹出的菜单中选择一种效果。在打开的对话框中设置相应选项，单击 确定 按钮即可应用效果，如图10-28所示。

图10-27　选择对象　　　　图10-28　应用效果

技巧秒杀

需注意的是，如果需要对一个对象的某特定属性（例如其填色或描边）应用效果，可选择该对象，然后在"外观"面板中选择该属性。也可在"外观"面板中修改和删除效果。

读书笔记

10.3 使用3D效果

3D效果可以从二维（2D）图稿创建三维（3D）对象。用户可以通过高光、阴影、旋转及其他属性来控制3D对象的外观，还可以将图稿贴到3D对象中的每一个表面上，下面将进行详细讲解。

10.3.1 "凸出和斜角"效果

使用Illustrator中的3D凸出和斜角效果命令，可通过挤压平面对象的方法为平面对象增加厚度来创建立体对象。在"3D凸出和斜角选项"对话框中，用户可以通过设置位置、透视、凸出厚度、端点、斜角和高度等选项来创建具有凸出和斜角效果的逼真立体图形。

📖 实例操作：给文字创建凸出效果

- 光盘\素材\第10章\气球.ai
- 光盘\效果\第10章\凸出文字.ai
- 光盘\实例演示\第10章\给文字创建凸出效果

本例将使用选择工具选择图表中的图例和文本等内容，然后通过色板和字符工具属性栏对图表进行设置，如图10-29所示为最终效果。

图10-29 最终效果

Step 1 ▶ 新建一个30cm×28cm的文档，然后置入"气球.ai"素材文件，如图10-30所示。选择"文字工具" **T**，在画板中的气球上输入文字SALE，并设置字体为Impact，字号为170，效果如图10-31所示。

图10-30 置入背景素材 　　　图10-31 输入文字

Step 2 ▶ 使用"选择工具" **▶** 选择文字对象，按Shift+F5快捷键，打开"图形样式"面板，单击左下角的 **▣▾** 按钮，在弹出的菜单中选择"照亮样式"命令，如图10-32所示。打开"照亮样式"面板，在其中单击"照亮黄色"色块样式，如图10-33所示。

图10-32 打开样式 　　　图10-33 选择样式

Step 3 ▶ 将该样式应用于文字，得到如图10-34所示的效果。使用"选择工具" **▶** 选择文字对象，选择"效果"/"3D"/"凸出和斜角"命令，打开"3D凸出和斜角选项"对话框，选中 ☑预览(P) 复选框，拖动左上角预览窗口中的立方体，旋转文字角度，单击 **确定** 按钮，如图10-34所示。返回画板中，即可查看到为文字创建的凸出效果，如图10-35所示。

◢ 技巧秒杀

用户也可在"3D凸出和斜角选项"对话框中的各文本框或下拉列表中设置相应选项参数，得到凸出的文字效果。

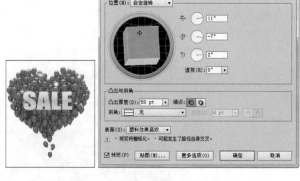

图10-38 未设置透视效果　图10-39 设置透视为70°的效果

图10-34 文字效果　　图10-35 设置3D凸出和斜角

◆ 凸出厚度：用于设置挤压厚度，该值越大，对象的厚度越大，如图10-40所示为设置凸出厚度为20pt的效果；如图10-41所示为设置凸出厚度为50pt的效果。

💬 知识解析：“3D凸出和斜角选项”对话框 ⋯⋯⋯●

◆ 位置：在该下拉列表框中可选择一个预设的旋转角度。如果要自由调整角度，可拖动左上角预览窗口中的立方体，如图10-36所示。如果要使用精确的角度旋转，可在"指定绕X轴旋转""指定绕Y轴旋转""指定绕Z轴旋转"右侧的文本框中输入角度，如图10-37所示。

图10-40 凸出厚度为20pt　　图10-41 凸出厚度为50pt

◆ 端点：单击 ⊙ 按钮，可以创建实心立体对象，如图10-42所示。单击 ⊙ 按钮，可创建空心立体对象，如图10-43所示。

图10-36 拖动立方体调整凸出

图10-42 实心立体对象　　图10-43 空心立体对象

◆ 斜角：在"斜角"下拉列表框中可选择一种斜角样式，创建带有斜角的立体对象，如图10-44所示。

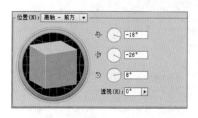 

图10-37 输入数值设置凸出

◆ 透视：在右侧的下拉列表框中输入数值，或单击 ▶ 按钮，移动显示的滑块可调整透视效果。应用透视可使立体效果呈现空间感，如图10-38所示为未设置透视的立体对象效果；如图10-39所示为设置透视为70°后的立体对象效果。

图10-44 设置斜角前后的效果

◆ 高度：可设置对象斜角的斜切方式。单击右侧的"斜角外扩"按钮 <img>，可以在保持对象大小的基础上通过增加像素形成斜角；单击"斜角内缩"按钮 <img>，则从原对象上切除部分像素形成斜角。为对象设置斜角后，可在"高度"文本框中输入斜角的高度值，如图10-45所示为斜角外扩，高度为10的效果；如图10-46所示为斜角内缩，高度为10的效果。

图10-45 斜角外扩　　　　图10-46 斜角内缩

10.3.2 "绕转"效果

绕转是围绕轴以指定的度数旋转2D对象创建3D对象的过程。由于绕转是垂直固定的，因此用于绕转的开放或闭合路径应为所需3D对象的正前方时垂直剖面的一半。

实例操作：制作拉罐瓶

- 光盘\效果\第10章\拉罐瓶.ai
- 光盘\实例演示\第10章\制作拉罐瓶

本例将使用Illustrator中的"绕转"效果制作一个3D拉罐瓶，最终效果如图10-47所示。

图10-47 最终效果

Step 1 ▶ 新建一个A4文档，使用"钢笔工具" <img> 在画板中绘制拉罐瓶左侧的轮廓，如图10-48所示。然后选择"效果"/3D/"绕转"命令，打开"3D绕转选项"对话框，在"自"下拉列表框中选择"右边"选项，单击 确定 按钮，如图10-49所示。

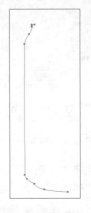
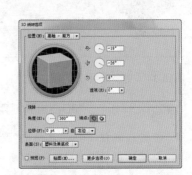

图10-48 绘制拉罐轮廓　　图10-49 "3D绕转选项"对话框

Step 2 ▶ 返回画板中即可查看到路径旋转后的3D效果，如图10-50所示。然后选择"文件"/"存储为"命令，打开"存储为"对话框，在"文件名"下拉列表框中输入"拉罐瓶"，在"保存类型"下拉列表框中选择Adobe Illustrator（*.AI）选项后，单击 保存(S) 按钮，在弹出的对话框中单击 确定 按钮，完成文件的存储，如图10-51所示。

图10-50 最终效果　　　　图10-51 保存文件

知识解析："3D绕转选项"对话框

◆ 角度：用于设置对象的绕转角度，默认角度为360°，该角度绕转出的对象为一个完整的立体对象，如图10-52所示为原图，如图10-53所示为绕转

360°的效果。如果角度值小于360°，则对象上会出现断面，如图10-54所示为角度值为90°时的效果。

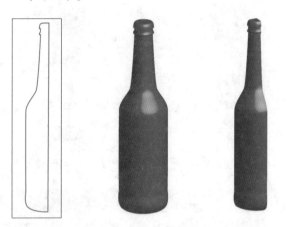

图10-52　原对象　图10-53　角度为360°　图10-54　角度为90°

◆ **端点**：单击 ◉ 按钮，可以创建实心立体对象。单击 ◉ 按钮，可创建空心立体对象。

◆ **位移**：用来设置绕转对象与自身轴心的距离，该值越大，对象偏离轴心越远，如图10-55和图10-56所示分别为设置位移为5pt和10pt的效果。

图10-55　位移为5pt　　　图10-56　位移为10pt

◆ **自**：用来设置绕转的方向，如果用于绕转的对象是最终对象的右半部分，可在该下拉列表框中选择"左边"选项，如图10-57所示。若选择"右边"选项，则会生成其他效果，如图10-58所示。如果绕转的对象是最终对象的左半部分，可在该下拉列表框中选择"右边"选项。

图10-57　右半部分左边选项　　图10-58　右半部分右边选项

10.3.3　"旋转"效果

"旋转"效果可以实现在一个虚拟的三维空间中旋转对象，被旋转的对象可以是2D和3D对象。

其方法为：选择要旋转的对象，选择"效果"/3D/"旋转"命令，打开如图10-59所示的"3D旋转选项"对话框，在其中设置旋转和透视角度即可，如图10-60所示为对象旋转前后的效果。

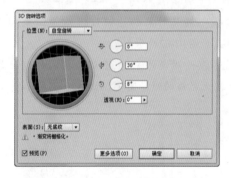

图10-59　"3D旋转选项"对话框

图10-60　对象旋转前后的效果

10.3.4 更改三维对象的外观

通过"凸出和斜角"或"绕转"命令生成3D对象后，用户还可以对对象的表面效果进行设置，也可为其添加光源，生成光影变化，使其更加真实。

1. 设置3D对象的表面属性

"表面"属性控制着3D对象的表面外观，可以创建刚被轮廓化，没有阴影，或具有强烈、平滑特点的3D效果。用户可在"3D凸出和斜角选项"对话框及"3D绕转选项"对话框中的"表面"下拉列表框中选择4种表面效果选项进行设置，如图10-61所示。

图10-61 设置3D对象的表面属性

💬知识解析：**"表面"下拉列表框** ·················

◆ 线框：描摹对象的几何线框结构，无颜色和贴图，如图10-62所示。

◆ 无底纹：用与原来的2D对象相同的颜色填充对象，无光线的明暗变化，如图10-63所示。

图10-62 线框　　　　图10-63 无底纹

◆ 扩散底纹：在对象的表面添加软的扩散光源，如图10-64所示。

◆ 塑料效果底纹：指在对象的表面添加了亮的有

光泽灯照，生成由塑料制成的效果，如图10-65所示。

图10-64 扩散底纹　　　　图10-65 塑料制成效果

2. 在3D场景中添加光源

使用"凸出和斜角"或"绕转"命令创建3D对象时，如果将对象的表面效果设置为"扩散底纹"或"塑料效果底纹"，则可在3D场景中添加光源，生成光影变化，使对象立体效果更加真实。

实例操作：制作艺术字

● 光盘\素材\第10章\文字.ai　● 光盘\效果\第10章\文字.ai
● 光盘\实例演示\第10章\制作艺术字

本例将为3D艺术字添加光源，使其立体效果更加真实，最终效果如图10-66所示。

图10-66 最终效果

Step 1 ▶ 打开"文字.ai"素材文件，使用"选择工具" 选择文字，如图10-67所示。选择"效果"/3D/"凸出和斜角"命令，打开"3D凸出和斜角选项"对话框，单击 更多选项(O) 按钮，如图10-68所示。

图10-67　选择文字　　　　图10-68　打开对话框

Step 2 ▶ 展开对话框隐藏的选项，选中 ☑预览(P) 复选框，单击 回 按钮，添加新的光源，此时，新光源位于上方预览图的中间位置，如图10-69所示。此时，可看到文字对象的效果如图10-70所示。

图10-69　添加光源　　　　图10-70　文字效果

Step 3 ▶ 使用鼠标拖动光源将其移动到左上角，如图10-71所示。单击 确定 按钮，返回画板，即可看到文字对象的效果如图10-72所示。

图10-71　移动光源位置　　　　图10-72　最终效果

💬 **知识解析：设置光源选项** ·······················●

◆ **光源编辑预览框**：默认情况下，光源编辑预览框中只有一个光源，如图10-73所示。单击下方的 回 按钮，可以添加新光源，如图10-74所示。添加新光源后，使用鼠标拖动光源，可移动其位置，如

图10-75所示。选择一个光源后，单击 按钮，可将其移动到对象的后面。单击 按钮，可将其移动到对象的前面。单击 🗑 按钮，可删除多余的光源，如图10-76所示为添加光源后的效果。

图10-73　默认效果　　　　图10-74　添加新光源

图10-75　移动光源　　　　图10-76　添加光源效果

◆ **光源强度**：用来设置光源的强度，范围为0%~100%，该值越大，光照效果越强。

◆ **环境光**：用来设置环境光的强度，可以影响对象表面的整体亮度。

◆ **高光强度**：用来设置高光区域的亮度，该值越大，高光点越亮。

◆ **高光大小**：用来设置高光区域的范围，该值越大，高光的范围越广。

◆ **混合步骤**：用来设置对象表面光色变化的混合步骤，该值越大，光色变化的过渡越细腻，但会耗费较大的内存。

◆ **底纹颜色**：用来控制对象的底纹颜色。在该下拉列表框中选择"无"选项，表示不为底纹添加任何颜色，如图10-77所示。选择"黑色"选项，可在对象填充颜色的上方叠印黑色底纹，如图10-78所示。选择"自定"选项，右侧将显示一个红色块，对象的底纹变为红色，如图10-79所示。单击该颜色块，可在打开的"拾色器"对话框中选择一种底纹颜色，如图10-80所示。

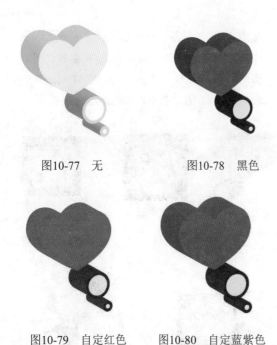

图10-77　无　　　　　　图10-78　黑色

图10-79　自定红色　　　图10-80　自定蓝紫色

3. 将2D映射到3D对象表面

　　通过Illustrator生成的3D对象是由多个表面组成的，且每个表面都可以映射不同的符号（2D）图像。这里的映射是指贴图，而用作贴图的符号图形可以是路径、复合路径、文本、编组对象或栅格图像等。

▓实例操作：为易拉罐添加贴图

- 光盘\素材\第10章\贴图.ai、易拉罐.ai
- 光盘\效果\第10章\易拉罐.ai
- 光盘\实例演示\第10章\为易拉罐添加贴图

　　本例将对易拉罐对象的表面添加贴图，使其更加美观，最终效果如图10-81所示。

图10-81　最终效果

Step 1 ▶ 打开"瓶子.ai"和"贴图.ai"素材文件，如图10-82所示。

图10-82　打开素材文件

Step 2 ▶ 将"贴图.ai"素材复制到"易拉罐"文档中，选择贴图图形，选择"窗口"/"符号"命令，打开"符号"面板，单击面板底部的"新建符号"按钮▣，在打开的对话框中直接单击 确定 按钮，将贴图存储为符号样式，如图10-83所示。再按Delete键删除画板中的贴图素材，使用"选择工具"▶选择"易拉罐"图形，按Shift+F6快捷键打开"外观"面板，双击"3D绕转"属性，如图10-84所示。

图10-83　新建符号　　　图10-84　打开"外观"面板

Step 3 ▶ 打开"3D绕转选项"对话框，选中 ☑预览(P) 复选框，单击 贴图(M)... 按钮，如图10-85所示。

图10-85　"3D绕转选项"对话框

Step 4 ▶ 打开"贴图"对话框，单击"表面"右侧的▶按钮，切换到10/13表面，在"符号"下拉列表框中选择"新建符号"选项，稍等片刻后，单击 缩放以适合(F) 按钮，如图10-86所示。

图10-86 "贴图"对话框

技巧秒杀

切换表面时，画板中的3D对象与之对应的表面会显示为红色的线框。用户可根据显示的线框选择要贴图的表面。

Step 5 ▶ 此时，可发现中间预览区域中的符号图形已变形，将鼠标光标置于预览区域中的定界框上，向左侧拖动控制点，选中 ☑贴图具有明暗调(较慢)(H) 复选框，如图10-87所示。单击 确定 按钮，返回"3D绕转选项"对话框，单击 贴图(M)... 按钮，返回画板，即可查看到易拉罐贴图后的效果，如图10-88所示。

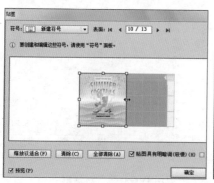 

图10-87 选中复选框　　图10-88 贴图效果

知识解析："贴图"对话框

◆ **表面：** 用来选择要在其上贴图的对象表面。单击右侧的"第一个"按钮◀、"上一个"按钮◀、"下一个"按钮▶和"最后一个"按钮▶可切换

表面。浅灰色表示目前可见的表面，深灰色表示当前被对象隐藏的表面，如图10-89所示。显示有红色线框的是当前选择的表面，如图10-90所示。

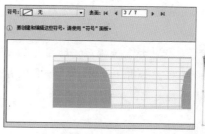 

图10-89 表面效果

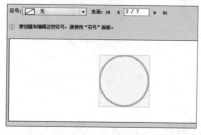

图10-90 选择表面

◆ **符号：** 选择一个表面后，可在该下拉列表框中为其指定一个符号，如图10-91所示。拖动符号定界框上的控制点可进行移动、旋转和缩放操作，调整贴图在对象表面的大小和位置，如图10-92所示。

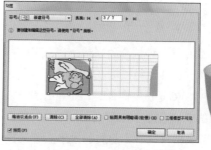

图10-91 贴图

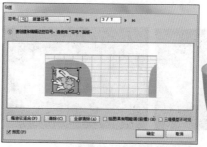 

图10-92 调整贴图大小和位置

◆ 缩放以适合：单击该按钮，可自动调整贴图的大小，使图稿适合所选表面的边界。

◆ 清除/全部清除：单击 清除(C) 按钮，可清除当前设置的贴图；单击 全部清除(A) 按钮，则清除所有表面的贴图。

◆ 贴图具有明暗调：选中该复选框后，贴图会在对象表面产生明暗变化，如图10-93所示。如果取消选中，则贴图无明暗变化，如图10-94所示。

◆ 三维模型不可见：选中该复选框后，则仅显示贴图，不显示3D立体对象，如图10-95所示。未选中该复选框时，可显示3D立体对象和贴图，如图10-96所示。

图10-95　选中效果2　　　图10-96　未选中效果2

读书笔记

图10-93　选中效果1　　图10-94　未选中效果1

10.4 应用Illustrator效果组

效果是一组强大的命令，可应用于任何外观属性，且在任何时候都可进行编辑。若想为对象应用效果，可选择"效果"菜单上半部分中的对应命令，如SVG滤镜、变形、扭曲和变换、栅格化、裁剪标记、路径、路径查找器、转换为形状和风格化，下面将对这些效果分别进行介绍。

10.4.1 SVG滤镜组

SVG滤镜组命令是一种综合的滤镜命令，可以将图像以各种纹理填充，并进行模糊及设置阴影效果。当选择"效果"/"SVG滤镜"命令时，在弹出的子菜单中有许多默认的SVG滤镜可供选择，如图10-97所示为选择"AI_高斯模糊_4"命令前后的效果。若选择"应用SVG滤镜"命令，将打开如图10-98所示的"应用SVG滤镜"。

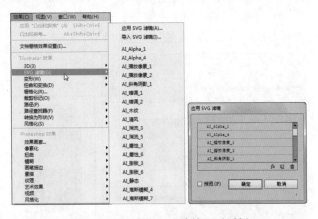

图10-98　"应用SVG滤镜"对话框

💬 知识解析："应用SVG滤镜"对话框 ·············●

◆ 列表区：在列表区中列出了各种SVG滤镜效果，选择不同的选项时图像生成的效果也各不相同。

◆ 编辑SVG滤镜：单击 Ⅸ 按钮，系统将弹出"编辑SVG滤镜"对话框，在此对话框中用户可以对当

图10-97　高斯模糊前后的效果

前的SVG滤镜效果进行编辑。

◆ 新建SVG滤镜：单击"新建"按钮，将打开"新建SVG滤镜"对话框，在此对话框中用户可以新建SVG滤镜效果。

◆ 删除SVG滤镜：单击 按钮，将删除当前选择的SVG滤镜效果。

◆ 预览：选中 ☑预览(P) 复选框，将在画面中预览所选择的SVG滤镜效果。

10.4.2 "变形"滤镜组

使用"变形"滤镜组中的命令可以对选择的对象进行各种弯曲变形的设置。当选择"效果"/"变形"命令后，在弹出的子菜单中包含了15种变形样式，如图10-99所示。选取该菜单下的任一子命令，将打开如图10-100所示的"变形选项"对话框，其中的选项除选择的"样式"不同外，其他命令完全相同。

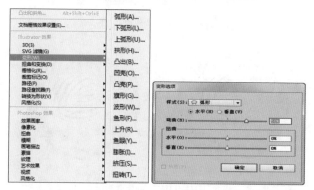

图10-99 变形命令 图10-100 "变形选项"对话框

10.4.3 "扭曲和变换"滤镜组

"效果"/"扭曲和变换"菜单中包含了7个效果命令，各个命令与"滤镜"/"扭曲"菜单中的命令基本相同，通过这些命令可以改变对象的形状。

1. 变换

通过"变换"命令可以使选择的对象按精确的数值进行缩放、移动、旋转、复制及镜像等操作。该效果命令与"对象"/"变换"子菜单中的"分别变换"命令的使用方法完全相同，因此这里不再赘述。

2. 扭拧

"扭拧"效果可以随机向内或向外弯曲或扭曲路径段。其操作方法为：选择需要扭曲的对象，选择"效果"/"扭曲和变换"/"扭拧"命令，打开如图10-101所示的"扭拧"对话框，在其中进行相应设置后，效果如图10-102所示。

图10-101 "扭拧"对话框 图10-102 对象扭拧后的效果

💬知识解析："扭拧"对话框 ·············

◆ "数量"栏：可以设置水平和垂直扭曲的程度，选中 ◉相对(R) 单选按钮，可以使用相对值设定扭曲程度；选中 ◉绝对(A) 单选按钮，可以按照绝对值设定扭曲程度。

◆ "修改"栏：可设定是否修改锚点、移动通向路径锚点的控制点（"导入"控制点和"导出"控制点）。

3. 扭转

"扭转"效果可以旋转一个对象，中心的旋转程度比边缘的扭转程度大。

其操作方法为：选择需要扭转的对象，选择"效果"/"扭曲和变换"/"扭转"命令，将打开如图10-103所示的"扭转"对话框，在其中设置"角度"为负数时，可逆时针扭转对象，如图10-104所示。当设置其角度值为正数时，则可顺时针扭转对象，如图10-105所示。

图10-103　"扭转"对话框

图10-104　逆时针扭转对象　　图10-105　顺时针扭转对象

4. 收缩和膨胀

"收缩和膨胀"效果可以将线段向内收缩的同时，向外拉伸出矢量对象的锚点，或将线段向外膨胀的同时，向内拉入矢量对象的锚点。

其操作方法为：选择需要收缩和膨胀的对象，选择"效果"/"扭曲和变换"/"收缩和膨胀"命令，打开如图10-106所示的"收缩和膨胀"对话框，拖动滑块即可向内收缩或向外膨胀对象，如图10-107所示为收缩对象的效果；如图10-108所示为对象膨胀后的效果。

图10-106　"收缩和膨胀"对话框

图10-107　收缩50　　　图10-108　膨胀100

5. 波浪

"波浪"效果可以将对象的路径段变换为同样大小的尖峰和凹谷形成的锯齿和波形数组。

其操作方法为：选择需要编辑的对象，选择"效果"/"扭曲和变换"/"波浪效果"命令，将打开如图10-109所示的"波纹效果"对话框，在其中进行相应设置后，效果如图10-110所示。

图10-109　"波纹效果"对话框

图10-110　波浪效果

💬知识解析："波纹效果"对话框 ·················

◆ **大小**：用来设置尖峰和凹谷之间的大小。也可以选中 ⊙绝对(A) 或 ⊙相对(R) 单选按钮来调整其大小。

◆ **每段的隆起数**：用来设置每个路径段的脊状数量。

◆ 点：选中 平滑(S) 单选按钮，路径段的隆起处为波浪形边缘，如图10-111所示。选中 尖锐(C) 单选按钮，路径段的隆起处为锯齿边缘，如图10-112所示。

图10-111　波浪边缘　　　　图10-112　锯齿边缘

6. 粗糙化

"粗糙化"效果可以将矢量对象的路径段变形为各种大小的尖峰和凹谷的锯齿。

其操作方法为：选择需要粗糙化的对象，选择"效果"/"扭曲和变换"/"粗糙化"命令，将打开如图10-113所示的"粗糙化"对话框，在其中进行相应设置后，效果如图10-114所示。

图10-113　"粗糙化"对话框　　图10-114　效果

💬知识解析：　"粗糙化"对话框 ·························●

◆ 大小：可以设置路径段的粗糙程度，选中 相对(R) 或 绝对(A) 单选按钮可设置路径段的最大长度。

◆ 细节：可设置每英寸锯齿边缘的密度。

◆ 点：选中 平滑(S 单选按钮，可平滑路径段的边缘。选中 尖锐(C) 单选按钮，可尖锐路径段的边缘。

7. 自由扭曲

利用"自由扭曲"效果可以对对象进行缩放、旋

转、倾斜和扭曲等操作，也可以随意改变对象的大小和方向。

其操作方法为：选择需要自由扭曲的对象，选择"效果"/"扭曲和变换"/"自由扭曲"命令，将打开如图10-115所示的"自由扭曲"对话框，在其中进行相应设置后，效果如图10-116所示。

图10-115　"自由扭曲"对话框　　　　图10-116　扭曲效果

10.4.4 "栅格化"效果

此处栅格化与"对象"/"栅格化"菜单命令具有相同的功能与效果。

其操作方法为：选择需要栅格化的对象，选择"效果"/"栅格化"命令，打开如图10-117所示的"栅格化"对话框，在其中设置分辨率、背景颜色或添加多少距离环绕对象等选项后，可将对象栅格化，使其呈现位图的外观。

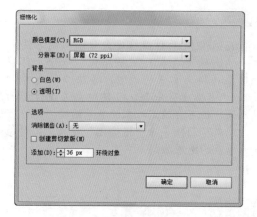

图10-117　"栅格化"对话框

💬知识解析：　"栅格化"对话框 ·························●

◆ 颜色模型：在该下拉列表框中可选择在栅格化过程中所用的模型选项，原文件的色彩模式决定

了可以被转换为的其他模型类型，如果原文件是RGB颜色模式，那么对象就可以被转换为RGB颜色模式、灰度模式和位图模式；如果原文件是CMYK模式，那么对象将可以被转换为CMYK颜色模式、灰度模式和位图模式。

◆ 分辨率：可设置栅格化后图像的分辨率。在该下拉列表框中包含了"屏幕""中""高""使用文档栅格效果分辨率""其他"5种分辨率选项，选择不同的分辨率，其效果也不同。

◆ 背景：可设置矢量图形的透明区域如何转换为像素。选中 ⊙白色(W) 单选按钮表示白色像素填充透明区域；选中 ⊙透明(T) 单选按钮可设置栅格化后直接保留图形的透明模式。

◆ 消除锯齿：可改善栅格化图形的锯齿边缘外观。在该下拉列表框中选择"无"选项，将不会应用消除锯齿效果。选择"优化图稿"选项，可应用最适合图稿的消除锯齿效果；选择"优化文字"选项，可应用最适合文字的消除锯齿效果。

◆ 创建剪切蒙版：选中 ☑创建剪切蒙版(M) 复选框，可为选择对象创建一个背景显示为透明的蒙版。

◆ 添加环绕对象：可设置围绕栅格化图形边缘之外添加空白尺寸的数量。

技巧秒杀

Illustrator中有两种栅格化矢量图形的方法。方法一：选择"对象"/"栅格化"命令，可将矢量对象转换为真正的位图。方法二：选择"效果"/"栅格化"命令，可使对象呈现位图的外观效果，但不会改变对象的矢量结构。用户可通过"外观"面板删除"栅格化"效果，将对象恢复为原来的图形状态。

10.4.5 "裁剪标记"效果

"裁剪标记"效果主要用于定义图案裁切的范围，以便于确定打印输出的图稿范围。同时，一个文件中可以有多个裁切标记。用户只需选择"效果"/"裁剪标记"命令，即可为画板中的图形添加裁

剪标记，如图10-118所示，展示了打印时要裁剪对象多少及打印纸张剪切的位置。

图10-118　裁剪标记效果

10.4.6 "路径"效果组

使用"路径"效果组可以编辑路径、对象的轮廓和描边等。"路径"效果组中包含了3个效果命令，下面分别进行介绍。

1. 位移路径

"位移路径"效果可以从对象中得到新的路径。选择"效果"/"路径"/"位移路径"命令，可打开"偏移路径"对话框，如图10-119所示。在其中设置位移、连接和斜接限制的参数后，单击 确定 按钮，即可得到新的路径，如图10-120所示。

图10-119　"偏移路径"对话框　　图10-120　偏移效果

2. 轮廓化对象

"轮廓化对象"效果可以将对象创建为轮廓，常用于文字处理。其方法为：选择需要处理的文字，选择"效果"/"路径"/"轮廓化对象"命令即可，将文字创建为轮廓后，可对其进行编辑或渐变填充。但文字内容不能更改。

3. 轮廓化描边

"轮廓化描边"效果可以将对象的描边转换为轮廓，用户只需选择"效果"/"轮廓化描边"命令即可。选择该命令与选择"对象"/"路径"/"轮廓化描边"命令相比，使用该命令转换后的轮廓仍然可以修改描边粗细。

10.4.7 "路径查找器"效果组

"路径查找器"效果组中包含了13个效果命令，如图10-121所示。这些效果只能用于处理组、图层和文字对象，并且只会改变对象的外观，不会造成对象实质性的破坏。"路径查找器"效果组中的大多数命令与"路径查找器"面板（可参阅第5章的相关知识）的功能相似，如图10-122所示。

图10-121　效果组

图10-122　"路径查找器"面板

此外，有3个与"路径查找器"面板不同的效果命令，下面将分别进行介绍。

1. 实色混合

"实色混合"效果是通过选择每个颜色组件的最高值来组合颜色。例如，颜色1为20%青色、66%洋红色、40%黄色和0%黑色；而颜色2为40%青色、20%洋红色、30%黄色和10%黑色，如图10-123所示。相交区域产生的实色混合色为40%青色、66%洋红色、40%黄色和10%黑色，如图10-124所示。

图10-123　颜色1和2　　　图10-124　实色混合后的效果

2. 透明混合

"透明混合"效果是使底层颜色透过重叠的图稿可见，然后将图像划分为其构成部分的表面，可以指定在重叠颜色中的可视性百分比。

3. 陷印

"陷印"效果是通过在两个相邻颜色之间创建一个小重叠区域（称为陷印）来补偿图稿中各颜色之间的潜在间隙。

> **技巧秒杀**
>
> 需注意的是，在使用"路径查找器"效果组中的命令时，需要先将对象编组，才能对对象进行编辑，否则这些命令将不会产生任何作用。

10.4.8 "转换为形状"效果组

"转换为形状"效果组中包含了"矩形"、"圆角矩形"和"椭圆"3个效果命令，可应用于任何选定的对象，并使其转换到矩形、圆角矩形和椭圆。选择组中的任意一个命令，将打开"形状选项"对话框。如图10-125所示为原图，如图10-126所示为转换为圆角矩形的效果。

图10-125　原图　　　　　图10-126　圆角矩形效果

💬 知识解析：**"形状选项"对话框** ·················

◆ 形状：在该下拉列表框中可以选择要将对象转换为哪一种形状，包括"矩形""圆角矩形""椭圆"。

◆ 绝对：主要用于控制转换后形状的大小，可在"额外宽度"和"额外高度"数值框进行设置。

◆ 相对：可设置转换后形状相对于原对象扩展或收缩的大小。

◆ 圆角半径：将对象转换为圆角矩形后，可在该数值框中输入一个圆角半径值，以确定圆角边缘的圆化量。

10.4.9 "风格化"效果组

"风格化"效果组中包含了"内发光""圆角""外发光""投影""涂抹""羽化"6个效果命令，可以为图形添加对应的效果，下面将分别进行介绍。

1. 内发光

使用"内发光"效果可以让选择的图形内部产生光晕效果。

▨ **实例操作：制作浮雕效果字**

● 光盘\素材\第10章\纹理.jpg ● 光盘\效果\第10章\浮雕字.ai
● 光盘\实例演示\第10章\制作浮雕效果字

"浮雕"效果是指在一块平板上将要塑造的形象制作出来。浮雕一般分为浅浮雕、高浮雕和凹雕3种，本例将综合使用Illustrator中的"内发光"和"外观"面板等制作浅浮雕文字效果，最终效果如图10-127所示。

图10-127 最终效果

Step 1 ▶ 打开"纹理.jpg"素材文件，使用"文字工具" T 在画板上的背景中输入大写字母dream文字，并设置"字体"为Promenade，"字体大小"为250，如图10-128所示。然后在工具箱中单击 ◹ 图标，将文本设置为无描边和无填充，效果如图10-129所示。

图10-128 输入文字　　图10-129 设置字体无填充

Step 2 ▶ 打开"外观"面板，单击右上角的 ▦ 按钮，在弹出的快捷菜单中选择"添加新填色"命令，如图10-130所示。为文字添加新的填充色，再使用"选择工具" ▶ 选择文本，在"外观"面板中选择"填色"属性，在工具箱中设置填充颜色为#6B3713，如图10-131所示。

图10-130 添加新填色　　图10-131 设置填充颜色

Step 3 ▶ 选择"效果"/"风格化"/"内发光"命令，打开"内发光"对话框，设置"模式"为"正常"，"颜色"为#E2C7A1，"不透明度"为90%，"模糊"为0.2cm，选中 ⦿ 中心(C)单选按钮，单击 确定 按钮，如图10-132所示。设置完成后，单击 确定 按钮，效果如图10-133所示。

图10-132 设置内发光参数　　图10-133 内发光效果

Step 4 ▶ 使用第2步相同的方法在"外观"面板中添加

一个新填充，然后将其拖动至最下方，如图10-134 所示，并设置填充颜色为#3E2400，效果如图10-135 所示。

图10-134　调整属性位置　　图10-135　设置填充属性颜色

Step 5 ▶ 选择"效果"/"扭曲和变换"/"变换"命令，打开"变换效果"对话框，在"移动"栏中设置"垂直"为0.15cm，如图10-136所示。设置完成后，单击 确定 按钮，效果如图10-137所示。

图10-136　设置变换参数　　图10-137　查看变换效果

Step 6 ▶ 使用相同的方法在"外观"面板中新建一个填充，并移动至最下方，设置填充颜色为"白色"，再选择"效果"/"扭曲和变换"/"变换"命令，打开"变换效果"对话框，在"移动"栏中设置"垂直"为-0.15cm，如图10-138所示。设置完成后，单击 确定 按钮，效果如图10-139所示。

图10-138　设置变换参数　　图10-139　最终效果

💬知识解析："内发光"对话框

◆ **模式**：用于指定发光的混合模式，如果要修改发

光颜色，可单击右侧的色块，在打开的对话框中设置即可。

◆ **不透明度**：设置所需的不透明度百分比。

◆ **模糊**：指定要进行模糊处理处到选区中心或选区边缘的距离。

◆ **中心**：选中 中心(C)单选按钮，应用从选区中心向外发散的发光效果，如图10-140所示。

◆ **边缘**：选中 边缘(E)单选按钮，应用从选区内部边缘向外发散的发光效果，如图10-141所示。

图10-140　中心　　　　　图10-141　边缘

2. 圆角

"圆角"可以将矢量对象的转角控制点转换为平滑控制点，使其产生平滑的曲线。

其操作方法为：选择"效果"/"风格化"/"圆角"命令，打开"圆角"对话框，如图10-142所示。在其中通过设置"半径"的参数来确定选择对象圆角的程度，该值越大，曲线就越大。如图10-143所示为应用圆角后的效果。

图10-142　"圆角"对话框　　图10-143　圆角效果

技巧秒杀

最好不要将"圆角"效果应用到圆角矩形而使其角更加圆滑，因为这样不会使角更加圆，反而使圆角矩形的直边轻微弯曲。

3. 外发光

"外发光"效果可让对象的外部产生光晕效果和质感，与"内发光"效果相反。

制作外发光效果的操作方法为：选择"效果"/"风格化"/"外发光"命令，打开"外发光"对话框，如图10-144所示。在其中设置各选项的参数后，单击 确定 按钮即可。如图10-145所示为外发光效果。

图10-144 "外发光"对话框　图10-145 外发光效果

技巧秒杀

如果对使用内发光效果的对象进行扩展，内发光本身会呈现为一个不透明蒙版；如果对使用外发光的对象进行扩展，外发光会变成一个透明的栅格对象。

4. 投影

"投影"效果可以为选择的对象添加投影，与大多数效果不同，"投影"效果会同时影响描边和填色。其操作方法为：选择"效果"/"风格化"/"投影"命令，打开"投影"对话框，如图10-146所示。在其中设置各选项的参数后，单击 确定 按钮即可。如图10-147所示为原图及添加投影后的效果。

图10-146 "投影"对话框

图10-147 投影前后的效果

知识解析： "投影"对话框

◆ **模式**：在其右侧的下拉列表框中可以选择所需要的投影模式。

◆ **不透明度**：用来控制投影的透明度。当该值为0%时，投影完全透明；当该值为100%时，投影不透明。

◆ **X位移/Y位移**：可以设置投影沿水平方向和垂直方向所偏移的距离。

◆ **模糊**：可以设置投影的模糊程度。该值越大，投影越模糊。

◆ **颜色**：选中该单选按钮后，单击其右侧的色块，可在打开的"拾取器"对话框中为投影选择需要的颜色。

◆ **暗度**：选中该单选按钮后，在其右侧文本框中输入数值可设置投影明暗程度。当该值为0%时，投影显示为对象自身的颜色；当该值为100%时，投影显示为黑色。

5. 涂抹

"涂抹"效果可为对象添加类似于素描的手绘效果，也可以创建机械图样或一些涂鸦图稿。同时，使用"涂抹"效果时，可更改线条的样式、紧密度、线的松散和描边宽度以及应用预设的涂抹效果进行设置。

实例操作： 打造刺绣文字效果

● 光盘\效果\第10章\刺绣文字.ai
● 光盘\实例演示\第10章\打造刺绣文字效果

日常生活中，常见的刺绣是用针线在织物上绣制的各种装饰图案，本例将运用Illustrator效果中的"涂抹"命令来仿制刺绣效果，制作刺绣文字，效果如图10-148所示。

图10-148　最终效果

Step 1 ▶ 新建一个A4文档，使用"文字工具" T 在画板中输入文字HOUSE，并设置"字体"为"汉仪粗黑简"，"字体大小"为150，"颜色"为"红色"，如图10-149所示。再按两次Ctrl+C和Ctrl+F快捷键，在原位复制2个文字，打开"图层"面板，可看到3个文字图层，如图10-150所示。

　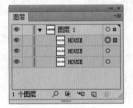

图10-149　选择背景图形　　图10-150　选择样式库

Step 2 ▶ 依次选择不同的文字图层，并分别设置文字颜色为"深红#83211F"、"红色#C5171E"和"浅红#EF885A"，如图10-151所示。选择"效果"/"风格化"/"涂抹"命令，打开"涂抹选项"对话框，设置"角度"为30°，"描边宽度"为0.03cm，"间距"为0.03cm，"变化"为0.01cm，如图10-152所示。

技巧秒杀

选择图层时，应单击图层右侧的 ◉ 图标，才能选中图层中的文字。

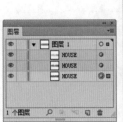　

图10-151　设置文字颜色　　图10-152　设置涂抹选项

Step 3 ▶ 单击 确定 按钮，得到如图10-153所示效果。选择第二个文字图层，再打开"涂抹选项"对话框，设置"角度"为30°，"描边宽度"为0.03cm，"间距"为0.04cm，"变化"为0.01cm，如图10-154所示。

图10-153　涂抹效果　　图10-154　设置涂抹选项

Step 4 ▶ 单击 确定 按钮，得到如图10-155所示效果。选择顶层的文字图层，打开"涂抹选项"对话框，设置"角度"为30°，"路径重复"为-0.03cm，"变化"为0.02cm，在"线条选项"栏中设置"描边宽度"为0.01cm，"间距"为0.04cm，"变化"为0.01cm，如图10-156所示。

HOUSE

图10-155　文字效果　　　图10-156　设置涂抹选项

图10-159　原图　　　　图10-160　默认值

Step 5 ▶ 单击 [确定] 按钮，返回画板即可看到设置涂抹后的文字效果，如图10-157所示。选择最下方的图层，选择"效果"/"风格化"/"投影"命令，打开"投影"对话框，设置"X位移"和"Y位移"为0cm，"模糊"为0.2cm，"颜色"为"黑色"，其他选项保持默认，单击 [确定] 按钮完成本例制作，如图10-158所示。

图10-161　涂鸦　　　　图10-162　密集

HOUSE

图10-157　查看效果　　　图10-158　添加投影

图10-163　松散　　　　图10-164　波纹

💬 **知识解析："涂抹选项"对话框** ·············●

◆ 设置：在该下拉列表框中可以选择一种预设的涂抹方式。还可选择"自定"选项，然后在其他选项中进行调整，创建一个自定义涂抹效果。如图10-159所示为原图；如图10-160～图10-170所示为使用各种预设创建的涂抹效果。

图10-165　锐利　　　　图10-166　素描

读书笔记

图10-167　缠结　　　　图10-168　泼溅

图10-169　紧密　　　　图10-170　蜿蜒

◆ **角度**：用来控制涂抹线条的方向，可单击角度图标中的任意点，也可以围绕角度图标拖动角度线，或在文本框中输入一个介于−179～180之间的值。

◆ **路径重叠**：用来控制涂抹线条从路径边界内部到路径边缘的距离或到路径边缘外的距离。该值为负数时，涂抹线条将被控制在路径边缘内部，如图10-171所示；该值为正数时，则将涂抹线条延伸至路径边缘的外部，如图10-172所示。

图10-171　负值效果　　　图10-172　正值效果

◆ **变化**：以设置好的路径长度为基础，设置图形内部线条排列的规则。

◆ **描边宽度**：用来设置涂抹线条的宽度。如图10-173

所示为该值为1时的效果；如图10-174所示为该值为2时的效果。

图10-173　为1时的效果　　图10-174　为2时的效果

◆ **曲度/变化**：前者用于控制涂抹线条在改变方向之前的弯曲程度，后者用于控制曲线和直线的相对曲度的差异大小。如图10-175所示为设置曲度为1%时的效果；如图10-176所示为设置曲度为100%时的效果。

图10-175　曲度为1%　　　图10-176　曲度为100%

◆ **间距/变化**：前者用来控制涂抹线条之间的折叠间距数量。后者用于调整涂抹线条之间距离的变化值。如图10-177所示为间距为3时的效果；如图10-178所示为设置间距为6时的效果。

图10-177　间距为3时的效果　　图10-178　间距为6时的效果

6. 羽化

"羽化"效果可以柔化对象的边缘，使其产生从内部到边缘逐渐透明的效果。其操作方法为：选择"效果"/"风格化"/"羽化"命令，打开"羽化"对话框，如图10-179所示。在"半径"数值框中输入羽化值后，单击 确定 按钮。如图10-180所示为原图效果和设置羽化后的效果。

图10-180　原图效果和设置羽化后的效果

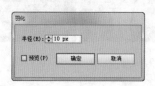

图10-179　"羽化"对话框

读书笔记

10.5　应用Photoshop效果

"效果"菜单的下半部分即"Photoshop效果"，该效果主要应用于位图图像，其中包括11个效果组，每个滤镜组中又包含了若干个效果，下面分别进行介绍。

10.5.1　效果画廊

"效果画廊"是常用效果的载体，集合了风格化、扭曲、素描和艺术效果组中的各种效果，可以将多个效果同时应用于同一对象，还可以用一个效果替换原有的效果。选择"效果"/"效果画廊"命令，打开"效果画廊"对话框，效果如图10-181所示。

预览区　　　　效果选择栏　　　　参数设置栏

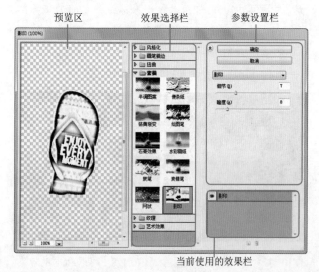

当前使用的效果栏

图10-181　"效果画廊"对话框

💬 知识解析："效果画廊"对话框

◆ 预览区：显示应用某个效果后的图像效果。单击下方数值右侧的 ▾ 按钮，在弹出的下拉列表中选择相应数值，可放大或缩小预览效果。

◆ 效果选择栏：其中提供了多个效果组，单击效果组名称前的 ▷ 按钮，将展开该组效果，并以图标的形式显示。此时 ▷ 按钮将变为 ▽ 按钮，再次单击，可收缩效果组。

◆ 参数设置栏：选择一个效果后，在参数设置栏中显示该效果的参数，设置不同的参数可达到不同的图像效果。

◆ 当前使用的效果栏：在其中显示了当前图形应用的滤镜名称。

◆ "新建效果图层"按钮 🗖：单击该按钮，可以创建一个效果图层，且在创建后，可以添加多个不同的效果。

◆ "删除效果图层"按钮 🗑：选择一个图层，再单击该按钮，可将其删除。

10.5.2 "像素化"效果组

"像素化"效果组包括"彩色半调""晶格化""点状化""铜版雕刻"4个效果，这些效果的功能主要用于将图像进行分块，即用许多小块来组成原来的图像，下面分别进行介绍。

1. 彩色半调

"彩色半调"效果可以在图像的每个通道上制作放大的半调网屏效果。对于每个通道，滤镜将图像划分为许多矩形，然后用圆形替换每个矩形且圆形的大小与矩形的亮度成正比。选择"效果"/"像素化"/"彩色半调"命令，打开如图10-182所示的"彩色半调"对话框，在其中设置相应参数即可，如图10-183所示为应用"彩色半调"前后的效果。

图10-182 "彩色半调"对话框

图10-183 应用彩色半调前后的效果

💬 知识解析："彩色半调"对话框 ·····················●

◆ 最大半径：用于设置彩色半调半径的大小。

◆ "网角"栏：该栏包括4个不同的通道的角度，其通道的数量与当前选择对象的颜色模式相关，"灰度"颜色模式下，只有一个通道可以使用。

2. 晶格化

"晶格化"效果可以将图像上的相同像素的颜色集结成纯色的多边形块状，从而产生类似于结晶的效果。选择"效果"/"像素化"/"晶格化"命令，打开如图10-184所示的"晶格化"对话框，在其中设置"单元格大小"的参数后，单击 确定 按钮即可，如图10-185所示为应用"晶格化"后的效果。

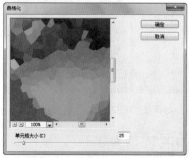 

图10-184 "晶格化"对话框　　图10-185 晶格化效果

3. 点状化

"点状化"效果可以将图像中的颜色分解为随机分布的网点，并使用背景色作为网点之间的画布区域。选择对象后，选择"效果"/"像素化"/"点状化"命令，打开"点状化"对话框，如图10-186所示。在其中即可设置每个网点的大小，如图10-187所示为应用"点状化"后的效果。

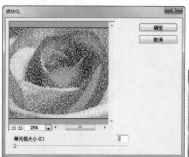 

图10-186 "点状化"对话框　　图10-187 点状化效果

4. 铜版雕刻

"铜版雕刻"效果可以使图像产生黑白区域的随机图案或彩色图像中完全饱和颜色的随机图案。选择对象后，选择"效果"/"像素化"/"铜版雕刻"命令，打开"铜版雕刻"对话框，如图10-188所示。在其中选择一个铜版雕刻类型，单击 确定 按钮即可，如图10-189所示为应用了"精细点的铜版雕刻"类型的效果。

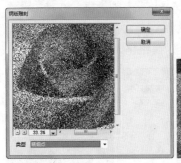

图10-188 "铜版雕刻"对话框　图10-189 铜版雕刻效果

10.5.3 "扭曲"效果组

Photoshop"扭曲"效果组与Illustrator效果中的"扭曲"效果组不同，该效果组中包括"扩散亮光"、"海洋波纹"和"玻璃"3个效果，可以对图像进行几何扭曲处理，下面分别进行介绍。

1. 扩散亮光

使用"扩散亮光"效果可以将图像的颜色柔和扩散，并将透明的白色颗粒添加到图像上，由中心向外渐隐亮光。选择"效果"/"扭曲"/"扩散亮光"命令，打开"扩散亮光"对话框，如图10-190所示。在其中设置扩散亮光参数，单击 确定 按钮即可，如图10-191所示为应用了"扩散亮光"前后的图像效果。

读书笔记

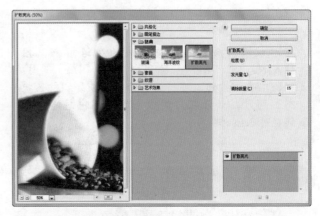

图10-190 "扩散亮光"对话框

图10-191 应用"扩散亮光"前后的效果

💬知识解析：**"扩散亮光"对话框**

◆ 粒度：用于确定光线的颗粒数量，数值越大，颗粒越明显。

◆ 发光量：用于确定光线的强度。

◆ 清除数量：用于确定图像中不受光线影响的范围，数值越大，范围越大。

2. 海洋波纹

"海洋波纹"效果可以在图像上产生随机分隔的波纹效果。选择对象后，选择"效果"/"扭曲"/"海洋波纹"命令，打开"海洋波纹"对话框。在其中可以设置波纹的大小和幅度，单击 确定 按钮即可。如图10-192所示为应用"海洋波纹"的效果。

图10-192 应用"海洋波纹"的效果

3. 玻璃

"玻璃"效果可以产生通过不同类型的玻璃来观看图像的效果。选择对象后，选择"效果"/"扭曲"/"玻璃"命令，打开"玻璃"对话框。在其中可以选择一种预设的玻璃效果，也可以通过拖动"扭曲度"和"平滑度"的滑块来自定义玻璃面，单击 确定 按钮即可，如图10-193所示为应用"玻璃"后的效果。

图10-193　应用"玻璃"的效果

💬知识解析：**"玻璃"对话框** ⋯⋯⋯⋯⋯⋯⋯●

- ◆ 扭曲度：用来调整图像扭曲变形的程度，必须是0~20之间的值。
- ◆ 平滑度：用来调整玻璃的平滑程度，必须是1~15之间的值。
- ◆ 纹理：用来设置玻璃的纹理类型。
- ◆ 缩放：用来放大或缩小玻璃纹理，必须是50~200之间的值。
- ◆ 反相：选中 ☑反相(I) 复选框可以使玻璃纹路反向显示。

10.5.4　"模糊"效果组

"模糊"效果组包括"径向模糊""特殊模糊""高斯模糊"3个效果，该效果组主要用于平滑图像中过于清晰和对比度过于强烈的区域，通常用于模糊图像背景和创建柔和的阴影效果。下面分别进行介绍。

1. 径向模糊

"径向模糊"效果可以使图像产生旋转或放射状模糊效果。选择对象后，选择"效果"/"模糊"/

"径向模糊"命令，打开"径向模糊"对话框。拖动"数量"滑块设置径向模糊的数量，如图10-194所示，单击 确定 按钮即可。如图10-195所示为应用"径向模糊"前后的效果。

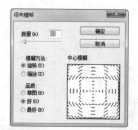

图10-194　"径向模糊"对话框

图10-195　应用"径向模糊"前后的效果

💬知识解析：**"径向模糊"参数** ⋯⋯⋯⋯⋯⋯⋯●

- ◆ 数量：用于调节模糊效果的强度。数值越大，模糊效果越强。
- ◆ 中心模糊：用于设置模糊从哪一点开始向外扩散，用鼠标单击预览图像框中的一点即可设置该选项的值。
- ◆ 旋转：选中 ⊙旋转(S) 单选按钮，将产生旋转模糊效果。
- ◆ 缩放：选中 ⊙缩放(Z) 单选按钮，将产生放射模糊效果，被模糊的图像从模糊中心处开始放大。
- ◆ 品质：用于调节模糊的质量。选中 ⊙草图(D) 单选按钮，可让图像产生颗粒化，速度最快；选中 ⊙好(G) 或 ⊙最好(B) 单选按钮，都可以产生较为平滑的图像，但花费的时间较长（如果"数量"设置值较小，两者之间效果不明显）。

2. 特殊模糊

"特殊模糊"效果通过找出图像的边缘以及模糊边缘以内的区域，从而产生一种边界清晰、中心模糊的效果。在选择对象后，选择"效果"/"模糊"/"特殊模糊"命令，打开"特殊模糊"对话框。在其中可以设置模糊的方式、品质、阈值和半径等参数，单击 确定 按钮，如图10-196所示为应用"特殊模糊"滤镜的效果。

图10-196　应用"特殊模糊"的效果

💬 **知识解析："特殊模糊"对话框** ·········

◆ **半径**：用于设置模糊效果的范围。该值越大，模糊的范围就越大。

◆ **阈值**：用于调整模糊产生的效果对图像的影响程序。数值越大，对图像的影响程度就越小。

◆ **品质**：在该下拉列表框中包括3种品质，分别是"高""中""低"。品质越低，速度越快，生成的图像效果越不平滑。

◆ **模式**：在该下拉列表框中有3种模式，分别是"正常""仅限边缘""叠加边缘"，选择不同选项，得到的效果也不相同，如图10-197和图10-198所示分别为选择"仅限边缘"和"叠加边缘"选项的效果。

图10-197　"仅限边缘"效果　图10-198　"叠加边缘"效果

3. 高斯模糊

"高斯模糊"效果根据高斯曲线对图像进行选择性地模糊，以产生强烈的模糊效果，是比较常用的模糊滤镜。

■■实例操作：打造逼真的烟雾效果

● 光盘\效果\第10章\烟雾效果.ai
● 光盘\实例演示\第10章\打造逼真的烟雾效果

　　本例将绘制并复制线条，然后设置图层混合模式，再使用"高斯模糊"效果模糊图像并柔化图形。最终得到如图10-199所示的效果。

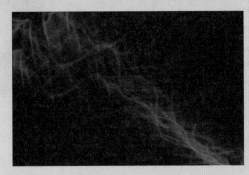

图10-199　最终效果

Step 1 ▶ 新建一个A4文档，使用"矩形工具" ▣ 绘制一个与画板大小相同的矩形，并填充为"黑色"。选中矩形，再按Ctrl+2快捷键，将选择的矩形锁定，如图10-200所示。使用"钢笔工具" ✏ 绘制一条垂直的线条，并设置线条的"描边颜色"为"白色"，"填充"为"无"，"粗细"为0.05mm，如图10-201所示。

图10-200　绘制背景　　　　　图10-201　绘制线条

技巧秒杀

　　如果当前描边单位是其他单位，如pt或者cm，可按Ctrl+K快捷键在打开的对话框中选择"单位"选项卡，将"描边单位"更改为mm。

操作解谜

由于后期还需要在黑色背景上绘制并编辑图形，因此将背景锁定以方便后期操作。另外，用户也可以直接单击子图层（黑色矩形）前的锁定/解锁图标（眼睛右边的小方块）来锁定对象。

Step 2 ▶ 使用"选择工具" ▨选择描边线条，然后选择"对象"/"变换"/"移动"命令，在打开的"移动"对话框中设置"水平"为0.05mm，"垂直"为0mm，再单击 复制(C) 按钮，单击 确定 按钮，如图10-202所示。然后一直按Ctrl+D快捷键反复复制对象，得到如图10-203所示效果。

图10-202　"移动"对话框　　图10-203　复制线条

Step 3 ▶ 使用"选择工具" ▨选择所有描边线条，在"透明度"面板中设置"混合模式"为"滤色"，再按Ctrl+G快捷键将线条编组，如图10-204所示。使用"钢笔工具" ▨，绘制如图10-205所示的形状。

图10-204　设置透明度　　图10-205　绘制形状

Step 4 ▶ 选择形状，按Ctrl+Shift+]组合键将其置于顶层。再按住Shift键，同时选中形状和描边，如图10-206所示。选择"对象"/"封套扭曲"/"用顶层对象建立"命令，得到如图10-207所示效果。

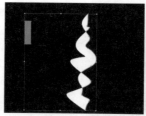

图10-206　选择对象　　图10-207　用顶层对象
建立图形

Step 5 ▶ 选择生成的网状图形，选择"效果"/"模糊"/"高斯模糊"命令，打开"高斯模糊"对话框，设置"半径"为8像素，单击 确定 按钮，如图10-208所示。按Ctrl+C和Ctrl+F快捷键，原位复制烟雾，然后调整其位置及大小，如图10-209所示。

图10-208　"高斯模糊"　　图10-209　最终效果
对话框

技巧秒杀

按Shift+Ctrl+E组合键，可以重复使用之前使用的效果和效果设置。在使用不明显的效果时经常需要使用这组按键。

10.5.5 "画笔描边"效果组

"画笔描边"效果组中包含"喷溅""喷色描边""墨水轮廓""强化的边缘""成角的线条""深色线条""烟灰墨""阴影线"8种效果，这些效果可以使用不同的画笔和油墨描边来使原图像产生不同的绘画效果。下面分别进行介绍。

1. 喷溅

"喷溅"滤镜可以使图像产生类似笔墨喷溅的自然效果。选择"效果"/"画笔描边"/"喷溅"命令，打开"喷溅"对话框。在其中可以设置喷色半径和平滑度的参数，如图10-210所示。单击 确定 按钮即可，如图10-211所示为应用"喷溅"的效果。

图10-210 "喷溅"对话框

图10-211 应用"喷溅"前后的效果

💬 知识解析："喷溅"对话框 ·················

◆ 喷色半径：用于调整喷色的半径大小，必须是0～25之间的值。

◆ 平滑度：用于设置喷色的平滑度，必须是1～15之间的值。

2. 喷色描边

"喷色描边"效果和"喷溅"效果比较类似，可以使图像产生斜纹飞溅的效果。选择"效果"/"画笔描边"/"喷色描边"命令，打开"喷色描边"对话框。在其中设置相应参数后，单击 确定 按钮即可，如图10-212所示为应用"喷色描边"的效果。

图10-212 应用"喷色描边"的效果

💬 知识解析："喷色描边"对话框 ·················

◆ 描边长度：用于设置描边的长短程度，必须是0～20之间的值。

◆ 喷色半径：用于设置描边的半径，必须是0～25之间的值。

◆ 描边方向：可以设置描边的方向。

3. 墨水轮廓

"墨水轮廓"效果模拟使用纤细的线条在图像原细节上重绘图像，从而生成钢笔画风格的图像效果。选择"效果"/"画笔描边"/"墨水轮廓"命令，打开"墨水轮廓"对话框。在其中设置相应参数后，单击 确定 按钮即可，如图10-213所示为应用"墨水轮廓"的效果。

图10-213 应用"墨水轮廓"的效果

💬 知识解析："墨水轮廓"对话框 ·················

◆ 描边长度：用于控制勾绘笔触的长度。

◆ 深色强度：用于设置线条阴影的强度，数值越高，图像越暗。

◆ 光照强度：用于设置线条高光的强度，数值越高，图像越亮。

4. 强化的边缘

"强化的边缘"效果可以对图像的边缘进行强化

处理。选择"效果"/"画笔描边"/"强化的边缘"命令，打开"强化的边缘"对话框。在其中设置相应参数后，单击 确定 按钮即可得到如图10-214所示的应用"强化的边缘"后的效果。

图10-214 应用"强化的边缘"效果

💬 **知识解析：** **"强化的边缘"对话框** ·····················•

◆ 边缘宽度：用于控制边缘宽度，数值越大，边缘越宽。

◆ 边缘亮度：用于调整边缘的亮度。数值越大，则强化效果与白色粉笔相似；数值较小，则强化效果与黑色油墨相似。

◆ 平滑度：用于调整边缘的平滑度。

5. 成角的线条

"成角的线条"效果可以使图像中的颜色按一定的方向进行流动，从而产生类似倾斜划痕的效果。选择"效果"/"画笔描边"/"成角的线条"命令，打开"成角的线条"对话框。在其中设置相应参数后，单击 确定 按钮即可得到如图10-215所示的效果。

图10-215 应用"成角的线条"效果

💬 **知识解析：** **"成角的线条"对话框** ··············•

◆ 方向平衡：用于调整笔触线条的倾斜方向。

◆ 描边长度：用于控制勾绘笔触的长度。

◆ 锐化程度：用于控制笔锋的尖锐程度。

6. 深色线条

"深色线条"效果将使用短而密的线条来绘制图像的深色区域，用长而白的线条来绘制图像的浅色区域。选择"效果"/"画笔描边"/"深色线条"命令，打开"深色线条"对话框。在其中设置相应参数，单击 确定 按钮即可得到如图10-216所示的效果。

图10-216 应用"深色线条"效果

💬 **知识解析：** **"深色线条"对话框** ··············•

◆ 平衡：用于控制线条的绘制方向，必须是0~10之间的值。

◆ 黑色强度：用于控制阴影区的强度，必须是0~10之间的值。

◆ 白色强度：用于控制白色区域的强度，必须是0~10之间的值。

7. 烟灰墨

"烟灰墨"效果模拟使用蘸满黑色油墨的湿画笔在宣纸上绘画的效果。选择"效果"/"画笔描边"/"烟灰墨"命令，打开"烟灰墨"对话框。在其中设置相应参数后，单击 确定 按钮即可，如图10-217所示为应用"烟灰墨"效果。

读书笔记▶

图10-217 应用"烟灰墨"效果

知识解析："烟灰墨"对话框

◆ 描边宽度：用于控制描边的宽度，数值越大，效果越明显。

◆ 描边压力：用于控制描边的压力，数值越大，效果越明显。

◆ 对比度：用于控制图像整体对比度，必须是0~40之间的值。

8. 阴影线

"阴影线"效果可以使图像表面生成交叉状倾斜划痕的效果。选择"效果"/"画笔描边"/"阴影线"命令，打开"阴影线"对话框。在其中设置相应参数后，单击 确定 按钮即可得到如图10-218所示的应用"阴影线"后的效果。

图10-218 应用"阴影线"效果

知识解析："阴影线"对话框

◆ 描边长度：用于设置线条的长度。

◆ 锐化程度：用于设置线条的清晰程度。

◆ 强度：用于设置线条的数量和强度。

10.5.6 "素描"效果组

"素描"效果组包括14个效果，这些效果比较

接近素描效果，并且大部分是单色。素描类滤镜可根据图像中高色调、半色调和低色调的分布情况，使用前景色和背景色按特定的运算方式进行填充，使图像产生素描、速写及三维的艺术效果。下面将分别进行介绍。

1. 便条纸

"便条纸"效果可以使图像以当前前景色和背景色混合产生凹凸不平的草纸画效果，其中前景色作为凹陷部分，背景色作为凸出部分。选择"效果"/"素描"/"便条纸"命令，打开"便条纸"对话框。在其中设置相应参数后，如图10-219所示。单击 确定 按钮即可得到如图10-220所示的效果。

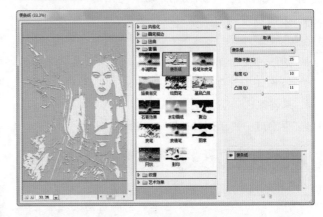

图10-219 "便条纸"对话框

图10-220 应用"便条纸"前后的效果

知识解析："便条纸"对话框

◆ 图像平衡：用于调整前景色和背景色之间的面积大小。

◆ 粒度：用于调整图像产生颗粒的多少。

◆ 凸现：用于调节浮雕的凹凸程度。数值越大，浮雕效果越明显。

2. 半调图案

"半调图案"效果可以使用前景色和背景色将图像以网点效果显示。选择"效果"/"素描"/"半调图案"命令，打开"半调图案"对话框。在其中设置相应参数后，单击 确定 按钮即可得到如图10-221所示的效果。

图10-221 应用"半调图案"的效果

💬知识解析："半调图案"对话框 ·············

◆ **大小**：用于设置网点的大小。数值越大，其网点越大。

◆ **对比度**：用于设置前景色的对比度。数值越大，前景色的对比度越强。

◆ **图案类型**：用于设置图案的类型。

3. 图章

"图章"效果可简化图像，使其呈现木制或橡皮图章盖印的效果，多用于黑白图像。选择"效果"/"素描"/"图章"命令，打开"图章"对话框。在其中设置相应参数后，单击 确定 按钮即可得到如图10-222所示的效果。

图10-222 应用"图章"的效果

💬知识解析："图章"对话框 ·············

◆ **明/暗平衡**：用于设置前景色与背景色的混合比例。当数值为0时，图像将显示为背景色；当数值

大于50时，图像显示为前景色。

◆ **平滑度**：用于调节图章效果显示的锯齿程度。数值越大，图像越光滑。

4. 基底凸现

"基底凸现"效果可模拟浮雕的雕刻效果和突出光照下变化的表面。把图像中的高亮与暗色区域分别用白色和黑色表示。选择"效果"/"素描"/"基底凸现"命令，打开"基底凸现"对话框。在其中设置相应参数后，单击 确定 按钮即可得到如图10-223所示的效果。

图10-223 应用"基底凸现"的效果

💬知识解析："基底凸现"对话框 ·············

◆ **细节**：用于设置基底凸现效果的细节部分。数值越大，图像凸现部分刻画越细腻。

◆ **平滑度**：用于设置基底凸现效果的光洁度。数值越大，凸现部分越平滑。

◆ **光照**：用于设置基底凸现效果的光照方向。

5. 影印

"影印"可以模拟影印效果。其中用前景色来填充图像的高亮度区，用背景色来填充图像的暗区。选择"效果"/"素描"/"影印"命令，打开"影印"对话框。在其中设置相应参数后，单击 确定 按钮即可得到如图10-224所示的效果。

读书笔记

图10-224 应用"影印"的效果

💬知识解析："影印"对话框 ⋯⋯⋯⋯●

◆ 细节：用于调节图像变化的层次。

◆ 暗度：用于调节图像阴影部分黑色的深度。

6. 撕边

"撕边"效果指可以在图像的前景色和背景色的交界处生成粗糙及撕破的纸片形状效果。选择"效果"/"素描"/"撕边"命令，打开"撕边"对话框。在其中设置相应参数后，单击 确定 按钮即可得到如图10-225所示的效果。

图10-225 应用"撕边"的效果

💬知识解析："撕边"对话框 ⋯⋯⋯⋯●

◆ 图像平衡：用于调整所用前景色和背景色的比值。数值越大，前景色所占比例越大。

◆ 平滑度：用于设置图像边缘的平滑度。数值越大，图像边缘越平滑。

◆ 对比度：用于设置前景色和背景色两种颜色边界的混合程度。数值越大，图像明暗程度越明显。

7. 水彩画纸

"水彩画纸"效果指能制作出类似在潮湿的纸上绘图并产生画面浸湿的效果。选择"效果"/"素描"/"水彩画纸"命令，打开"水彩画纸"对话框。

在其中设置相应参数后，单击 确定 按钮即可得到如图10-226所示的效果。

图10-226 应用"水彩画纸"的效果

💬知识解析："水彩画纸"对话框 ⋯⋯⋯⋯●

◆ 纤维长度：用于设置绘图纸张的纤维长度。

◆ 亮度：用于设置整个画面的明暗程度。

◆ 对比度：用于设置整个画面在颜色色相上的对比度。

8. 炭笔

"炭笔"效果指可将图像进行色调分离、涂抹的效果，其边缘以粗线条绘制。选择"效果"/"素描"/"炭笔"命令，打开"炭笔"对话框。在其中设置相应参数后，单击 确定 按钮即可得到如图10-227所示的效果。

图10-227 应用"炭笔"的效果

💬知识解析："炭笔"对话框 ⋯⋯⋯⋯●

◆ 炭笔粗细：用于设置炭笔涂抹的区域大小。

◆ 细节：用于设置绘制画面的细致程度。

◆ 明/暗平衡：用于设置画面生成的亮部和暗部的对比度。

9. 炭精笔

"炭精笔"效果指可以在图像上模拟浓黑和

纯白的炭精笔纹理效果。在图像中的深色区域使用前景色,在浅色区域或亮区使用背景色。选择"效果"/"素描"/"炭精笔"命令,打开"炭精笔"对话框。在其中设置相应参数后,单击 确定 按钮即可得到如图10-228所示的效果。

图10-228 应用"炭精笔"的效果

💬知识解析: "炭精笔"对话框 ·············

◆ 前景色阶/背景色阶:用于调节前景色和背景色的平衡关系。哪种色阶的数值越高,颜色就越突出。

◆ 纹理:用于选择预设的纹理。单击 ≡按钮,在弹出的快捷菜单中选择"载入纹理"命令。在打开的"载入纹理"对话框中选择一个PSD格式文件作为产生纹理的模板。

◆ 缩放/凸现:用于设置纹理的大小和凹凸程度。

◆ 光照:用于选择光照方向。

◆ 反相:选中☑反相①复选框可使纹理反转显示。

10. 石膏效果

"石膏效果"指可以产生一种石膏浮雕效果,且图像以前景色和背景色填充。选择"效果"/"素描"/"石膏效果"命令,打开"石膏效果"对话框。在其中设置相应参数后,单击 确定 按钮可得到如图10-229所示的效果。

图10-229 应用"石膏效果"的效果

💬知识解析: "石膏效果"对话框 ·············

◆ 图像平衡:用于调节前景色与背景色之间的比例关系。

◆ 平滑度:用于调节图像的粗糙程度,数值越大,图像越光滑。

◆ 光照:在其下拉列表框中可以选择光照的方向,有"上""左""右"等8个选项。

11. 粉笔和炭笔

"粉笔和炭笔"效果指可以产生粉笔和炭笔涂抹的草图效果。在处理过程中,粉笔使用背景色,用来处理图像较亮的区域;炭笔使用前景色,用来处理图像较暗的区域。选择"效果"/"素描"/"粉笔和炭笔"命令,打开"粉笔和炭笔"对话框。在其中设置相应参数后,单击 确定 按钮即可得到如图10-230所示的应用"粉笔和炭笔"后的效果。

图10-230 应用"粉笔和炭笔"的效果

💬知识解析: "粉笔和炭笔"对话框 ·············

◆ 炭笔区:用于设置炭笔涂抹的区域大小。

◆ 粉笔区:用于设置粉笔涂抹的区域大小。数值越大,产生的粉笔区范围越广。

◆ 描边压力:用于设置粉笔和炭笔涂抹的压力强度。

12. 绘图笔

"绘图笔"效果指使用前景色和背景色生成一种钢笔画素描效果,图像中没有轮廓,只有变化的笔触效果。选择"效果"/"素描"/"绘图笔"命令,打开"绘图笔"对话框。在其中设置相应参数后,单击 确定 按钮即可得到如图10-231所示的效果。

图10-231　应用"绘图笔"的效果

💬知识解析："绘图笔"对话框 ⋯⋯⋯⋯⋯⋯

◆ 描边长度：用于调节笔触在图像中的长短。

◆ 明/暗平衡：用于调整图像前景色和背景色的比例。当该数值为0时，图像被背景色填充；当数值为100时，图像被前景色填充。

◆ 描边方向：用于选择笔触的方向，有4种描边方向。

13. 网状

"网状"效果指使用前景色和背景色填充图像，在图像中产生一种网眼覆盖效果。选择"效果"/"素描"/"网状"命令，打开"网状"对话框。在其中设置相应参数后，单击 ▭确定▭ 按钮即可得到如图10-232所示的应用"网状"后的效果。

图10-232　应用"网状"的效果

💬知识解析："网状"对话框 ⋯⋯⋯⋯⋯⋯

◆ 浓度：用于设置网眼的密度。

◆ 前景色阶：用于设置前景色的层次。数值越大，实色块越多。

◆ 背景色阶：用于设置背景色的层次。

14. 铭黄

"铭黄"效果可以模拟出液态金属的表面效果。选择"滤镜"/"素描"/"铭黄"命令，打开"铭

黄"对话框。在其中设置图像细节的保留程度和图像效果的光滑程度后，单击 ▭确定▭ 按钮即可得到如图10-233所示的应用"铭黄"后的效果。

图10-233　应用"铭黄"的效果

10.5.7　"纹理"效果组

"纹理"效果组可以在图像中模拟出纹理的效果。该组中包括"拼缀图""染色玻璃""纹理化""颗粒""马赛克拼贴""龟裂缝"6个效果。下面分别进行介绍。

1. 拼缀图

"拼缀图"效果可将图像分解为由若干方形图块组成的效果，图块的颜色由该区域的主色决定，随机减少或增加拼贴的深度，以复原图像的高光和暗色区域。

选择"效果"/"素描"/"拼缀图"命令，打开"拼缀图"对话框。在其中设置相应参数后，如图10-234所示，单击 ▭确定▭ 按钮即可得到如图10-235所示的效果。

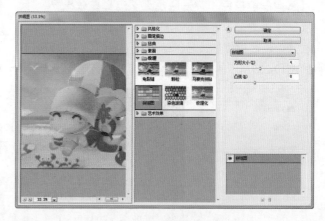

图10-234　"拼缀图"对话框

图10-235 应用"拼缀图"前后的效果

💬 知识解析："拼缀图"对话框 ┈┈┈┈┈●

◆ **方形大小**：用于调整方块的大小。数值越小，方块越小，图像越精细。

◆ **凸现**：用于设置拼贴瓷片的凹凸程度。数值越大，纹理凹凸程度越明显。

2. 染色玻璃

"染色玻璃"效果可以在图像中产生不规则的玻璃网格，每格的颜色由该格的平均颜色来显示。

实例操作：制作水珠效果

● 光盘\素材\第10章\雨伞.jpg ● 光盘\效果\第10章\水珠.ai
● 光盘\实例演示\第10章\制作水珠效果

本例将打开"雨伞.jpg"图像，使用"染色玻璃"和"石膏效果"等制作水滴，效果如图10-236和图10-237所示。

图10-236 "染色玻璃"最终效果

图10-237 "石膏效果"最终效果

Step 1 ▶ 打开"雨伞.jpg"图像，再按Ctrl+C和Ctrl+F快捷键原位复制图像，如图10-238所示。选择"效果"/"纹理"/"染色玻璃"命令，打开"染色玻璃"对话框，设置"单元格大小"为13，"边框粗细"为7，"光照强度"为10，如图10-239所示。

图10-238 打开图像　图10-239 设置染色玻璃参数

Step 2 ▶ 单击 确定 按钮，得到如图10-240所示的效果。选择"效果"/"素描"/"石膏效果"命令，打开"石膏效果"对话框，设置"图像平衡"为35，"平滑度"为15，并在"光照"下拉列表框中选择"左上"选项，如图10-241所示。

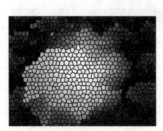

图10-240 染色玻璃效果　图10-241 设置石膏效果参数

Step 3 ▶ 单击 确定 按钮，得到如图10-242所示的效果。再按Shift+Ctrl+F10组合键打开"透明度"面板，在其中设置"混合模式"为"滤色"，"不透明度"为30%，如图10-243所示。

图10-242 石膏效果　　图10-243 设置透明度

Step 4 ▶ 此时可得到如图10-244所示的图像效果。然后选择水珠图像，将鼠标光标置于右上角的控制点上，调整其大小及位置，并复制多个水珠图形放于如图10-245所示的位置。

图10-244 水珠效果　图10-245 复制并调整水珠位置

💬 **知识解析："染色玻璃"对话框** ·············

◆ 单元格大小：用于设置玻璃网格的大小。数值越大，图像的玻璃网格越大。

◆ 边框粗细：用于设置格子边框的宽度。数值越大，网格的边缘越宽。

◆ 光照强度：用于设置照射格子的虚拟灯光强度。数值越大，图像中间的光照越强。

3. 纹理化

"纹理化"效果可以为图像添加砖形、粗麻布、画布和砂岩等纹理效果，还可以调整纹理的大小和深度。选择"效果"/"素描"/"纹理化"命令，打开"纹理化"对话框。在其中设置相应参数后，单击 确定 按钮即可得到如图10-246所示的效果。

图10-246 应用"纹理化"的效果

💬 **知识解析："纹理化"对话框** ·············

◆ 纹理：用于设置纹理样式，包含"砖形""粗麻布""画布""砂岩"4种纹理类型。另外，用户还可选择"载入纹理"选项来装载自定义的PSD文件格式存放的纹理模板。

◆ 缩放：用于调整纹理的尺寸大小。数值越大，纹理效果越明显。

◆ 凸现：用于调整纹理产生的深度。数值越大，图像的纹理深度越深。

◆ 光照：用于调整光照的方向。

◆ 反相：选中☑反相①复选框，将反转光照方向。

4. 颗粒

"颗粒"效果可以在图像中随机加入不规则的颗粒来产生颗粒纹理效果。选择"效果"/"素描"/"颗粒"命令，打开"颗粒"对话框。在其中设置相应参数后，单击 确定 按钮即可得到如图10-247所示的效果。

图10-247 应用"颗粒"的效果

💬 **知识解析："颗粒"对话框** ·············

◆ 强度：用于设置颗粒密度，其取值范围为0～100。数值越大，图像中的颗粒越多。

◆ 对比度：用于调整颗粒的明暗对比度，其取值范围为0～100。

◆ 颗粒类型：用于设置颗粒的类型。

5. 马赛克拼贴

"马赛克拼贴"效果是一种由小的碎片拼贴组成，拼贴之间还有缝隙的图像效果，网格的大小以及缝隙的宽度和深度可以调整。

选择"效果"/"素描"/"马赛克拼贴"命令，打开"马赛克拼贴"对话框。在其中设置相应参数后，单击 确定 按钮即可得到如图10-248所示的效果。

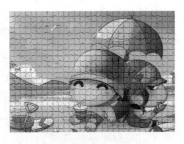

图10-248　应用"马赛克拼贴"的效果

💬知识解析：　**"马赛克拼贴"对话框** ·················•

◆ **拼贴大小**：用于设置贴块大小。数值越大，拼贴的网格越大。

◆ **缝隙宽度**：用于设置贴块间隔的大小。数值越大，拼贴的网格缝隙越宽。

◆ **加亮缝隙**：用于设置间隔加亮程度。数值越大，拼贴缝隙的明度越高。

6. 龟裂缝

　　"龟裂缝"效果可以使图像产生龟裂纹理，从而制作出具有浮雕效果的立体图像效果。选择"效果"/"素描"/"龟裂缝"命令，打开"龟裂缝"对话框。在其中设置相应参数后，单击 确定 按钮即可得到如图10-249所示的效果。

图10-249　应用"龟裂缝"的效果

💬知识解析：　**"龟裂缝"对话框** ·················•

◆ **裂缝间距**：用于设置裂纹间隔的距离。数值越大，纹理间的间距越大。

◆ **裂缝深度**：用于设置裂纹深度。数值越大，纹理的裂缝越深。

◆ **裂缝亮度**：用于设置裂纹亮度。数值越大，纹理裂纹的颜色越亮。

10.5.8　"艺术效果"效果组

　　"艺术效果"组中包括了15种效果，如"塑料包装""壁画""干画笔""底纹效果""海报边缘""海绵""涂抹棒""粗糙蜡笔""绘画涂抹""胶片颗粒""调色刀""霓虹灯光"等效果，这些效果可以通过模仿传统手绘图画的方式绘制出不同的绘画效果，下面分别进行介绍。

1. 塑料包装

　　"塑料包装"可以使图像产生质感较强并具有立体感的塑料效果。选择"效果"/"素描"/"塑料包装"命令，打开"塑料包装"对话框。在其中设置相应参数后如图10-250所示。单击 确定 按钮即可得到如图10-251所示的应用"塑料包装"后的效果。

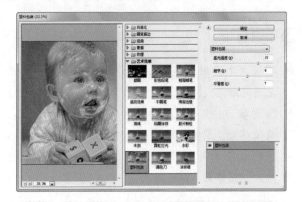

图10-250　"塑料包装"对话框

图10-251　应用"塑料包装"前后的效果

💬知识解析：　**"塑料包装"对话框** ·················•

◆ **高光强度**：用于调节图像中高光区域的亮度。数值越大，图像产生的反光越强。

◆ **细节**：用于调节作用于效果细节的精细程度。数值越大，塑料包装效果越明显。

◆ **平滑度**：值越大，产生的塑料包装效果越光滑。

2. 壁画

"壁画"可以使用粗糙的圆形线条描边图像，模拟出壁画效果。选择"效果"/"素描"/"壁画"命令，打开"壁画"对话框。在其中设置相应参数后，单击 确定 按钮即可，如图10-252所示为应用"壁画"后的效果。

图10-252 应用"壁画"的效果

知识解析："壁画"对话框

◆ **画笔大小**：用于设置画笔的大小。数值越大，画笔的笔触越大。

◆ **画笔细节**：用于设置画笔刻画图像的细腻程度。数值越大，图像中的色彩层次越细腻。

◆ **纹理**：用于调节效果颜色间过渡的平滑度。数值越大，图像效果越明显。

3. 干画笔

"干画笔"可以使图像生成一种干燥的笔触效果，类似于绘画中的干画笔效果。选择"效果"/"素描"/"干画笔"命令，打开"干画笔"对话框。在其中设置相应参数后，单击 确定 按钮即可，如图10-253所示为应用"干画笔"后的效果。

图10-253 应用"干画笔"的效果

4. 底纹效果

"底纹效果"可以根据所选的纹理类型来使图像产生一种纹理效果。选择"效果"/"素描"/"底纹效果"命令，打开"底纹效果"对话框。在其中设置相应参数后，单击 确定 按钮即可得到如图10-254所示的效果。

图10-254 应用"底纹效果"的效果

知识解析："底纹效果"对话框

◆ **画笔大小**：用于设置笔触的大小。数值越小，画笔笔触越大。

◆ **纹理覆盖**：用于设置笔触的细腻程度。数值越大，图像越模糊。

◆ **纹理**：用于选择纹理的样式。

◆ **缩放**：用于设置覆盖纹理的缩放比例。数值越大，底纹的效果越明显。

◆ **凸现**：用于调整覆盖纹理的深度。数值越大，纹理的深度越明显。

◆ **光照**：用于调整灯光照射的方向。

◆ **反相**：选中 反相 复选框，将反转光照方向。

5. 彩色铅笔

"彩色铅笔"效果可以将图像以彩色铅笔绘画的方式显示出来。选择"效果"/"素描"/"彩色铅笔"命令，打开"彩色铅笔"对话框。在其中设置相应参数后，单击 确定 按钮即可得到如图10-255所示的效果。

读书笔记

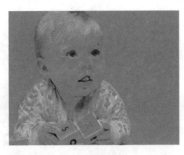

图10-255 应用"彩色铅笔"的效果

💬 知识解析："彩色铅笔"对话框 ·················●

◆ **铅笔宽度**：数值越大，图像效果越粗糙，其取值范围为0~24。

◆ **描边压力**：用于控制图像颜色的明暗度。数值越大，图像的亮度变化越小，其取值范围为0~15。

◆ **纸张亮度**：用于控制背景色在图像中的明暗程度。数值越大，背景色越明亮。

6. 木刻

"木刻"可以将图像制作出类似木刻画的效果。选择"效果"/"素描"/"木刻"命令，打开"木刻"对话框。在其中设置相应参数后，单击 确定 按钮即可得到如图10-256所示的效果。

图10-256 应用"木刻"的效果

💬 知识解析："木刻"对话框 ·················●

◆ **色阶数**：用于设置图像中色彩的层次。数值越大，图像的色彩层次越丰富。

◆ **边缘简化度**：用于设置图像边缘的简化程度。数值越小，边缘越明显。

◆ **边缘逼真度**：用于设置产生痕迹的精确度。数值越小，图像痕迹越明显。

7. 水彩

"水彩"可以将图像制作成类似水彩画的效果。选择"效果"/"素描"/"水彩"命令，打开"水彩"对话框。在其中设置相应参数后，单击 确定 按钮即可得到如图10-257所示的效果。

图10-257 应用"水彩"的效果

💬 知识解析："水彩"对话框 ·················●

◆ **画笔细节**：用于设置图像的刻画细腻程度。数值越大，图像的水彩效果越粗糙。

◆ **阴影强度**：用来设置图像水彩暗部区域的强度。其取值范围为0~10。当数值为10时，图像的暗调区域完全成为黑色。

◆ **纹理**：用于调节水彩的材质纹理。

8. 海报边缘

"海报边缘"可以使图像查找出颜色差异较大的区域，并将其边缘填充成黑色，使图像产生海报画的效果。选择"效果"/"素描"/"海报边缘"命令，打开"海报边缘"对话框。在其中设置相应参数后，单击 确定 按钮即可得到如图10-258所示的效果。

图10-258 应用"海报边缘"的效果

💬 知识解析："海报边缘"对话框 ••••••••••••••••

◆ 边缘厚度：用于调节图像黑色边缘的宽度。值越大，边缘轮廓越宽。

◆ 边缘强度：用于调节图像边缘的明暗程度。值越大，边缘越黑。

◆ 海报化：用于调节颜色在图像上的渲染效果。值越大，海报效果越明显。

9. 海绵

"海绵"可以使图像产生类似海绵浸湿的图像效果。选择"效果"/"素描"/"海绵"命令，打开"海绵"对话框。在其中设置相应参数后，单击 确定 按钮即可得到如图10-259所示的效果。

图10-259　应用"海绵"的效果

💬 知识解析："海绵"对话框 ••••••••••••••••

◆ 画笔大小：用于设置海绵画笔笔触的大小。数值越大，海绵效果的画笔笔触越大。

◆ 清晰度：用于设置图像的清晰程度。数值越小，图像效果越清晰。

◆ 平滑度：用于设置海绵颜色的清晰程度。

10. 涂抹棒

"涂抹棒"用于使图像产生类似用粉笔或蜡笔在纸上涂抹的图像效果。

选择"效果"/"素描"/"涂抹棒"命令，打开"涂抹棒"对话框。在其中设置相应参数后，单击 确定 按钮即可得到如图10-260所示的应用"涂抹棒"后的效果。

图10-260　应用"涂抹棒"的效果

💬 知识解析："涂抹棒"对话框 ••••••••••••••••

◆ 描边长度：用于设置绘制的长度。数值越大，画笔的笔触越长。

◆ 高光区域：用于设置绘制的高光区域。数值越大，图像中的高光区域对比越强。

◆ 强度：用于设置图像的明暗强度，数值越大，图像中的明暗对比越强。

11. 粗糙蜡笔

"粗糙蜡笔"可以使图像产生类似蜡笔在纹理背景上绘图时产生的一种纹理浮雕效果。选择"效果"/"素描"/"粗糙蜡笔"命令，打开"粗糙蜡笔"对话框。在其中设置相应参数后，单击 确定 按钮即可得到如图10-261所示的效果。

图10-261　应用"粗糙蜡笔"的效果

💬 知识解析："粗糙蜡笔"对话框 ••••••••••••••••

◆ 描边长度：用于设置画笔线条的长度。数值越大，线条越长。

◆ 描边细节：用于设置线条刻画细节的程度。数值越大，图像细节越细腻。

◆ 纹理：用于设置纹理样式。

◆ 缩放：用于设置纹理的大小。数值越大，底纹的效果越明显。

◆ 凸现：用于调整覆盖纹理的深度。数值越大，纹理的深度越明显。

◆ 光照：用于调整灯光照射的方向。

◆ 反相：选中 ☑反相(I) 复选框，将反转光照方向。

12. 绘画涂抹

"绘画涂抹"可以使图像产生类似手指在湿画上涂抹的模糊效果。选择"效果"/"素描"/"绘画涂抹"命令，打开"绘画涂抹"对话框。在其中设置相应参数后，单击 确定 按钮即可得到如图10-262所示的效果。

图10-262 应用"绘画涂抹"的效果

💬 知识解析："绘画涂抹"对话框 ·············

◆ 画笔大小：用于设置画笔的大小。数值越大，涂抹的画笔笔触越大。

◆ 锐化程度：用于设置画笔的锐化程度。数值越大，图像效果越粗糙。

◆ 画笔类型：在右侧的下拉列表框中选择不同的画笔类型可得到不同的涂抹效果。包括"简单""未处理光照""未处理深色""宽锐化""宽模糊""火花"6种类型。

13. 胶片颗粒

"胶片颗粒"可以使图像产生类似胶片颗粒的效果。选择"效果"/"素描"/"胶片颗粒"命令，打开"胶片颗粒"对话框。在其中设置相应参数后，单击 确定 按钮即可，如图10-263所示为应用"胶片颗粒"后的效果。

图10-263 应用"胶片颗粒"的效果

💬 知识解析："胶片颗粒"对话框 ·············

◆ 颗粒：用于设置颗粒纹理的稀疏程度。数值越大，颗粒越多。

◆ 高光区域：用于设置图像中高光区域的范围。数值越大，亮度区域越大。

◆ 强度：用于设置图像亮部区域的亮度。数值越大，亮部区域颗粒越少。

14. 调色刀

"调色刀"可以将图像的色彩层次简化，使相近的颜色融合，产生类似粗笔画的绘图效果。选择"效果"/"素描"/"调色刀"命令，打开"调色刀"对话框。在其中设置相应参数后，单击 确定 按钮即可得到如图10-264所示的效果。

图10-264 应用"调色刀"的效果

💬 知识解析："调色刀"对话框 ·············

◆ 描边大小：用于设置图像颜色混合的程度。数值越大，图像越模糊。

◆ 描边细节：用于设置边缘的清晰程度。数值越大，图像边缘越清晰。

◆ 软化度：用于设置图像的模糊程度。数值越大，图像越模糊。

15. 霓虹灯光

"霓虹灯光"可以使图像的亮部区域产生类似霓虹灯的光照效果。选择"效果"／"素描"／"霓虹灯光"命令，打开"霓虹灯光"对话框。在其中设置相应参数后，单击 确定 按钮即可得到如图10-265所示的效果。

图10-265　应用"霓虹灯光"的效果

💬 知识解析：　**"霓虹灯光"对话框** ·················

◆ **发光大小**：用于设置霓虹灯的照射范围。数值越大，灯光的照射范围越广。

◆ **发光亮度**：用于设置霓虹灯灯光的亮度。数值越大，灯光效果越明显。

◆ **发光颜色**：用于设置霓虹灯灯光的颜色。单击其右侧的颜色框，在打开的"拾色器"对话框中可以设置霓虹灯的发光颜色。

10.5.9　"视频"效果组

视频滤镜用于处理隔行扫描方式的设备中提取的图像，包含了"NTSC颜色"和"逐行"两种滤镜。使用时只需选择"效果"／"视频"命令，在弹出的视频滤镜组的子菜单中进行相应的选择。

1. NTSC颜色

"NTSC颜色"滤镜可以将图像的色域限制在电视机重现可接受的范围内，以防止过饱和颜色渗入到电视扫描行中。

2. 逐行

"逐行"滤镜可以移除视频图像中奇数或偶数隔行线，使在视频上捕捉的运动图像变得平滑。如

图10-266所示为"逐行"对话框。

图10-266　"逐行"对话框

💬 知识解析：　**"逐行"对话框** ·················

◆ **"消除"栏**：用于控制消除逐行的方式。

◆ **"创建新场方式"栏**：用于设置消除场以后用何种方式来填充空白区域。

10.5.10　"风格化"效果组

"风格化"效果组中只包含了一个效果，即"照亮边缘"效果，即可将图像边缘轮廓照亮。选择"效果"／"风格化"／"照亮边缘"命令，打开"照亮边缘"对话框。在其中设置相应参数后，如图10-267所示，单击 确定 按钮即可，得到图10-268所示的效果。

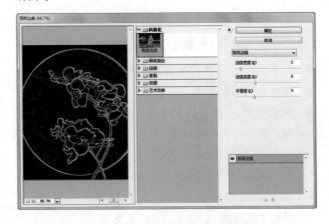

图10-267　"照亮边缘"对话框

图10-268　应用"照亮边缘"前后的效果

知识解析："照亮边缘"对话框 ······

◆ 边缘宽度：用于设置照亮边缘线条的宽度。数值越大，照亮边缘的宽度越宽。

◆ 边缘亮度：用于设置边缘线条的亮度。数值越

大，边缘轮廓越亮。

◆ 平滑度：用于设置边缘线条的光滑程度。数值越大，图像边缘越平滑。

知识大爆炸 ●
——改善效果性能与效果应用技巧

　　在Illustrator CC中，有一些效果会占用非常大的内存，因此，在使用这些效果时，用户可通过下面几个方面来提高效率：

◆ 在为图形应用效果时，可尝试不同的设置以提高计算机运行速度。

◆ 在对应"效果"对话框中选中预览复选框 ☑ 预览(P) 并及时预览图形效果，以节省时间并防止出现不满意的结果。

◆ 如果制作的图形要在灰度打印机上进行图像打印，那么建议用户在应用效果之前先将位图图像的一个副本转换为灰度图像。但需要注意的是，在某些情况下，对彩色位图图像应用效果后再将其转换为灰度图像所得到的图形效果，与直接对图像的灰度版本应用同一效果所得到的图形效果会有所不同。

◆ 对于链接的位图对象应用效果将不起任何作用，如果对链接的位图应用效果，则效果将应用于嵌入的位图副本，而非原始位图图像。如果要对原始位图应用效果，则必须将原始位图嵌入到当前文档。

读书笔记 ▶

Web 图形与样式

本章导读 ●

制作网页或网页元素时，用户经常会使用Illustrator对图像进行输出。通过Illustrator的输出可有效压缩图像大小。本章将讲解创建与编辑切片、优化与输出图像等，掌握这些操作有利于用户将图像在网络上进行输出。

11.1 了解Web图形

Illustrator CC的一个重要应用领域是网页，为了更好地编辑网页图像，用户可使用Illustrator自带的Web工具对制作的Web图像进行优化。

11.1.1 了解像素预览

由于Web图像始终以像素进行显示，也就意味着Web图像是以像素的形式进行查看的。这种情况下，就需要具有极高分辨率的显示器进行显示。如果显示器分辨率较低，那么图形和文本显示时将会出现锯齿。

要补偿显示器上的低分辨率，可使用Illustrator消除锯齿以漂亮的方式预览图形和文本。可选择"视图"/"像素预览"命令，进入"像素预览"模式，此时，放大图稿可准确地查看到消除锯齿效果如何影响图形，如图11-1所示。同时，该模式将屏幕上的图形显示为实际的栅格，这也是图形会在Web浏览器中显示的方式。

图11-1 像素预览

11.1.2 使用Web安全色

不同的平台（Mac、PC等）有不同的调色板，不同的浏览器也有自己的调色板。这就意味着对于一幅图，显示在Mac上的Web浏览器中的图像，与它在PC上相同浏览器中显示的颜色效果可能差别很大。

因此，当用户在"拾色器"对话框或"颜色"面板中选择颜色时，在其中经常会出现警告 图标，表示该图像已经超出Web安全色的范围，且不能在其他Web浏览器上显示为相同的效果。Illustrator会在该警告图标旁边提供与当前颜色最为接近的Web安全颜色。此时，单击 图标即可将当前颜色替换为最接近的Web安全颜色，如图11-2所示。

图11-2 将颜色转换为安全色

此外，用户在"拾色器"对话框中选中 ☑仅限 Web 颜色(0) 复选框，在该对话框中只显示Web安全色，如图11-3所示。

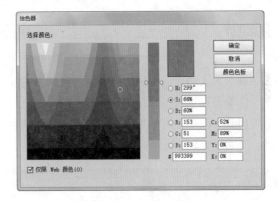

图11-3 在"拾色器"对话框中只显示Web安全色

11.2 使用切片

在制作网页时，为了确保网页图像的下载速度，并不会直接使用一幅很大尺寸的图像，而是会将图像切割为若干小块，再将这些小块在Web浏览器中组合在一起显示。而切割图像就需要使用切片，下面将讲解和切片有关的操作。

11.2.1 切片的种类

在Illustrator中包含两种切片，即用户切片和自动切片，如图11-4所示。用户切片是用户创建的用于分割图像的切片，带有编辑并显示切片标记。创建用户切片时，系统会自动在当前切片周围生成用于占据图像其他区域的自动切片。此外，编辑切片时，系统还会根据情况重新生成用户切片和自动切片。

图11-4　切片

11.2.2 创建切片

若在网页上使用一些较大的图片，则会使打开网页的速度大大降低。但是如果将一个大图像切割成几个小图像分别进行下载，则可以节省打开网页的时间。在Illustrator中，可根据不同的情况和方法来创建切片，下面将分别进行介绍。

1. 使用切片工具创建切片

使用"切片工具" 可以创建切片，创建切片的方法非常简单，在工具箱中选择"切片工具" 后，按住鼠标左键在图像上拖动出一个矩形框，如图11-5所示。释放鼠标后，即可创建一个切片，如图11-6所示。

技巧秒杀

按住Shift键拖动鼠标可以创建正方形切片；而按住Alt键拖动鼠标可以从中心向外创建切片。

图11-5　拖动鼠标　　　图11-6　创建切片

2. 从所选对象创建切片

使用"选择工具" 选择多个对象，如图11-7所示。选择"对象"/"切片"/"创建"命令，可以为每一个选择的对象创建一个切片，如图11-8所示。如果选择"对象"/"切片"/"从所选对象创建"命令，则可以将所选对象创建为一个切片，如图11-9所示。

图11-7　选择多个对象　　图11-8　从所选对象创建切片

图11-9　将所选对象创建为一个切片

3. 从参考线创建切片

除了前面介绍的两种创建切片的方法外，在Illustrator中，还可通过参考线快速创建切片。

■ 实例操作：从参考线创建切片

- 光盘\素材\第11章\图片.ai
- 光盘\效果\第11章\创建切片.ai、图像
- 光盘\实例演示\第11章\从参考线创建切片

　　本例将打开"图片.ai"图像，首先创建多条参考线，再根据参考线来创建切片。

Step 1 ▶ 打开"图片.ai"素材图形，按Ctrl+R快捷键显示标尺，如图11-10所示。

图11-10　显示标尺

Step 2 ▶ 依次在水平标尺和垂直标尺上拖出多条参考线至如图11-11所示的位置。

图11-11　拖出参考线

Step 3 ▶ 选择"对象"/"切片"/"从参考线创建"命令，即可按照参考线的划分方式创建切片，效果如图11-12所示。

读书笔记 ▶

图11-12　从参考线创建切片

11.2.3　选择和移动切片

　　在切片绘制完成后，用户还可对切片进行选择或移动。

◆ **选择**：选择"切片选择工具" ，在图像中单击需要选择的切片，即可将单击的切片选中。按住Shift键的同时使用"切片选择工具" ，单击切片可选择多个切片。

◆ **移动**：在选择切片后，按住鼠标左键进行拖动，即可将切片选中。

技巧秒杀

移动切片时，如果按住Shift键，可沿着水平、垂直方向进行移动。

11.2.4　复制切片

　　若想复制切片，可先使用"切片选择工具" 选择切片，再按Alt键，当鼠标光标变为 形状时，单击并拖动鼠标即可复制出新的切片，如图11-13所示。

图11-13　复制切片

11.2.5　调整切片大小

　　使用"切片选择工具" 选择切片之后，切片的4个角上将出现控制点，将鼠标光标置于控制点上，当鼠标光标变为 形状时，拖动控制点可以调整切片的大小，如图11-14所示。

图11-14　调整切片大小

11.2.6　划分切片

　　当网页中的图像平均分布时，用户可以通过划分切片的方法来重新划分切片。选择需要被划分的切片，如图11-15所示。选择"对象"/"切片"/"划分切片"命令，打开如图11-16所示的"划分切片"对话框，在其中设置相应选项，可将所选切片划分为多个切片。

图11-15　选择切片　　图11-16　"划分切片"对话框

💬知识解析：　**"划分切片"对话框** ······

◆ **水平划分为**：该栏用于设置切片的水平划分数量。选中 个纵向切片，均匀分隔 单选按钮时，可以在其前面的文本框中输入划分的精确数量。如图11-17所示为输入3的效果。选中 162 像素/切片 单选按钮，可以在其文本框中输入水平切片之间的间距

值，Illustrator会根据该值自动划分切片，如图11-18所示为设置间距为50时的划分效果。

图11-17　水平划分为3个切片　　图11-18　间距为50

◆ **垂直划分为**：该栏用于设置切片的垂直划分数量，也包含与"水平划分为"相同的两种划分方式。但得到的效果却相反，如图11-19所示为垂直划分为3个切片；如图11-20所示为垂直间距为10的划分效果。

图11-19　垂直划分为3个切片　　图11-20　间距为10

11.2.7　组合切片

　　组合切片可以通过连接组合切片的边缘来创建矩形切片，在创建时还可确定所生成切片的尺寸和位置。选择两个或两个以上的切片，选择"对象"/"切片"/"组合切片"命令，即可将两个切片组合为一个切片，如图11-21所示。

┌─ **技巧秒杀** ─────

　　如果被组合的切片不相邻，或者具有不同的比例和对齐方式，则新切片可以与其他切片重叠。

图11-21　组合切片

11.2.8　锁定切片

当图像中的切片过多时，为了便于编辑，可将其锁定起来。锁定后的切片将不能被移动、缩放或更改。选择需要锁定的切片，再选择"视图"/"锁定切片"命令，即可将切片锁定，如图11-22所示。此时，使用"选择切片工具" 移动切片，鼠标光标将变为 形状，表示不能进行移动操作。此外，再次执行该命令时，可解除锁定。

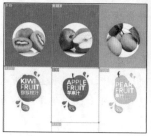

图11-22　锁定切片

11.2.9　显示和隐藏切片

选择"视图"/"隐藏切片"命令，可以隐藏画板中的切片。如果要重新显示切片，则可以选择"视图"/"显示切片"命令。

11.2.10　释放和删除切片

若绘制过程中不再需要切片，或出现了多余的切片，可以将其释放或删除，操作方法分别如下。

◆ 释放切片：选择"对象"/"切片"/"释放"命令即可释放切片，对象将恢复为创建切片前的状态。

◆ 删除切片：选择需要删除的切片，按Delete键可将其删除。或选择"对象"/"切片"/"全部删除"命令，则可将当前所有切片删除。

技巧秒杀

选择"编辑"/"首选项"/"切片"命令，可打开"首选项"对话框，在其中可设置切片线条的颜色和是否显示切片的编号等。

11.2.11　定义切片选项

切片选项决定了切片内容如何在生成的网页中显示，以及如何发挥作用。其方法为：选择一个切片，选择"对象"/"切片"/"切片选项"命令，打开"切片选项"对话框，在其中进行相应设置后，单击 确定 按钮，即可利用切片命令输出网络图像，如图11-23所示。

图11-23　"切片选项"对话框

知识解析："切片选项"对话框

◆ 切片类型：用于设置切片输出的类型。如果希望切片区域在生成的网页中为图像文件，可在该下拉列表框中选择"图像"选项；如果希望切片区域在生成的网页中包含HTML文本和背景颜色，可选择"无图像"选项，但无法导出图像，也无法在Web中浏览；只有在选择文本对象并创建切片后，才能选择"HTML文本"选项，可以通过生成的网页中基本的格式属性将Illustrator文本转换为HTML文本。

◆ 名称：用于设置切片的名称。

◆ **URL**：用于设置切片链接的Web地址，在浏览器中单击切片图像时，可链接到这里设置的网址和名表框架。

◆ **目标**：用于设置目标框架的名称。

◆ **信息**：可输入当鼠标光标位于图像上时，浏览器的状态区域中所显示的信息。

◆ **替代文本**：用来设置浏览器下载图像时，未显示图像前所显示的替代文本。

◆ **背景**：用来设置切片图像的背景颜色，如果要创建自定义的颜色，可选择"其他"选项，然后在打开的"拾色器"对话框中定义颜色。

❓答疑解惑：

在切分图像时，需要注意什么？

对图像进行切片是为了加快图像的下载速度。所以用户在进行切片时，需要对图像中的一些关键部分进行切片。这些切片包括图像中的装饰图像、背景图像、按钮、边框等，这些元素都不能在Dreamweaver中被制作出来。而且用户可以将大面积相同的区域切分为很小一块，如导航条、边框这样的元素，然后通过Dreamweaver对图像进行扩展。在制作切片时，用户应该将切片制作得小而精确，不要留过多的无用像素在其中，所以在绘制切片时，最好将图像放大后再进行切片。

技巧秒杀

◆ **切片类型**：当在"切片类型"下拉列表框中选择"无图像"选项时，其选项与选择"图像"选项时有所差异，如图11-24所示。下面将该对话框中不同的选项作用介绍如下。

图11-24　选择"无图像"选项的对话框效果

◆ **显示在单元格中的文本**：用来输入所需的文本。但要注意的是，输入的文本不要超过切片区域可以显示的长度。如果输入太多文本，则将扩展到邻近的切片并影响网页的布局。

◆ **文本是HTML**：选中 ☑文本是 HTML 复选框，可使用标准的HTML标记设置文本格式。

◆ **单元格对齐方式**：在"水平"或"垂直"下拉列表框中选择相应选项，可更改表格单元格中文本的对齐方式。

11.3　优化和存储Web图像

对图像进行切片后，利用Illustrator的优化功能可以在不同的Web图形格式和不同的文件属性下对同一个图像进行不同的优化设置，减小图像文件的大小，以得到最佳效果。

11.3.1　存储为Web所用格式

选择"文件"/"存储为Web和设备所用格式"命令，打开如图11-25所示的对话框。在该对话框中可以设置优化选项和预览优化的结果，设置完成后，单击 存储 按钮，即可将图稿保存为可以在Web上使用的格式。

读书笔记

图11-25　"存储为Web所用格式"对话框

💬知识解析：**"存储为Web所用格式"对话框** ⋯⋯•

◆ **显示选项**：选择"原稿"选项卡，可在窗口中显示没有优化的图像；选择"优化"选项卡，可在窗口中显示优化后的图像；选择"双联"选项卡，可并排显示应用了当前优化前和优化后的图像，如图11-26所示。

图11-26　显示双联

◆ **抓手工具**：放大图像后，使用🖐工具在图像窗口中可移动查看图像。

◆ **切片选择工具**：当图像包含多个切片时，使用📄工具选择窗口中的切片，并对其进行优化。

◆ **缩放工具**：使用🔍工具在图像窗口单击可放大图像显示比例。按住Alt键单击则可缩小显示比例。

◆ **吸管工具**：使用🖉工具在图像上单击，可吸取单击处的颜色。

◆ **吸管颜色**：用于显示吸管工具吸取的颜色。

◆ **切换切片可视性**：单击🔳按钮，可显示或隐藏切片的定界框。

◆ **注释区域**：在预览窗口下方显示的信息即是图像注释。其中，原稿图像的注释显示了文件名和文件大小；优化图像的注释则显示了当前优化的选项、优化文件的大小以及颜色数量等信息。

◆ **缩放**：可输入百分比值来缩放预览窗口。也可单击右侧的▼按钮，在弹出的下拉列表中选择预设的缩放值。

◆ **状态栏**：当鼠标光标在图像上移动时，状态栏中将显示鼠标光标所在位置图像的颜色信息。

◆ **预览**：单击　预览⋯　按钮，可以使用默认的浏览器预览优化的图像，同时，还可以在浏览器中查看图像的文件类型、像素尺寸、文件大小、压缩规格和其他HTML信息，如图11-27所示。

图11-27　在浏览器中预览

11.3.2 了解Web图形格式

在"存储为Web所用格式"对话框中选择需要优化的切片后，在右侧的文件格式下拉列表框中选择一种文件格式，可对细致的切片进行优化。

1. GIF格式

GIF格式常用于压缩具有单色调或细节清晰的图像，是一种无损压缩格式，如文字。GIF格式采用无损失的压缩方式，这种压缩方式可使文件最小化，并且可加快信息传输的时间，支持背景色为透明或者实色。由于GIF格式只支持8位元色彩，所以将24位元色彩的图像优化成8位元色彩的GIF格式，文件品质通常会有损失，如图11-28所示为GIF格式的优化选项。

图11-28　GIF格式

💬知识解析：**GIF格式的优化选项作用** ·············

◆ **减低颜色深度算法/颜色**：指定用于生成颜色查找表的方法，以及想要在颜色查找表中使用的颜色数据。

◆ **仿色算法/仿色**：通过模拟计算机的颜色来显示系统中未提供的颜色方法。较高的仿色能使图像中出现更多的新颜色和细节，但这会增加文件的大小。

◆ **透明度/杂边**：用于确定优化图像中的透明像素。

◆ **交错**：选中☑交错复选框，当图像正在被下载时，浏览器将先显示图像的低分辨率版本，然后慢慢加载高分辨率版本。

◆ **Web靠色**：用于指定将颜色转换为最接近的Web面板中等效颜色的容差级别。数值越高，转换的颜色越多。

2. JPEG格式

JPEG格式可以压缩颜色丰富的图像，将图像优化为JPEG时会使用有损压缩。如图11-29所示为JPEG格式的优化选项。

图11-29　JPEG格式

💬知识解析：**JPEG格式的优化选项作用** ·············

◆ **优化**：选中☑优化复选框，将创建文件大小稍小的增强JPEG。

◆ **缩放品质/品质**：用于设置压缩程度。"品质"数值越高，图像细节越多，但图像文件也会更大。

◆ **连续**：选中☑连续复选框，将在Web浏览器中以渐进方式显示图像。

◆ **模糊**：用于设置图像的模糊量，可制作如"高斯模糊"滤镜类似的效果。

◆ **杂边**：为原始图像中透明的像素指定一个填充色。

◆ **ICC配置文件**：是由国际色彩组织定义的跨程序标准，用于在不同的平台、设备和遵从ICC的应用程序（如Adobe Illustrator和Adobe PageMaker）之间准确地重现颜色的配置文件。

3. PNG格式

PNG格式包括PNG-8和PNG-24两种格式。PNG-8格式支持8位元色彩，像GIF格式一样适用于颜色较少、颜色数量有限及细节清晰的图像，其优化选项与GIF格式相同，如图11-30所示。PNG-24格式支持24位元色彩，像JPEG格式一样支持具有连续色调的图像，如图11-31所示。PNG-8和PNG-24格式使用的压缩方式都为无损失压缩方式，在压缩过程中没有数据丢失，因此PNG格式的文件要比JPEG格式的文件大。PNG格式支持背景色为透明或者实色，并且PNG-24格式支持多级透明，即不同程度的透明，如透明和半透明等，但并不是所有浏览器都支持这种多级透明。

图11-30　PNG-8格式　　　图11-31　PNG-24格式

11.3.3 优化图像的像素大小

在"存储为Web所用格式"对话框中，可以在"图像大小"栏中输入数值以调整图像的大小，成比例地更改尺寸，如图11-32所示。

图11-32 "图像大小"栏

💬知识解析："图像大小"栏 ･････････････････････●

◆ **宽度**：改变其右侧的数值可改变图像的宽度。

◆ **高度**：改变其右侧的数值可改变图像的高度。

◆ **百分比**：改变其右侧的数值可改变图像的整体缩放比例。

◆ **优化图稿**：用于设置优化的对象，在该下拉列表框中包含"无""优化图稿""优化文字"3个选项。

◆ **剪切到画板**：选中 ☑剪切到画板 复选框，可使图像与画板边界大小相匹配。如图像超出画板的边界，超出的部分将被剪裁掉。

11.3.4 自定义颜色表

在"存储为Web所用格式"对话框中将文件格式设置为GIF或PNG-8格式后，如图11-33所示，即可在"颜色表"栏中自定义图像中的颜色，如图11-34所示。适当减少颜色数量可以减小图像的文件大小，保持图像的品质。

图11-33 选择GIF格式　图11-34 "颜色表"栏

💬知识解析："颜色表"栏 ･････････････････････●

◆ **添加颜色**：选择对话框左上角的"吸管工具" ，在图像中单击拾取颜色后，单击"颜色表"栏中的 按钮，可以将当前颜色添加到颜色表中。通过新建颜色可以添加在构建颜色表时遗漏的颜色。

◆ **选择颜色**：单击颜色表中的一种颜色即可选择该颜色。鼠标光标在颜色上方停留还会显示出其颜色值，如图11-35所示。如果要选择多种颜色，可按住Ctrl键分别单击需要的颜色；按住Shift键单击两种不相同的颜色时，可选择这两种颜色之间的所有颜色。若要取消选择颜色，可在颜色表的空白处单击。

◆ **修改颜色**：双击颜色表中的颜色，可在打开的"拾色器"对话框中修改颜色。关闭该对话框后，调整前的颜色会显示在色板的左上角，新颜色显示在右下角，如图11-36所示。

 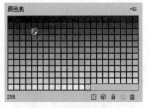

图11-35 选择颜色　　　　　图11-36 修改颜色

◆ **将颜色映射到透明度**：如果要在优化的图像中添加透明度，可以在颜色表中选择一种或多种颜色，再单击下方的 按钮，即可将所选颜色映射到透明度。

◆ **将颜色转换为最接近的Web调板等效颜色**：选择一种或多种颜色，单击 按钮，可将当前颜色转换为Web调板中与其最接近的Web安全颜色。

◆ **锁定与解锁颜色**：选择一种或多种颜色，单击 按钮，可锁定所选的颜色（在减少颜色表中的颜色数量时，若要保留某些重要的颜色，可先将其锁定）。若要取消颜色的锁定，可将其选择，再次单击该按钮。

◆ **删除颜色**：选择一种或多种颜色，单击 按钮，可以删除所选颜色（删除颜色后可减小当前文件的大小）。

11.3.5 Web图像的存储

优化完Web图像后，即可对图像进行存储设置，以便于后期使用。

实例操作：存储网站素材

- 光盘\素材\第11章\网站素材.ai
- 光盘\效果\第11章\图像\
- 光盘\实例演示\第11章\存储网站素材

　　本例将打开已经切片完成的"网站素材.ai"图像，再使用"存储为Web所用格式"对话框，对网页图像进行保存。

Step 1 ▶ 打开"网站素材.ai"文件，选择"文件"/"存储为Web所用格式"命令，打开"存储为Web所用格式"对话框。选择"双联"选项卡，显示优化前后的对比效果。设置"优化格式"为GIF，设置"减低颜色深度算法、仿色算法"为"可感知、扩散"。单击 存储 按钮，如图11-37所示。

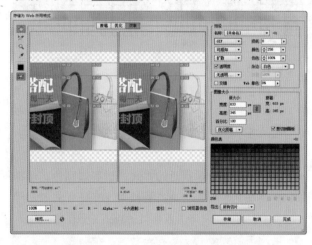

图11-37　存储图像

技巧秒杀

　　由于Dreamweaver编辑网站时需要使用HTML代码来操作网页的显示，在HTML代码中，添加汉字，容易引起错误。而一般HTML代码都会使用英文字母进行编辑，用户在制作网页切片时，也需要保证网页的切片名字为英文。所以用户需要在"将优化结果存储为"对话框中将文件名设置为英文。

Step 2 ▶ 打开"将优化结果存储为"对话框，在其中设置存储位置，并设置"文件名"为sucai.gif，单击 保存(S) 按钮，如图11-38所示。

图11-38　选择存储位置

Step 3 ▶ 在弹出的提示对话框中，单击 确定 按钮。然后打开存储图像的文件夹，如图11-39所示，可查看到存储的图像切片。

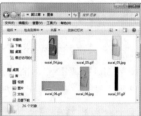

图11-39　查看图像切片

11.3.6　指定图像映射

　　图像映射是指将图像的一个或多个区域（即热区）链接到一个URL地址上，当用户单击该热区时，Web浏览器即会载入所链接的文件。

实例操作：将图像与网络链接

- 光盘\素材\第11章\淘宝素材.ai
- 光盘\效果\第11章\将图像与网络链接.ai
- 光盘\实例演示\第11章\将图像与网络链接

　　本例将在"淘宝素材.ai"文件中创建矩形图像映射，并设置URL链接。

Step 1▶ 打开"淘宝素材.ai"文件，使用"选择工具" ▶ 选择图像，如图11-40所示。

图11-40　打开并选择图片

Step 2▶ 选择"窗口"/"属性"命令，打开"属性"面板，在"图像映射"下拉列表框中选择图像映射的形状，这里选择"矩形"，在URL文本框中输入一个相关或完整的URL链接地址，这里输入"www.taobao.com"，如图11-41所示。

图11-41　"属性"面板

Step 3▶ 设置完成后，单击"属性"面板中的"浏览器"按钮 ▣，打开默认的浏览器，并自动链接到URL地址位置进行验证，如图11-42所示。

图11-42　打开的淘宝网站

　**技巧秒杀**

打开"切片选项"对话框，在URL选项中输入网址，也可以在图稿中建立链接。使用图像映射与使用切片创建链接的主要区别是，使用图像映射时，图稿作为单个图像文件保持原样；而使用切片时，图稿被划分为多个单独的文件。另外，图像映射可链接多边形和矩形区域，而切片只能链接矩形区域。

知识大爆炸
——从模板创建Web文档

Illustrator提供了专门的Web设计模板供用户使用，主要包括网页和横幅等。选择"文件"/"从模板新建"命令，在打开的对话框中选择"空白模板"文件夹，如图11-43所示。其中即包含了多种Web模板，选择需要的模板，单击 新建(N) 按钮即可将其打开，如图11-44所示。

图11-43　打开"空白模板"文件夹

图11-44　选择模板

Chapter

01 02 03 04 05 06 07 08 09 10 11 **12** . . . . .

任务自动化与打印输出

本章导读 ●

在Illustrator中使用"动作"和"批处理"可以快速地对某个文件或文件夹进行指定的操作。同时，还可以避免因为重复操作而产生的图像效果不一致，以及通过打印输出得到最终的图片。本章对"动作"面板的使用、动作的录制、动作的编辑、批处理图像的使用和打印输出等知识进行详细讲解，掌握这些自动化处理方法有利于加快对图像的处理速度。

12.1 任务自动化

动作是Illustrator的一大特色功能，通过它可以对不同的图像快速进行相同的处理，大大简化了重复性工作的复杂度。动作会将不同的操作、命令及命令参数记录下来，以一个可执行文件的形式存在，当对图像执行相同操作时使用，实现任务自动化功能。

12.1.1 认识"动作"面板

"动作"面板可以用于创建、记录、播放、编辑和删除各个动作，也可以存储和载入动作文件。用户在Illustrator中选择"窗口"/"动作"命令，可打开如图12-1所示的"动作"面板，在其中可以进行动作的相关操作。在处理图像的过程中，用户的每一步操作都可看做是一个动作，如果将若干步操作放到一起，就成了一个动作组。单击▶按钮可以展开动作组或动作，同时该按钮将变为向下方向的按钮▼，再次单击即可恢复原状。

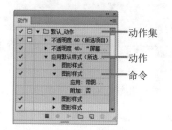

图12-1 "动作"面板

💬 知识解析：**"动作"面板**

◆ **动作集**：动作集是一系列动作的集合。

◆ **动作**：动作是一系列命令的集合。

◆ **命令**：是指录制的操作命令，单击▶按钮可以展开命令列表，显示该命令的具体参数。

◆ **切换项目开/关**：若动作组、动作和命令前面有✔图标，表示该动作组、动作和命令可以执行。若动作组、动作和命令前面没有✔图标，则表示该动作组、动作和命令将不可被执行。

◆ **切换对话开/关**：若命令前有▣图标，表示执行到该命令时，将暂停并打开对应的对话框，此时可修改命令的参数，单击 确定 按钮后，动作将继续执行后面的动作；如果动作集和动作前出现该图标并变为红色，则表示该动作中有部分命令设置了暂停。

◆ **停止播放/记录**：单击▣按钮，将停止播放动作或停止记录动作。

◆ **开始记录**：单击●按钮，可记录动作，处于记录状态时，按钮会变为红色。

◆ **播放选定的动作**：单击▶按钮，将播放当前动作或动作组。

◆ **创建新组**：单击▣按钮，将创建一个新的动作组。

◆ **创建新动作**：单击▣按钮，将创建一个新动作。

◆ **删除**：单击▣按钮，可删除当前动作或动作组。

技巧秒杀

在"动作"面板的右上角单击▣按钮，在弹出的下拉菜单中选择"按钮模式"命令。可将"动作"面板中动作转换为按钮状态，如图12-2所示。

图12-2 转换为"按钮模式"的效果

12.1.2 创建新动作

用户可以根据需要自行创建动作，即录制动作。当创建新的动作时，Illustrator将记录动作中所执行的每一步操作。

实例操作：录制动作

● 光盘\效果\第12章\底纹图案.ai
● 光盘\实例演示\第12章\录制动作

本例首先将新建文档，并绘制和旋转复制图形，再通过"动作"面板录制动作。

Step 1 ▶ 新建一个A4文档，使用"星形工具" ☆ 绘制一个黑色实心星形，如图12-3所示。再选择"旋转工具" ◐ ，按住Alt键在星形正下方位置单击，打开"旋转"对话框，设置"角度"为15°，单击 复制(C) 按钮，如图12-4所示。

图12-3　绘制星形　　　　图12-4　"旋转"对话框

技巧秒杀

按住Alt键之后，鼠标光标即变成"+_"的形状。在画布的任何位置单击，Illustrator就会以单击点作为圆心进行旋转。如果双击"旋转工具"按钮 ◐ ，Illustrator则默认以所选对象的中心点为圆心进行旋转。此外，也可以通过拖曳圆心或在其他位置双击来移动圆心位置。

Step 2 ▶ 此时，将自动关闭"旋转"对话框，并复制一个星形对象，然后按Ctrl+D快捷键重复上一次操作，不断重复复制对象，直至形成一个圆形，如图12-5所示。再将星形设置成如图12-6所示的颜色，然后按Ctrl+G快捷键，将其编组。

图12-5　旋转并复制对象　　　图12-6　设置对象颜色

Step 3 ▶ 选择"窗口"/"动作"命令，打开"动作"面板，单击"创建新动作"按钮 □ ，如图12-7所示。打开"新建动作"对话框，在"名称"文本框中输入"旋转复制"，单击 记录 按钮，这时，即

开始录制，如图12-8所示。

图12-7　创建新动作　　　图12-8　"新建动作"对话框

Step 4 ▶ 在对象被选中的情况下，双击"比例缩放工具"按钮 ☒ ，打开"比例缩放"对话框，设置"等比"为80%，单击 复制(C) 按钮，如图12-9所示。此时，即可得到如图12-10所示的效果。

图12-9　缩放并复制对象　　　图12-10　查看缩放效果

Step 5 ▶ 双击"旋转工具"按钮 ◐ ，打开"旋转"对话框，设置"角度"为10°，单击 确定 按钮，如图12-11所示。此时，可得到如图12-12所示的效果。

图12-11　旋转对象　　　图12-12　查看旋转效果

Step 6 ▶ 单击"动作"面板底部的"停止播放/记录"按钮 ■ ，完成动作的录制。

💬 **知识解析："新建动作"对话框** ⋯⋯⋯⋯⋯⋯⋯

◆ **名称：** 在该文本框中可以为创建的新动作命名。

◆ **动作集：** 在该下拉列表框中可选择新建动作所在的动作文件夹。

◆ 功能键：在该下拉列表框中可为新建的动作指定一个键盘快捷键。如设置"功能键"为F12，那么下次再按F12键时，将直接使用当前动作。

◆ 颜色：在该下拉列表中可以为动作选择一种颜色。当动作集制作完成后，可单击面板右上角的按钮，在弹出的下拉菜单中选择"按钮模式"命令，让动作显示为按钮，此时可通过颜色快捷地区分动作。

技巧秒杀

需要注意的是，为动作指定快捷键时，可以选择功能键、Ctrl键和Shift键的任意组合，如Ctrl+Shift+F12组合键。同时，如果动作与命令使用相同的快捷键，则快捷键将用于动作。

12.1.3　使用动作

在Illustrator"动作"面板中录制相应的动作后即可播放该动作，以便快速制作和编辑当前图形。

实例操作：播放动作

● 光盘\素材\第12章\底纹图案.ai
● 光盘\效果\第12章\旋转背景图案.ai
● 光盘\实例演示\第12章\播放动作

本例将打开"底纹图案.ai"图像，打开"动作"面板。播放"图像颜色"动作组中的"旋转复制"动作，将图像编辑成螺旋图案。

Step 1▶ 打开"底纹图案.ai"素材文件，使用"选择工具"选择其中的对象，如图12-13所示。选择"窗口"/"动作"命令，打开"动作"面板。选择"旋转复制"动作，再单击下方的"播放所选动作"按钮，如图12-14所示。

图12-13　选择对象　　　图12-14　播放动作

Step 2▶ 此时将自动播放该动作，同时得到如图12-15所示的图形效果。多次单击"播放所选动作"按钮，图形将不断地被旋转复制下来，形成一个漂亮的螺旋图案，如图12-16所示。

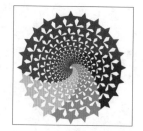

图12-15　播放动作效果　　　图12-16　螺旋图案效果

12.1.4　批处理

要应用动作的同时对一个文件夹下的所有图像进行相同处理，可通过"批处理"命令来完成，这样可以节省大量时间并提高工作效率。

实例操作：批处理图片

● 光盘\素材\第12章\照片\
● 光盘\效果\第12章\图片\
● 光盘\实例演示\第12章\批处理图片

本例使用Illustrator的批处理功能对一个文件夹下的所有图像调整颜色，使文件夹中的图像保持统一色调。

Step 1▶ 首先将需要处理的文件保存在一个文件夹中，如图12-17所示，并在"动作"面板中记录一组动作。然后单击"动作"面板右上角的按钮，在弹出的下拉菜单中选择"批处理"命令，如图12-18所示。

图12-17　原图片　　　图12-18　录制好的动作

Step 2▶ 打开"批处理"对话框，在"动作集"下拉列表框中选择要播放的动作，这里选择"动作集1"，在"源"下拉列表框中选择"文件夹"选项，然后单击 选取(H)... 按钮，在打开的"选择批处理源文件夹"对话框中选择需要处理的文件夹，单击 选择文件夹 按钮，如图12-19所示。

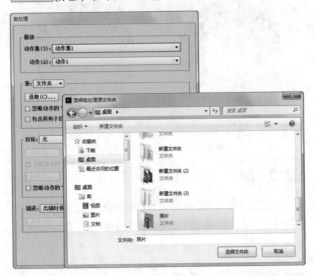

图12-19　选择需要处理的文件夹

Step 3 ▶ 返回"批处理"对话框，在"目标"下拉列表框中选择"文件夹"选项，单击 选取(H)... 按钮，在打开的对话框中选择将处理后的图像存放到"图片"文件夹中，如图12-20所示。设置完成后，单击 确定 按钮即可进行批处理，处理后的图像效果如图12-21所示。

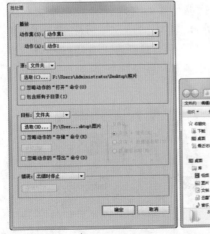
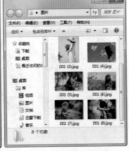

图12-20　选择目标文件夹　　图12-21　最终效果

知识解析："批处理"对话框

◆ **动作集**：用于设置批处理效果的动作集。

◆ **动作**：用于设置批处理效果的动作。

◆ **源**：在"源"下拉列表框中可以指定要处理的文件。选择"文件夹"并单击 选取(H)... 按钮，可在打开的对话框中选择一个文件夹，批处理该文件夹中的所有文件。

◆ **忽略动作的"打开"命令**：在"源"栏中，选中 ☑忽略动作的"打开"命令(O) 复选框，在批处理时将忽略动作中记录的"打开"命令。

◆ **包含所有子目录**：选中 ☑包含所有子目录(I) 复选框，将批处理应用到所选文件夹中包含的子目录。

◆ **目标**：在"目标"下拉列表框中选择完成批处理后文件的保存位置。选择"无"选项，将不保存文件，文件将保持打开状态；选择"存储并关闭"选项，可以将文件保存在原文件夹中，覆盖原文件。单击 选取(H)... 按钮，可指定保存文件的文件夹。

◆ **忽略动作的"存储"命令**：在"目标"栏中，选中 ☑忽略动作的"存储"命令(R) 复选框，动作中的"存储为"命令将会引用批处理文件，而不是动作中自定的文件名和位置。

◆ **忽略动作的"导出"命令**：在"目标"栏中，选中 ☑忽略动作的"导出"命令(D) 复选框，动作中的"导出"命令将会引用批处理文件，而不是动作中自定的文件名和位置。

读书笔记 ▶

12.2 编辑动作

当录制完动作后，可能会因为录制过程中进行了一些误操作造成动作不正确。此时，用户并不需要重新录制，而只需对已录制完成的动作进行编辑。

12.2.1 插入不可记录的命令

在Illustrator中，不是所有的命令都能直接被记录为动作。如"效果"和"视图"菜单中的命令以及一些工具等。虽然它们不能直接记录为动作，但是可以将其插入到动作中。

其方法为：在"动作"面板中选择一个命令，单击面板右上角的 按钮，在弹出的下拉菜单中选择"插入菜单项"命令，如图12-22所示。打开"插入菜单项"对话框，在文本框中输入要执行的命令，单击 确定 按钮，即可在动作中插入该命令，如图12-23所示。

图12-22 选择"插入菜单项"命令

图12-23 在动作中插入不可记录的命令

12.2.2 在动作中插入停止

如果编辑操作中有动作无法记录的命令或工具，可在动作中插入停止，让动作播放到某一个操作时暂停，以便手动编辑对象，且在完成编辑后，单击面板中的 ▶ 按钮，可继续播放后面的其他动作。

选择需要插入停止的命令项，在"动作"面板中单击 按钮，在弹出的下拉菜单中选择"插入停止"命令，如图12-24所示。打开"记录停止"对话框，在其中输入提示信息，并选中 ☑允许继续(A) 复选框，以便停止动作以后，可以继续播放动作，然后单击 确定 按钮即可插入停止，如图12-25所示。

图12-24 选择"插入停止"命令

图12-25 插入停止

12.2.3 指定"回放"速度

录制动作后，若想在播放过程中对动作进行调整或观察每一个动作命令产生的效果，用户可以根据情况调整动作的播放速度。其操作方法是：单击"动作"面板右上角的 按钮，在弹出的下拉菜单中选择"回放选项"命令，打开如图12-26所示的"回放选项"对话框。

图12-26 "回放选项"对话框

知识解析："回放选项"对话框 ·····················

◆ 加速：选中 ◉加速(A) 单选按钮，将以正常速度播放动作。

◆ 逐步：选中 ◉逐步(S) 单选按钮，动作将完成每条命令并重绘图像，然后进入下一条命令。

◆ 暂停：选中 ◉暂停(P) 单选按钮后，可在其后的文本框中输入Illustrator中执行命令的暂停时间。

12.2.4 添加和重新记录动作

如果想在创建好的动作集中添加新的动作，可以先选择一个动作或命令，单击面板底部的"开始记录"按钮 ◉，此时，再执行要添加的其他命令，完成后，单击"停止播放/记录"按钮 ■，执行的命令将被添加到所选动作或命令的下方，成为新的动作。

如想重新记录某个动作，可以选择与要重新记录的动作类型相同的对象（如该命令只能用于矢量对象，那么重新记录时需选择矢量对象），在"动作"面板中双击该动作命令，在打开的对话框中重新设置参数值，再单击 确定 按钮即可修改记录结果。

技巧秒杀

单击"动作"面板右上角的 ▣ 按钮，在弹出的下拉菜单中选择"替换动作"命令，在打开的对话框中选择用作替换文件夹的文件，即可用选择的文件夹替换该面板中的所有动作文件夹。

12.2.5 重排、复制与删除动作

有时，用户只需要对动作进行很细微的调整，就可得到不同的效果。对动作常用的简单操作有重排、复制和删除等，其方法如下。

◆ 重排：在"动作"面板中，将动作或命令拖动到同一动作或者另一动作的新位置，如图12-27所示为将"调整颜色"动作移动到"封套"命令的上方。

图12-27 重排动作

◆ 复制：按Alt键的同时移动动作和命令，或将动作和命令拖动到 ▣ 按钮上即可复制该动作。

◆ 删除：将动作或命令拖动到 🗑 按钮上，或在"动作"面板中单击 ▣ 按钮，在弹出的下拉菜单中选择"清除所有动作"命令，可将面板中的所有动作删除。

12.2.6 存储动作

卸载或重新安装Illustrator后，将无法使用用户自己创建的动作和动作集。用户可以将动作组保存为单独的文件，以备以后使用。其操作方法为：在"动作"面板中选择要存储的动作集，单击右上角的 ▣ 按钮，在弹出的下拉菜单中选择"存储动作"命令，如图12-28所示。在打开的如图12-29所示的"将动作集存储到："对话框中，选择存放动作文件的目标文件夹，并输入要保存的动作名称，完成后单击 保存(S) 按钮。

图12-28 存储动作　　图12-29 选择存储位置

12.2.7 载入外部动作

单击"动作"面板右上角的■按钮，在弹出的下拉菜单中选择"载入动作"命令，打开如图12-30所示的"载入动作集自："对话框，选择要加载的动作，再单击 打开(O) 按钮载入新动作。

读书笔记

图12-30　载入外部动作

12.3 通过数据驱动图形来简化设计工作

在Web设计或出版等行业中，通常需要制作大量相似格式的图形，但大多都采用手工来完成，当要更新或更改某些数据时，则需要花费较多时间。此时，可使用数据驱动图形功能来简化这些工作。如通过"变量"面板，即可将需要修改的内容定义为变量，然后制定草案来代替这些变量。

12.3.1 了解变量

变量即是会改变的内容，在Illustrator中，将某些内容定义成变量意味着这些内容将被更改。例如，当在名片上输入姓名Tom，然后将其定义为一个称为name的变量，那么，运行恰当的脚本用数据库中Name字段的内容即可替换姓名Tom。

12.3.2 了解"变量"面板

"变量"面板可用于处理变量和数据组，并且允许将所有变量的选项卡保存在一个位置。选择"窗口"/"变量"命令，打开"变量"面板，如图12-31所示。

图12-31　"变量"面板

知识解析："变量"面板

◆ **捕捉数据组**：建立一个链接变量后，再单击■按钮，可创建新的数据组，如果修改变量的数值，则数据组的名称将以斜体显示。

◆ **上一数据组/下一数据组**：单击"上一数据组"按钮■可转到上一个数据组；单击"下一数据组"按钮■可转到下一个数据组。

◆ **锁定变量**：单击■按钮，可以锁定变量。锁定后，不能进行编辑和删除等操作。

◆ **建立动态对象**：单击■按钮，将变量绑定至对象，以制作对象的内容动态。

◆ **建立动态可视性**：单击■按钮，将变量绑定至对象，以制作对象的可视性动态效果。

◆ **取消绑定变量**：单击■按钮，取消变量与对象之间的绑定。

◆ **新建变量**：单击■按钮，可以创建未绑定变量，变量前将显示一个形状的图标。

◆ **删除变量**：单击■按钮，可删除变量。如果删除绑定至某一对象的变量，则该对象会变为静态。

12.3.3 创建变量

在Illustrator中变量有多种类型，包括可视性变量、文本字符串变量、链接文件变量和图表数据变量4种，其创建方法却有所不同，下面分别进行介绍。

◆ 创建可视性变量：选择要显示或隐藏的对象，单击"变量"面板中的"建立动态可视性"按钮 即可，如图12-32所示。在建立可视性变量后，可以隐藏或显示对象。

◆ 创建文本字符串变量：选择文字对象，单击"变量"面板中的"建立动态对象"按钮 即可，如图12-33所示。在建立文本字符串变量后，可以将任意属性应用到文本对象上。

图12-32　创建可视性变量　图12-33　创建文本字符串变量

◆ 创建链接文件变量：选择链接的文件，单击"变量"面板中的"建立动态对象"按钮 即可，如图12-34所示。在建立链接文件变量后，可以自动更新链接图形。

◆ 创建图表数据变量：选择图表对象，单击"变量"面板中的"建立动态对象"按钮 即可，如图12-35所示。在建立图表数据变量后，可以将图表数据链接到数据库，修改数据库时，图表即会自动更新数据。

图12-34　创建链接文件变量　图12-35　创建图表数据变量

12.3.4 使用数据组

数据组是变量以及其相关数据的集合。单击"变量"面板中的"捕捉数据组"按钮 ，可抓取当前画板上所显示动态数据的一个快照，即可创建新的数据组。此时，当前数据组的名称会以"数据组1、数据组2"的形式显示在右侧的下拉列表框中，如图12-36所示。当创建多个数据组后，单击右侧的 或 按钮可切换数据组，如图12-37所示。

图12-36　创建数据组　图12-37　切换数据组

此外，如果要改变某变量的值导致不再反映该组中所存储的数据，则该数据组的名称将以斜体显示。此时可以新建一个数据组，或更新该组以便用新的数据覆盖原有数据。

12.4 脚本

脚本的应用使Illustrator能通过置入外部脚本语句实现自动化。脚本可以让用户在处理图像时变得更加多元化，通过脚本可完成逻辑判断，重命名等操作。

12.4.1 运行脚本

脚本是一系列包含在单个文件中的命令，类似于计算机代码。若要运行脚本，可选择"文件"/"脚本"命令，在弹出的子菜单中可选择包含的所有脚本命令，或选择"文件"/"脚本"/"其他脚本"命令，如图12-38所示。在打开的对话框中选择并打开一个脚本，即可运行该脚本，此时计算机会执行一系列操作，这些操作可能只涉及Illustrator，也可能涉及其他应用程序，如文字处理、电子表格和数据库管理程序等。

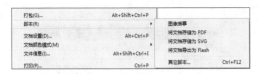

图12-38　运行脚本

动作和脚本之间有什么区别？

　　动作和脚本之间有3种区别。区别一：一个动作只是一个可以反复进行播放的事件的记录顺序，每次恰好以相同的方式执行。而脚本可以包含逻辑，因此根据情形执行不同的步骤；区别二：动作在Illustrator中是易于创建的，而脚本需要至少一种脚本语言的环境。因此尽管脚本是非常强大的，但也非常难创建；区别三：动作是一个只可以在Illustrator中完成执行的任务，而脚本可以应用于多个应用程序，而不只是Illustrator。

技巧秒杀

　　需要注意的是，如果在 Illustrator运行时编辑脚本，必须存储对脚本的更改才能生效。此外，Illustrator支持多脚本环境（包括 Microsoft Visual Basic、AppleScript、JavaScript 和 ExtendScript）。用户可以使用 Illustrator附带的标准脚本，还可创建自己的脚本并将其添加到"脚本"子菜单中。

12.4.2　安装脚本

　　用户可以将脚本复制到计算机的硬盘上。如果将脚本放置到 Adobe Illustrator CC Scripts文件夹中，此脚本即可显示在"文件"/"脚本"子菜单中。如果将脚本放置在硬盘上的其他地方，可以通过选择"文件"/"脚本"/"其他脚本"命令，在Illustrator中运行脚本。

12.5　打印输出文件

　　无论是使用各种工具绘制图形，还是使用各种命令对图像进行处理，对于设计人员而言，最终的目的都是希望将设计作品发布到网络中或打印出来。但无论哪一种方式，在作品完成但没有成稿之前，通常要将样稿打印出来，用来检验、修改错误，或用来给客户展示初步的效果。因此，掌握有关打印方面的知识是设计人员所必须的。本节将详细讲解有关文件打印方面的知识。

12.5.1　打印前的基本知识

　　在打印之前，了解一些关于打印的基本知识，能够使打印工作顺利地完成。

◆ 打印类型：打印文件时，系统可以将文件传送到打印机处理，将文件打印在纸上、传送到印刷机上，或是转变为胶片的正片或负片。

◆ 图像类型：最简单的图像类型，例如，一页文字，只会用到单一灰阶中的单一颜色。一个复杂的影像会有不同的颜色色调，这就是所谓的连续调影像，如扫描的图片。

◆ 半色调：打印时若要制作连续调的效果，必须将

影像转化成栅格状分布的网点图像，此步骤被称为半连续调化。在半连续调化的画面中，如果改变网点的大小和密度，就会产生暗或亮的层次变化视觉效果。在固定坐标方格上的点越大，每个点之间的空间就越小，这样就会产生更暗的视觉效果。

◆ 分色：通常在印刷前都必须将需要印刷的文件作分色处理，即将包含多种颜色的文件输出分离在青色、洋红色、黄色和黑色4个印版色，这个过程被称为分色。

◆ 透明度：如果需要打印的文件中包括具有设置了透明度的对象，在打印时，系统将根据情况将该对象位图化，然后进行打印。

◆ 保留细节：打印文件的细节由输出设计的分辨率和显示器频率决定，输出设备的分辨率越高，就可用越精细的网线数，从而在最大程度上得到更多的细节。

12.5.2 打印Illustrator文件

打印文件前需要设置"打印"对话框中的参数选项，该对话框中的每类选项都是可以指导完成文档的打印过程的。

实例操作：打印图像

● 光盘\实例演示\第12章\打印图像

本例将通过"打印"对话框，对打印机、打印的页面方向、打印的份数等打印参数进行设置，并打印图像。

Step 1 ▶ 确认打印机处于连机状态。打开需要打印的文档，选择"文件"/"打印"命令，打开"打印"对话框。单击该对话框左下角的 设置(U)... 按钮，如图12-39所示。

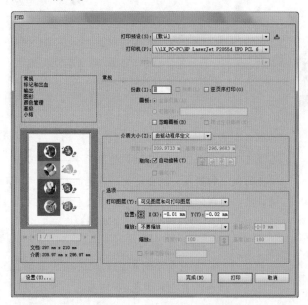

图12-39 "打印"对话框

Step 2 ▶ 在弹出的提示对话框中单击 继续(C) 按钮，在打开的"打印"对话框的"选择打印机"列表框

中选择连接的打印机，然后单击 首选项(R) 按钮，如图12-40所示。

图12-40 选择打印机

Step 3 ▶ 打开"打印首选项"对话框，在其中设置纸张大小、每张打印页数和方向等相关参数，如图12-41所示。

图12-41 设置打印首选项

Step 4 ▶ 各选项设置完成后单击 确定 按钮，即可返回到"打印"对话框，单击 打印(P) 按钮，将返回到如图12-39所示的"打印"对话框。在预览区中检查图像，确认无误，单击 打印 按钮，即可完成图像的打印输出，得到所需要的图像。

知识解析："打印"对话框

◆ 常规：设置页面大小和方向，指定要打印的页数，缩放图稿，以及选择要打印的图层。

◆ 标记和出血：选择印刷标记与创建出血。

◆ 输出：创建分色。

◆ 图形：设置路径、字体、PostScript 文件、渐变、网格和混合的打印选项。

◆ 颜色管理：选择一套打印颜色配置文件和渲染方法。

◆ 高级：控制打印期间的矢量图稿拼合。

◆ 小结：查看和存储打印设置小结。

技巧秒杀

要打印的Illustrator文件如果含有复杂的渐变网格、颜色混合或路径，某些打印机可能会发出极限检验报错消息，导致无法打印。遇到这种情况，若是渐变网格和颜色混合的图稿，可以将图稿导出为PDF格式，然后从Adobe Reader或Photoshop等程序中进行打印；若是复杂的长路径，则可将其分割成两条或多条单独的路径，还可以更改用于模拟曲线的线段数，并调整打印机分辨率。

12.5.3 设置打印页面

打印页面的设置是非常重要的，决定了打印的效果。在实际工作中可以打印单页文件，也可以在多页面上打印文件，还可以调整页面大小和方向等。

1. 重新定位页面上的图稿

在"打印"对话框左下角的预览区，显示了页面中的图稿的打印位置。在预览图像上单击并拖动鼠标，可以调整图稿的打印位置，如图12-42所示。

图12-42　调整图稿的打印位置

技巧秒杀

在"选项"栏中"位置"的X和Y文本框中输入精确的数值，可以精确定义或微调图稿的位置。

2. 打印多个画板

创建具有多个画板的文档时，可以通过多种方式打印该文档。可以忽略画板，在一页上打印所有内容（如果画板超出了页面边界，可能需要拼贴）。也可以将每个画板作为一个单独的页面打印。将每个画板作为一个单独的页面打印时，可以选择打印所有画板或打印一定范围的画板，如图12-43所示。

图12-43　设置打印画板

💬 **知识解析：设置打印画板** ·········

◆ **份数**：在文本框中输入数字可确定每页图稿将打印的份数。

◆ **逆页序打印**：选中 ☑逆页序打印(O) 复选框，将从后到前一次输出多份。

◆ **全部页面**：选中 ⊙全部页面(A) 单选按钮，那么在画板上具有图稿的所有页面将打印。此时，可以看到"打印"对话框左下角的预览区域中列出了所有页面。

◆ **范围**：选中 ⊙范围(R) 单选按钮，并在文本框中输入数字，那么只有这些数据所指的页面将打印。

◆ **忽略画板**：如果要在一页中打印所有画板上的图稿，可选中 ☑忽略画板(B) 复选框。

◆ **跳过空白画板**：选中 ☑跳过空白画板(K) 复选框，可自动跳过不包含图稿的空白画板。

3. 更改页面大小和方向

Illustrator通常使用所选打印机的PPD文件定义的默认页面大小，但可以把介质尺寸更改为PPD文件中所列的任一尺寸，并且可指定纵向或横向。

在"打印"对话框中，"介质大小"下拉列表框中包含了Illustrator预设的打印介质选项，选择相应的选项，可将图稿打印到相应大小的纸张上，如图12-44所示。如果打印机的PPD文件允许，可在该下拉列表框中选择"自定"选项，然后在下方的"宽度"和"高度"文本框中设置一个自定义的页面大小。同时，可选中下方的复选框以指定其方向。

图12-44　调整页面大小

4. 在多个页面上拼贴图稿

如果打印单个画板中的图稿（或在忽略画板的情况下进行打印），一个页面中无法容纳要打印的内容时，则可以拼贴图稿到多个页面上，并将其打印在多个纸张上。分割画板以适合打印机的可用页面大小的过程称为拼贴。可以在"打印"对话框的"常规"选项卡中选中☑拼版(L)复选框，然后在"缩放"下拉列表框中选择相应选项，如图12-45所示。如果要查看画板上的打印拼贴边界，可选择"视图"/"显示打印拼贴"命令，如图12-46所示。

图12-45　拼贴图稿

图12-46　多个页面拼贴的画板

当将画板分为多个拼贴时，会从左至右并且从顶部到底部对页面进行编号，从第1页开始。这些页码将显示在屏幕上，但仅供参考，不会打印出来。同时，使用页码可以打印文件中的所有页面或者指定特定页面进行打印。

"缩放"下拉列表框中的"拼贴"选项作用介绍如下。

◆ **拼贴整页**：可以将画板划分为全介质大小的页面以进行输出。

◆ **拼贴可成像区域**：根据所选设备的可成像区域，将画板划分为一些页面，在输出大于设置可处理的图稿时，该选项非常有用，因为可以将拼贴的部分重新组合成原来的较大图稿。

5. 为打印缩放文档

如果要将一个超大文档放入小于图稿实际尺寸的纸张上进行打印，可在"打印"对话框的"缩放"下拉列表框中选择相应选项，以调整文档的宽度和高度，如图12-47所示。

若要禁止缩放，可选择"不要缩放"选项；若要自动缩放文档使之适合页面，可选择"调整到页面大小"选项；缩放百分比由所选PPD定义的可成像区域决定。若要激活"宽度"和"高度"文本框，可选择"自定"选项。然后在"宽度"或"高度"文本框中输入介于1~1000之间的百分数，如图12-48所示。需注意的是，缩放并不影响文档中页面的大小，只是改变文档打印的比例。

图12-47　选择缩放　　　　图12-48　自定缩放
　　　　选项

12.5.4 印刷标记和出血

标记是指为打印准备图稿时，打印设置需要精确套准图稿像素并校验正确颜色的几种标记；出血则是指图稿位于印刷边框，裁切线和裁切标记之外的部分。在"打印"对话框中，选择左侧列表框中的"标记和出血"选项，即可添加印刷标记的种类和出血，如图12-49所示。

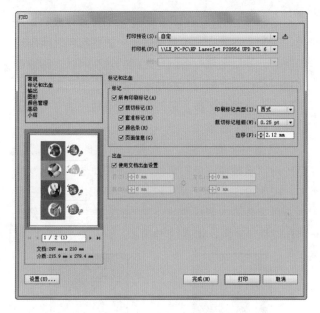

图12-49 标记和出血

💬知识解析："标记和出血"选项 ·················●

◆ 所有印刷标记：一次性选择所有输出的标记。

◆ 裁切标记：用于加入定义页面要剪裁的区域的细线水平和垂直尺规。对象裁切线也有助于进行分色彼此的拼版。

◆ 套准标记：在页面区外加上小"标记"，以对齐彩色文件中的不同分色。

◆ 颜色条：加入代表CMYK墨水和灰色淡印色的彩色小方块。服务供应商会使用这些标记来调整印刷时的墨水浓度。

◆ 页面信息：以文件名称、打印日期时间、使用网频、分色片的网角（即每个特定通道的颜色）来标示底片，这些标签会显示在图像上方。

◆ 印刷标记类型：可以选择"日式标记，圆形套准线"（默认）、"日式标记，十字套准线"或"默认"。也可以创建自定的印刷标记或使用由其他公司创建的自定标记。

◆ 裁切标记粗细：决定了裁切、出血和套准标记的线条粗细。

◆ 位移：指定打印页面信息或标记距页面边缘的宽度（裁切标记的位置）。只有在"文字"中选择"西方标记"时，此选项才可用。

◆ 出血：指定裁切标记与文件之间的距离。若要避免在出血上绘制打印机的标记，则输入大于出血值的位移值。

◆ 顶、底、左、右：在右侧的数值框中可输入0~72点之间的值，以指定出血标记的位置。

◆ 连接图标⑧：可以使上出血、下出血、左/内出血和右/外出血使用相同的值。

技巧秒杀

出血线的粗细为0.1mm，长度按实际需要而定，一般是3mm。出血宽度一般为3mm，较厚的印刷品出血需要4~5mm。这由纸张厚度和具体要求决定。出血线的颜色必须取四色黑或"套版色（注册色）"。

12.5.5 更改打印机分辨率和网频

Illustrator在使用默认的打印机分辨率和网频时打印效果最快最好。但有些情况下，可能需要更改打印机分辨率和网线频率，如在绘制了一条复杂的曲线路径但因极限检验错误而不能打印、打印速度缓慢或者打印时渐变和网格出现色带等情况。

这时可在"打印"对话框的顶部的"打印机"下拉列表框中选择一种PostScript 打印机、"Adobe PostScript® 文件"或"Adobe PDF"选项，然后在左侧的列表框中选择"输出"选项，并在"打印机分辨率"下拉列表框中选择所需的网频（lpi）和打印机分辨率（dpi）组合即可，如图12-50所示。

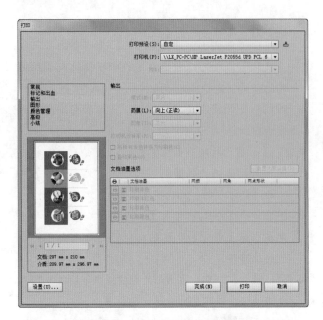

图12-50　更改打印机分辨率和网频

图12-51　"属性"面板　　　图12-52　叠印效果

12.5.7　陷印

在从单独的印版打印的颜色互相重叠或彼此相连处，印刷套不准会导致最终输出中的各颜色之间出现间隙。为补偿图稿中各颜色之间的潜在间隙，印刷商使用一种称为"陷印"的技术，在两个相邻颜色之间创建一个小重叠区域（陷印）。可用独立的专用陷印程序自动创建陷印。

陷印主要有两种：一种是外扩陷印，其中较浅色的对象重叠较深色的背景，看起来像是扩展到背景中，如图12-53所示；另一种是内缩陷印，其中较浅色的背景重叠陷入背景中的较深色的对象，看起来像是挤压或缩小对象，如图12-54所示。

图12-53　外扩陷印　　　图12-54　内缩陷印

如果用户要创建陷印，可先选择对象，再打开"路径查找器"面板，单击右上角的▼■按钮，在弹出的下拉菜单中选择"陷印"命令。或选择"效果"/"路径查找器"/"陷印"命令，在打开的对话框中设置相应参数，将陷印作为效果来应用。

技巧秒杀

打印机分辨率以每英寸产生的墨点数(dpi)度量。多数桌面激光打印机的分辨率为600 dpi，而照排机的分辨率为1200dpi或更高。喷墨打印机所产生的实际上不是点而是细小的油墨喷雾，但大多数喷墨打印机的分辨率大约在300~720dpi之间。当打印到桌面激光打印机尤其是照排机时，还必须考虑网频。网频是打印灰度图像或分色稿所使用的每英寸半色调网点数。网频又叫网屏刻度或线网，以半色调网屏中的每英寸线数（lpi，即每英寸网点的行数）度量。

12.5.6　叠印

默认情况下，在打印不透明的重叠色时，上方颜色会挖空下方的区域。可使用叠印来防止挖空，使最顶层的叠印油墨相对于底层油墨显得透明。打印时的透明度取决于所用的油墨、纸张和打印方法。

其方法为：选择要叠印的对象，在"属性"面板中选中 ☑叠印填充 或 ☑叠印描边 复选框，即可叠印，如图12-51所示。设置叠印后，选择"视图"/"叠印预览"命令，可查看叠印颜色的近似打印效果，如图12-52所示。

读书笔记

知识大爆炸
——Illustrator优化和打印文件的技巧

本章主要介绍了任务自动化和打印输出操作，要想将作品更好地打印出来，还需掌握以下几种Illustrator优化和打印文件的技巧。

◆ 切片：注意区别裁剪区域工具和切片工具的作用。裁剪区域工具用于选择指定的区域来进行打印或导出；切片工具用于将图稿分割为单独的Web图像；而切片选择工具用于选择 Web 切片。

◆ 出血：出血是图稿位于印刷边框打印定界框外的或位于裁切标记和裁切标记外的部分。可以把出血作为允差范围包括到图稿中，以保证在页面切边后仍可把油墨打印到页边缘，或者保证把图像放入文档中的准线内。只要创建了出血边的图稿，即可用 Illustrator 指定出血程度。如果增加出血量，Illustrator 会打印更多位于裁切标记之外的图稿。不过，裁切标记仍会定义同样大小的打印边框。

◆ 印刷：为了重现彩色和连续色调图像，印刷商通常将图稿分为4个印版（称为印刷色），分别用于图像的青色、洋红色、黄色和黑色4种原色，还可以包括自定油墨（称为专色）。在这种情况下，要为每种专色分别创建一个印版。当着色恰当并相互套准打印时，这些颜色组合起来就会重现原始图稿。

读书笔记

实战篇
Instance

本书的实战篇将会对一些常用的平面对象进行设计，如特效文字制作、产品与包装设计、平面设计、广告与网页设计和Illustrator鼠绘等，涉及的领域非常广泛，为各个领域都做了相应的示例，用户学习后可熟练地操作Illustrator软件，以及使用Illustrator CC进行作品设计。

>>>

13 14 15 16 17 ●●●●●●

特效文字制作

本章导读 ●

在当今社会中越来越重视文字的设计，美观的文字会使整个设计增色不少。Illustrator
作为世界一流的矢量绘图软件，自然也可以用于设计漂亮的文字。本章将详细介绍多
种特效文字的制作方法。

13.1 制作针线缝制文字

外观面板 的使用 | 偏移路径 功能应用 | 变换效果 的应用

在平面设计中会使用各种不同的文字效果，其中针线缝制文字，具有针线缝制的描线效果，在制作一些广告或海报时，可使用该文字效果。下面将讲解针线缝制文字的制作方法。

● 光盘\素材\第13章\背景墙.ai
● 光盘\效果\第13章\针线缝制文字.ai
● 光盘\实例演示\第13章\制作针线缝制文字

Step 1 ▶ 打开"背景墙.ai"素材文件，使用"文字工具"Ⅰ输入Illustrator文字，并设置"字体"为"方正超粗黑简体"，"字体大小"为33，如图13-1所示。单击工具箱中的◨图标，去除填充色，如图13-2所示。

图13-1 输入文字

图13-2 去掉填充色

Step 2 ▶ 按Shift+F6快捷键，打开"外观"面板，单击右上角的▤按钮，在弹出的下拉菜单中选择"添加新填色"命令，如图13-3所示。再按Ctrl+F9快捷键，打开"渐变"面板，在"类型"下拉列表框中选择"线性"选项，设置颜色从"白色"至"灰色（K39）"，"角度"为-90°，如图13-4所示。

图13-3 添加新填色

图13-4 设置渐变颜色

Step 3 ▶ 得到如图13-5所示的效果。再次单击"外观"面板右上角的▤按钮，在弹出的下拉菜单中选择"添加新描边"命令，新建描边，如图13-6所示。

图13-5 渐变效果　　　　图13-6 添加新描边

Step 4 ▶ 单击"描边颜色"右侧的下拉按钮▾，在弹出的列表框中选择如图13-7所示的"绿色"。再双击左侧的"描边"超链接文本，在弹出的面板中设置"粗细"为0.1mm，选中☑虚线复选框，在下方的"虚线"和"间隙"文本框中分别输入0.5mm和0.3mm，如图13-8所示。

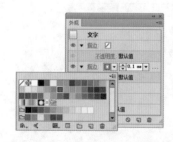

图13-7 设置描边颜色　　　图13-8 设置描边线

Step 5 ▶ 单击"外观"面板下方的"添加新效果"按钮￼，在弹出的下拉菜单中选择"路径"/"位移路

径"命令，如图13-9所示。打开"偏移路径"对话
框，设置"位移"为-0.3mm，其他选项保持默认不
变，单击 确定 按钮，如图13-10所示。

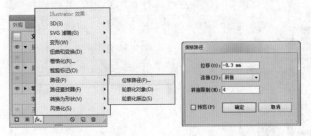

图13-9　添加新效果　　　　图13-10　设置偏移路径

Step 6 ▶ 返回画板，得到如图13-11所示的文字效
果。在"外观"面板中选择"填色"选项，并按住
鼠标左键不放，将其拖动至面板右下角的"新建"
按钮 上，复制填色，如图13-12所示。

图13-11　偏移路径效果　　　图13-12　复制填色

Step 7 ▶ 单击最下方"填色"右侧的下拉按钮，在
弹出的列表框中选择如图13-13所示的"灰色"。再
单击面板下方的"添加新效果"按钮，在弹出的
下拉菜单中选择"扭曲和变换"/"变换"命令，如
图13-14所示。

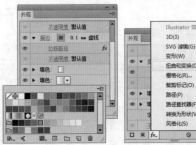

图13-13　设置填色　　　　图13-14　添加新效果

Step 8 ▶ 打开"变换效果"对话框，在"移动"栏设
置"垂直"为-0.3mm，其他选项保持默认不变，单
击 确定 按钮，如图13-15所示。返回画板，即可查
看到文字的最终效果，如图13-16所示。

图13-15　添加新效果　　　　图13-16　查看效果

13.2　制作投影字

文字工具的应用　渐变的填充　倾斜工具的使用

本例将制作投影字，其操作方法非常简
单，且制作方法有多种。制作完成后的效果如左
图所示。

After

Little Bear

● 光盘\效果\第13章\投影字.ai
● 光盘\实例演示\第13章\制作投影字

Step 1 ▶ 新建一个A4文档，使用"文字工具" T 输入Little Bear文字，并设置"字体"为Eras Medium ITC，"字体大小"为160，"颜色"为"蓝色，#036EB8"，如图13-17所示。保持文字的选中状态，然后按住Alt键进行拖动复制文字，如图13-18所示。

图13-17　输入文字　　　图13-18　拖动复制文字

Step 2 ▶ 选择复制的文字，选择"文字"/"创建轮廓"命令，将文字创建为轮廓，如图13-19所示。再按Ctrl+F9快捷键，打开"渐变"面板，在"类型"下拉列表框中选择"线性"选项，设置颜色为灰色C0、M22、Y0、K89至C2、M2、Y16、K16，设置"角度"为90°，再设置"位置"为67.2%，如图13-20所示。

图13-19　将文字创建为轮廓　　图13-20　设置颜色

Step 3 ▶ 返回画板，可看到如图13-21所示的效果。使用"倾斜工具" 在文字最底端单击，将倾斜中心定位在最底端，在文字上按住鼠标左键向左侧进行拖动，当倾斜到一定程度后释放鼠标，如图13-22所示。

图13-21　查看渐变效果　　　图13-22　倾斜文字

Step 4 ▶ 再右击，在弹出的快捷菜单中选择"排列"/"后移一层"命令，将投影放置在蓝色文字的后方，并使用方向键将文字与投影的底部进行对齐，效果如图13-23所示。使用"矩形工具" 绘制一个与画板相同大小的矩形，并填充为"黄色#FAED00"，并按Shift+Ctrl+[组合键将其置于最底层，如图13-24所示。

图13-23　调整文字位置　　　图13-24　最终效果

还可以这样做？

除此之外，还可以使用相似的方法制作出立体投影字。其方法为：输入文字后，对其执行倾斜操作，如图13-25所示。再选择"效果"/"风格化"/"投影"命令，为其添加投影。然后复制添加投影后的文字，将文字颜色设置为轮黑色，并后移一层，最后调整该文字的位置，也可快速得到投影文字效果，如图13-26所示。

图13-25　原图效果　　　图13-26　立体投影效果

读书笔记

13.3 制作气泡字

蒙版 的应用 | 渐变 的使用 | 效果 的应用

气泡不仅可以应用于广告背景，还可将其作为文字效果，使其更加美观。制作完成后的效果如左图所示。下面将讲解制作气泡字的方法。

● 光盘\素材\第13章\招牌.jpg
● 光盘\效果\第13章\气泡字.ai
● 光盘\实例演示\第13章\制作气泡字

Step 1 ▶ 新建一个A4文档，使用"文字工具" T，输入fruit文字，并设置"字体"为Bambina，"字体大小"为190pt，如图13-27所示。按Ctrl+Shift+O组合键将文字转曲，然后为其应用如图13-28所示的渐变填充。

图13-27　输入文字　　　图13-28　填充渐变

Step 2 ▶ 在工具属性栏中为文字添加0.75mm粗细的"绿色，#1D7B3A"描边，得到如图13-29所示的效果。按Ctrl+C快捷键以及Ctrl+F快捷键，在原位置粘贴一个相同文本，为其填充为"白色"，并设置为无描边，如图13-30所示。

图13-29　添加描边效果　　　图13-30　复制文本

Step 3 ▶ 使用"钢笔工具" 在文字上方绘制如图13-31所示的路径。按Ctrl+Shift+F9组合键打开"路径查找器"面板，同时选择路径和白色文字，再单击面板中的"合并"按钮，得到如图13-32所示的效果。

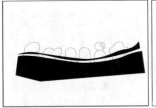
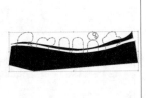

图13-31　绘制路径　　　图13-32　合并对象

Step 4 ▶ 使用"直接选择工具" 选择上方的黑色路径，然后按Delete键将其删除，得到如图13-33所示的效果。使用"钢笔工具" 在文字上方绘制路径，并为其进行渐变填充，效果如图13-34所示。

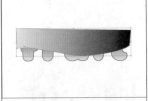

图13-33　删除路径　　　图13-34　绘制路径

Step 5 ▶ 同时选择白色文字和绘制的路径，打开"透明度"面板，单击 制作蒙版 按钮，为其添加蒙版，如图13-35所示。即可得到如图13-36所示的文字效果。

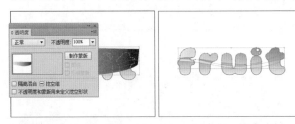

图13-35　添加蒙版　　图13-36　添加蒙版的效果

Step 6 ▶ 选择文字上的蒙版区域，按Ctrl+C快捷键以及Ctrl+F快捷键，在原位置粘贴一个相同的蒙版，然后在"渐变"面板中设置如图13-37所示的渐变填充。

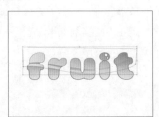

图13-37　复制蒙版

Step 7 ▶ 得到如图13-38所示的渐变文字效果。退出蒙版模式，使用"钢笔工具" 在文字上方绘制如图13-39所示的路径，并填充为"浅绿色，#D3E6AF"。

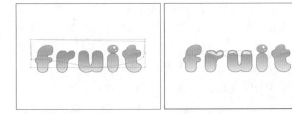

图13-38　蒙版效果　　图13-39　绘制高光

读书笔记

Step 8 ▶ 保持路径的选择状态，然后在"透明度"面板中设置"不透明度"为30%，如图13-40所示。退出蒙版模式，使用"椭圆工具"  在文字上方绘制多个不同大小的圆形，效果如图13-41所示。

图13-40　设置透明度　　图13-41　绘制圆形

Step 9 ▶ 选择所有的圆形，使用前面相同的方法设置其不透明度为40%，得到如图13-42所示的效果。使用"文字工具" T 再次输入相同的fruit文本，并设置其颜色为"深绿色，#006834"，如图13-43所示。

图13-42　设置透明度　　图13-43　绘制高光

Step 10 ▶ 在文字上右击，在弹出的快捷菜单中选择"排列"/"置于底层"命令，将该文字置于最下方，得到如图13-44所示的文字效果。选择深绿色文字，选择"效果"/"路径"/"偏移路径"命令，打开"偏移路径"对话框，设置"位移"为2mm，单击 确定 按钮，如图13-45所示。

图13-44　排列文字　　图13-45　设置位移

Step 11 ▶ 返回画板，即可看到如图13-46所示的文字效果。然后打开"招牌.jpg"素材文件，将其复制到当前的气泡字文档中，置于底层并调整其大小及位置，最终效果如图13-47所示。

图13-46　文字偏移效果　　　图13-47　最终效果

13.4 文字工具的应用　外观面板的应用　效果的应用　制作立体金属字

立体金属字是平面设计中常用的特殊字体，立体金属文字可对文字进行强调，使其表达内容更能吸引大众。下面将讲解立体金属字的制作方法。

● 光盘\素材\第13章\咖啡.jpg
● 光盘\效果\第13章\立体金属字.ai
● 光盘\实例演示\第13章\制作立体金属字

Step 1 ▶ 新建一个A4文档，打开"咖啡.jpg"素材文件，将其复制到A4文档中，并调整至与画板相同大小。然后使用"文字工具" T 输入coffee文字，并设置"字体"为"华文隶书"，"字体大小"为200pt，并删除文字的填充与描边，效果如图13-48所示。

图13-48　输入文字

Step 2 ▶ 打开"外观"面板，单击右上角的 按钮，

在弹出的下拉菜单中选择"添加新填色"命令，如图13-49所示。按Ctrl+F9快捷键，打开"渐变"面板，在"类型"下拉列表框中选择"线性"，设置第1个色块颜色为C47、M61、Y100、K11，第2个色块颜色为C2、M12、Y39、K0，第3个色块颜色为C57、M69、Y100、K34，如图13-50所示。

图13-49　添加新填色　　图13-50　设置色块颜色

Step 3 ▶ 得到如图13-51所示的效果。然后使用与前面相同的方法在"外观"面板中添加一个新填色，并设置"填色"为"白色"，如图13-52所示。

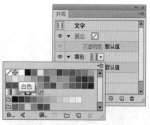

图13-51　渐变效果　　图13-52　设置填充色　　　图13-57　变换效果　　图13-58　复制填充项目

Step 4 ▶ 将该填充拖动至第1个渐变填充的下方，如图13-53所示。选择白色填色，选择"效果"/"路径"/"位移路径"命令。在打开的"偏移路径"对话框中设置"位移"为0.5mm，如图13-54所示。

Step 7 ▶ 选择最下方复制的填充副本，并将其设置为"褐色，#845E20"，再单击该项目左侧的▼按钮，展开填充属性，选择"变换"选项，如图13-59所示。打开"变换效果"对话框，在"移动"栏中设置"垂直"为1mm，如图13-60所示。

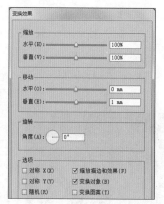

图13-53　调整填充顺序　　图13-54　设置偏移路径

Step 5 ▶ 单击 确定 按钮，返回画板可查看到如图13-55所示的效果。选择"效果"/"扭曲和变换"/"变换"命令，打开"变换效果"对话框，在"移动"栏中设置"垂直"为0.3mm，如图13-56所示。

图13-59　选择变换选项　　图13-60　"变换效果"对话框

Step 8 ▶ 返回画板可查看到如图13-61所示的效果。使用前面相同的方法再复制一个褐色填充项目，如图13-62所示。

图13-55　渐变效果　　图13-56　设置变换效果

Step 6 ▶ 单击 确定 按钮，返回画板可查看到如图13-57所示的效果。在"外观"面板中选择白色为填充色，再单击"面板"底部的"复制所选项目"按钮，复制该项目，如图13-58所示。

图13-61　查看文字效果　　图13-62　复制填充项目

Step 9 ▶ 通过"渐变"面板将该填充颜色设置为如图13-63所示的线性渐变颜色。再单击该项目左侧的▶按钮，展开填充属性，选择"变换"选项，打开"变换效果"对话框，在"移动"栏设置"垂直"为4mm，如图13-64所示。

图13-63　设置渐变颜色

图13-64　设置变换参数

Step 10▶ 单击 确定 按钮，返回画板可查看到如图13-65所示的效果。保持第4个填充的选中状态，选择"效果"/"风格化"/"投影"命令，打开"投影"对话框，设置"不透明度"为100%，"X位移"为0mm，"Y位移"为1mm，"模糊"为1mm，如图13-66所示。

图13-65　渐变效果

图13-66　设置投影

Step 11▶ 单击 确定 按钮，返回画板可查看到如图13-67所示的效果。然后使用"文字工具" T 输入如图13-68所示的文字，并设置"字体"为"长城行楷体"，"字体大小"为24，颜色为#C89F62。

图13-67　文字投影效果

图13-68　输入文字

还可以这样做？

除此之外，还可以使用3D效果制作出立体金属字。其方法为：输入文字后，设置与金属接近的颜色。再选择"效果"/"3D"/"凸出和斜角"命令，在打开的对话框中可调整相应的立体角度。然后选择"对象"/"扩展外观"命令，再取消编组，最后分别选择各个面进行渐变编辑，将立体层次感表现出来即可。

13.5 图案的应用　设置图层不透明度　设置图层混合模式　制作复古铁锈字

复古铁锈字在制作复古宣传海报时使用得较为广泛，逼真的复古铁锈字效果不仅能传达给读者信息，还具有历史厚重感和沧桑感。下面将讲解复古铁锈字的制作方法。

- 光盘\素材\第13章\纹理背景.ai
- 光盘\效果\第13章\复古海报字体.ai
- 光盘\实例演示\第13章\制作复古铁锈字

Step 1 ▶ 启动Illustrator CC，新建一个A4文档，使用"矩形工具" ▣ 绘制一个与画板相同大小的矩形，并将其填充为#3D240F颜色，如图13-69所示。使用"文字工具" T 输入文本Adobe，并设置"字体"为"方正综艺简体"，"字体大小"为180pt，"颜色"为"白色"，如图13-70所示。

图13-69　新建文档　　　　图13-70　设置字体与颜色

Step 2 ▶ 在文字上右击，在弹出的快捷菜单中选择"创建轮廓"命令，如图13-71所示。使用"直接选择工具" ▹ 并结合Shift键选择文字上的锚点，对其进行调整，使其成如图13-72所示的文字效果。

图13-71　创建轮廓　　　　图13-72　调整文字

Step 3 ▶ 使用"直接选择工具" ▹ 分别选择d和b文字，设置颜色为"黄色，#E28600"和"草绿色，#8EC31E"，效果如图13-73所示。再选择中间的o文字，打开"色板"面板，单击右下角的"色板库菜单"按钮 ◪，在弹出的下拉菜单中选择"图案"/"装饰"/"装饰旧版"命令，如图13-74所示。

图13-73　填充颜色　　　　图13-74　选择"图案"命令

Step 4 ▶ 打开"装饰旧版"面板，单击面板中的"网格上网格颜色"色块，如图13-75所示。为文字添加图案，此时文字效果如图13-76所示。

图13-75　添加图案　　　　图13-76　文字效果

Step 5 ▶ 打开"纹理背景.ai"素材文件，将其复制并粘贴到当前的文字文档中并置于最上方，如图13-77所示。按Shift+Ctrl+F10组合键打开"透明度"面板，设置"混合模式"为"正片叠底"，如图13-78所示。

 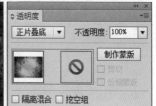

图13-77　添加素材　　　　图13-78　设置正片叠底

Step 6 ▶ 返回画板，即可得到如图13-79所示的效果。再使用"文字工具" T 在画板中间位置输入文本ILLUSTRATOR，然后设置"字体"为Promenade，"字体大小"为50pt，"颜色"为"白色"，如图13-80所示。

图13-79　查看效果　　　　图13-80　输入文字

Step 7 ▶ 选择"纹理背景"图像，在其上右击，在弹出的快捷菜单中选择"排列"/"置于顶层"命令，如图13-81所示。此时，即可查看到文字的最终效果，如图13-82所示。

图13-81　调整图形位置　　　图13-82　最终效果

13.6 混合工具的应用 画笔的应用 效果的应用 制作青草字

　　青草字是指仿照青草制作的文字效果，常用于广告宣传等方面，下面将讲解青草字的制作方法。

● 光盘\效果\第13章\青草字.ai
● 光盘\实例演示\第13章\制作青草字

Step 1▶ 启动Illustrator，新建一个A4文档，使用"矩形工具"▢绘制一个与画板相同大小的矩形，并填充如图13-83所示的渐变颜色。使用"直线段工具"╱绘制一条1mm粗细的白色线条，效果如图13-84所示。

图13-83　新建文档　　　图13-84　绘制直线

Step 2▶ 选择直线，再按住Alt键，将其拖动至右侧，并将其复制，填充如图13-85所示的渐变颜色。双击"混合工具"按钮╱，打开"混合选项"对话框，在"间距"下拉列表框中选择"指定的步数"选项，在右侧的文本框中输入18，单击 确定 按

钮，如图13-86所示。

图13-85　复制线条　　　图13-86　设置间距

Step 3▶ 单击两条线条的中间位置，进行混合，得到如图13-87所示的效果。再选择"对象"/"扩展"命令，打开"扩展"对话框，保持默认设置，并单击 确定 按钮，如图13-88所示。

　　　　　　这里首先在"图层样式"对话框中的"混合"选项中设置"填充不透明度"为0%，是为了使白色文字呈透明效果。在添加图层样式后，文字才能体现出透明玻璃的质感。

操作解谜

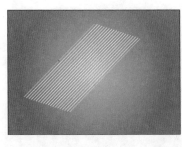

图13-87 混合对象　　　　图13-88 扩展对象

Step 4 ▶ 选择"对象"/"路径"/"轮廓化描边"命令，效果如图13-89所示。打开"渐变"面板，为其设置如图13-90所示的渐变颜色。

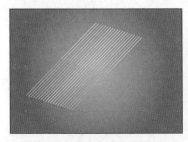

图13-89 轮廓化描边　　　　图13-90 填充渐变色

Step 5 ▶ 将线条旋转并调整至如图13-91所示的效果。打开"透明度"面板，设置"混合模式"为"叠加"，"不透明度"为30%，如图13-92所示。

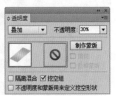

图13-91 调整线条　　　　图13-92 设置混合模式

Step 6 ▶ 返回画板，可得到如图13-93所示的效果。使用"椭圆工具"  绘制一个正圆形，并填充为"黄色"，如图13-94所示。

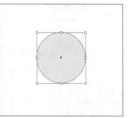

图13-93 线条效果　　　　图13-94 绘制圆形

Step 7 ▶ 选择"对象"/"路径"/"偏移路径"命令，打开"偏移路径"对话框，设置"位移"为-12mm，其他选项保持默认，单击 确定 按钮，如图13-95所示。此时，将自动选择偏移的小圆路径，将其颜色设置为"橘红色，#F39700"，效果如图13-96所示。

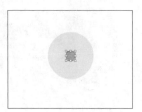

图13-95 偏移路径　　　　图13-96 填充圆形

Step 8 ▶ 选择大圆形，并在"透明度"面板中设置"不透明度"为0%，效果如图13-97所示。按住Shift键依次单击两个圆形，将其选中，然后选择"对象"/"混合"/"建立"命令，得到如图13-98所示的效果。

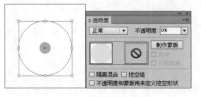

图13-97 设置不透明度　　　　图13-98 创建混合

Step 9 ▶ 按F5键打开"画笔"面板，将刚制作的图形拖动至"画笔"面板中，效果如图13-99所示。将弹出"新建画笔"对话框，选中 ⊙ 散点画笔(S) 单选按钮，单击 确定 按钮，如图13-100所示。

图13-99　拖动图形　　图13-100　新建画笔

Step 10 ▶ 打开"散点画笔选项"对话框，保持该对话框中的选项默认不变，直接单击 确定 按钮，如图13-101所示。

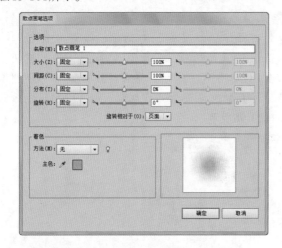

图13-101　"散点画笔选项"对话框

Step 11 ▶ 使用"画笔工具" 在画板中拖动绘制一条曲线路径，得到如图13-102所示画笔效果。在"透明度"面板中设置"混合模式"为"柔光"，得到如图13-103所示的效果。

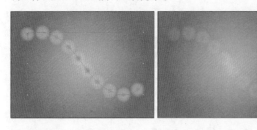

图13-102　使用画笔　　图13-103　设置混合模式

Step 12 ▶ 使用"文字工具" 输入The Grass文字，并设置"字体"为"方正综艺简体"，"字体大小"为120pt，"颜色"为"白色"，再按Ctrl+C和Ctrl+F快捷键在原位复制文字，如图13-104所示。选择"效果"/"素描"/"便条纸"命令，打开"便条

纸"对话框，设置"图像平衡"为28，"粒度"为13，"凸现"为14，单击 确定 按钮，如图13-105所示。

图13-104　输入文字　　图13-105　设置便条纸参数

Step 13 ▶ 返回画板，可查看到效果，然后选择"对象"/"扩展外观"命令，得到如图13-106所示的效果。选择"窗口"/"图像描摹"命令，打开"图像描摹"面板，选中面板最下方的 ☑预览 复选框，查看设置后的效果，然后设置"模式"为"灰度"，设置"灰度"为50，再展开"高级"栏，选中 ☑忽略白色 复选框，其他选项设置保持默认，如图13-107所示。

图13-106　扩展对象外观　　图13-107　设置混合模式

Step 14 ▶ 返回画板，可查看到如图13-108所示的效果。选择"对象"/"扩展"命令，打开"扩展"面板，单击 确定 按钮，如图13-109所示。

操作解谜

这里首先在"图层样式"对话框中的"混合"选项中设置"填充不透明度"为0%，是为了使白色文字呈透明效果。在添加图层样式后，文字才能体现出透明玻璃的质感。

图13-108　描摹效果　　　　图13-109　扩展对象

Step 15 ▶ 返回画板，可查看到如图13-110所示的效果。打开"渐变"面板，设置"类型"为"线性"，"角度"为-90°，"渐变颜色"设置为如图13-111所示的效果。

图13-110　扩展后的效果　　　图13-111　设置渐变

Step 16 ▶ 此时可查看到文字效果如图13-112所示。保持绿色文字选中状态，选择"效果"/"扭曲和变换"/"收缩和膨胀"命令，打开"收缩和膨胀"对话框，选中☑预览复选框，设置"收缩"为-150%，单击 确定 按钮，如图13-113所示。

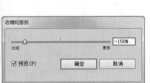

图13-112　渐变效果　　　图13-113　设置收缩和膨胀

读书笔记

Step 17 ▶ 此时可查看到文字效果如图13-114所示。选择"效果"/"风格化"/"羽化"命令，打开"羽化"对话框，选中☑预览复选框，设置"半径"为1.5mm，单击 确定 按钮，如图13-115所示。

图13-114　收缩后的效果　　　图13-115　设置羽化

Step 18 ▶ 此时可查看到文字效果如图13-116所示。选择"效果"/"风格化"/"投影"命令，打开"投影"对话框，选中☑预览复选框，设置"不透明度"为75%，"X位移"为1mm，"Y位移"为1mm，"模糊"为1.76mm，如图13-117所示。

图13-116　羽化后的文字效果　　　图13-117　设置投影

Step 19 ▶ 单击 确定 按钮，返回画板，可查看到如图13-118所示的效果。选择"效果"/"风格"/"羽化"命令，打开"羽化"对话框，设置"半径"为0.08mm，单击 确定 按钮，如图13-119所示。

图13-118　文字投影效果　　　图13-119　设置羽化

13.7 制作凹陷字

3D效果 | 渐变 | 设置图形
的应用 | 的使用 | 混合模式

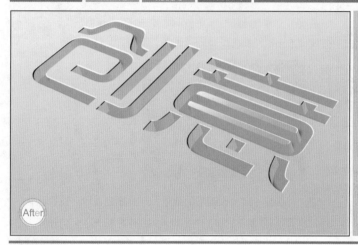

After

凹陷字是指将文字陷印到一个平面物体内，再对文字进行叠加使其更加美观，常用于画册、书籍封面等设计领域，制作完成后的效果如左图所示，下面将讲解制作凹陷字的方法。

● 光盘\效果\第13章\凹陷字.ai
● 光盘\实例演示\第13章\制作凹陷字

Step 1 ▶ 启动Illustrator程序，新建一个A4文档，使用"矩形工具" 绘制一个与画板相同大小的矩形，并填充为#DCDCDD颜色，如图13-120所示。使用"文字工具" 输入文本"创意"，并设置"字体"为"时尚中黑简体"，"字体大小"为220pt，"颜色"为"黑色"，在其上右击，在弹出的快捷菜单中选择"创建轮廓"命令，如图13-121所示。

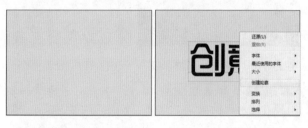

图13-120 新建文档　　　图13-121 输入文字

Step 2 ▶ 此时，可得到创建的轮廓文字效果。然后按住Shift键，同时选择文字和下方的灰色矩形，打开"路径查找器"面板，单击"减去顶层"按钮，如图13-122所示。

图13-122 减去图形

Step 3 ▶ 得到如图13-123所示的文字效果。单击"自由变换工具"按钮，在弹出的工具列表中选择"自由扭曲"工具，然后将图形调整为如图13-124所示的效果。

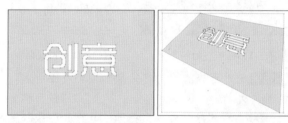

图13-123 减去顶层的效果　　图13-124 调整图形

Step 4 ▶ 选择"效果"/"3D"/"凸出和斜角"命令，打开"3D凸出和斜角选项"对话框，选中 ☑预览 复选框，分别设置X、Y、Z轴旋转为32°、16°和−8°，"凸出厚度"为15pt，如图13-125所示。

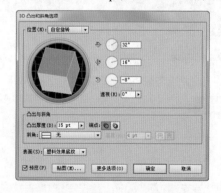

图13-125 设置3D凸出和斜角选项

Step 5 ▶ 单击 **确定** 按钮，返回画板，得到如图13-126所示的图形效果。选择"对象"/"扩展外观"命令，扩展对象，然后在图形上右击，在弹出的快捷菜单中选择"取消编组"命令，取消对象编组，如图13-127所示。

 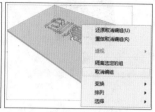

图13-126　3D效果　　　图13-127　扩展对象

Step 6 ▶ 选择"选择工具" ▶ 并按住Shift键选择最上方的图形对象，如图13-128所示。再按住Alt键拖动图形至左下角空白区域，复制该图形备用，如图13-129所示。

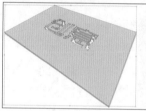 

图13-128　选择对象　　　图13-129　复制对象

Step 7 ▶ 再选择图层对象中最上层的所有对象，并将其填充为"白色"，如图13-130所示。然后调整图像大小，并使用"钢笔工具" ✐ 绘制一个与图形相同大小的不规则矩形，并填充为"灰色，#B8B8B8"，再按Shift+Ctrl+[组合键，将其放置于底层，如图13-131所示。

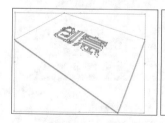 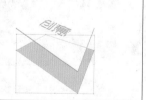

图13-130　填充图形　　　图13-131　调整图形位置

Step 8 ▶ 将前面复制的顶层对象移动至图形最上方，如图13-132所示。再按住Alt键拖动以复制该图形，依次按Shift+Ctrl+[组合键和Ctrl+]快捷键将图形放置

于第3层，得到如图13-133所示的4层图形效果。

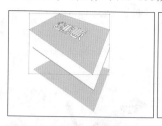 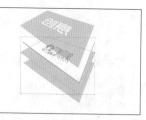

图13-132　将图形放于最上方　图13-133　调整图形顺序

Step 9 ▶ 保持第3层对象的选中状态，将其填充为"黑色"，并按Ctrl+G快捷键将其编组，如图13-134所示。选择最上方的对象，按Ctrl+G快捷键将其编组，打开"渐变"面板，设置如图13-135所示的线性渐变效果。

图13-134　为图形填充颜色　图13-135　设置渐变颜色

Step 10 ▶ 此时，可看到最上方对象的渐变效果，然后选择第3层对象，如图13-136所示。选择"效果"/"模糊"/"高斯模糊"命令，打开"高斯模糊"对话框，选中 ☑预览(P) 复选框，设置"半径"为10，单击 **确定** 按钮，如图13-137所示。

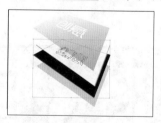

图13-136　选择对象　　　图13-137　设置高斯模糊

读书笔记 ▶

Step 11 ▶ 打开"透明度"面板，设置"混合模式"为"正片叠底"，得到如图13-138所示的图形效果。

图13-138　设置混合模式

Step 12 ▶ 将4个图层对象重合放置在一起，并在重合时将第1层和第3层错位放置，得到如图13-139所示的图形效果。使用"矩形工具" ▢ 在图形上绘制一个矩形，如图13-140所示。

图13-139　合成图形　　　图13-140　绘制图形

Step 13 ▶ 按Ctrl+A快捷键选择所有的图形对象，在图形上右击，在弹出的快捷菜单中选择"建立剪切蒙版"命令，如图13-141所示。即可得到如图13-142所示的图形效果。

 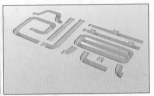

图13-141　创建剪切蒙版　　　图13-142　最终效果

读书笔记 ▶

13.8 制作网格字

文字工具	外观	创建
的应用	的使用	图案

本例制作的网格字，主要通过"外观"面板添加描边和填充，并设置渐变颜色，然后通过创建图案的方法得到网格字，制作完成后的效果如左图所示，下面将讲解制作网格字的方法。

● 光盘\效果\第13章\网格字.ai
● 光盘\实例演示\第13章\制作网格字

读书笔记 ▶

Step 1 ▶ 启动Illustrator程序，新建一个A4文档，选择"文字工具" T ，在画板中输入大写文本NIKE。然后在工具属性栏中将"字体"设置为SaloonExt Th，"字号"设置为225pt，如图13-143所示。按Shift+F6快捷键打开"外观"面板，单击面板左下角的"添加新描边"按钮 ，为文字新建描边，如图13-144所示。

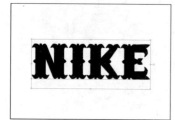

图13-143　输入文本　　　图13-144　新建描边

Step 2 ▶ 此时，在"外观"面板中可查看到新建的描边属性，设置"描边粗细"为6mm，再单击左侧的下拉按钮 ，在弹出的下拉列表中选择"黑色"色块，如图13-145所示。再单击左侧的"描边"文本，打开"描边"面板，设置"端点"为"平头端点"，设置"边角"为"圆角链接"，如图13-146所示。

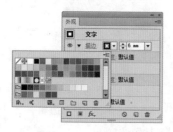

图13-145　设置描边粗细和颜色　图13-146　设置描边样式

Step 3 ▶ 此时，可得到如图13-147所示的文字效果。再单击"外观"面板左下角的"添加新填充"按钮 ，为文字添加填充，如图13-148所示。

图13-147　文字描边效果　　图13-148　添加填充效果

Step 4 ▶ 保持"填充"属性的选中状态，按Ctrl+F9快捷键，打开"渐变"面板，设置"类型"为"线性"渐变，"角度"为-90°，在渐变控制条下方单击，建立5个新的控制点，并分别设置每个控制点的颜色和位置为如图13-149所示的效果。

图13-149　填充文本

Step 5 ▶ 保持文字的选择状态，单击"外观"面板左下角的"添加新描边"按钮 ，为文字添加描边，然后设置"描边颜色"为"白色"，"描边粗细"为2mm，得到如图13-150所示的效果。

图13-150　描边文本

Step 6 ▶ 保持描边属性的选择状态，选择"效果"/"风格化"/"投影"命令，打开"投影"对话框，选中 预览(P) 复选框，以查看投影效果，设置"模式"为"正常"，"不透明度"为100%，"X位移"为0.5mm，"Y位移"为0.5mm，"模糊"为0.5mm，单击 确定 按钮，得到如图13-151所示的文字效果。

图13-151　设置投影效果

Step 7 ▶ 再单击"外观"面板左下角的"添加新描边"按钮 □，为文字添加描边，然后设置"描边颜色"为"蓝色，#004181"，"描边粗细"为0.75mm，效果如图13-152所示。

图13-152　设置描边粗细

Step 8 ▶ 按D键，将填充恢复到默认状态，选择"直线段工具" ∕，按住Shift并拖动鼠标绘制出一条水平直线，并设置"描边粗细"为"0.3mm"，"描边颜色"为"蓝色，#004181"，如图13-153所示。然后在工具箱中将"填充"和"描边"均设置为"无"，再选择"矩形工具" □，在画板中单击鼠标，打开"矩形"对话框，设置"宽度"为10mm，"高度"为1mm，单击 确定 按钮，如图13-154所示。

图13-153　绘制直线　　　图13-154　设置矩形
　　　　　　　　　　　　　　　　　高度和宽度

Step 9 ▶ 此时，画板中将自动得到一个相应大小的矩形，调整矩形位置后，同时选择矩形和直线图形，如图13-155所示。选择"对象"/"图案"/"建立"命令，此时，将自动打开"图案选项"对话框和"色板"面板，在"图案选项"对话框中设置"名称"为"线条"，其他选项保持默认，在"色板"面板中查看到创建的图案样式，如图13-156所示。

读书笔记 ▶

图13-155　选择直线和矩形　　　图13-156　创建图案

Step 10 ▶ 在"外观"面板中选择文字的"渐变"填充属性，再单击面板左下角的"添加新填充"按钮 □，为文字添加填充，如图13-157所示。再单击"填充"右侧的下拉按钮 □，在弹出的下拉列表中选择刚创建的图案，这里选择"线条"选项，如图13-158所示。

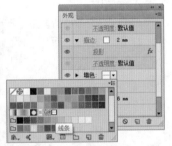

图13-157　添加新填充　　　图13-158　应用图案

Step 11 ▶ 返回画板，即可查看到应用图案后的文字效果，如图13-159所示。在"外观"面板中选择6mm描边属性，如图13-160所示。

图13-159　文字效果　　图13-160　选择"描边"属性

Step 12 ▶ 选择"效果"/"风格化"/"投影"命令，打开"投影"对话框，选中 ☑ 预览(P) 复选框，以便查看投影效果，设置"模式"为"正常"，"不透明度"为100%，"X位移"为1mm，"Y位移"为1mm，"模糊"为0.5mm，单击 确定 按钮，得到如图13-161所示的文字效果。

图13-161　设置文字投影

13.9　3D功能的应用　渐变的使用　蒙版的应用　制作清爽立体字

制作清爽立体字，主要通过Illustrator的3D功能、渐变和不透明蒙版来完成，制作完成后的效果如左图所示，下面将讲解制作清爽立体字的方法。

- 光盘\素材\第13章\背景.jpg、水珠.jpg、花纹.ai
- 光盘\效果\第13章\清爽立体字.ai
- 光盘\实例演示\第13章\制作清爽立体字

Step 1 ▶ 启动Illustrator程序，新建一个A4横向文档，打开"背景.jpg"素材文件，将其复制到当前新建的文档中，并调整到与画板相同大小，如图13-162所示。在工具箱中选择"文字工具" T，在背景图中输入大写文本D，并在工具属性栏中设置"字体"为"汉真广标"，"字号"为160pt，"颜色"为"白色"，如图13-163所示。

Step 2 ▶ 选择文字，选择"效果"/"3D"/"凸出和斜角"命令，打开"3D凸出和斜角选项"对话框，选中 ☑预览(P) 复选框预览效果，在"位置"栏中分别设置"旋转"为26°、27°和11°，在"凸出与斜角"栏中设置"凸出厚度"为50pt，在"斜角"下拉列表框中选择"第二个"选项，设置"高度"为3pt，其他选项保持默认，单击 确定 按钮，如图13-164所示。

图13-162　添加背景素材　　　图13-163　输入文本

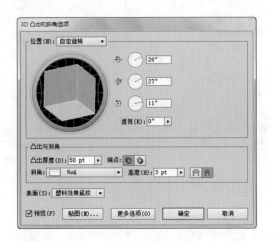

图13-164 "3D凸出和斜角选项"对话框

Step 3 ▶ 返回画板，即可查看到文字应用3D凸出的效果，如图13-165所示。然后使用相同的方法为Design文字创建角度不同的3D凸出效果，并将其排列为如图13-166所示的效果。

图13-165 3D文字效果　　图13-166 继续制作3D文字

Step 4 ▶ 选择所有文字，选择"对象"/"扩展外观"命令，如图13-167所示。然后依次选择文字，并右击两次，在弹出的快捷菜单中选择"取消编组"命令，将文字解组，如图13-168所示为解组后选择字体的正面效果。

图13-167 扩展文字　　　图13-168 解组文字

Step 5 ▶ 使用鼠标单击D文字最上面的图形将其选中，按Ctrl+F9快捷键打开"渐变"面板，设置"类型"为"线性"，"角度"为90°，渐变颜色为"玫红（C35、M100、Y15、K30）"到"白色"，

效果如图13-169所示。

图13-169 为文字表面添加渐变颜色

Step 6 ▶ 使用相同的方法分别为其他文字表面添加不同颜色的线性渐变，效果如图13-170所示。打开"水珠.jpg"素材文件，选择图形，按Ctrl+C快捷键，再切换到当前文档中，按Ctrl+F快捷键粘贴在前面，并调整图形大小，如图13-171所示。

图13-170 为文字添加颜色　　图13-171 添加素材

Step 7 ▶ 按住Shift键的同时，依次单击文字表面，选择所有文字表面，按Ctrl+G快捷键编组，再选择文字表面和素材图形，如图13-172所示。按Shift+Ctrl+F10组合键打开"透明度"面板，单击面板右上角的按钮，在弹出的下拉菜单中选择"建立不透明蒙版"命令，如图13-173所示。

图13-172 选择图形　　图13-173 建立不透明蒙版

Step 8 ▶ 此时，即可创建不透明蒙版，得到水珠文字效果，如图13-174所示。再打开"花纹.ai"素材文件，使用前面相同的方法将其复制并粘贴到当前文档中，并调整图案位置，最终效果如图13-175所示。

图13-174 水珠文字效果 　　图13-175 最终效果

13.10 文字工具 的应用｜渐变 的使用｜设置图形 混合模式 **制作游戏字**

本例制作的游戏字，不仅可应用于游戏标志，也可应用于海报设计中，作为设计作品的主题或装饰等，制作完成后的效果如左图所示，下面将讲解制作游戏字的方法。

● 光盘\素材\第13章\蓝色背景.jpg、图案.ai
● 光盘\效果\第13章\游戏字.ai
● 光盘\实例演示\第13章\制作游戏字

Step 1 ▶ 启动Illustrator CC，新建一个A4横向文档，打开"蓝色背景.jpg"素材文件，将其复制到新建的文档中，并调整其大小，然后在工具箱中选择"文字工具"[T]，在背景图上输入文本MERRY CHRISTMAS，并在工具属性栏中设置"字体"为Franklin Gothic Demi Cond，"字号"为165pt和130pt，"颜色"为"黑色"，如图13-176所示。在文字上右击，在弹出的快捷菜单中选择"创建轮廓"命令，再右击，在弹出的快捷菜单中选择"取消编组"命令，将文字打散，效果如图13-177所示。

图13-176 输入文本 　　图13-177 打散文字

Step 2 ▶ 选择所有文字，将鼠标光标置于控制点上，向下拖动鼠标，拉长文字，效果如图13-178所示。选择M文字，将鼠标光标置于左上角并拖动，旋转文字角度，如图13-179所示。

图13-178 拉伸文字 　　图13-179 旋转文字

Step 3 ▶ 再选择E文字，将其向左侧的M文字拖动，向其靠拢，并使用与步骤2相同的方法旋转并移动R文字，效果如图13-180所示。选择第二个R文字，将鼠标光标置于右上角的控制点上并向内拖动，缩小文字，然后移动R和Y文本的位置，效果如图13-181所示。

图13-180 移动文字　　　图13-181 旋转文字

Step 4 ▶ 使用与前面相同的方法将下方的文字进行调整，效果如图13-182所示。选择所有文字，按Ctrl+F9快捷键，打开"渐变"面板，设置"类型"为"线性"，"角度"为-90°，并分别设置渐变颜色和位置，效果如图13-183所示。

图13-182 调整文字　　　图13-183 设置渐变颜色

Step 5 ▶ 此时，即可查看到文字呈线性渐变颜色，效果如图13-184所示。选择M文字，在工具箱中选择"铅笔工具"，在左上角的直角上拖动鼠标绘制出线条，待释放鼠标后，文字即呈圆角显示，效果如图13-185所示。

图13-184 填充文字　　　图13-185 圆角文字

读书笔记

- -
- -
- -
- -
- -
- -

Step 6 ▶ 使用与前面相同的方法将其他的文字进行圆角调整，效果如图13-186所示。按Shift+F6快捷键，打开"外观"面板，单击左下角的"添加新描边"按钮，为文字添加描边，并在上方设置"描边"属性的"颜色"为"深绿色，#006834"，"描边粗细"为1.5mm，效果如图13-187所示。

图13-186 调整文字　　　图13-187 添加描边属性

Step 7 ▶ 再单击"描边"属性文字，打开"描边"面板，单击"描边"右侧的"使描边外侧对齐"按钮，其他选项保持默认，如图13-188所示。返回画板，即可得到如图13-189所示的文字效果。

图13-188 设置描边　　　图13-189 文字效果

Step 8 ▶ 选择所有文字，按Ctrl+C快捷键复制，再按Ctrl+F快捷键粘贴到前面，按Shift+Ctrl+F9组合键打开"路径查找器"面板，单击"联集"按钮，即可得到如图13-190所示的文字效果。

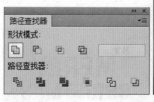

图13-190 联集文字

Step 9 ▶ 保持复制文字的选择状态，选择"效果"/"路径"/"位移路径"命令，打开"偏移路径"对话框，选中☑预览(P)复选框，设置"位移"为3mm，在"连接"下拉列表框中选择"斜接"选项，并设置"斜接限制"为30，单击 确定 按钮，得到如图13-191所示的文字效果。

图13-191 偏移路径

Step 10 ▶ 保持文字的选择状态，在工具箱中将"填充"和"描边"均设置为"黑色"，得到如图13-192所示的文字效果。选择"对象"/"扩展外观"命令，再使用"直接选择工具"选择锚点，将文字中的空白区域锚点删除并调整锚点位置，得到如图13-193所示的文字效果。

图13-192 填充文字　　　图13-193 调整锚点

Step 11 ▶ 按Shift+Ctrl+[组合键将文字置于底层，再选择背景图形，同样按Shift+Ctrl+[组合键将其置于底层，得到如图13-194所示的文字效果。选择黑色背景文字，依次右击，在弹出的快捷菜单中多次选择"取消编组"命令和"释放复合路径"命令，即可隐藏边缘的黄色细线条，得到纯黑背景文字，如图13-195所示。

图13-194 调整文字位置　　图13-195 隐藏边缘线条

Step 12 ▶ 选择"钢笔工具"，在文字M的转角上分别绘制高光图形，并填充为"白色"，效果如图13-196所示。然后使用相同的方法分别为其他文字绘制高光，得到如图13-197所示的文字效果。

图13-196 绘制高光并填充颜色　图13-197 绘制高光

Step 13 ▶ 选择"钢笔工具"，在文字右侧绘制3个图形，并填充为"深绿色，#006834"，如图13-198所示。然后使用前面相同的方法在图形上分别绘制高光，得到如图13-199所示的效果。

图13-198 美化文字　　图13-199 绘制图形高光

Step 14 ▶ 选择"椭圆工具"，在文字底部绘制一个椭圆图形，并填充为"灰色，#717071"，如图13-200所示。选择"效果"/"模糊"/"高斯模糊"命令，打开"高斯模糊"对话框，选中☑预览(P)复选框，设置"半径"为25，单击 确定 按钮，如图13-201所示。

图13-200 绘制椭圆　　图13-201 调整文字位置

Step 15 ▶ 选择"窗口"/"透明度"命令，打开"透明度"面板，在其中设置"混合模式"为"正片叠底"，如图13-202所示。然后使用与前面相同的方法将阴影图形放置于文字的下方，如图13-203所示。

图13-202 设置混合模式　　　图13-203 调整阴影位置

Step 16 ▶ 打开"图案.ai"素材文件，选择所有图形，按Ctrl+C快捷键复制，再切换到当前编辑的文档中，按Ctrl+B快捷键粘贴到前面，如图13-204所示。然后选择蓝色背景图形并右击，在弹出的快捷菜单中选择"前移一层"命令，即可得到如图13-205所示的效果。

图13-204 复制粘贴图形　　　图13-205 调整图形位置

Step 17 ▶ 继续保持图形的选中状态，按Shift+Ctrl+F10组合键，打开"透明度"面板，在其中设置"混合模式"为"正片叠底"，如图13-206所示。从而得到如图13-207所示的图形效果，完成本例的制作。

图13-206 设置正片叠底　　　图13-207 最终效果

读书笔记

13.11 扩展练习

本章主要介绍了特效文字的制作方法，下面将通过两个练习进一步巩固特效文字在实际工作中的应用，使操作更加熟练，并能掌握特效文字制作过程中出现错误时的处理方法。

13.11.1 黑板报特效字

本章练习完成后的效果如图13-208所示，主要练习黑板报特效文字的制作，包括文字的输入、图层样式以及滤镜等操作。

● 光盘\效果\第13章\黑板报特效字.ai
● 光盘\实例演示\第13章\黑板报特效字

图13-208 完成后的效果

13.11.2　印刷特效字

　　本章练习完成后的效果如图13-209所示，主要练习印刷特效文字的制作，包括文字的输入以及玻璃效果等操作。

- 光盘\效果\第13章\印刷特效字.ai
- 光盘\实例演示\第13章\印刷特效字

图13-209　完成后的效果

读书笔记

14

⑬ ⑭ ⑮ ⑯ ⑰ ● ● ● ● ● ● ●

产品与包装设计

本章导读 ●

使用Illustrator CC的绘制功能以及渐变、网格工具和蒙版等特殊效果的添加，可以轻松对工作、生活中的各种产品和包装进行设计，本章将综合利用本书所学知识对手机、相机、各类包装等产品的外形进行绘制。

14.1 手机造型设计

渐变工具 的应用　绘图工具 的应用　文字工具 的使用

在生活中往往会看到各种不同的手机效果，其中苹果手机拥有透明的质感，也是目前最畅销的手机之一。下面将通过Illustrator所学知识综合讲解手机造型设计的方法。

- 光盘\素材\第14章\屏幕.ai
- 光盘\效果\第14章\手机.ai
- 光盘\实例演示\第14章\手机造型设计

Step 1 ▶ 启动Illustrator CC，新建一个A4文档，使用"矩形工具" 绘制一个与画板相同大小的矩形，并填充为如图14-1所示的渐变颜色。

图14-1　填充渐变

Step 2 ▶ 再按Ctrl+2快捷键将矩形锁定，选择"矩形工具" ，在画板上单击，打开"圆角矩形"对话框，设置"宽度"和"高度"分别为87mm和173mm，"圆角半径"为14mm，单击 确定 按钮，如图14-2所示。此时画板中将自动出现一个圆角矩形，设置"填充"为"灰色，#000000"，"描边"为"深灰色，#868686"，"描边粗细"为0.25mm，效果如图14-3所示。

图14-2　设置矩形参数　　图14-3　设置圆角矩形

Step 3 ▶ 再使用相同的方法制作一个稍小的圆角矩形，并将其填充为"黑色"，"描边"为"白色"，"描边粗细"为0.35mm，如图14-4所示。再使用相同的方法制作一个稍小的圆角矩形，并将其填充为如图14-5所示的渐变颜色。

图14-4　绘制图形　　　　图14-5　填充渐变色

Step 4 ▶ 使用"钢笔工具" 绘制一个如图14-6所示的不规则矩形，并填充渐变颜色，再设置"描边粗细"为0.222mm。使用相同方法绘制一个三角形，并设置无填充和无描边，效果如图14-7所示。

图14-6　填充图形　　　　图14-7　绘制三角形

Step 5 ▶ 同时选择三角形和不规则矩形，选择"对象"/"剪切蒙版"/"建立"命令，为对象建立剪切

蒙版，效果如图14-8所示。打开"透明度"面板，设置"混合模式"为"滤色"，如图14-9所示。

图14-8　建立蒙版　　　　图14-9　设置混合模式

Step 6 ▶ 使用"矩形工具" 在手机中间位置绘制一个矩形，并填充为"黑色"，"描边颜色"为#221814，"描边粗细"为0.222mm，并按Ctrl+[快捷键后移一层，如图14-10所示。使用相同方法在中间的矩形上再绘制一个稍小的矩形，设置为"黑色"，无描边，并后移一层，如图14-11所示。

图14-10　绘制图形并填充颜色　　图14-11　绘制图形

Step 7 ▶ 使用"椭圆工具" 绘制一个正圆形，设置"描边"为"黑色"，"描边粗细"为0.2mm，"渐变颜色"为如图14-12所示的效果。双击"圆角矩形"工具 ，打开"圆角矩形"对话框，设置"宽度"和"高度"分别为5.5563mm和5.6444mm，"圆角半径"为1mm，单击 确定 按钮，如图14-13所示。

图14-12　渐变填充　　图14-13　"圆角矩形"对话框

Step 8 ▶ 此时将自动绘制一个圆角矩形，选择该对象，将其移动至圆形中间位置，再设置"描边颜色"为"灰色，#C1C1C2"，"描边粗细"为

0.4mm，并设置渐变填充为如图14-14所示的颜色。使用"矩形工具" 绘制一个长方形的圆角矩形，设置"圆角"为2mm，将其后移一层，并填充如图14-15所示的渐变颜色。

图14-14　渐变填充　　　　图14-15　设置圆角矩形

Step 9 ▶ 使用相同的方法在其上绘制一个圆角矩形，后移一层，并填充如图14-16所示的渐变颜色。使用"矩形工具" 在手机右上角绘制一个长方形，并为其填充如图14-17所示的渐变颜色。

图14-16　绘制图形　　　　图14-17　渐变填充

Step 10 ▶ 打开"透明度"面板，设置"混合模式"为"强光"，效果如图14-18所示。使用"钢笔工具" 在手机左上角绘制一个如图14-19所示的形状，并填充为"深灰色，#1C1C1C"。

图14-18　设置混合模式　　图14-19　绘制图形

Step 11 ▶ 使用"矩形工具" 在深灰色形状上绘制一个矩形，并为其填充如图14-20所示的渐变颜色。选择手机左侧绘制的按钮形状，按住Alt键向下方拖动，复制两个相同形状，并调整其大小及位置，得到如图14-21所示的效果。

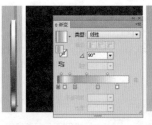 

图14-20　填充图形　　　图14-21　复制图形

Step 12 ▶ 打开"屏幕.ai"素材文件，将该图像复制到手机文档中，放置于手机屏幕上并调整其大小，效果如图14-22所示。选择手机外轮廓和边缘的所有按钮，选择"镜像工具"，然后在手机右侧单击定位中心点，如图14-23所示。

图14-22　打开素材　　　图14-23　镜像对象

Step 13 ▶ 按住Shift+Alt快捷键不放，向右侧拖动鼠标镜像复制手机轮廓，如图14-24所示。再选择左侧手机上的高亮三角形，按住Alt键复制该形状至右侧手机背面上，并调整大小，效果如图14-25所示。

图14-24　复制手机轮廓　　　图14-25　复制图形

读书笔记

Step 14 ▶ 选择手机背面中最上方的圆角矩形，将其填充为"黑色"，如图14-26所示。使用"椭圆工具"在手机背面的左上角绘制一个圆形，并填充如图14-27所示的渐变颜色。

图14-26　纯色填充图形　　　图14-27　渐变填充

Step 15 ▶ 使用相同的方法在圆上再绘制一个稍小的圆形，并填充如图14-28所示的渐变颜色。然后在右侧绘制一个小圆形，并填充为"黑色"，"描边颜色"为"灰色#8F8F90"，"描边粗细"为0.8mm，如图14-29所示。

图14-28　绘制图形　　图14-29　设置图形颜色和描边

Step 16 ▶ 使用"钢笔工具"在手机背面的中上方位置绘制手机的标志形状，并填充为"灰色，#5B5B5B"，"描边颜色"为"灰色，#515151"，"描边粗细"为0.3mm，如图14-30所示。然后选择高光三角形，按Shift+Ctrl+]组合键将该图形调整至顶层，得到如图14-31所示的效果。

图14-30　绘制标志　　　图14-31　调整图形位置

Step 17 ▶ 使用"文字工具"在手机背面的下方位置输入文本，并填充为"灰色，#BFBFBF"，"字体"设置为"微软雅黑"，"字体大小"分别为

20、5.5，如图14-32所示。再使用"钢笔工具" 和 "椭圆工具" 绘制如图14-33所示的图形，即可完成本例的制作。

图14-32　输入文字　　　图14-33　绘制图形

14.2 调和工具 渐变 透明工具 相机造型设计
的应用　的应用　的应用

本例将使用渐变填充、阴影工具、透明工具、调和工具等从无到有绘制一款单反相机，得到逼真的相机效果，制作后的效果如左图所示。

- 光盘\素材\第14章\纹理.ai　　● 光盘\效果\第14章\相机.ai
- 光盘\实例演示\第14章\相机造型设计

Step 1 新建一个A4空白文档，使用"钢笔工具" 绘制出相机的外形轮廓，如图14-34所示。然后为其填充"深灰色，#403F41"，并取消描边，如图14-35所示。

左中位置的网格点，将其颜色设置为"浅灰色，#A6A9AB"，然后对照该点的色值为其他锚点设置颜色，效果如图14-36所示。使用"钢笔工具" 在左侧创建如图14-37所示的图形。

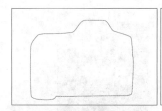 

图14-34　绘制轮廓　　图14-35　填充单反相机的外形

Step 2 使用"网格工具" 在相机的外形轮廓上单击鼠标创建网格点，同时该填充路径将转换为渐变对象，使用"直接选择工具" 单独选择

图14-36　填充网格渐变颜色　　图14-37　绘制图形

Step 3 取消该图形的轮廓，并打开"渐变"面板，为其填充如图14-38所示的渐变颜色。

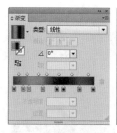

图14-38　填充渐变颜色

Step 4 ▶ 在其上绘制一个椭圆形图形，并取消轮廓，填充"灰色（K34.12）"到"白色（K4）"的线性渐变颜色，如图14-39所示。按Ctrl+C和Ctrl+F快捷键原位复制该图形，将其向上方移动进行错位，并填充如图14-40所示的渐变颜色。

图14-39　绘制椭圆形　　　　图14-40　复制图形

Step 5 ▶ 继续使用相同的方法绘制一个稍小的椭圆形，并填充为如图14-41所示的渐变颜色。再复制该图形，并调整其大小，然后填充为黑色，如图14-42所示。

图14-41　绘制椭圆形　　　　图14-42　复制图形

Step 6 ▶ 复制黑色椭圆形，并偏移该图形，然后将其填充为如图14-43所示的渐变颜色。继续复制上层的椭圆，并偏移该图形，更改渐变填充效果，如图14-44所示。

读书笔记 ▶

图14-43　偏移图形　　　　　图14-44　复制图形

Step 7 ▶ 继续复制上层的椭圆，并偏移该图形，更改渐变填充效果，如图14-45所示。在其上绘制两个椭圆，并取消轮廓，填充为#FEFFFF，如图14-46所示。

图14-45　复制椭圆形　　　　图14-46　取消图形轮廓

Step 8 ▶ 绘制图形，取消轮廓，并填充为"灰色（K57）"到"深灰色（K85）"的径向渐变，然后在其边缘上绘制齿轮图形，再填充其颜色为"灰色，#000000"，如图14-47所示。选择两个图形，选择"效果"/"风格化"/"投影"命令，打开"投影"对话框，设置"X位移"和"Y位移"均为0.3mm，"模糊"为0.5mm，其他选项保持默认不变，单击 确定 按钮，如图14-48所示。

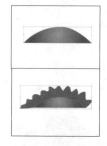

图14-47　渐变填充图形　　　图14-48　创建投影

Step 9 ▶ 返回画板，将两个图形移动至刚绘制的按钮上方，如图14-49所示。使用第1步和第2步相同的方法绘制图形，并为其填充渐变网格颜色，效果如图14-50所示。

图14-49　移动图形　　　　图14-50　应用网格填充

Step 10 ▶ 在相机中间绘制图形，取消轮廓，填充为"深灰色，#3D3C3E"，如图14-51所示。选择"效果"/"模糊"/"高斯模糊"命令，打开"高斯模糊"对话框，设置"半径"为7，单击 确定 按钮，如图14-52所示。

图14-51　绘制图形　　　　图14-52　高斯模糊图形

Step 11 ▶ 继续绘制图形，并将其填充为如图14-53所示的线性渐变。

图14-53　为图形填充渐变颜色

Step 12 ▶ 选择"效果"/"模糊"/"高斯模糊"命令，打开"高斯模糊"对话框，设置"半径"为7，单击 确定 按钮，得到如图14-54所示的图形效果。

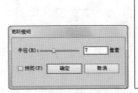

图14-54　模糊图形

Step 13 ▶ 绘制图形，并将其填充为如图14-55所示的网格渐变。再次打开"高斯模糊"对话框，设置"半径"为45，单击 确定 按钮，得到如图14-56所示的图形效果。

图14-55　绘制图形　　　　图14-56　模糊图形

Step 14 ▶ 再次在上方绘制一个形状相同、网格渐变颜色相同的图形，如图14-57所示。再使用"椭圆工具" ◯ 绘制一个圆形，并设置描边线为0.241mm，描边颜色为"黑色"，再使用"直线段工具" ✓ 绘制两条直线，分别填充为"黑色"和"白色"，得到如图14-58所示螺丝钉图形。

图14-57　绘制图形　　　　图14-58　绘制螺丝钉

Step 15 ▶ 将该图形移动至相机中上方位置，再按住Alt键向右侧拖动，复制该按钮，得到如图14-59所示的效果。在相机最上方绘制图形，并填充为如图14-60所示的渐变效果。

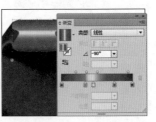

图14-59　复制图形　　　　图14-60　填充图形

Step 16 ▶ 打开"高斯模糊"对话框，设置"半径"为9.5，单击 确定 按钮，得到如图14-61所示的图形效果。

图14-61 模糊图形

Step 17 ▶ 在上方绘制图形，并填充为如图14-62所示的线性渐变效果。

图14-62 填充线性渐变效果

Step 18 ▶ 打开"高斯模糊"对话框，设置"半径"为7，单击 确定 按钮，如图14-63所示。

图14-63 高斯模糊图形

Step 19 ▶ 在相机右侧绘制形状，并填充为如图14-64所示的线性渐变效果，然后将其置于相机轮廓的上方一层。

图14-64 填充图形并调整图形位置

Step 20 ▶ 打开"纹理.ai"素材文件，将该文档中的纹理复制到当前相机文档中，并放置于相机左侧和右侧，效果如图14-65所示。在相机右侧的纹理上方绘制一个圆角矩形，设置"描边"为"黑色"，

"描边粗细"为0.75mm，并填充如图14-66所示的线性渐变颜色。

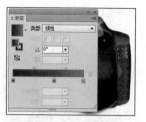

图14-65 添加纹理   图14-66 绘制图形

Step 21 ▶ 复制矩形图形，并调整大小，取消描边，在工具属性栏中设置"填充"为"白色"，"不透明度"为30%，效果如图14-67所示。使用"文字工具" T 在上方输入文本a350，并设置"颜色"为"白色"，"字体"为"微软雅黑"，"字体大小"为13pt，如图14-68所示。

图14-67 复制图形   图14-68 输入文字

Step 22 ▶ 绘制一个半圆图形，取消描边，并填充为如图14-69所示的径向渐变。在图形中绘制一个小圆，填充为"浅灰色，#A6A9AB"，并执行"高斯模糊"命令，设置"半径"为0.8，单击 确定 按钮，如图14-70所示。

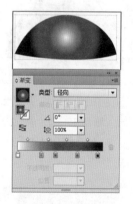

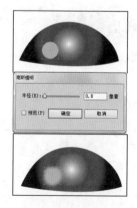

图14-69 绘制半圆形   图14-70 模糊图形

Step 23 ▶ 选择两个图形，将其移动至相机左上角，

并按住Alt键向右侧拖动，依次复制3个相同对象，效果如图14-71所示。在相机中上方绘制图形，并填充为#0E1413，如图14-72所示。

图14-71　复制图形　　　　图14-72　绘制图形

Step 24 ▶ 继续在上方绘制图形，并设置如图14-73所示的线性渐变。在左侧绘制图形，并填充为"灰色，#A6A9AB"，如图14-74所示。

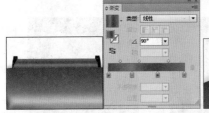 

图14-73　为图形填充渐变色　　图14-74　绘制图形

Step 25 ▶ 继续绘制图形，并设置如图14-75所示的线性渐变。然后调整图形的前后位置，并将其镜像复制到右侧，如图14-76所示。

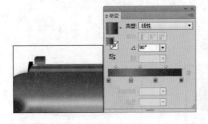 

图14-75　为图形填充渐变色　图14-76　调整图形位置

Step 26 ▶ 继续绘制图形，取消描边，为其填充如图14-77所示的线性渐变效果。继续在其上绘制图形，并取消描边，为其填充"灰色，#808184"颜色，如图14-78所示。

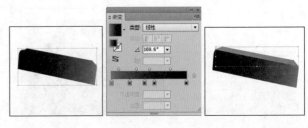

图14-77　绘制图形　　　　图14-78　绘制图形

Step 27 ▶ 在其上绘制一个矩形，取消轮廓，填充为#57585A，复制该图形，间隔一定距离，并填充为不同灰度颜色，如图14-79所示。选择绘制的矩形，按Ctrl+G快捷键将其群组，并置于相机右上角，再按Shift+Ctrl+[组合键将其置于底层，如图14-80所示。

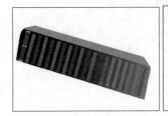 

图14-79　绘制纹理　　　　图14-80　调整图形位置

Step 28 ▶ 绘制两个椭圆形，取消描边，分别填充为"浅灰色，#4C4C4C"和"深灰色，#161616"，如图14-81所示。选择"混合工具"，依次在两个椭圆的右边缘单击，可得到如图14-82所示的混合图形。再使用相同的方法在图形上绘制一个稍小的混合图形，效果如图14-83所示。

图14-81　绘制圆形　图14-82　创建混合　图14-83　绘制图形

Step 29 ▶ 按Ctrl+G快捷键将其群组，移动至相机右侧的凹角处，并置于正中间图形的下方，如图14-84所示。使用"椭圆工具"在相机中间位置绘制一个黑色的正圆形，如图14-85所示。

图14-84　群组图形　　　图14-85　绘制圆形镜头

Step 30 ▶ 原位复制黑色圆形，并向下移动其位置，然后填充为如图14-86所示的线性渐变效果。

图14-86　为圆形填充渐变色

Step 31 ▶ 继续复制圆形，并添加默认精细的"灰色，#89888B"描边，将鼠标光标置于变换框的右上角，调整圆形大小，然后向下移动圆形位置，得到如图14-87所示的效果。绘制一个圆角矩形，取消描边，为其填充如图14-88所示的线性渐变效果。

图14-87　复制图形　　　图14-88　填充圆角矩形

Step 32 ▶ 在圆角矩形上方绘制一个不规则图形，为其填充如图14-89所示的线性渐变效果。选择"效果"/"模糊"/"高斯模糊"命令，打开"高斯模糊"对话框，设置"半径"为0.3，单击 确定 按钮，得到如图14-90所示的图形效果。

图14-89　绘制立体面　　　图14-90　模糊图形

Step 33 ▶ 在矩形中间绘制小圆角矩形，填充为"灰色，#939597"，再打开"高斯模糊"对话框，设置"半径"为1，单击 确定 按钮，得到如图14-91所示的图形效果。

 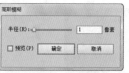

图14-91　模糊图形

Step 34 ▶ 群组矩形图形，为其执行"高斯模糊"效果，设置"半径"为1.5，得到的效果如图14-92所示。将其移至两个灰色渐变圆形的中间，再向左右两侧复制并移动该图形，并在工具属性栏中设置"不透明度"为70%，得到如图14-93所示的效果。

图14-92　模糊整个图形　　　图14-93　设置不透明度

Step 35 ▶ 继续复制圆形，并向下移动其位置，然后填充为如图14-94所示的线性渐变效果。

图14-94　复制并移动图形

359

Step 36 ▶ 继续复制圆形，并向下移动，然后填充为如图14-95所示的线性渐变效果。

图14-95　复制并填充图形

Step 37 ▶ 继续复制圆形，并向下移动，然后填充为如图14-96所示的线性渐变效果。

图14-96　复制并填充图形

Step 38 ▶ 继续复制圆形，将其放于两个渐变圆之间，并取消填充。设置描边颜色为"黑色"，"描边粗细"为0.353mm，如图14-97所示。再复制该圆形，向下移动，得到如图14-98所示的效果。

图14-97　复制并调整图形位置　　图14-98　复制并移动图形

读书笔记 ▶

Step 39 ▶ 继续复制圆形，并向下移动，然后填充为如图14-99所示的线性渐变效果。再复制两个无填充的线框圆形，向下移动使其错位，并分别填充为"灰色，#403F41"和"黑色"，如图14-100所示。

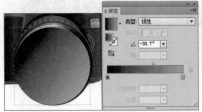

图14-99　为图形填充渐变色　　图14-100　复制图形

Step 40 ▶ 复制圆形，并填充为"墨绿色，#252A2D"，如图14-101所示。将该圆复制3次，分别填充为"灰色，#D1D2D4""深灰色，#57585A"和"墨绿色，#252A2D"，并调整其位置，如图14-102所示。

图14-101　为图形填充纯色　　图14-102　复制并调整图形

Step 41 ▶ 使用相同的方法向内复制6个灰色圆形和6个深灰色圆形，并调整大小和位置，得到如图14-103所示效果。绘制一个圆形，使用"网格工具"📐为其创建5行5列的网格，并分别填充为"深灰色，#9FA1A3"和"浅灰色，#E6E7E8"，效果如图14-104所示。

图14-103　调整图形大小和位置　　图14-104　创建网格

Step 42 ▶ 绘制圆形，设置"描边"为"深灰色，#403F41"，"描边粗细"为1.117mm，并填充如

图14-105所示的线性渐变效果。再复制该圆形，并将其缩小，填充颜色为"黑色"，"描边"为"白色"，"描边粗细"为0.376mm，如图14-106所示。

6行6列的网格，并为网格点分别填充为如图14-111所示的颜色。使用"钢笔工具"  在圆上绘制两个扇形，并填充为"黑色"，设置其"不透明度"为30%，如图14-112所示。

图14-105　为图形填充渐变色　图14-106　设置图形描边

图14-111　创建网格　　　图14-112　绘制图形

Step 43 ▶ 继续复制圆形，并将其缩小，设置"描边"为"军绿色，#5D5220"，"描边粗细"为0.706mm，并填充颜色为如图14-107所示的线性渐变效果。再执行"高斯模糊"命令，设置"半径"为2，单击 确定 按钮，返回工作界面，在工具属性栏中设置"不透明度"为70%，效果如图14-108所示。

Step 46 ▶ 绘制圆形，并填充为"黑色"，设置其"不透明度"为70%，如图14-113所示。在圆上绘制两个扇形，设置其"不透明度"为30%，并填充为如图14-114所示的渐变。

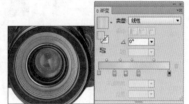

图14-113　设置不透明度　　图14-114　填充渐变色

图14-107　复制图形　　　图14-108　模糊图形

Step 47 ▶ 继续绘制3个圆形，设置为无填充，"描边"为"白色"和"黑色"，"描边粗细"为0.199 mm和0.399 mm，如图14-115所示。在中心绘制多个大小不同的椭圆，分别填充为"白色"和"蓝色，#0677BD"，并分别设置为不同的透明度，效果如图14-116所示。

Step 44 ▶ 继续复制多个圆形，分别填充颜色为"黑色""灰色""黑色""白色""黑色"，并调整其大小和位置，效果如图14-109所示。继续复制一个稍小的圆形，并填充颜色为如图14-110所示的线性渐变效果。

图14-115　为图形添加描边　图14-116　绘制图形

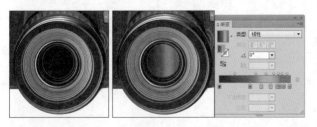

图14-109　复制图形　　图14-110　为图形填充渐变色

Step 48 ▶ 在镜头左侧绘制一个三角扇形，并为其填充如图14-117所示的线性渐变效果。

Step 45 ▶ 绘制圆形，使用"网格工具"  为其创建

图14-117　为图形填充渐变色

Step 49 ▶ 选择"效果"/"模糊"/"高斯模糊"命令，打开"高斯模糊"对话框，设置"半径"为8，单击 确定 按钮，得到如图14-118所示的图形效果。

图14-118　模糊图形

Step 50 ▶ 在镜头上绘制一个圆形，再选择"路径文字工具" ，在圆边缘单击定位文本插入点，再输入文字，设置"颜色"为"白色"，"字体"为"Adobe 黑体 Std R"，字体大小为12.5pt，如

图14-119所示。再使用"文字工具" 在相机上方输入文本SNOY，设置"字体"为"方正兰亭粗黑简体"，"字体大小"为27pt，如图14-120所示，完成本例制作。

图14-119　输入路径文字　　　图14-120　输入点文字

读书笔记

14.3 剪切蒙版的应用　设置图形不透明度　效果的应用　制作糖果包装

　　本例将绘制一款糖果包装，其色调清晰自然，主要体现出包装的立体感，使图像内容更丰富。制作后的效果如左图所示。

● 光盘\素材\第14章\图案.jpg、糖果.jpg、蓝色背景.jpg
● 光盘\效果\第14章\糖果包装.ai
● 光盘\实例演示\第14章\制作糖果包装

Step 1 ▶ 新建一个A4文档，使用"钢笔工具" 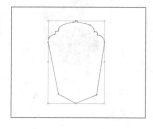绘制包装袋的轮廓，如图14-121所示。打开"图案.jpg"素材文件，将其复制到当前文档中，然后调整大小并按Shift+Ctrl+[组合键调整至底层，如图14-122所示。

图14-121　绘制图形　　　图14-122　添加素材

Step 2 ▶ 按住Shift键的同时选择包装袋的轮廓和图案，选择"对象"/"剪切蒙版"/"建立"命令，创建剪切蒙版，得到如图14-123所示的效果。使用"钢笔工具" 在包装袋轮廓上方绘制一个三角形，并填充为"白色"，如图14-124所示。

图14-123　创建剪切蒙版　　图14-124　绘制三角形

Step 3 ▶ 保持三角图形的选中状态，打开"透明度"面板，设置"混合模式"为"柔光"，"不透明度"为50%，如图14-125所示。此时即可得到如图14-126所示的图形效果。

图14-125　设置透明度　　图14-126　图形效果

Step 4 ▶ 使用"钢笔工具" 在包装袋右侧绘制一个三角形，并填充如图14-127所示的线性渐变颜

色。然后在"透明度"面板中设置"混合模式"为"变暗"，"不透明度"为50%，如图14-128所示。

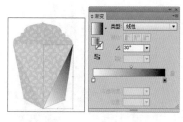 

图14-127　绘制图形　　　图14-128　设置混合模式

Step 5 ▶ 返回即可查看到效果，再使用"钢笔工具" 在包装袋上绘制如图14-129所示的图形。将该图形填充为"深绿色，#488D4A"，并取消描边，再选择"镜像工具" ，然后在图形下边缘的中间位置单击鼠标，定位中心点，如图14-130所示。

图14-129　绘制图形　　　图14-130　填充图形

Step 6 ▶ 按住Alt键的同时按住鼠标左键在图形上拖动，镜像复制该图形，如图14-131所示。将其填充为"浅深绿色，#539D66"，如图14-132所示。

图14-131　镜像对象　　　图14-132　填充镜像图形

Step 7 ▶ 选择上方的图形，按Ctrl+C和Ctrl+F快捷键在原位复制一个相同图形，将其填充为"墨绿色，#356635"，如图14-133所示。再按Ctrl+[快捷键将其后移一层，并使用方向键向左上侧移动，然后同时

调整上方两个图形的大小，得到如图14-134所示的效果。

图14-133　复制图形　　　图14-134　调整图形位置

Step 8 ▶ 选择上方的半圆形，再次在原位置复制该图形，打开"色板"面板，单击左下角的"色板库"菜单"按钮 📖，在弹出的下拉菜单中选择"图案"/"自然"/"自然_叶子"命令，如图14-135所示。打开"自然_叶子"面板，单击"花蕾颜色"图案，如图14-136所示。

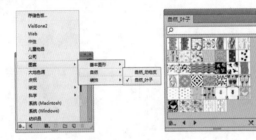

图14-135　打开色板库　　图14-136　"自然-叶子"面板

Step 9 ▶ 此时，即可查看到图形即应用了选择的图案，然后在工具属性栏中设置"不透明度"为50%，效果如图14-137所示。使用"钢笔工具" ✒ 在包装袋中间位置绘制如图14-138所示的图形，并将其填充为"白色"。

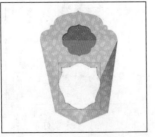

图14-137　添加图案　　　图14-138　绘制图形

Step 10 ▶ 选择"效果"/"风格化"/"内发光"命令，打开"内发光"对话框，设置"颜色"为"黑

色"，"模糊"为5mm，选中 ⊙中心(C) 单选按钮，单击 确定 按钮，返回画板，即可查看到效果如图14-139所示。

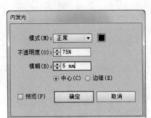

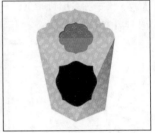

图14-139　设置图形内发光

Step 11 ▶ 按Ctrl+C和Ctrl+F快捷键在原位复制该图形，在按住Shift+Alt快捷键的同时，将鼠标光标置于控制框右上角，并向中间拖动缩小图形，如图14-140所示。再打开"糖果.jpg"素材文件，将其复制到当前文档中，并将其放于中间图形的下方，如图14-141所示。

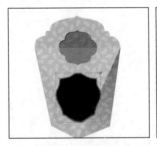

图14-140　复制并调整图形　　　图14-141　添加素材

Step 12 ▶ 选择糖果图像和最顶层的菱形图形，选择"对象"/"剪切蒙版"/"建立"命令，创建剪切蒙版，即可得到如图14-142所示的效果。选择蒙版图形，在原位进行复制，并在其上右击，在弹出的快捷菜单中选择"释放剪切蒙版"命令，释放剪切蒙版，如图14-143所示。

图14-142　创建剪切蒙版　　　图14-143　释放剪切蒙版

Step 13 ▶ 此时，使用"选择工具" 选择糖果图形，按Delete键将其删除，选择菱形图形，打开"渐变"面板，将其填充为如图14-144所示的渐变效果。

图14-144 绘制并填充图形

Step 14 ▶ 保持图形的选择状态，打开"透明度"面板，设置"混合模式"为"变暗"，即可得到如图14-145所示的图形效果。

图14-145 设置混合模式

Step 15 ▶ 在包装袋顶部中间位置使用"椭圆工具" 绘制一个正圆形，并填充为"白色"，如图14-146所示。再原位复制白色圆形，并更改填充颜色为"黑色"，然后将其向左上角移动，得到如图14-147所示的图形效果。

　　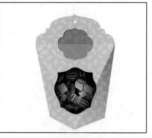

图14-146 绘制图形　　图14-147 制作图形立体阴影

Step 16 ▶ 使用"文字工具" 在包装袋上分别输入糖果品名称，并设置"字体"为Lucida Calligraphy

Italic和"迷你简娃娃篆"，"字体大小"分别为14pt和18pt，颜色分别为"#BAC9BB"和"#0A7339"，效果如图14-148所示。使用"钢笔工具" 在包装袋底部绘制一个三角形，并将其填充为"灰色，#3D3F3F"，作为图形阴影，如图14-149所示。

图14-148 输入文字　　图14-149 绘制阴影图形

Step 17 ▶ 选择"对象"/"模糊"/"高斯模糊"命令，打开"高斯模糊"对话框，选中 预览(P) 复选框，方便预览效果，并设置"半径"为30，单击 确定 按钮，如图14-150所示。返回画板，即可查看到阴影的效果。

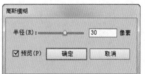

图14-150 模糊图形

Step 18 ▶ 打开"蓝色背景.jpg"，如图14-151所示。将其复制到当前编辑的文档中，调整大小后并按Ctrl+Shift+[组合键置于底层，然后再复制包装袋，并将其缩小，置于右前方，最终得到如图14-152所示的图形效果。

图14-151 添加背景素材　　图14-152 最终效果

14.4 制作饼干包装

钢笔工具 的绘制　高斯模糊 的使用　渐变填充 的应用

本例将制作一款简单大方且具有温馨感的饼干包装效果。主要使用了钢笔工具、高斯模糊、渐变填充、文字工具等，制作后的效果如左图所示。

● 光盘\效果\第14章\饼干包装.ai
● 光盘\实例演示\第14章\制作饼干包装

Step 1 ▶ 新建一个A4文档，设置"填充"为"无"，"描边"为"黑色"，然后使用"钢笔工具" 绘制出包装袋的轮廓，然后取消描边，并填充为"灰色，#A4A4A4"，如图14-153所示。使用"钢笔工具" 在包装袋的轮廓上方绘制一个无填充和无描边的半圆形，如图14-154所示。

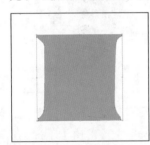
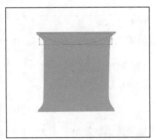

图14-153　绘制包装外轮廓　　图14-154　绘制图形

Step 2 ▶ 打开"渐变"面板，将其填充为如图14-155所示的线性渐变颜色。

图14-155　设置渐变颜色

Step 3 ▶ 选择"镜像工具" ，然后在图形下边缘

的中间位置单击鼠标，定位中心点，按住Alt键的同时按住鼠标左键在图形上拖动，镜像复制该图形，如图14-156所示。然后将该图形移动至最下方，如图14-157所示。

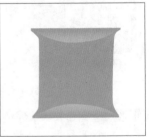

图14-156　镜像复制图形　　图14-157　移动图形

Step 4 ▶ 使用"钢笔工具" 在包装袋的轮廓左侧绘制一个无填充和无描边的形状，并打开"渐变"面板，将其填充为如图14-158所示的线性渐变颜色，并在工具属性栏中设置"不透明度"为50%。

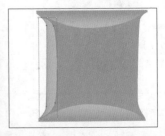

图14-158　制作包装侧面立体效果

Step 5 ▶ 使用镜像对象的方法，复制左侧的形状至右侧，效果如图14-159所示。按住Shift键的同时选择四周的高光形状，选择"效果"/"模糊"/"高斯模糊"命令，打开"高斯模糊"对话框，选中 ☑ 预览(P) 复选框，设置"半径"为10，如图14-160所示。

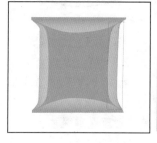
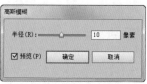

图14-159　复制图形　　　　图14-160　模糊图形

Step 6 ▶ 单击 确定 按钮，返回画板可查看到模糊后的效果，再使用"钢笔工具" 在包装袋上方绘制如图14-161所示的形状，并填充为"灰色，#A4A2A2"。使用前面镜像对象的方法复制对象，并将其移动至下方，再使用"直接选择工具" 选择对象左右两个锚点，调整其位置，使其与中间的对象连接并呈斜角效果，如图14-162所示。

图14-161　绘制锯齿图形　　图14-162　镜像并调整图形

Step 7 ▶ 按住Shift键的同时选择包装袋轮廓和上下方锯齿形状，再按Ctrl+G快捷键将其群组。再按Ctrl+C和Ctrl+F快捷键在原位复制该图形，然后使用"椭圆工具" 在包装袋左上角绘制一个椭圆，如图14-163所示。同进选择包装袋轮廓和椭圆，再按Shift+Ctrl+F9组合键，打开"路径查找器"面板，单击"裁剪"按钮 ，如图14-164所示。

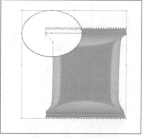

图14-163　群组并复制图形　　　图14-164　裁剪图形

Step 8 ▶ 此时，可得到剪切图像，并在其上右击，在弹出的快捷菜单中选择"取消编组"命令，取消对象编组，如图14-165所示。使用"选择工具" 选择剪切的圆形，按Delete键将其删除，再选择包装袋上的剪切对象，将其填充为"黄色#F5C623"，如图14-166所示。

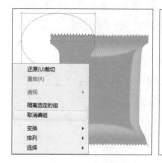
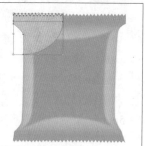

图14-165　取消编组　　　　图14-166　填充图形

Step 9 ▶ 使用"钢笔工具" 在右侧绘制两条弧线，分别设置线条颜色为"黄色，#F5C623"和"白色"，"描边粗细"为0.827mm和0.971mm，如图14-167所示。再次原位复制包装袋的整个轮廓图形，然后使用"钢笔工具" 在下方绘制如图14-168所示的形状，并填充为"黄色，#F5C623"。

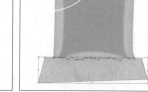

图14-167　绘制线条　　　图14-168　绘制并填充图形

Step 10 ▶ 同时选择下方绘制的形状和复制的包装袋轮廓，使用第7步相同的方法对图形进行裁剪，如图14-169所示。再取消编组，并删除轮廓外的图形，然后选择包装袋内裁剪的图形，将其填充为"黄色，#F5C623"，如图14-170所示。

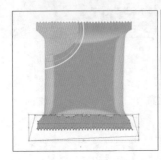 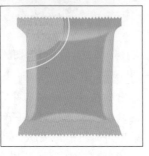

图14-169　裁剪图形　　　图14-170　填充图形

Step 11 ▶ 再使用"钢笔工具" 在底部黄色图形上方绘制一些小的图形块，并同样填充为"黄色，#F5C623"如图14-171所示。然后使用"椭圆工具" 角绘制3个椭圆形，分别填充为"蓝色，31ACDD"、"橘红色，#E78B22"和"草绿色，#BCD03A"，"描边粗细"分别为0.2mm和0.15mm，如图14-172所示。

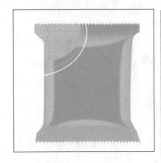 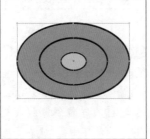

图14-171　绘制图形　　　图14-172　绘制并填充椭圆

Step 12 ▶ 使用"文字工具" 在图形上方输入文本"嘉佳"，并在工具属性栏中设置"字体"为"华文琥珀"，"字体大小"为16pt，"颜色"为"黄色，#EBE238"，"描边颜色"为"黑色"，"描边粗细"为0.1mm，如图14-173所示。在原位复制该文字，并填充为"黑色"，"描边颜色"为"黑色"，"描边粗细"为0.353mm，再按Ctrl+[快捷键，将其下移一层，得到如图14-174所示的效果。

图14-173　输入文字　　　图14-174　复制文字

Step 13 ▶ 再次使用"文字工具" 在右侧输入文本TM，并设置"字体"为"微软雅黑"，"字体大小"为6pt，如图14-175所示。选择整个图形，按Ctrl+G快捷键编组，并将其移动至包装袋右上角，如图14-176所示。

图14-175　输入文字　　　图14-176　编组对象

Step 14 ▶ 使用"椭圆工具" 和"矩形工具" 绘制多个重叠图形，并将其填充为"土黄色，#D39E21"，如图14-177所示。打开"路径查找器"面板，单击"联集"按钮，如图14-178所示。

 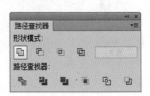

图14-177　绘制图形　　　图14-178　裁剪图形

Step 15 ▶ 此时，可查看到图形联集后的效果，然后将图形移动至包装袋的中间位置，如图14-179所示。保持该图形的选择状态，按Ctrl+C和Ctrl+F快捷键在原位复制该图形，在按住Shift+Alt快捷键的同时，将鼠标光标置于图形右下角并向外侧拖动，放大图形，如图14-180所示。

图14-179　调整图形位置　　图14-180　原位复制图形

Step 16 ▶ 然后按Ctrl+[快捷键将图形下移一层，得到如图14-181所示的效果。使用"文字工具" **T** 在中间的图形上输入"曲奇饼干"文本，设置"字体"为"方正准圆简体"，"字体大小"为37pt，"颜色"为"白色"，如图14-182所示。

图14-181　调整图形顺序　　图14-182　输入文字

Step 17 ▶ 选择"直排文字工具" **IT** 在文字左侧直排输入文本"牛奶"，设置"字体大小"为18pt，如图14-183所示。再使用相同的方法在下方输入文本，如图14-184所示。

图14-183　输入直排文字　　图14-184　输入横排文字

Step 18 ▶ 使用"圆角矩形工具" □ 在文字下方绘制一个圆角矩形，并填充为"橘黄色#DD8726"，如图14-185所示。使用"文字工具" **T** 在中间的图形上输入文本，设置"字体"为"黑体"，"字体大小"为8pt，"颜色"为"白色"，如图14-186所示。

图14-185　绘制圆角矩形　　图14-186　设置字体样式

Step 19 ▶ 使用"椭圆工具" ◯ 和"钢笔工具" ✐ 在文字上方绘制笑脸图形，并填充为"白色"，如图14-187所示。使用前面相同的方法在包装上方的高光处继续绘制半圆形，并填充为如图14-188所示的线性渐变颜色。

图14-187　绘制图形　　图14-188　设置渐变颜色

Step 20 ▶ 在工具属性栏中设置"不透明度"为50%，效果如图14-189所示。使用相同的方法在左上角位置绘制高光，使黄色和标志图形同样具有立体感，效果如图14-190所示。

图14-189　设置不透明度　　图14-190　绘制高光

Step 21 ▶ 使用"直线段工具" ╱ 在包装袋的锯齿下方绘制一条直线，并设置"描边颜色"为"灰色，#8E8D90"，"描边粗细"为0.2mm，如图14-191所示。选择直线，按住Alt键向上方复制两条线条，效果如图14-192所示。

线条长度，效果如图14-193所示。选择整个包装，按住Alt键向右侧移动进行复制，然后分别选择黄色区域，将其填充为"绿色，#8EB746"及绿色相近的颜色，最终效果如图14-194所示。

图14-191　设置描边　　图14-192　复制线条

Step 22 ▶ 使用相同方法将线条复制到下方，并调整

图14-193　调整线条长度　　图14-194　最终效果

14.5 | 绘图工具 的应用 | 渐变 不透明度 | 效果 的应用 | 制作化妆品包装

本例将绘制一款化妆品手袋和包装盒，其色调清晰自然，主要体现出包装的立体感，使图像内容更丰富。制作完成后的效果如左图所示。

- 光盘\素材\第14章\化妆水.ai
- 光盘\效果\第14章\化妆品包装.ai
- 光盘\实例演示\第14章\制作化妆品包装

Step 1 ▶ 启动Illustrator CC，选择"文件"/"新建"命令，打开"新建"对话框，在"名称"文本框中输入"化妆品包装"，在"大小"下拉列表框中选择A4选项，然后在"取向"栏中单击"横向"按钮 ，单击 确定 按钮，新建一个A4横向空白文档，如图14-195所示。

读书笔记 ▶

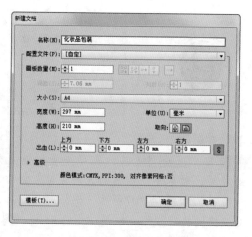

图14-195　新建文档

Step 2 ▶ 选择"矩形工具" ，拖动鼠标绘制一个与画板相同大小的矩形，再按Ctrl+F9快捷键，打开"渐变"面板，设置"类型"为"径向"，"渐变颜色"为"浅灰（K20）"到"灰蓝色（C76、M60、Y55、K0）"，如图14-196所示。

图14-196　为矩形填充渐变颜色

Step 3 ▶ 选择矩形图形，按Ctrl+2快捷键锁定所选对象，便于后面图形的编辑。在工具箱中选择"钢笔工具" ，在图形左侧绘制包装袋的正面形状，并在"渐变"面板中设置"类型"为"线性"，"角度"为-100°，"渐变颜色"为"白色（C9、M7、Y7、K0）"到"浅灰色（C10、M8、Y7、K0）"到"灰色（C20、M15、Y15、K0）"，如图14-197所示。

图14-197　绘制包装袋正面

Step 4 ▶ 继续使用"钢笔工具" 在包装袋正面图形上绘制立体面形状，并填充与第3步相同的渐变颜色，"渐变角度"为-106.5°，如图14-198所示。

图14-198　绘制包装袋正面的立体面

Step 5 ▶ 继续使用"钢笔工具" 在包装袋左侧绘制侧面阴影形状，并在"渐变"面板中设置"角度"为-174.7°，"渐变颜色"为"白色（C52、M39、Y32、K0）"到"浅灰色（C52、M42、Y40、K0）"的线性渐变，如图14-199所示。

图14-199　绘制包装袋侧面

Step 6 ▶ 继续在左侧绘制侧面形状，并在"渐变"面板中的"角度"为174.7°，"渐变颜色"为"白色（C58、M44、Y36、K0）"到"浅灰色（C13、M10、Y8、K0）"的线性渐变，如图14-200所示。

图14-200　绘制包装袋侧面

Step 7 ▶ 继续在底部绘制侧面形状，并在"渐变"面板中设置"角度"为109.3°，"渐变颜色"为"白色（C56、M43、Y35、K0）"到"浅灰色（C15、M11、Y9、K0）"的线性渐变，如图14-201所示。

图14-201 绘制包装袋底面

Step 8 ▶ 继续在左侧绘制侧面形状，并填充颜色为"灰色，#A0A3AB"，如图14-202所示。选择"椭圆工具" ◯，在包装袋上绘制一个椭圆图形，作为绳孔，如图14-203所示。

图14-202 绘制包装袋侧面　　图14-203 绘制绳孔

Step 9 ▶ 保持椭圆形的选中状态，在"渐变"面板中设置"角度"为180°，"长宽比"为106%，"渐变颜色"为"黑色（C92、M87、Y88、K80）"到"白色（C13、M10、Y8、K0）"到"灰色（C78、M72、Y70、K42）"的径向渐变，效果如图14-204所示。

图14-204 绘制包装袋绳孔

Step 10 ▶ 继续使用"椭圆工具" ◯在绳孔上绘制一个椭圆，并填充颜色为"黑色"，如图14-205所示。选择黑色椭圆，再选择"效果"/"风格化"/"外发光"命令，打开"外发光"对话框，选中 ☑预览(P)复选框，设置"模式"为"正常"，"不透明度"为75%，"模糊"为0.1mm，"颜色"为"深灰色，#323232"，如图14-206所示。

图14-205 绘制包装袋侧面　　图14-206 设置外发光

Step 11 ▶ 单击 确定 按钮，即可查看到设置外发光后的效果，然后使用相同的方法在包装袋右侧绘制一个绳孔，如图14-207所示。选择两个绳孔，按Ctrl+G快捷键将其编组，使用"钢笔工具" ✎在绳孔之间绘制一根线条，作为包装袋的提绳，并填充颜色为"绿色#1A827D"，如图14-208所示。

图14-207 绘制绳孔　　图14-208 绘制绳线

Step 12 ▶ 使用"钢笔工具" ✎在绳线左侧绘制两条阴影线条，并填充颜色为"深绿色#10494F"，使绳线具有立体感，如图14-209所示。使用相同的方法绘制两条高光线条，填充颜色为"浅绿色，#B6CEC7"，得到立体线条，效果如图14-210所示。

图14-209 绘制绳孔阴影　　图14-210 绘制绳线高光

Step 13 ▶ 使用相同的方法继续绘制另一根提绳，并将其置于包装袋的后面，效果如图14-211所示。使用"钢笔工具" 在包装袋上绘制一片树叶形状，填充颜色为"浅绿色，#A6C4B3"，如图14-212所示。

图14-211　绘制提绳　　图14-212　绘制绳线高光

Step 14 ▶ 选择树叶图形，选择"镜像工具" ，单击树叶底部定位中心点，如图14-213所示。然后在按住Alt键的同时，使用鼠标拖动树叶，镜像复制树叶图形，如图14-214所示。

图14-213　定位中心点　　图14-214　镜像复制图形

Step 15 ▶ 选择包装袋正面下方的矩形面，按Ctrl+C快捷键复制，再按Ctrl+F快捷键粘贴到前面，然后同时选择复制的矩形和下方的树叶，按Shift+Ctrl+F9组合键打开"路径查找器"面板，单击"分割"按钮 ，将图形分割，如图14-215所示。然后在按住Alt键的同时，使用鼠标拖动树叶，镜像复制树叶图形。在分割后的图形上右击，在弹出的快捷菜单中选择"取消编组"命令，取消图形编组，如图14-216所示。

图14-215　分割图形　　图14-216　取消图形编组

Step 16 ▶ 选择矩形图形之外的树叶图形，按Delete键将其删除，得到如图14-217所示的效果。选择完整的树叶图形，按住Alt键，并向上拖动鼠标，复制树叶，将鼠标光标置于右下角的控制点，按住Shift+Alt快捷键拖动鼠标，缩小图形，如图14-218所示。

图14-217　删除图形　　图14-218　缩小图形

Step 17 ▶ 选择"椭圆工具" ，在树叶下方绘制3个大小不同的圆形，效果如图14-219所示。选择"文字工具" ，在包装袋正面输入文本ELENV和"海伦微"，在工具属性栏中分别设置"字体"为Expansiva和"方正姚体"，"字体大小"为18pt和15pt，"颜色"为"绿色，#167F76"，如图14-220所示。

图14-219　绘制圆形　　图14-220　输入文本

Step 18 ► 使用相同的方法在包装袋左上角和左下角分别输入广告语和公司名称，如图14-221所示。选择"钢笔工具" ，在包装袋右侧绘制一个矩形图形，并打开"渐变"面板，设置"角度"为 −100°，"渐变颜色"为"浅绿色（C70、M14、Y43、K0）"到"绿色（C76、M23、Y50、K0）"到"深绿色（C80、M30、Y52、K10）"的线性渐变，如图14-222所示。

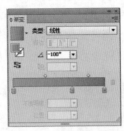

图14-221　输入文字　　图14-222　设置渐变颜色

Step 19 ► 在下方继续绘制一个矩形，填充与第18步相同的线性渐变颜色，效果如图14-223所示。继续在手提袋左侧绘制几个块面图形，并分别填充颜色为"深绿色，#0D443E""绿色，#105751""深绿色，#0C514A""浅绿色，#29605B"，得到包装的立体效果，如图14-224所示。

图14-223　绘制手提袋正面　　图14-224　绘制立体面

读书笔记 ▶

Step 20 ► 使用"钢笔工具" 在手提袋上绘制内侧图形，打开"渐变"面板，设置"渐变颜色"为"白色"到"灰色（K60）"的线性渐变，如图14-225所示。

图14-225　绘制手提袋内侧面

Step 21 ► 使用与前面相同的方法为右侧的手提袋绘制绳孔和提绳，效果如图14-226所示。然后使用"文字工具" 在包装袋上输入文字，设置字体颜色为"白色"，"字体"为Expansiva和"方正姚体"，"字体大小"为18pt和15pt，如图14-227所示。

图14-226　绘制绳孔和提绳　　图14-227　输入文字

Step 22 ► 使用"钢笔工具" 绘制一个绳子图形，并填充为"浅黄色，#F6C971"，效果如图14-228所示。继续在绳子上绘制图形，并填充颜色为"黄色，#C86E15"，并按Ctrl+[快捷键下移一层，效果如图14-229所示。

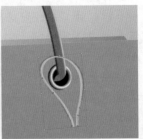

图14-228　绘制绳子　　图14-229　绘制绳子阴影

Step 23 ▶选择上方的绿色提绳，再按Shift+Ctrl+]组合键将其置于顶层，得到绳子在提绳下方的效果，如图14-230所示。使用"椭圆工具" ⬭ 绘制一个圆形，并填充颜色为"浅绿色，#A6C4B3"，效果如图14-231所示。

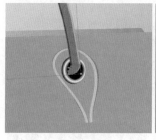 

图14-230　绘制绳子　　　　图14-231　绘制圆形

Step 24 ▶选择圆形图形，按Ctrl+C快捷键复制，再按Ctrl+B快捷键粘贴在后面，将粘贴的圆形向左侧移动，并填充为"深绿色，#0D443E"，效果如图14-232所示。选择浅蓝色圆形，按Ctrl+C快捷键复制，再按Ctrl+F快捷键粘贴在前面，将鼠标光标置于右上角的控制点上，按住Shift+Alt快捷键的同时向内缩小圆形，效果如图14-233所示。

 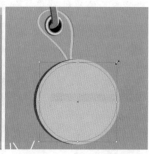

图14-232　绘制阴影　　　图14-233　复制并缩小圆形

Step 25 ▶保持该圆形的选择状态，设置"描边颜色"为"黄色，#F6C971"，"描边粗细"为0.25mm，效果如图14-234所示。按Ctrl+F10快捷键，打开"描边"面板，选中 ☑虚线 复选框，在下方的"虚线"文本框中输入0.8mm，在"间隙"文本框中输入0.5mm，如图14-235所示。

图14-234　设置描边　　　　图14-235　设置虚线

Step 26 ▶使用前面相同的方法在圆形上方绘制一个绳孔，效果如图14-236所示。选择黄色和蓝色绳子，按Shift+Ctrl+]组合键将其置于顶层，使绳子位于圆形图形的上方，再使用"钢笔工具" ✍ 在绳子上方绘制两条弧线，分别填充为"浅黄色，#F6C971"和"黄色，#C86E15"，效果如图14-237所示。

图14-236　设置描边　　　　图14-237　设置虚线

Step 27 ▶选择整个吊牌图形，按Ctrl+G快捷键将其编组，再选择"效果"/"风格化"/"投影"命令，打开"投影"对话框，选中 ☑预览(P) 复选框，设置"模式"为"正片叠底"，"X位移"为-1mm，"Y位移"为0mm，"模糊"为1mm，单击 确定 按钮，效果如图14-238所示。

图14-238　设置投影

Step 28 ▶ 使用"文字工具" T 在吊牌上输入文字50% SALE，并设置"字体颜色"为"蓝色#167F76"，"字体"为"微软雅黑"，"字号"为17pt，如图14-239所示。将鼠标光标置于控制框的右下角，按住鼠标左键不放进行拖动，旋转文字角度，如图14-240所示。

图14-239　输入文字　　　图14-240　旋转文字角度

Step 29 ▶ 选择左侧包装袋上方的树叶和水滴图形，按住Alt键拖动鼠标进行复制，并放于右侧的绿色包装袋上，然后调整其大小，效果如图14-241所示。再使用复制的方法将该图形复制多个，分别放于绿色包装袋上，如图14-242所示。

图14-241　复制并调整　　　图14-242　复制图形
　　　　　　图形大小

Step 30 ▶ 使用"文字工具" T 在绿色包装袋下方输入"上海市海伦微有限公司"，设置"字体颜色"为"浅绿色#A6C4B3"，"字体"为"方正细黑一简体"，"字体大小"为8.5pt，如图14-243所示。使用"钢笔工具" 在右侧空白区域绘制两个矩形，并分别填充颜色为"黑色"和"绿色，#167F76"，如图14-244所示。

图14-243　输入文字　　　图14-244　绘制图形

Step 31 ▶ 继续在两个矩形之间绘制如图14-245所示的立体面，填充颜色为"深绿色，#0D443E"。继续在侧面绘制矩形，并填充为"黑色"，得到盒子立体面，如图14-246所示。

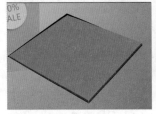 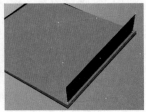

图14-245　绘制立体面　　　图14-246　绘制盒子立体面

Step 32 ▶ 继续绘制矩形，在"渐变"面板中设置"角度"为6.4°，"渐变颜色"为"灰色（K85）"到"黑色"的线性渐变，如图14-247所示。

 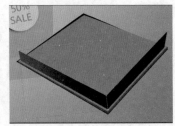

图14-247　绘制图形

Step 33 ▶ 继续在左侧绘制矩形，填充为"黑色"，然后在立体面上方绘制盒子的厚度，并在"渐变"面板中设置"渐变颜色"为"灰色（K60）"到"深灰色（K80）"的线性渐变，如图14-248所示。

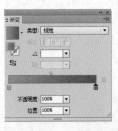 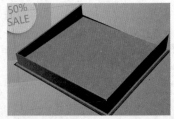

图14-248　绘制盒子厚度

Step 34 ► 使用前面相同的方法绘制盒子后方的立体面和厚度图形，得到盒子的底部，如图14-249所示。使用"钢笔工具" 在盒子内部绘制内衬图形，如图14-250所示。

图14-249 绘制后方立体面　　图14-250 绘制盒子内衬

Step 35 ► 打开"渐变"面板，设置"角度"为 −173.4°，"渐变颜色"为"灰色（C0、M13、Y78、K0）"到"深灰色（C0、M35、Y100、K40）"的线性渐变，如图14-251所示。

图14-251 填充渐变颜色

Step 36 ► 使用与第35步相同的方法继续绘制盒子内衬的立体面，然后使用"钢笔工具" 绘制盒盖图形，效果如图14-252所示。在"渐变"面板中设置"角度"为8.8°，"渐变颜色"为"浅绿色（C70、M14、Y43、K0）"到"绿色（C76、M23、Y50、K0）"到"深绿色（C80、M30、Y52、K10）"的线性渐变，如图14-253所示。

图14-252 绘制内衬和盒盖 图14-253 设置渐变颜色

Step 37 ► 返回画板，即可查看到填充渐变后的效果，如图14-254所示，然后使用相同的方法继续绘制盒盖图形，并填充与第36步相同的线性渐变颜色，如图14-255所示。

图14-254 填充渐变效果　　图14-255 绘制盒盖

Step 38 ► 继续绘制盒盖内衬，并在"渐变"面板中设置"角度"为8.8°，"渐变颜色"为"灰色（K85）"到"深灰色（K100）"的线性渐变，如图14-256所示。

图14-256 填充渐变颜色

Step 39 ► 继续使用与第38步相同的方法绘制盒子内衬，并填充相同的渐变颜色，如图14-257所示。使用"钢笔工具" 在盒盖右侧绘制盒盖厚度图形，并填充颜色为"深绿色，#0D443E"，如图14-258所示。

图14-257 绘制盒子内衬　　图14-258 绘制盒盖厚度

Step 40 ▶ 打开"化妆水.ai"素材文件，选择化妆水瓶，按Ctrl+C快捷键复制，再切换到包装文档中，按Ctrl+F快捷键粘贴在前面，然后将其移动至包装盒中，并调整其大小，如图14-259所示。选择化妆水瓶，按住Alt键的同时拖动鼠标进行复制，然后将鼠标光标置于控制框右上角，按住Shift+Alt快捷键向内缩小图形，再旋转图形角度，效果如图14-260所示。

如图14-261所示。返回画板，将椭圆图形置于所有包装图形的下方，得到如图14-262所示效果。

图14-261　添加阴影　　　图14-262　最终效果

读书笔记

图14-259　添加素材　　图14-260　复制并旋转图形

Step 41 ▶ 选择"椭圆工具" ◎ ，绘制一个椭圆图形，并填充为"灰色，#9F9FA0"，然后按Shift+Ctrl+F9组合键打开"透明度"面板，设置"混合模式"为"变暗"，"不透明度"为20%，

14.6　扩展练习

　　本章主要介绍了各种产品和包装的制作方法，下面将通过两个练习进一步巩固产品和包装在实际生活中的应用，使操作更加熟练，并能掌握产品和包装制作过程中出现错误时的处理方法。

14.6.1　鼠标造型设计

　　本练习制作后的效果如图14-263所示，主要练习鼠标的制作，包括钢笔工具、网格工具以及渐变的应用等操作。

● 光盘\效果\第14章\鼠标.ai
● 光盘\实例演示\第14章\鼠标造型设计

图14-263　完成后的效果

14.6.2 制作饮料包装

本练习制作后的效果如图14-264所示，主要练习饮料包装的制作，包括文字的输入、渐变和形状工具等。

- 光盘\效果\第14章\饮料包装.ai
- 光盘\实例演示\第14章\制作饮料包装

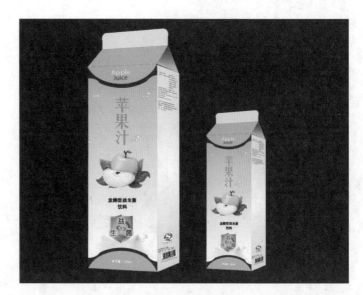

图14-264 完成后的效果

读书笔记

平面设计

本章导读 ●

在Illustrator CC中除了可以对产品造型、艺术字和包装等进行设计制作之外，还可以制作标志和画册等，下面将对其制作方法分别进行介绍。

15.1 | 儿童服装标志设计

绘图工具 的应用 ｜ 路径查找 器的使用 ｜ 文字工具 的使用

标志是指具有代表意义的图形符号，它具有高度浓缩并快捷传达信息、便于记忆的特点，本例将制作一个儿童服装标志，其制作方法非常简单，下面将讲解标志的制作方法。

● 光盘\效果\第15章\儿童服装标志.ai
● 光盘\实例演示\第15章\儿童服装标志设计

Step 1 ▶ 新建一个A4文档，并设置画布颜色为深蓝色，选择"椭圆工具" ，按住Shift键并拖动鼠标在画板中绘制一个正圆形，然后填充"颜色"为"白色"，如图15-1所示。再使用相同的方法在左上角绘制两个小圆形，如图15-2所示。

"描边颜色"为"蓝色，#3C78BD"，"描边粗细"为1.5mm，如图15-4所示。使用相同的方法在右侧绘制如图15-5所示的形状，并填充为"浅蓝色，#62B4E5"，"描边颜色"为"蓝色，#3C78BD"，"描边粗细"为1.5mm。

图15-1 绘制正圆　　　　图15-2 绘制小圆形

图15-4 绘制图形　　　　图15-5 填充图形

Step 2 ▶ 选择画板中的3个圆形，按Shift+Ctrl+F9组合键，打开"路径查找器"面板，单击"联集"按钮 ，得到如图15-3所示的图形效果。

Step 4 ▶ 继续使用"椭圆工具" 绘制两个重叠的圆形，并填充为"蓝色，#3C78BD"，如图15-6所示。打开"路径查找器"面板，单击"减去顶层"按钮 ，得到如图15-7所示的月亮图形效果。

图15-6 绘制并　　　图15-7 裁剪图形
填充图形

图15-3 裁剪图形

Step 3 ▶ 选择"钢笔工具" ，在图形左侧绘制一个异形三角形，并将其填充为"黄色，#FAED00"，

Step 5 ▶ 将月亮图形移动至图形的白色区域中，然后按住Alt键向右侧拖动鼠标复制该图形，得到如图15-8所示的效果。然后继续使用"钢笔工具"

在眼睛下方绘制如图15-9所示的蓝色图形。

图15-8　复制图形　　　　图15-9　绘制图形

Step 6 ▶ 选择"文字工具" **T**，在图形下方输入文本Bear children，设置"字体"为"方正准圆简体"，"字体大小"为46pt，"颜色"为"白色"，再将鼠标光标定位于英文单词的中间，按4次空格键，空出距离，效果如图15-10所示。选择"椭圆工具" **○**，在画板中单击，打开"椭圆"对话框，设置"宽度"和"高度"均为7mm，单击 确定 按钮，如图15-11所示。

图15-10　输入文字　　　　图15-11　"椭圆"对话框

Step 7 ▶ 此时即可得到相应大小的圆形，并将其填充为"粉红色，#DC7CAD"，再选择圆形，按住Alt键向右侧拖动复制圆形，如图15-12所示。选择两个圆形，单击工具属性栏中的"对齐"按钮，打开"对齐"面板，单击"垂直顶对齐"按钮 **▛**，对齐圆形，如图15-13所示。

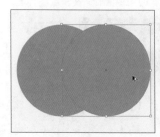 

图15-12　绘制并复制图形　　　图15-13　对齐图形

Step 8 ▶ 在画板中单击"多边形工具" **○**，打开"多边形"对话框，设置"半径"为4.5mm，"边数"为4，单击 确定 按钮，如图15-14所示。即可得到相应大小的矩形，将其填充为"粉红色#DC7CAD"，按住Shift+Alt快捷键，并将鼠标光标置于矩形右上角，拖动鼠标将矩形旋转90°，如图15-15所示。

 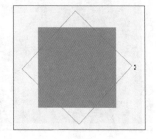

图15-14　"多边形"对话框　　　图15-15　绘制多边形

Step 9 ▶ 将矩形移动至两个圆形的中下方位置，选择圆形和矩形，如图15-16所示。打开"路径查找器"面板，单击"联集"按钮 **▣**，得到如图15-17所示的桃心图形。

 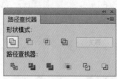

图15-16　选择图形　　　　图15-17　裁剪图形

Step 10 ▶ 将其移动至文字中间空白区域处，如图15-18所示。然后在原位复制心形图形，并填充为"白色"，再将其缩小，得到如图15-19所示的效果。

图15-18　移动图形　　　　图15-19　调整图形

15.2 化妆品标志设计

绘图工具 的应用　渐变工具 的应用　文字工具 的使用

本例将制作一个花瓣形的化妆品标志，将使用到绘图工具、渐变、路径查找器和选择工具等。通过本例用户可学会使用规则图形制作标志的方法。制作完成后的效果如左图所示。

- 光盘\效果\第15章\化妆品标志.ai
- 光盘\实例演示\第15章\化妆品标志设计

Step 1 ▶ 新建一个200mm×200mm的文档，按Ctrl+R快捷键显示标尺，并使用鼠标在上方和左侧的标尺上分别拖动出参考线至画板正中，如图15-20所示。选择"椭圆工具" ⬭ ，在画板中单击，打开"椭圆"对话框，设置"宽度"为90px，"高度"为350px，单击 确定 按钮，如图15-21所示。

图15-20　创建参考线　　图15-21　"椭圆"对话框

这里设置"宽度"和"高度"的单位为px，即"像素"，用户可根据情况设置需要的单位，如厘米和毫米等。在未选择任何对象的情况下，单击工具属性栏中的 首选项 按钮，打开"首选项"对话框，在"单位"面板中即可设置相应的单位。

Step 2 ▶ 此时即可得到相应大小的椭圆图形，然后移动椭圆并将其中心点对齐辅助线十字交叉处，如图15-22所示。选择椭圆图形，双击工具箱中的"旋转工具" ⟳ ，打开"旋转"对话框，在"角度"文

本框中输入20°，选中 ☑ 预览(P) 复选框查看效果，单击 复制(C) 按钮，如图15-23所示。

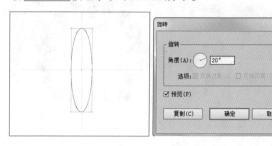

图15-22　绘制椭圆　　　　图15-23　旋转对象

Step 3 ▶ 此时即可向左侧旋转20°并复制一个椭圆图形，然后按Ctrl+D快捷键，连续复制7个椭圆图形，得到如图15-24所示的图形效果。按Ctrl+A快捷键选择所有圆形，再按Shift+Ctrl+F9组合键，打开"路径查找器"面板，单击"分割"按钮 ⬚ ，如图15-25所示。

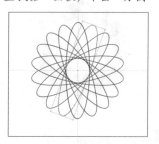

图15-24　复制对象　　　　图15-25　分割对象

Step 4 ▶ 此时即可得到如图15-26所示的图形效果，然后按Ctrl+;快捷键隐藏参考线。在图形上右击，在弹出的快捷菜单中选择"隔离选中的组"命令，进

入图层编辑模式，然后选择中间的小菱形图形块，再按Delete键将其删除，得到如图15-27所示的图形效果。

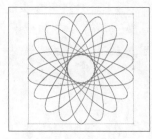
图15-26　隔离选中的组

图15-27　删除图形

Step 5 ▶ 按住Shift键依次单击选择外侧的小菱形图形，打开"渐变"面板，将其填充为C92、M77、Y0、K0到C100、M100、Y60、K0的线性渐变颜色，如图15-28所示。

图15-28　为图形填充渐变颜色

Step 6 ▶ 再使用相同的方法选择渐变图形内侧的一组小菱形，并将其填充为C70、M80、Y0、K0到C85、M100、Y60、K40的线性渐变颜色，如图15-29所示。

图15-29　为图形填充渐变颜色

Step 7 ▶ 再使用相同的方法选择渐变图形内侧的一组小菱形，并将其填充为C20、M80、Y0、K0到C40、M100、Y60、K0的线性渐变颜色，如图15-30所示。

图15-30　为图形填充渐变颜色

Step 8 ▶ 框选所有图形对象，删除描边，按Ctrl+C和Ctrl+B快捷键，复制并粘贴相同的图形到后面，并将其填充为"黑色#595757"，如图15-31所示。选择"钢笔工具"，绘制女人侧脸的轮廓，将其填充为C70、M80、Y0、K0到C85、M100、Y60、K40的线性渐变颜色，并按Shift+Ctrl+[组合键将其置于底层，如图15-32所示。

图15-31　复制图形　　　　图15-32　绘制侧脸轮廓

Step 9 ▶ 双击鼠标退出图层编辑模式，选择"文字工具" T ，在图形下方输入文本AMEILAN，设置"字体"为Expansiva，"字体大小"为40pt，如图15-33所示。按Shift+Ctrl+O组合键将其创建为轮廓，选择"效果"/"路径"/"位移路径"命令，打开"偏移路径"对话框，设置"位移"为1px，单击 确定 按钮，如图15-34所示。

图15-33　输入文字　　　　图15-34　偏移路径

Step 10 ▶ 返回画板即可查看到文字偏移路径后的效果，如图15-35所示。保持文字的选中状态，在"渐变"面板中将其颜色设置为C85、M75、Y0、K0到C55、M85、Y0、K0的线性渐变色，如图15-36所示。

Step 11 ▶ 此时，创建轮廓后的文字将变为如图15-37所示的渐变效果。选择文字，再按Ctrl+C和Ctrl+B快捷键，复制并粘贴相同的文字，并对其填充为"黑色#595757"，得到如图15-38所示的效果。

图15-35　查看路径偏移效果　　图15-36　设置渐变颜色

图15-37　填充文字　　　　图15-38　最终效果

15.3　制作贵宾卡

混合工具 的应用　效果和符号 不透明度　文字工具 的使用

● 光盘\素材\第15章\美女.ai
● 光盘\效果\第15章\贵宾卡.ai
● 光盘\实例演示\第15章\制作贵宾卡

　　贵宾卡又称VIP卡，常用的贵宾卡包括酒店贵宾卡、服装贵宾卡、美发贵宾卡、网吧贵宾卡和校园物业卡等。下面将讲解贵宾卡的制作方法。

Step 1 ▶ 选择"文件" / "新建"命令，打开"新建文档"对话框，在"名称"文本框中输入"贵宾卡"，然后设置"宽度"为100mm，"高度"为60mm，"出血"分别为3mm，单击 确定 按钮，如图15-39所示。

读书笔记 ▶

图15-39　新建文档

贵宾卡又称为VIP卡，卡片背面一般印有细则规定贵宾享有的服务，用户通常可以根据客户提供的素材进行版面设计，也可由客户提供设计稿。卡片的厚度一般为0.35~0.76mm，其标准大小是85.5mm×54mm，且通常为圆角。卡片的种类较多，如名片、工作证和会员卡等。

Step 2 ▶ 选择"矩形工具"，绘制一个与出血线相同大小的矩形，在工具属性栏中设置"描边"为"无"，并填充颜色为如图15-40所示的线性渐变颜色。

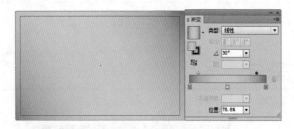

图15-40 绘制并填充矩形

Step 3 ▶ 选择"钢笔工具"在画板上绘制两条平行的白色曲线，如图15-41所示。再双击工具箱中的"混合工具"按钮，打开"混合选项"对话框，在"间距"下拉列表框中选择"指定的步数"选项，在右侧的文本框中输入40，单击"确定"按钮，如图15-42所示。

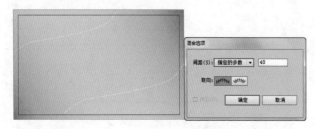

图15-41 绘制线条　　　图15-42 设置混合选项

Step 4 ▶ 返回画板，分别单击两条线的中间位置，得到如图15-43所示的效果。选择"直接选择工具"，分别选择线条上的锚点，将其调整为如图15-44所示的线条效果。

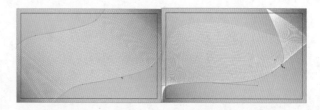

图15-43 线条混合效果　　　图15-44 调整锚点

Step 5 ▶ 使用"选择工具"选择混合线条，打开"透明度"面板，设置"混合模式"为"叠加"，"不透明度"为30%，即可得到如图15-45所示的图形效果。

图15-45 设置透明度

Step 6 ▶ 打开"美女.ai"素材图像，选择图形，按Ctrl+C快捷键，再切换至当前文档，按Ctrl+V快捷键，然后调整图像大小，再使用"矩形工具"绘制一个与出血线相同大小的无填充和无描边的矩形，如图15-46所示。同时选择矩形和美女图形，在其上右击，在弹出的快捷菜单中选择"建立剪切蒙版"命令，建立蒙版，得到如图15-47所示效果。

图15-46 调整图像大小　　　图15-47 建立剪切蒙版

Step 7 ▶ 使用"椭圆工具"在图形上方绘制多个大小不相同的圆形，并填充为白色，如图15-48所示。按住Shift键并使用"选择工具"同时选择所有的圆形，选择"效果"/"模糊"/"高斯模糊"命令，打开"高斯模糊"对话框，设置"半径"为3，单击"确定"按钮，如图15-49所示。

图15-48 绘制圆形 　　　 图15-49 模糊图形 　　　 图15-54 输入文字 　　　 图15-55 倾斜图形

Step 8 ▶ 此时即可看到图形模糊后的效果，如图15-50所示。选择"窗口"/"符号库"/"至尊矢量包"命令，打开"至尊矢量包"面板，选择"至尊矢量包18"符号样式，如图15-51所示。

Step 11 ▶ 使用相同的方法，在文字下方继续输入其他文本，并分别设置不同的"字体"和"字体大小"，如图15-56所示。再双击"多边形工具" ⬡，打开"多边形"对话框，设置"半径"为1mm，"边数"为4，单击 确定 按钮，如图15-57所示。

图15-50 查看模糊效果 　　　 图15-51 选择符号

图15-56 输入文字 　　　 图15-57 "多边形"对话框

Step 9 ▶ 将其拖动至画板右上角位置，然后调整其大小，在其上右击，在弹出的快捷菜单中选择"断开符号链接"命令，断开链接，如图15-52所示。然后为其填充"咖啡色，#513114"颜色，再使用"文字工具" T 在图形右侧输入文本，设置"字体"为"微软雅黑"，字号分别为6pt和3.5pt，"颜色"为#785724，如图15-53所示。

Step 12 ▶ 此时，将自动创建一个正方形，将其填充为#5D3E1C，按住Shift键的同时，拖动鼠标将正方形旋转为90°，再将其移动至文字中间，如图15-58所示。使用鼠标双击白色区域，进入剪切蒙版编辑状态，再选择白色头发区域，如图15-59所示。

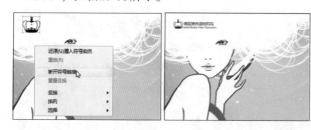

图15-52 插入符号 　　　 图15-53 输入文字

图15-58 填充并旋转正方形 　　　 图15-59 选择对象

Step 10 ▶ 继续使用"文字工具" T 在卡片右侧输入文本VIP，设置"字体"为"方正大标宋简体"，"字体大小"为45pt，"颜色"为#6F4721，如图15-54所示。选择"倾斜工具" ⊿，在文字上方按住鼠标左键不放向右侧拖动，使文字倾斜，如图15-55所示。

读书笔记 ▶

Step 13 ▶ 打开"渐变"面板，为其填充如图15-60所示的线性渐变颜色。再双击界面的其他区域，退出编辑状态，得到如图15-61所示的效果。

Step 15 ▶ 使用与前面相同的方法制作卡片的背面，效果如图15-64所示。

图15-64　卡片背面效果

图15-60　设置渐变颜色　　　图15-61　填充渐变效果

Step 14 ▶ 在图形上绘制一个"宽度"为100mm，"高度"为60mm，"圆角"为4mm的圆角矩形，如图15-62所示。再选择"效果"/"裁剪标记"命令，为图形添加裁剪标记，如图15-63所示。

读书笔记

_____

_____

_____

_____

_____

_____

_____

图15-62　绘制圆角矩形　　　图15-63　添加裁剪标记

15.4　形状工具的应用　画笔工具的应用　文字工具的应用　制作DM宣传单

DM宣传单上印有主推的产品广告和简单的企业介绍，可通过邮寄和赠送等形式将宣传产品送到消费者手中，以促进消费者购买。下面将讲解宣传单的制作方法。

● 光盘\素材\第15章\蛋糕.ai、小蛋糕.ai
● 光盘\效果\第15章\DM宣传单.ai
● 光盘\实例演示\第15章\制作DM宣传单

Step 1 ▶ 新建一个A4大小的文档，使用"矩形工具" □ 绘制一个与画板相同大小的白色矩形，并设置为无描边，按Ctrl+2快捷键将其锁定，作为背景，选择"椭圆工具" ○ ，在左上角绘制一个正圆形，并填充为"黄色，#F8D90F"，如图15-65所示。再使用相同的方法在其上绘制多个大小不相同的圆形，并分别填充为如图15-66所示的颜色。

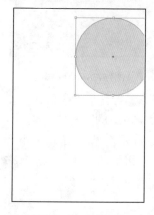 

图15-65　新建文档　　　图15-66　绘制圆形

Step 2 ▶ 按住Shift键同时选择最上方的两个圆形，在工具属性栏中设置"不透明度"为80%，得到如图15-67所示的效果。使用"矩形工具" □ 绘制一个矩形，设置为无填充、无描边。再同时选择所有的圆形和矩形并右击，在弹出的快捷菜单中选择"建立剪切蒙版"命令，建立蒙版，如图15-68所示。

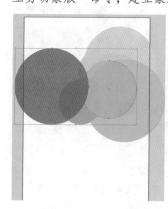 

图15-67　设置不透明度　　　图15-68　建立蒙版

Step 3 ▶ 打开"蛋糕.ai"素材文件，选择图形，按Ctrl+C快捷键，再切换至当前文档，按Ctrl+V快捷键，然后调整图形大小，如图15-69所示。选择"窗口"/"符号库"/"污点矢量包"命令，打开"污点

矢量包"面板，选择"污点矢量包08"符号样式，如图15-70所示。

图15-69　添加素材　　　图15-70　添加符号

Step 4 ▶ 将其拖动至图形右下角位置，并调整大小，在其上右击，在弹出的快捷菜单中选择"断开符号链接"命令，断开链接，如图15-71所示。再将其填充为"玫红色，#D91276"，如图15-72所示。

图15-71　断开符号链接　　　图15-72　填充符号颜色

Step 5 ▶ 单击"符号"面板底部的 ▶ 按钮，切换符号样式至"至尊矢量包"面板，选择"至尊矢量包16"符号样式，如图15-73所示，并拖动至画板右下角，使用与第4步相同的方法将其填充为"黑色"，并将其旋转90°，得到如图15-74所示的效果。

读书笔记

图15-73　插入符号　　　　图15-74　填充并旋转图形

Step 6 ▶ 使用"文字工具" T，在标志下方输入文本，设置"字体"为"微软雅黑"，"字体大小"为12pt，如图15-75所示。然后使用相同的方法在其他区域输入相应文本，并设置字体、字体大小、颜色和旋转角度，效果如图15-76所示。

图15-75　输入文字　　　　图15-76　设置字体格式

Step 7 ▶ 继续使用"文字工具" T 在左下角拖动鼠标，绘制一个文本框，并在其中输入文本，设置"字体"为"方正大标宋简体"，"字体大小"为9pt，"颜色"为"灰色，#A3A3A3"，如图15-77所示。选择"窗口"/"画板"命令，打开"画板"面板，单击面板底部的 按钮，在原画右侧自动新建一个空白画板，并使用"矩形工具" 在画板上绘制一个与画板相同大小的矩形，填充为"草绿色，#9EC92D"，再按Ctrl+2快捷键将其锁定，作为背景，效果如图15-78所示。

图15-77　输入段落文字　　　　图15-78　绘制矩形

Step 8 ▶ 使用"矩形工具" 在背景上绘制两个矩形，并分别填充为"紫色，#792A89"和"深绿色，#3CA337"，如图15-79所示。然后打开"小蛋糕.ai"素材文件，选择蛋糕图形，将其复制并粘贴到当前文档中，并调整其大小和位置，效果如图15-80所示。

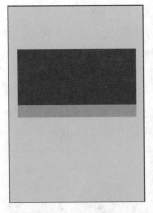

图15-79　绘制矩形　　　　图15-80　添加素材

Step 9 ▶ 使用"钢笔工具" 在最上方绘制3条折线段，并设置"填色"为"无"，"描边"均为0.5mm，"描边颜色"为"白色"，如图15-81所示。使用"文字工具" T 在线段右侧输入文本"COCO百丽乐蛋糕"，并在工具属性栏中设置"字体"为"微软雅黑"，"字体大小"分别为60pt和26pt，"颜色"为"白色"，如图15-82所示。

图15-81 绘制线条　　　　图15-82 输入文字

图15-85 绘制线条　　　　图15-86 输入文字

Step 10 ▶ 按F5键打开"画笔"面板，单击面板底部的 按钮，在弹出的下拉菜单中选择"装饰"/"装饰_散布"命令，如图15-83所示。打开"装饰_散布"面板，在其中选择"点环"画笔样式，如图15-84所示。

Step 12 ▶ 继续在"画笔"面板中选择"15点圆形"画笔样式，再使用"画笔工具" 在图形上方依次单击得到黑色圆点，同时按"["键或"]"键调整画笔大小，得到如图15-87所示的效果。按住Shift键的同时，使用"选择工具" 选择所有的圆点图形，然后设置"描边"为"白色"，如图15-88所示。

图15-83 打开"画笔"面板　　图15-84 选择画笔样式

Step 11 ▶ 在工具箱中选择"画笔工具" ，将其置于蛋糕上方，此时画笔呈 形状，拖动鼠标沿蛋糕绘制曲线，得到如图15-85所示的效果。再使用相同的方法在蛋糕上方绘制图形，再使用"选择工具" 选择线条，并在工具属性栏中设置"不透明度"为70%，得到如图15-86所示的效果。

图15-87 绘制圆点　　　　图15-88 选择图形

读书笔记

操作解谜　这里使用画笔工具绘制圆点时，为了使圆点具有动感和节奏感，可绘制大小不同的圆点。在Illustrator中使用画笔工具绘制大小不相同的圆点的方法非常简单，只需在绘制过程中按"["键增大画笔，或按"]"键减小画笔即可得到不同大小的画笔效果。

Step 13 ▶ 选择"效果"/"模糊"/"高斯模糊"命令，打开"高斯模糊"对话框，选中 ☑预览(P) 复选框，设置"半径"为30，单击 确定 按钮，如图15-89所示。

中分别输入点文本和段落文本，分别设置"字体"为"方正大标宋简体"和"微软雅黑"，"字体大小"分别为16pt、13pt和26pt，"颜色"分别为"黑色"、"白色"和"黄色，#FAED00"，如图15-90所示。再使用相同的方法在最下方的中间位置分别输入文本，并分别设置不同的字体、字体大小和颜色，效果如图15-91所示。

图15-89　高斯模糊图形

Step 14 ▶ 使用"文字工具" T 在矩形上方和矩形

图15-90　输入文字　　　　　图15-91　最终效果

15.5 图形对齐方式 设置图层不透明度 文字工具的使用 画册封面设计

封面是装帧艺术的重要组成部分，封面设计的效果直接影响着书籍的销量。下面将利用素材图片制作一本杂志的封面与底面，并讲解画册封面的设计方法。

- 光盘\素材\第15章\风景\
- 光盘\效果\第15章\画册封面.ai
- 光盘\实例演示\第15章\画册封面设计

Step 1 ▶ 新建一个210mm×285mm, "出血"为3的文档, 使用 "矩形工具" □绘制一个与画板相同大小的矩形, 填充 "颜色"为 "白色", 并按Ctrl+2快捷键将其锁定, 然后按Ctrl+R快捷键显示标尺, 从标尺上拖动参考线至画板的居中位置, 如图15-92所示。

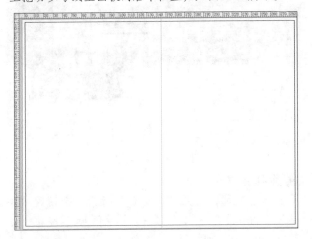

图15-92　新建文档

Step 2 ▶ 打开 "风景1.jpg" "风景2.jpg" "风景3.jpg" 素材图像, 分别选择图片, 使用复制和粘贴的方法将其复制到当前文档中, 调整大小后并将其排列为如图15-93所示的效果。

图15-93　添加素材

Step 3 ▶ 在工具箱中选择 "矩形工具" □, 在画板中的左右侧分别绘制多个矩形, 并从左至右分别填充为 "黄色, #F8B62C" "天蓝色, #38AEBA" "深蓝色#133366" "蓝色, #7EB7C9", 如图15-94所示。

图15-94　绘制矩形

> **技巧秒杀**
>
> 一般情况下, 一本画册包括封面、封底和内页等内容, 本例为了写作方便, 这里只介绍了画册的封面和封底的制作。建议用户在制作时, 在同一个文档中创建多个页面画板, 再同时制作画册的多页内容, 这样制作的画册统一性更强, 同时对于后期拼版也更便捷。

Step 4 ▶ 使用 "选择工具" ▶选择右下角的蓝色矩形, 按Shift+Ctrl+F10组合键打开 "透明度" 面板, 在其中设置 "混合模式"为 "正片叠底", 效果如图15-95所示。

图15-95　设置图形的混合模式

Step 5 ▶ 打开 "风景4.jpg" "风景5.jpg" "风景6.jpg" "风景7.jpg" 素材图像, 分别选择图片, 使

用复制和粘贴的方法将其复制到当前文档中，调整大小并将其放置于左侧蓝色的矩形条上，然后按住Shift键的同时选择这4张图片，单击工具属性栏中的"垂直居中对齐"按钮，使4张图片垂直居中对齐，如图15-96所示。

图15-96　对齐对象

Step 6 ▶ 使用"文字工具"在右侧深蓝色图形上输入文本"美途图旅"和Metu Travel，并在工具属性栏中设置"字体"为"时尚中黑简体"和"微软雅黑"，"字体大小"为23pt和10pt，"颜色"为"白色"，如图15-97所示。

图15-97　输入文本

Step 7 ▶ 使用与第6步相同的方法，继续在画册的各区域分别输入点文本和段落文本，并设置字体、字体大小和字体颜色，效果如图15-98所示。

图15-98　输入文本

Step 8 ▶ 在工具箱中选择"多边形工具"，在画板上单击鼠标，打开"多边形"对话框，设置"半径"为1mm，"边数"为3，单击"确定"按钮，如图15-99所示。得到一个三角形，将其填充为"黑色"，并移动至右下角的文字左侧，如图15-100所示。

图15-99　设置多边形参数　　图15-100　调整图形位置

Step 9 ▶ 使用"直线段工具"在左下角的文字中间绘制两条直线，如图15-101所示。再选择两条直线，按Ctrl+F10快捷键，打开"描边"面板，分别单击"圆头端点"按钮和"圆头连接"按钮，再选中☑虚线复选框，在下方的"虚线"和"间隙"文本框中分别输入0.01mm和0.6mm，如图15-102所示。

图15-101　绘制线条

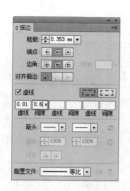
图15-102　设置描边

Step 10 ▶ 此时，即可查看到直线变为圆点虚线的效果。使用"钢笔工具" 在上方的黄色图形上绘制如图15-103所示的白色图形。使用"选择工具" 选择绘制的图形，在其上右击，在弹出的快捷菜单中选择"编组"命令，将图形编组，如图15-104所示。

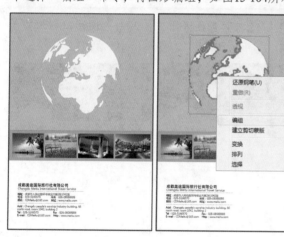

图15-103　绘制图形　　　图15-104　对象编组

Step 11 ▶ 保持图形的选中状态，按Ctrl+F9快捷键打开"渐变"面板，设置"类型"为"线性"，"角度"为50°，颜色从"灰色（C21、M14、Y6、K0）"至"白色"，如图15-105所示。

图15-105　填充渐变色

Step 12 ▶ 在工具属性栏中设置该图形的"不透明度"为20%，再按Ctrl+;快捷键隐藏文档中的参考线，即可查看到如图15-106所示的效果，完成本例的制作。

图15-106　填充渐变色

技巧秒杀

通常根据客户的需要，制作的画册尺寸也不相同。例如，常用标准画册制作尺寸为：291mm×426mm（四边各含3mm出血位）；中间加参考线分为2个页码；而标准画册成品大小为285mm×210mm；同时，常用画册样式有横式画册（285mm×210mm），竖式画册（210mm×285mm），方形画册（210mm×210mm或280mm×280mm）。此外，画册排版时，需将文字等内容放置于裁切线内5mm，画册裁切后才更美观。

15.6 混合工具 效果和符号 文字工具 名片设计
的应用 不透明度 的使用

名片又称卡片，是拜访或访问时使用的小卡片，上面有个人的姓名、地址、职务、电话号码和邮箱等信息。主要用于新朋友互相认识、自我介绍或向他人推销介绍自己，下面讲解名片的制作方法。

● 光盘\素材\第15章\木纹.jpg
● 光盘\效果\第15章\名片.ai
● 光盘\实例演示\第15章\名片设计

Step 1 ▶ 选择"文件"/"新建"命令，打开"新建文档"对话框，在"名称"文本框中输入"名片"，然后设置"画板数量"为2，"宽度"为54mm，"高度"为90mm，单击 确定 按钮，如图15-107所示。

图15-107 新建文档

Step 2 ▶ 选择"矩形工具" ▣ ，在左侧的画板上绘制与画板相同大小的矩形，并将其填充为"白色"，再按Ctrl+2快捷键将其锁定。选择"钢笔工具" ✎ ，在白色背景上方绘制图形，并填充为"蓝色，#048692"，如图15-108所示。继续使用"钢笔"

工具" ✎ 在蓝色图形下方绘制线条图形，并填充为"黄色，#DCBD19"，如图15-109所示。

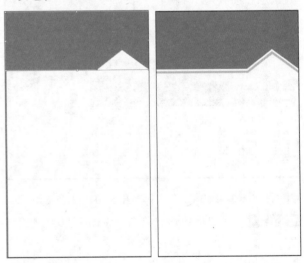

图15-108 绘制图形　　图15-109 绘制线条图形

Step 3 ▶ 选择"矩形工具" ▣ ，在最下方绘制一个矩形图形，再按Ctrl+F9快捷键打开"渐变"面板，设置"类型"为"线性"，渐变颜色为"黄色（C10、M20、Y90、K10）"到"蓝色（C82、M33、Y40、K0）"到"草绿色（C30、M0、Y81、K0）"，如图15-110所示。

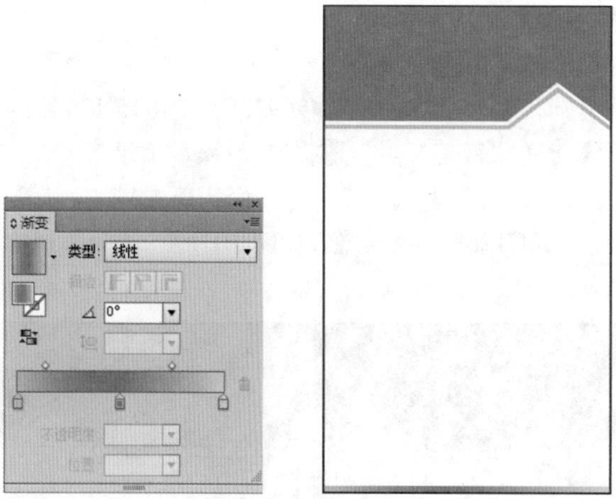

图15-110　填充图形

Step 4 ▶ 选择“直线段工具”，绘制一条直线，如图15-111所示。选择“窗口”/“画笔库”/“装饰”/“装饰_散布”命令，打开“装饰_散布”面板，单击面板中的“透明方形”画笔样式，即可得到如图15-112所示的图形效果。

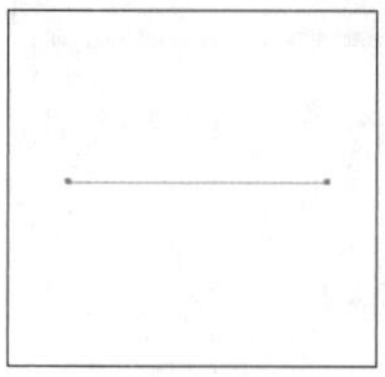

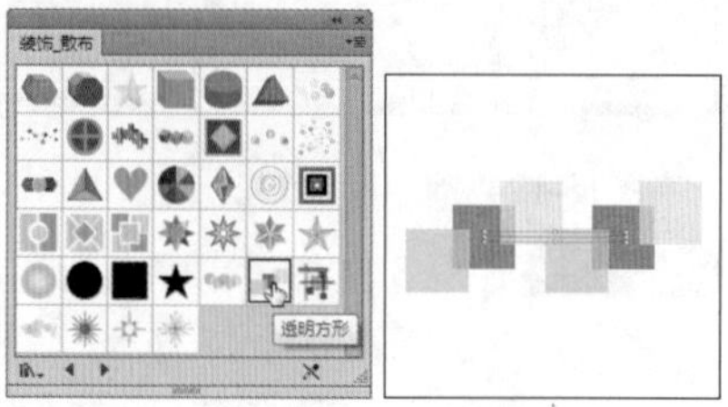

图15-111　绘制线条　　　图15-112　得到方块图形

Step 5 ▶ 保持图形的选中状态，在工具属性栏中设置“描边粗细”为0.25mm，此时，图形将变小，将鼠标光标置于线条右侧的控制点上，拖动鼠标旋转图形，然后将其移动至左上角的图形处，如图15-113所示。按3次Ctrl+[快捷键，将图形置于蓝色的色块下方，选择“对象”/“扩展外观”命令扩展图形，并在图形上依次右击，在弹出的快捷菜单中选择“取消编组”命令，打散图形，然后使用“选择工具”选择矩形图形，当调整图形宽度后分别将颜色填充为“黄色，#DCBD19”、“蓝色，#048692”和“绿色，#A0C125”，并分别设置“不透明度”为30%和50%，即可得到如图15-114所示的图形效果。

读书笔记

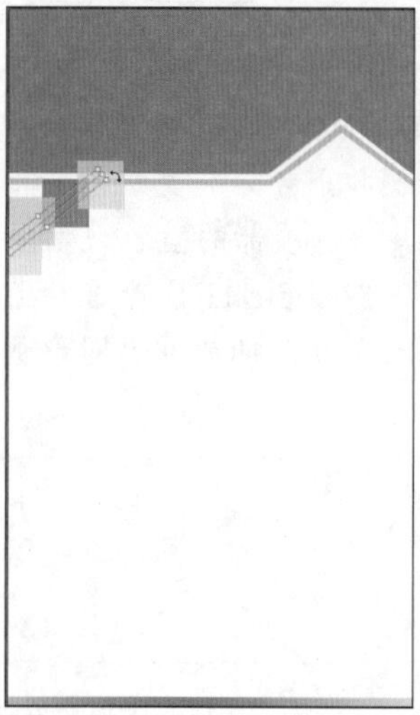

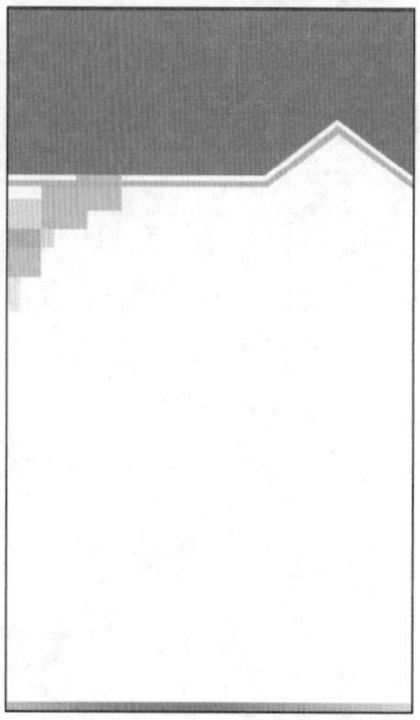

图15-113　绘制图形　　　图15-114　调整图形

Step 6 ▶ 选择“椭圆工具”，绘制一个椭圆，填充为“白色”，保持椭圆的选择状态，再按住Alt键拖动鼠标，在椭圆四周复制4个椭圆形，并填充为“灰色，#DBDADB”，如图15-115所示。选择5个椭圆形，按Shift+Ctrl+F9组合键打开“路径查找器”面板，单击“分割”按钮，如图15-116所示。

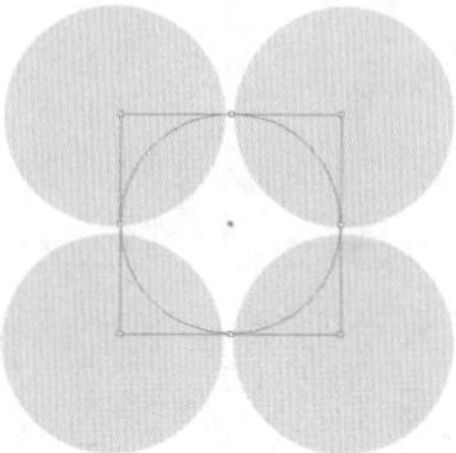

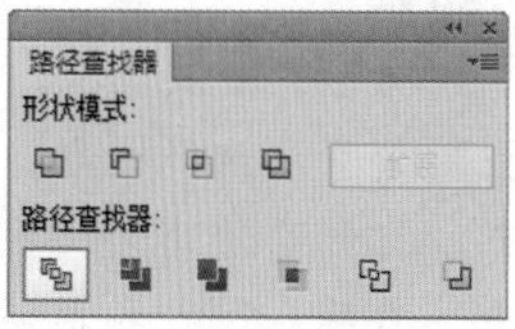

图15-115　绘制图形　图15-116　“路径查找器”面板

Step 7 ▶ 在图形上右击，在弹出的快捷菜单中选择“取消编组”命令，如图15-117所示。使用“选择工具”依次选择分割后边缘的灰色图形，按Delete键将其删除，可得到如图15-118所示的图形效果。

图15-117　取消图形编组　　　图15-118　分割后的图形

Step 8 ▶ 选择分割图形，按Ctrl+G快捷键将其编组，再按住Alt键拖动鼠标向右侧和下方分别复制多个相同图形，如图15-119所示。选择顶部的蓝色块面图形，按Ctrl+C快捷键复制，再按Ctrl+F快捷键粘贴在前面，并设置无填充和无描边，将其置于图形上方，如图15-120所示。

图15-119　复制图形　　　图15-120　复制并排列图形

Step 9 ▶ 同时选择矩形和圆形图形，再次打开"路径查找器"面板，单击"分割"按钮，得到如图15-121所示的图形效果。

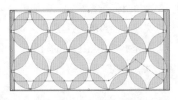

图15-121　分割图形

Step 10 ▶ 使用"选择工具"选择矩形分割外的圆形花纹图形，按Delete键删除，得到如图15-122所示的图形效果。选择图形，将其置于顶部蓝色图形的上方，打开"透明度"面板，设置"混合模式"为"正片叠底"，"不透明度"为30%，如图15-123所示。

图15-122　删除图形　　　图15-123　设置不透明度

Step 11 ▶ 此时，即可得到透明暗花纹效果，使用"钢笔工具"在左下角绘制标志底层的矩形图形，并填充颜色为"蓝色，#048692"，如图15-124所示。继续使用"钢笔工具"在矩形图形上绘制3片树叶形状，并分别填充为"蓝色，#5EBEAA"、"草绿色，#A0C125"和"黄色，#DCBD19"，如图15-125所示。

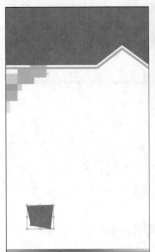

图15-124　暗花纹效果　　　图15-125　绘制图形

Step 12 ▶ 选择3片树叶图形，选择"效果"/"风格化"/"投影"命令，打开"投影"对话框，选中预览(P)复选框，设置"模式"为"正片叠底"，"不透明度"为100%，"X位移"为0.5mm，"Y位移"为0.5mm，"模糊"为1mm，单击 确定 按钮，如图15-126所示。

图15-126　为图形添加投影

Step 13 ▶ 选择"文字工具"，在标志图形下方单击鼠标，定位插入点，再输入文本"海翰广告策划"，并在工具属性栏中设置"字体"为"方正兰亭粗黑_GBK"，"字体大小"为5.5pt，"颜色"为"草绿色，#A0C125"，如图15-127所示。再使用相同的方法在文字下方输入英文字母HAIYU GUANG GAO，并设置"字体"为"方正兰亭粗黑简体"、"字体大小"为5pt，"颜色"为"墨绿色，#A0C125"，如图15-128所示。

图15-127 输入文字　图15-128 输入英文字母

Step 14 ▶ 继续使用相同的方法输入姓名和职称，并设置字体为"方正兰亭黑简体"和"方正兰亭粗黑简体"，"字体大小"分别为16pt、8pt和12pt，"颜色"分别为"蓝色，#0B8690"、"黑色"和"灰色"，如图15-129所示。选择"文字工具" [T]，在右下角拖动鼠标绘制一个文本框，如图15-130所示。

图15-129 输入文字　图15-130 绘制文本框

Step 15 ▶ 在文本框中输入手机号码、邮箱和网址等文本信息，单击工具属性栏中的"字符"文本，打开"字符"面板，设置"字体"为"微软雅黑"，"字体大小"为5.5pt，"行距"为10pt，如图15-131所示。设置完成后，文字效果如图15-132所示。

图15-131 设置字符格式　图15-132 字体效果

Step 16 ▶ 选择"矩形工具" [□]，在右侧的空白画板上绘制一个矩形，并填充颜色为"蓝色，#048692"，如图15-133所示。再使用前面相同的方法绘制透明暗花纹图形，设置混合模式和不透明度之后，将其置于背景图形上方，效果如图15-134所示。

图15-133 绘制背景　图15-134 绘制花纹图形

Step 17 ▶ 继续使用"矩形工具" [□]在图形上绘制一个矩形，并填充颜色为"白色"，如图15-135所示。再选择"直线段工具" [/]，在白色矩形上方和下方分别绘制两条直线，分别设置"描边粗细"为0.25mm和0.35mm，"描边颜色"分别为"白色"和"黄色，#DCBD19"，效果如图15-136所示。

图15-135　绘制矩形　　　图15-136　绘制直线

Step 18 ▶ 选择左侧的标志图形，按住Alt键的同时拖动鼠标复制图形，将其移动至右侧白色矩形的中间位置，如图15-137所示。然后将鼠标光标置于标志右下角的控制点上，在按住Shift+Alt快捷键的同时拖动鼠标，放大标志图形，得到如图15-138所示的图形效果。

图15-137　复制标志　　　图15-138　放大图形

Step 19 ▶ 按Alt+Ctrl+2组合键将锁定的图形全部解锁。再选择"文件"/"新建"命令，打开"新建文档"对话框，在"名称"文本框中输入"名片效果图"，在"大小"下拉列表框中选择A4选项，单击 确定 按钮，新建文档，如图15-139所示。

图15-139　新建文档

Step 20 ▶ 打开"木纹.jpg"素材文件，选择木纹图像，按Ctrl+C快捷键复制，再切换到新建的文档中，按Ctrl+V快捷键粘贴，并将木纹图形调整至与画板相同的大小，如图15-140所示。再切换到"名片"文档中，分别选择正面和背景图形，按Ctrl+G快捷键分别编组，然后使用复制和粘贴的方法将名片粘贴到"名片效果图"文档中，并调整其大小，如图15-141所示。

图15-140　添加素材　　　图15-141　复制并粘贴图形

技巧秒杀

用户在设计名片时，需要注意以下5个方面，下面分别进行介绍：其一，名片要突出价值。不但要突出自己的价值，更要突出所在公司的价值。其二，名片要实事求是。在名片上不要夸大其词，也不要过分谦虚。名片是人的脸面，更是一个诚信的载体。其三，名片不要设计得很花哨，印刷不一定要镀金。其四，联系方式要准确、多样。通过名片上的联系方式能够直接找到联系人，而不需要中转。其五，名片头衔不要过多。名片上尽量不出现两个以上的头衔。

Step 21 ▶ 选择左侧名片的正面图形并右击，在弹出的快捷菜单中选择"置于顶层"命令，将图形置于顶层，如图15-142所示。

图15-142　排列图形

Step 22 ▶ 保持图形的选择状态，将鼠标光标置于图形右下角，当鼠标光标变为↵形状时，按住鼠标左键不放拖动，旋转图形角度，如图15-143所示。

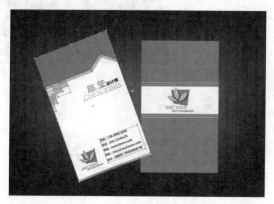

图15-143　旋转图形角度

Step 23 ▶ 使用相同的方法旋转右侧的名片，并移动其位置，使其效果如图15-144所示。

图15-144　调整图形

Step 24 ▶ 选择名片正面和背面图形，选择"效果"/"风格化"/"投影"命令，打开"投影"对话框，

选中 ☑ 预览(P) 复选框，设置"模式"为"正片叠底"，"不透明度"为100%，"X位移"为0mm，"Y位移"为1.5mm，"模糊"为1mm，如图15-145所示。

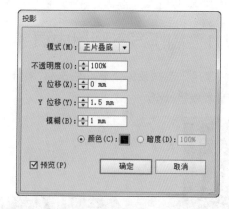

图15-145　为图形添加投影

Step 25 ▶ 单击 确定 按钮，返回画板，可查看到名片添加投影后的效果，如图15-146所示。

图15-146　名片添加投影后的效果

读书笔记

15.7 扩展练习

本章主要介绍了标志、VIP卡、DM宣传单、画册和名片的制作方法，下面将通过两个练习进一步巩固画册和宣传单在实际生活中的应用，使操作更加熟练，并能掌握设计工作中出现错误时的处理方法。

15.7.1 制作汽车画册内页

本练习制作完成后的效果如图15-147所示，主要练习画册内页的制作，包括文字的输入和设计、版面排列以及高斯模糊等操作。

图15-147　完成后的效果

- 光盘\素材\第15章\汽车\
- 光盘\效果\第15章\汽车画册内页.ai
- 光盘\实例演示\第15章\制作汽车画册内页

15.7.2 制作房产宣传单

本练习制作完成后的效果如图15-148所示，主要练习房产广告宣传单的制作，包括绘图工具的使用、文字的输入、混合模式以及版式设计等。

图15-148　完成后的效果

- 光盘\素材\第15章\房产\
- 光盘\效果\第15章\房产宣传单.ai
- 光盘\实例演示\第15章\制作房产宣传单

读书笔记

16

广告与网页设计

本章导读 ●

在Illustrator CC中，利用文本、图形和图像等元素的组合可以轻松制作一些产品的广告。本章将通过对音乐会招贴、商业海报、淘宝促销广告以及网页等广告的设计与制作，巩固Illustrator CC在广告与网页设计中的应用方法，掌握这些方法有利于对广告进行处理。

16.1 | 渐变工具 的应用 | 绘图工具 的使用 | 文字工具 的使用 | **制作音乐会招贴**

本例将使用渐变填充、绘图工具和文字工具，以及符号等功能来制作音乐会招贴。制作后的效果如左图所示。

- 光盘\素材\第16章\耳麦.ai
- 光盘\效果\第16章\音乐会招贴.jpg
- 光盘\实例演示\第16章\制作音乐会招贴

Step 1 ▶ 新建一个A4文档，在工具箱中选择"矩形工具" □ 绘制一个与画板相同大小的矩形，并打开"渐变"面板，将其设置为如图16-1所示的径向渐变颜色。

Step 2 ▶ 按Ctrl+2快捷键将其锁定作为背景，再次使用"矩形工具" □ 在背景上绘制长方形，并填充为如图16-2所示的线性渐变颜色。

图16-1 绘制并填充图形

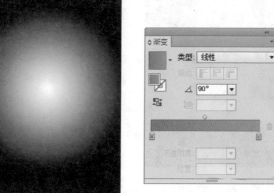

图16-2 绘制矩形条

读书笔记

Step 3 ▶ 使用前面相同的方法绘制并填充多个矩形，并同时选择背景上方的几个矩形，按Ctrl+G快捷键将其群组，如图16-3所示。选择"镜像工具" ▣，并在图形下方的居中位置单击鼠标，定位中心点，如图16-4所示。

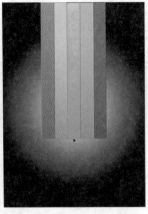

图16-3　绘制图形　　　　图16-4　定位中心点

Step 4 ▶ 按住Shift+Alt快捷键的同时拖动鼠标，在图形下方复制一个相同图形，然后将鼠标光标置于最下方中间的控制点上，向上拖动，调整图形大小，如图16-5所示。选择"自由变形工具" ，在弹出的工具列表中选择"透视工具" ，再将鼠标光标置于左下角的控制点上，平行向外拖动，得到如图16-6所示的图形透视效果。

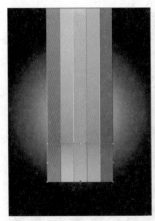
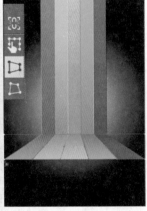

图16-5　复制图形　　　　图16-6　变形图形

Step 5 ▶ 使用前面相同的方法在下方继续绘制矩形，再使用"直接选择工具" 对各矩形描点进行编辑，并分别填充颜色为"玫红色""绿色""橘黄色""蓝色""红色"，效果如图16-7所示。使用"钢笔工具" 在矩形上方绘制一排不规则的矩形图形，并填充为如图16-8所示的由白到浅灰色的渐变颜色。

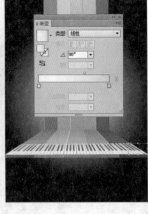

图16-7　填充图形　　　　图16-8　绘制图形

Step 6 ▶ 使用"钢笔工具" 绘制两个矩形，并分别填充为"黑色"和"深灰色，#4F4E4E"，再上下重叠放置，如图16-9所示。在两个矩形的端点处绘制一个不规则矩形，并将其填充为如图16-10所示的线性渐变颜色。

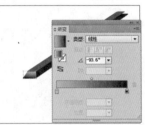

图16-9　绘制矩形图形　　　　图16-10　填充渐变色

Step 7 ▶ 选择该图形，按Ctrl+G快捷键将其编组，并移动至如图16-11所示的位置。再使用相同的方法绘制多个类似的图形，并分别放置在白色区域的空白处，得到如图16-12所示的琴键图形效果。

图16-11　绘制图形　　　　图16-12　制作琴键

Step 8 ▶ 选择"矩形工具" 在琴键下方的长方形上绘制一个正方形，并将其填充为"玫红，

#B5579D", 并按住Shift+Alt快捷键向右侧拖动, 间隔一段距离复制该图形, 如图16-13所示。再连续按Ctrl+D快捷键, 系统将自动向右侧复制图形, 得到如图16-14所示的效果。

图16-13 绘制矩形　　图16-14 复制图形

Step 9 ▶ 再分别选择矩形图形, 将其填充如图16-15所示的颜色。继续使用"钢笔工具" 在下方绘制如图16-16所示的图形, 并填充渐变颜色。

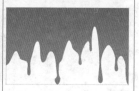

图16-15 填充图形　　图16-16 绘制图形

Step 10 ▶ 使用"钢笔工具" 在图形的转折处绘制类似月亮的弯曲图形作为图形的高光, 并填充为如图16-17所示的线性渐变颜色。

图16-17 绘制高光图形

Step 11 ▶ 使用相同的方法在水滴的图形中绘制高光图形, 并填充为如图16-18所示的径向渐变颜色。

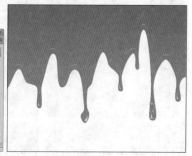

图16-18 绘制水滴高光图形

Step 12 ▶ 继续在图形上方绘制不规则的图形, 并填充为如图16-19所示的线性渐变颜色。

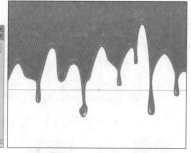

图16-19 为图形填充渐变颜色

Step 13 ▶ 继续在图形上方绘制图形, 再选择工具箱中的"网格工具" , 在图形中单击添加网格线, 再对网格点分别进行颜色的设置, 得到如图16-20所示的图形效果。

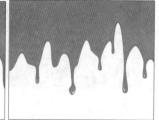

图16-20 使用网格填充

Step 14 ▶ 选择该图形将其编组, 并调整其位置, 再使用前面相同的方法向右侧复制该图形, 得到如图16-21所示的效果。然后分别设置刚复制的图形颜色, 并使用"直接选择工具" 调整图形的形状和大小, 得到如图16-22所示的效果。

图16-21　复制图形　　　　图16-22　填充图形

Step 15 ▶ 使用"钢笔工具" ✑ 在水滴形状下方绘制音符图形，并分别填充为与上方矩形相同的"玫红色""绿色""橘黄色""蓝色""红色"等颜色，如图16-23所示。选择"窗口"/"符号"命令，打开"符号"面板，单击面板左下角的"符号库菜单"按钮 ，在弹出的下拉菜单中选择"污点矢量包"命令，打开"污点矢量包"面板，选择"污点矢量包 09"符号样式，如图16-24所示。

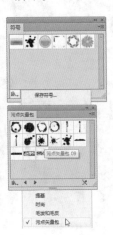

图16-23　绘制音符图形　　　图16-24　选择符号样式

Step 16 ▶ 将其拖动至图形中并右击，在弹出的快捷菜单中选择"断开符号链接"命令，并为其填充如图16-25所示的线性渐变颜色。然后使用相同的方法绘制多个墨点图形，并填充不同的渐变颜色，设置完成后的效果如图16-26所示。

图16-25　填充图形　　　　图16-26　绘制图形

Step 17 ▶ 再使用"钢笔工具" ✑ 在墨点图形上方绘制男女轮廓图形，并将其填充为"黑色"，如图16-27所示。打开"耳麦.ai"素材文件，将其复制到当前文档中，并填充为"白色"，效果如图16-28所示。

图16-27　绘制人物　　　　图16-28　添加素材

Step 18 ▶ 使用"椭圆工具" ⬭ 在耳麦上绘制一个椭圆形，再选择"文字工具" **T**，在椭圆上单击鼠标，定位文本插入点，然后输入文本YOUR MUSIC，如图16-29所示。按Ctrl+T快捷键打开"字符"面板，设置"字体系列"为"方正大标宋简体"，"字体大小"为15pt，如图16-30所示。

图16-29　输入文本　　　　图16-30　字符设置

示。再使用相同的方法在矩形右上角绘制多个白色矩形，美化矩形图形，如图16-33所示。

Step 19 ▶ 在文字上右击，在弹出的快捷菜单中选择"创建轮廓"命令，将文字创建为轮廓，并打开"渐变"面板，设置文字颜色为如图16-31所示的线性渐变。

图16-32　绘制矩形　　　　图16-33　美化图形

Step 21 ▶ 使用"文字工具" T 在矩形中输入文字，并在"字符"面板中设置"字体系列"为"微软雅黑"，"字号"分别为34pt、16pt和7pt，"颜色"为"白色"，如图16-34所示。再使用"直线段工具" ✎ 在文字中间绘制一条直线，设置线条颜色为"白色"，线条粗细为0.5mm，完成后的效果如图16-35所示。

图16-31　文本填充

Step 20 ▶ 使用"矩形工具" ▢ 在文字下方绘制一个矩形，并填充颜色为"黑色"，设置"描边"为"白色"，"描边粗细"为0.353mm，如图16-32所

图16-34　输入文字　　　　图16-35　最终效果

读书笔记

16.2 制作商业海报

图像描摹 | 效果 | 画笔
功能的应用 | 的应用 | 的应用

海报是极为常见的一种招贴广告形式，多用于电影、戏剧、比赛、文艺演出和商业宣传等活动。本例将制作一则手机宣传海报，针对手机产品的主体消费群体，在设计上以炫彩和热情为主题，使其色彩绚丽、画面精美。本例主要由渐变工具、文字工具等制作而成，下面将具体进行讲解。

- 光盘\素材\第16章\手机.tif、麦克风.jpg
- 光盘\效果\第16章\商业海报.ai
- 光盘\实例演示\第16章\制作商业海报

Step 1▶ 新建一个A4的文档，选择"矩形工具" 　，绘制一个与画板大小相同的矩形，并为其填充由C5、M0、Y90、K0到C0、M95、Y20、K0到C75、M100、Y0、K0的径向渐变，作为海报的背景，如图16-36所示。再选择工具箱中的"渐变工具" 　，此时，背景图像中将显示渐变编辑条，将鼠标光标置于中心处的圆点上，按住鼠标左键不放将其拖动至左上角，再置于渐变圆外侧的编辑点上，向右侧拖动，扩大渐变，得到如图16-37所示的渐变效果。

图16-36 填充径向渐变　　图16-37 调整渐变颜色

Step 2▶ 单击画板外的任意区域，确认编辑。选择

"文件"/"置入"命令，打开"置入"对话框，选择"麦克风.jpg"素材文件，取消选中 □链接 复选框，单击 置入 按钮，如图16-38所示。

图16-38 置入图片

Step 3▶ 此时即可置入图像，然后调整图像在画板中的大小、位置以及角度，如图16-39所示。保持图像的选中状态，单击工具属性栏中的 图像描摹 按钮右侧的□按钮，在弹出的下拉菜单中选择"素描图稿"命令，将图像处理成黑白图稿的效果，如图16-40所示。

图16-39　调整图片位置　　图16-40　处理图片

Step 4 ▶ 单击工具属性栏中的 扩展 按钮，即可得到一个矢量麦克风图形，然后使用"直接选择工具" 选择画板外的麦克风锚点，按Delete键将多余锚点删除，如图16-41所示。选择矢量麦克风图形，按Ctrl+F9快捷键打开"渐变"面板，为其填充由C65、M100、Y10、K0到黑色的径向渐变，如图16-42所示。

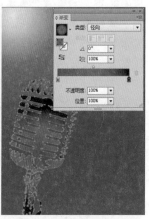

图16-41　扩展图像　　图16-42　填充图像

Step 5 ▶ 选择"椭圆工具" ，按住Shift+Alt快捷键绘制一个正圆，为其填充"白色"，设置"描边"为"无"，绘制气泡，再使用"钢笔工具" 在圆形右下角绘制一个月牙形作为气泡的阴影部分，并填充为"灰色"，如图16-43所示。

图16-43　绘制图形

Step 6 ▶ 选择白色圆形，选择"效果" / "风格化" / "投影"命令，打开"投影"对话框，选中 ☑预览(P) 复选框，查看投影效果，设置"X位移"和"Y位移"分别为1.2mm和1.2mm，"模糊"为0.8mm，"颜色"为"黑色"，单击 确定 按钮，得到如图16-44所示的效果。

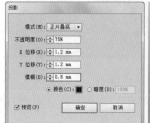

图16-44　添加投影

Step 7 ▶ 选择气泡图形，按Ctrl+G快捷键将其编组，然后按住Alt键拖动鼠标复制多个气泡图形，并调整气泡图形的大小及位置，效果如图16-45所示。按住Shift键的同时单击所有气泡图形将其选中，并在工具属性栏中设置"不透明度"为60%，如图16-46所示。

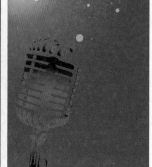

图16-45　复制图形　　图16-46　设置不透明度

Step 8 ▶ 再次选择"椭圆工具" ，在画板底部绘制一个正圆，并填充为"黄色，#F39700"，再选择"窗口"/"透明度"命令，打开"透明度"面板，设置"不透明度"为40%，如图16-47所示。再使用前面相同的方法复制圆形并调整其大小和位置，如图16-48所示。

图16-47 绘制圆形　　图16-48 复制圆形

Step 9 ▶ 选择"文件"/"打开"命令，在"打开"对话框中选择"手机.tif"素材图像，单击 打开 按钮，在打开的"TIFF 导入选项"对话框中选中 ☑显示预览(P) 复选框，预览图像，单击 确定 按钮打开图像，如图16-49所示。选择打开的图像，按Ctrl+C快捷键，再切换到当前编辑文档，按Ctrl+V快捷键复制图像，然后调整图像的大小和位置，如图16-50所示。

图16-49 打开图像　　图16-50 复制并调整图形

Step 10 ▶ 使用"矩形工具" 在左上角绘制一个长方形，并填充为"白色"，再选择"文字工

具" ，在矩形上输入文本NOKIA，单击工具属性栏中的"字符"文本，打开"字符"面板，在其中设置"字体系列"为"中国建行标准字GBK"，"字体大小"为30pt，"字体间距"为-25，如图16-51所示。

图16-51 输入并设置文本

Step 11 ▶ 继续使用"文字工具" 在图形中间位置输入文本"诺基亚 N9 乐动心弦"，并设置"字体"为"微软雅黑"，"字体大小"为47pt，"颜色"为"白色"，如图16-52所示。选择文字，按Ctrl+C快捷键复制后，再按Ctrl+B快捷键粘贴在后面，然后选择后面的文字，将其填充为"黑色"，作为文字阴影，再向右侧移动，使其具有立体感，效果如图16-53所示。

图16-52 输入文字　　图16-53 复制并调整图形

Step 12 ▶ 选择广告语和阴影文字，按Ctrl+G快捷键将其编组，再选择"效果"/"扭曲和变换"/"自由

扭曲"命令，打开"自由扭曲"对话框，使用鼠标拖动文字右侧的控制点，以调整文字的透视位置，完成后单击 确定 按钮，如图16-54所示。返回画板，即可查看到文字的透视效果，然后调整文本的位置，如图16-55所示。

图16-54　"自由扭曲"对话框　图16-55　查看文字效果

Step 13 ▶ 打开"画笔"面板，选择"5点圆形"画笔样式，然后在工具箱中选择"画笔工具" ，设置"描边"为"黄色，#FFF000"，在广告语文本上方和下方分别拖动鼠标绘制两条线段，如图16-56所示。再使用"选择工具" 选择两条线段，选择"效果"/"模糊"/"高斯模糊"命令，打开"高斯模糊"对话框，选中 ☑预览(P) 复选框，设置"半径"为30，单击 确定 按钮，如图16-57所示。

技巧秒杀

使用画笔工具绘制的线条是路径，Illustrator会在绘制时自动添加锚点，且锚点的数目取决于线条的长短和复杂程度以及"画笔"的容差值。此外，用户可以使用锚点编辑工具对画笔绘制的图形进行编辑和修改，也可以在"描边"面板中设置画笔描边的粗细等。

图16-56　选择画笔　　　　图16-57　设置模糊参数

Step 14 ▶ 保持两条线段的选择状态，选择"效果"/"风格化"/"羽化"命令，打开"羽化"对话框，选中 ☑预览(P) 复选框，设置"半径"为5mm，单击 确定 按钮，如图16-58所示。再使用"文字工具" 在手机图形的下方输入文本"诺基亚 N9"，设置"字体"为"微软雅黑"，"字体大小"为12pt，"颜色"为"黄色，#FFF000"，效果如图16-59所示。

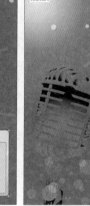

图16-58　羽化图形　　　　图16-59　最终效果

读书笔记

16.3 制作淘宝促销广告

色板库 的应用 | 涂抹效果 的使用 | 绘图工具 的使用

服装促销广告是服装营销的常用手段，常用于实体店面或淘宝网店中，以吸引消费者进店购买，本例将制作男装淘宝促销广告，下面将讲解制作的方法。

● 光盘\效果\第16章\淘宝促销广告.ai
● 光盘\实例演示\第16章\制作淘宝促销广告

Step 1 ▶ 新建一个558mm×334mm的文档，使用"矩形工具"绘制一个与画板大小相同的矩形，并打开"渐变"面板，为其填充由C22、M0、Y12、K0到C44、M0、Y26、K0的径向渐变，作为广告的背景，再按Ctrl+2快捷键将背景锁定，便于后期操作，如图16-60所示。

图16-60　新建文档

Step 2 ▶ 使用"钢笔工具"在背景右侧绘制出T恤的轮廓，并为其填充"蓝色，#284086"，如图16-61所示。再使用相同的方法绘制衣领轮廓，并填充为"蓝色，#284086"，如图16-62所示。

Step 3 ▶ 使用"矩形工具"在T恤上绘制一个矩形，再选择"窗口"/"色板"命令，打开"色板"面板，单击面板左下角的"'色板库'菜单"按钮，在弹出的下拉菜单中选择"图案"/"装饰"/"装饰旧版"命令。打开"装饰旧版"面板，选择其中的"星状六角形颜色"图案样式，填充矩形，如图16-63所示。

图16-63　选择图案样式

Step 4 ▶ 得到T恤图案效果，选择T恤及图案并将其群组，然后按住Alt键的同时拖动鼠标复制T恤，并按Ctrl+[快捷键后移一层，效果如图16-64所示。

图16-64　复制图形

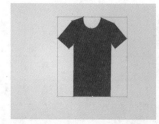

图16-61　绘制T恤

图16-62　绘制衣领

Step 5 ▶ 使用"直接选择工具"🔧单击T恤和衣领图形，分别将其选中，并为其填充"红色，#BF1B49"和"深红色，#3A0D23"，如图16-65所示。然后使用相同的方法再复制两件T恤并设置颜色，如图16-66所示。

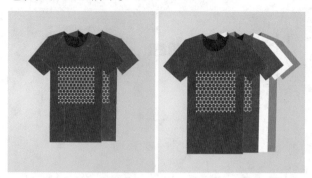

图16-65　设置衣服颜色　　　图16-66　复制图形

Step 6 ▶ 使用"铅笔工具"✏️在背景左上角绘制in文字图形，并分别填充为#1289A7和#35B59A，设置"描边粗细"为0.353mm，"描边颜色"为"黑色"，如图16-67所示。

图16-67　绘制字母图形

Step 7 ▶ 选择所有字母图形，按Ctrl+C快捷键复制，再选择"效果"/"风格化"/"涂抹"命令，打开"涂抹选项"对话框，设置"角度"为0°，"变化"为1.76mm，"描边宽度"为1.06mm，"曲度"为5%，"变化"为1%，"间距"为1.76mm，"变化"为0.18mm，单击 确定 按钮，如图16-68所示。返回画板，即可查看到文字呈涂鸦的效果，如图16-69所示。

图16-68　"涂抹选项"对话框　　图16-69　文字效果

> **操作解谜**　这里在选择字母图形后，按Ctrl+C快捷键复制该图形，是便于后面操作的应用。此外，在为图形应用"涂抹"效果后，可打开"外观"面板，单击右上角的 ≡ 按钮，在弹出的下拉菜单中选择"新建图稿具有基本外观"命令，可使以后制作的图形都保留添加的效果。

Step 8 ▶ 按Ctrl+F快捷键，复制字母图形到最前面，再按Alt+Shift+Ctrl+E组合键，打开"涂抹选项"对话框，设置"角度"为-30°，其他选项参数设置如图16-70所示。返回画板，即可查看到文字呈涂鸦的效果，如图16-71所示。

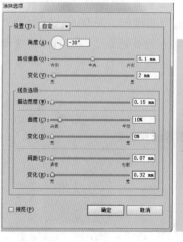

图16-70　"涂抹选项"对话框　　图16-71　文字效果

Step 9 ▶ 选择"文字工具" T，在字母右侧输入大写的文本THE SUMMER，并设置"字体"为"华文琥珀"，"字体大小"为135pt，"颜色"为"黑色"，如图16-72所示。

图16-72　输入文字

Step 10 ▶ 使用前面相同的方法在其他区域输入相应文本，并分别设置字体、字号、颜色和文本角度，效果如图16-73所示。

图16-73　输入文字

Step 11 ▶ 使用"矩形工具" 在左侧的文字上绘制矩形，并分别填充为"绿色，#35B59A"和"红色，#BF1B49"，然后选择矩形，按Ctrl+[快捷键后移一层，使矩形位于文字下方，效果如图16-74所示。

图16-74　绘制矩形

Step 12 ▶ 选择红色矩形，按Ctrl+C快捷键后再按Ctrl+B快捷键复制并粘贴到后面，然后将其填充为"灰色，#9F9FA0"，再选择"倾斜工具" ，按住鼠标左键拖动矩形，使其呈菱形，并向右侧移动，得到如图16-75所示的投影效果。

图16-75　制作矩形阴影

Step 13 ▶ 使用"椭圆工具" 在价格文字上绘制一个正圆，并填充为"红色，#BF1B49"，再按Ctrl+[快捷键后移一层，得到如图16-76所示的效果。

图16-76　绘制圆形标签

Step 14 ▶ 复制红色圆形，再按Shift+Alt快捷键，将鼠标光标置于圆形控制点右下角，拖动鼠标扩大圆形，再去掉填充色并添加描边，如图16-77所示。

图16-77　复制红色圆形

Step 15 ▶ 保持描边圆形的选择状态，按Ctrl+F10快捷键打开"描边"面板，选中 ☑虚线 复选框，并在下方的"虚线"和"间距"文本框中输入2mm，此时，实线描边即呈虚线效果，如图16-78所示。

Step 16 ▶ 使用"钢笔工具" ✐ 在右下角的文字上绘制一个菱形，为其填充"白色"，并将其置于文字的下方，保持菱形的选中状态，然后在工具属性栏中设置"不透明度"为30%，完成本例的制作，最终效果如图16-79所示。

图16-78　虚线描边

图16-79　最终效果

16.4　制作网页

画笔	绘图工具	效果
的应用	的使用	的应用

　　网页是构成网站的基本元素，通常是由文字、图片或视频、动画、音乐等组成的一个单独页面。下面将讲解网页的制作方法。

● 光盘\效果\第16章\网页.ai
● 光盘\实例演示\第16章\制作网页

Step 1 ▶ 新建一个558mm×270mm的文档，使用"矩形工具"▢绘制一个与画板相同大小的矩形，并打开"渐变"面板，为其填充由C20、M0、Y70、K0到C43、M6、Y97、K0的径向渐变，然后选择"渐变工具"▣，将显示渐变编辑条，将其调整为如图16-80所示的效果。再按Ctrl+2快捷键将渐变矩形锁定，作为网页的背景。

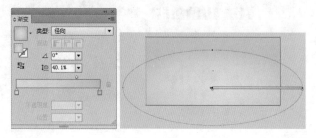

图16-80　渐变填充

Step 2 ▶ 使用相同的方法在下方绘制一个长方形，并填充由C43、M6、Y97、K0到C60、M24、Y100、K0的径向渐变，如图16-81所示。使用"矩形工具"▢和"直线段工具"╱在上方分别绘制一个长方形和直线，制作导航条，然后填充矩形为"绿色，#63A630"，并设置"描边粗细"为1mm，"颜色"为#4A7F36，如图16-82所示。

图16-81　绘制长方形　　　图16-82　绘制导航条

Step 3 ▶ 继续绘制多个长方形，并分别填充为#6B391C和由C43、M6、Y44、K16到C80、M50、Y78、K11的径向渐变，如图16-83所示。

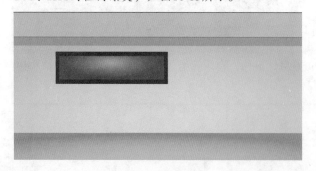

图16-83　绘制长方形

Step 4 ▶ 选择"窗口"/"符号"/"自然"命令，打开"自然"面板，分别选择"枫叶""枫叶2""大枫叶""叶子3"符号样式，如图16-84所示。将其拖动至网页中的矩形图形上，并调整其大小与位置，效果如图16-85所示。

图16-84　选择符号样式　　　图16-85　插入符号

Step 5 ▶ 使用"钢笔工具"✎在枫叶下方绘制一支铅笔形状，并将笔杆和笔芯填充为"玫红，#D21554"，将笔尖填充为"黄色，#D8915B"，如图16-86所示。再选择铅笔图形，按住Alt键拖动鼠标进行复制，效果如图16-87所示。

图16-86　绘制铅笔　　　图16-87　复制图形

Step 6 ▶ 使用"选择工具"▶选择铅笔，分别设置笔杆和笔芯的颜色，将其编组后置于枫叶和下边框的下一层，效果如图16-88所示。继续使用"钢笔工具"✎在左下方绘制五线谱，并填充颜色为"绿色，#808A2F"，如图16-89所示。

图16-88　设置铅笔颜色　　　图16-89　绘制五线谱

Step 7 ▶ 选择"窗口"/"符号"/"微标元素"命令，打开"微标元素"面板，选择"音符"符号样式，如图16-90所示。将其拖动至网页右侧，在其上右击，在弹出的快捷菜单中选择"断开符号链接"命令，断开符号链接，如图16-91所示。

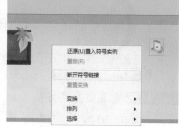

图16-90 选择符号样式　　图16-91 断开符号链接

Step 8 ▶ 再右击，在弹出的快捷菜单中多次选择"取消编组"命令，取消符号编组，选择多余的背景图形，按Delete键将其删除，得到音符图形，将其填充为"粉红色，#E7A8CA"，如图16-92所示。选择音符图形，按住Alt键拖动鼠标进行复制，并放置于如图16-93所示的位置。

图16-92 填充音符图形　　图16-93 复制图形

Step 9 ▶ 使用"钢笔工具"✐在音符周围继续绘制音符图形，并分别填充不同的颜色，效果如图16-94所示。

图16-94 绘制音符

Step 10 ▶ 选择绘制的音符图形，选择"效果"/"模糊"/"高斯模糊"命令，打开"高斯模糊"对话框，设置"半径"为10，单击 确定 按钮，效果如图16-95所示。

图16-95 模糊图形

Step 11 ▶ 选择"钢笔工具"✐，绘制吉他的外形轮廓，为其填充由C18、M33、Y44、K0到C7、M27、Y37、K0的线性渐变颜色，再添加描边，设置"描边粗细"为0.25mm，"颜色"为"白色"，如图16-96所示。

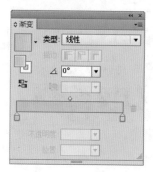

图16-96 绘制吉他轮廓

Step 12 ▶ 继续绘制图形，并将其置于底层，然后填充如图16-97所示的线性渐变颜色，得到立体效果的吉他。

图16-97 绘制吉他立体轮廓

Step 13 ▶ 使用"椭圆工具" 在吉他上绘制两个椭圆形，将中间的圆形填充为"黑色"，将外部的圆形去掉填充，设置"描边粗细"为0.5mm，"颜色"为"灰色，#8F8794"，如图16-98所示。在圆形下方绘制如图16-99所示的木板，并为其填充"咖啡色，#453232"。

图16-98　绘制椭圆　　　　图16-99　绘制木板

Step 14 ▶ 在木板上绘制正圆，取消描边，为其填充径向渐变，再复制该圆使其分布到木板上，如图16-100所示。

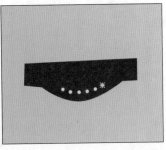

图16-100　绘制图形

Step 15 ▶ 在木板上和吉他上方绘制两个矩形，分别填充为"白色"和"深灰色"，如图16-101所示。选择最上方的长方形，按Ctrl+C和Ctrl+B快捷键将图形复制在后面，并填充颜色为#AB866B，制作该图形的立体效果，如图16-102所示。

读书笔记

图16-101　绘制图形　　　　图16-102　制作立体效果

Step 16 ▶ 使用相同的方法绘制吉他柄，并分别填充为"红色，#A62923"和"深红色，#6D1318"，如图16-103所示。在吉他柄左侧绘制装饰图形，创建渐变填充效果，再复制该图形，分布到吉他柄左侧，效果如图16-104所示。

图16-103　绘制图形　　　　图16-104　制作装饰图形

Step 17 ▶ 绘制椭圆图形，为其填充由K10到K40的线性渐变颜色，并设置渐变"角度"为180°，如图16-105所示。在其上绘制圆柱形状，填充由K10到K40的线性渐变，设置渐变"角度"为109°，效果如图16-106所示。

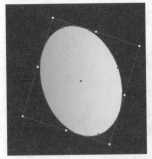

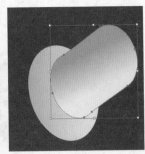

图16-105　绘制图形　　　　图16-106　制作图形

Step 18 ▶ 使用相同的方法在圆柱上绘制两个圆形，将下方的圆形填充为由K10到K40的线性渐变，渐变"角度"为76°，最上方的圆形填充为"白色"，如图16-107所示。选择图形，按Ctrl+G快捷键编组，再复制该图形，并分别放置在吉他柄上，如图16-108所示。

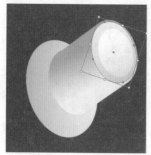 

图16-107　绘制图形　　　　图16-108　复制图形

Step 19 ▶ 使用"钢笔工具" 📝 在吉他中间的矩形柱体上绘制多个不规则矩形图形，并填充为"黄色，#A77A21"和"米白色，#D6C195"，如图16-109所示。使用相同的方法在上方继续绘制矩形，并为其填充由K17到K36的线性渐变颜色，渐变"角度"为92°，如图16-110所示。

图16-109　绘制图形　　　图16-110　绘制并填充图形

Step 20 ▶ 继续使用"钢笔工具" 📝 在吉他上方绘制6根吉他弦，填充颜色为"灰色，#BFBFBE"，如图16-111所示。在吉他中间位置绘制图形，并置于最底层，填充颜色为"红色，#571B28"，使该吉他更具有立体感，如图16-112所示。

图16-111　绘制吉他弦　　　图16-112　填充弦颜色

Step 21 ▶ 选择吉他图形，按Ctrl+G快捷键编组，将其放至于网页右下角，再使用前面相同的方法在吉他右侧制作一把黑色吉他，效果如图16-113所示。

图16-113　制作黑色吉他

Step 22 ▶ 选择两把吉他，按住Alt键的同时向右侧拖动鼠标复制吉他，效果如图16-114所示。使用"钢笔工具" 📝 在吉他底部绘制阴影图形，并放于吉他下方，如图16-115所示。

图16-114　复制吉他　　　　图16-115　绘制阴影

Step 23 ▶ 保持图形的选中状态，选择"效果"/"模糊"/"高斯模糊"命令，打开"高斯模糊"对话框，设置"半径"为35，单击 确定 按钮，效果如图16-116所示。

图16-116　模糊图形

Step 24 ▶ 在网页导航条右侧绘制一个三角形，并将其填充为"绿色，#129445"，选择"效果"/"风格化"/"外发光"命令，打开"外发光"对话框，选中 ☑预览(P) 复选框，设置"模式"为"正片叠底"，"不透明度"为100%，"模糊"为1mm，单击 确定 按钮，如图16-117所示。

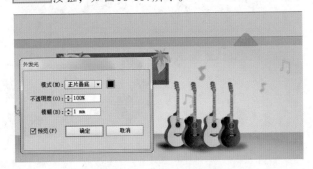

图16-117　设置图形外发光

Step 25 ▶ 使用"文字工具" T 在画面顶部输入文本WRIOL，按Ctrl+T快捷键打开"字符"面板，设置"字体"为"方正超粗黑简体"，"字体大小"分别为74pt和37pt，"字符间距"为-100，"字体颜色"为"白色"，效果如图16-118所示。

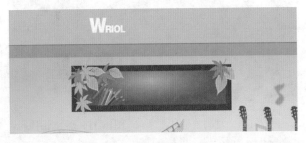

图16-118　输入文字

Step 26 ▶ 再使用相同的方法在网页上输入其他文本，并设置字体、字号和文字颜色，效果如图16-119所示。

图16-119　输入文字

Step 27 ▶ 使用"椭圆工具" ◯ 在网页顶部的文字周围绘制类似线条的形状，并填充为"白色"，以美化文本，效果如图16-120所示。

图16-120　美化文本

Step 28 ▶ 再使用"钢笔工具" ✐ 在店名上方和首页文字左侧分别绘制吉他图形和房子图形，并填充为"白色"，完成本例的制作，最终效果如图16-121所示。

图16-121　最终效果

16.5 扩展练习

本章主要介绍了招贴、海报、淘宝广告和网页的制作方法，下面将通过两个练习进一步巩固在广告和网页设计中的应用，使操作更加熟练，并能掌握设计工作中出现错误时的处理方法。

16.5.1 制作公益招贴

本练习制作完成后的效果如图16-122所示，主要练习公益招贴的设计与制作，主要包括图形混合模式的设置、画笔的应用和文字的输入等操作。

图16-122　完成后的效果

● 光盘\素材\第16章\公益\
● 光盘\效果\第16章\公益招贴.ai
● 光盘\实例演示\第16章\制作公益招贴

16.5.2 制作户外房地产广告

本练习制作完成后的效果如图16-123所示，主要练习户外房地产广告的制作，包括绘图工具、文字、符号库以及渐变填充等的运用。

图16-123　完成后的效果

● 光盘\素材\第16章\美女.jpg
● 光盘\效果\第16章\户外房地产广告.ai
● 光盘\实例演示\第16章\制作户外房地产广告

Chapter

13 14 15 16 17 ●●●●●●●

Illustrator鼠绘

本章导读 ●

鼠绘，即鼠标绘制，是指在Illustrator绘画软件上进行的图像绘制过程。鼠绘是一种借助格式化参数与方法的综合技巧应用。通过鼠绘可以绘制一些堪比手绘效果的唯美图像。读者需要长期练习其绘制方式，才能成为鼠绘高手。本章将详细介绍通过Illustrator软件进行图形绘制的方法。

17.1 钢笔工具的使用 混合工具应用 渐变工具的应用 绘制时尚卡通

本例将使用钢笔工具、椭圆工具等绘制插画人物，再通过网格工具、混合工具、渐变和羽化等功能表现人物眼睛、头发、皮肤和衣服等使其层次更加分明，从而得到逼真的插画人物效果。

● 光盘\素材\第17章\背景.ai　●光盘\效果\第17章\时尚卡通.ai
● 光盘\实例演示\第17章\绘制时尚卡通

Step 1 ▶ 使用"椭圆工具" ⊙绘制一个圆形，并将其填充为#30202B，如图17-1所示。使用"选择工具" ▶选择圆形，按Ctrl+C快捷键复制，再按Ctrl+F快捷键粘贴在前面，将鼠标光标置于变换右下角，向内拖动将圆形缩小，在"渐变"面板调整如图17-2所示的渐变颜色。

图17-1　绘制圆形　　　图17-2　调整渐变色

Step 2 ▶ 按Ctrl+A快捷键选择两个圆形，再按Alt+Ctrl+B组合键创建混合效果，然后双击工具箱中的"混合工具" ，打开"混合选项"对话框，在"间距"下拉列表框中选择"指定的步数"选项，在"间距"文本框中输入10，单击 确定 按钮，得到如图17-3所示的效果。

图17-3　创建混合

Step 3 ▶ 使用"椭圆工具" ⊙在图形上方绘制一个圆形，填充为"粉红色，#E4A1AB"，如图17-4所示。按Ctrl+A快捷键选择所有圆形，再按Alt+Ctrl+B组合键创建混合效果，如图17-5所示。

图17-4　绘制椭圆　　　图17-5　混合效果

Step 4 ▶ 使用前面相同的方法继续绘制两个圆形，并分别填充为#410D23和#220D14，然后选择两个圆形为其创建混合，效果如图17-6所示。再使用"椭圆工具" ⊙绘制眼睛高光椭圆，填充为"白色"，并在工具属性栏中设置高光的"不透明度"分别为100%、60%和20%，效果如图17-7所示。

图17-6　绘制眼球　　　图17-7　绘制高光

Step 5 ▶ 使用"钢笔工具" 绘制眼睛轮廓，在"渐变"面板中设置渐变颜色为如图17-8所示的线性渐变效果，并按Shift+Ctrl+[组合键将图形置于底层，如图17-9所示。

图17-8　设置渐变　　图17-9　调整图形位置

Step 6 ▶ 继续使用相同的方法绘制眼线图形，并填充如图17-10所示的线性渐变颜色。

图17-10　绘制并填充渐变颜色

Step 7 ▶ 使用"钢笔工具" 在眼睛轮廓绘制眼睫毛图形，并填充为"黑色"，如图17-11所示。继续在眼睛上方绘制一个弧形图形，并填充为#23110A，如图17-12所示。

图17-11　绘制眼睫毛　　图17-12　绘制眼凹形状

Step 8 ▶ 使用"钢笔工具" 绘制眉毛，并填充为"紫红色，#2E0924"，如图17-13所示。选择"效果"/"风格化"/"羽化"命令，打开"羽化"对话框，选中 ☑预览(P) 复选框，设置"半径"为0.6mm，单击 确定 按钮，效果如图17-14所示。

图17-13　绘制眉毛　　　　图17-14　羽化眉毛

Step 9 ▶ 按Ctrl+A快捷键全选图形，再按Ctrl+G快捷键将其编组，双击工具箱中的"镜像工具" ，打开"镜像"对话框，选中 ⊙垂直(V) 单选按钮，再单击 复制(C) 按钮，如图17-15所示。此时，即可复制并镜像眼睛图形，切换至"选择工具" ，然后按住Shift键将图形向右侧移动，得到右眼，效果如图17-16所示。

图17-15　"镜像"对话框　　图17-16　复制眼睛图形

Step 10 ▶ 使用"钢笔工具" 绘制鼻子和嘴巴形状，并填充为"深红色，#2E0924"，如图17-17所示。继续绘制上嘴唇，并在"渐变"面板中设置如图17-18所示的线性渐变颜色。

图17-17　绘制鼻子和嘴巴　　图17-18　绘制上嘴唇

Step 11 ▶ 使用相同的方法绘制下嘴唇，如图17-19所示。继续在嘴唇上绘制高光，并在工具属性栏中设置高光的"不透明度"为50%，如图17-20所示。

图17-19　绘制下嘴唇　　　图17-20　绘制嘴唇高光

Step 12 ▶ 使用"钢笔工具" 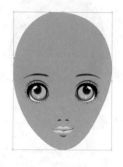 绘制脸部形状，填充颜色为#BC8E7E，并在其上右击，在弹出的快捷菜单中选择"排列"/"置于底层"命令，如图17-21所示。选择脸部形状，按Ctrl+C快捷键复制，再按Ctrl+F快捷键粘贴，并填充颜色为"浅粉色，#F9D8C8"，将鼠标光标置于变换右下角，向内拖动将圆形缩小，如图17-22所示。

图17-21　绘制脸形　　　图17-22　缩小图形

Step 13 ▶ 按住Shift键依次单击两个脸部图形将其选中，再按Alt+Ctrl+B组合键创建混合效果，双击工具箱中的"混合工具" ，打开"混合选项"对话框，选中 ☑预览(P) 复选框，在"间距"下拉列表框中选择"指定的步数"选项，在右侧的文本框中输入30，单击 确定 按钮，得到如图17-23所示的效果。

图17-23　创建混合

Step 14 ▶ 使用"钢笔工具"  绘制头发，并将其填充为如图17-24所示的径向渐变。

图17-24　绘制并填充头发

Step 15 ▶ 选择"效果"/"风格化"/"羽化"命令，打开"羽化"对话框，选中 ☑预览(P) 复选框，设置"半径"为1mm，单击 确定 按钮，效果如图17-25所示。

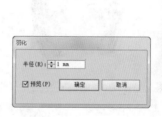

图17-25　羽化头发

Step 16 ▶ 选择头发图形，按Ctrl+C快捷键复制，再按Ctrl+F快捷键粘贴在前面，将其填充为"深紫色，#701853"。按Ctrl+F6快捷键打开"外观"面板，单击"羽化"属性，如图17-26所示。

图17-26　复制并填充图形

Step 17 ▶ 打开"羽化"对话框，设置"半径"为5mm，单击 确定 按钮，如图17-27所示。再按Shift+Ctrl+F10组合键打开"透明度"面板，设置"混合模式"为"正片叠底"，"不透明度"为70%，如图17-28所示。

图17-27　羽化对象　　　图17-28　设置混合模式

Step 18 ▶ 返回画板，即可得到如图17-29所示的图形效果。使用"钢笔工具" 绘制头发高光，如图17-30所示。

图17-29　得到图形效果　　图17-30　绘制头发高光

Step 19 ▶ 按住Shift键并使用"选择工具" 选择所有高光图形，再按Ctrl+G快捷键将其编组，打开"渐变"面板，设置如图17-31所示的径向渐变颜色。为高光图形填充渐变颜色。

图17-31　填充渐变颜色

Step 20 ▶ 按Shift+Ctrl+F10组合键打开"透明度"面

读书笔记 ▶

板，设置"混合模式"为"正片叠底"，设置"不透明度"为30%，效果如图17-32所示。

图17-32　设置图形透明度

Step 21 ▶ 使用"编组选择工具" 单击脸部外轮廓，如图17-33所示。按Ctrl+C快捷键复制，然后单击画板空白区域，取消选择，再按Ctrl+F快捷键粘贴在前面，如图17-34所示。

图17-33　选择编组图形　　图17-34　粘贴在前面

Step 22 ▶ 打开"渐变"面板，设置"类型"为"线性"，"角度"为-90°，"渐变颜色"为如图17-35所示的效果，并在下方分别设置"渐变颜色"的"不透明度"和"位置"，得到如图17-36所示的效果。

图17-35　填充渐变颜色　　图17-36　渐变效果

Step 23 ▶ 在形状上右击，在弹出的快捷菜单中选择"排列"/"置于底层"命令，再按Ctrl+]快捷键将图形向上移动一层，得到如图17-37所示的效果，并在"透明度"面板中设置"混合模式"为"正片叠底"，"不透明度"为80%，如图17-38所示。

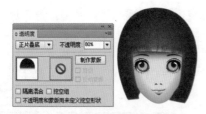

图17-37　调整图形
　　　　位置　　　　图17-38　设置透明度

Step 24 ▶ 继续在头部下方绘制身体和衣服，分别填充为#D9B3A4和"黑色"，如图17-39所示。然后使用"选择工具" ![箭头] 选择身体，再选择工具箱中的"网格工具" ![图标]，在左侧中间位置单击鼠标，添加网格，如图17-40所示。

图17-39　绘制图形　　　图17-40　添加网格

Step 25 ▶ 保持该网格的选中状态，设置"填充"为"浅粉色，#F3E2D4"，如图17-41所示。使用"钢笔工具" ![图标] 在衣服上绘制衣服褶皱，并填充为"深灰色，#5A5359"，如图17-42所示。

图17-41　填充颜色　　　图17-42　绘制衣服褶皱

Step 26 ▶ 选择衣服褶皱，选择"效果"/"模糊"/"高斯模糊"命令，打开"高斯模糊"对话框，选中 ![预览(P)] 复选框以便查看效果，设置"半

径"为16.5，单击 ![确定] 按钮，得到如图17-43所示的效果。

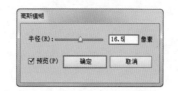

图17-43　模糊衣服褶皱

Step 27 ▶ 使用"钢笔工具" ![图标] 在左胸位置绘制树叶图形，并填充为"绿色，#627D32"，如图17-44所示。再使用相同的方法绘制其他花纹，并分别填充不同的颜色，效果如图17-45所示。

图17-44　绘制树叶　　　图17-45　绘制花纹

Step 28 ▶ 继续使用"钢笔工具" ![图标] 绘制一个花瓣图形，并填充为"粉红色，#E66EA5"，如图17-46所示。使用"网格工具" ![图标] 在花瓣上单击添加网格，使用"选择工具" ![箭头] 选择网格点，并依次设置网格的颜色和位置，得到如图17-47所示的效果。

图17-46　绘制花瓣图形　　图17-47　设置网格颜色

Step 29 ▶ 继续使用与第28步相同的方法环形向内绘制多个花瓣，并使用"网格工具" ![图标] 设置花瓣颜色，完成后得到花朵的效果，如图17-48所示。使用"钢笔工具" ![图标] 在花瓣中间绘制花苞，并在"渐变"面板中设置如图17-49所示的线性渐变颜色。

图17-48　绘制花朵　　　　图17-49　绘制花苞

Step 30 ▶ 使用相同的方法在花朵中绘制多个花苞图形，并填充相似的线性渐变颜色，如图17-50所示。选择花朵，再按Ctrl+G快捷键将其编组，并移动至树叶和花纹图形的中间，得到如图17-51所示的效果。

图17-50　绘制花朵　　　　图17-51　调整花朵位置

Step 31 ▶ 打开"背景.ai"素材文件，选择所有图

形，按Ctrl+C快捷键复制，再切换到当前卡通人物文档，按Ctrl+B快捷键粘贴在后面，如图17-52所示。使用"选择工具"  选择人物后的酒杯图形，按Shift+Ctrl+]组合键将其置于顶层，最终效果如图17-53所示。

图17-52　添加背景素材　　　图17-53　调整图形位置

读书笔记

_____

_____

_____

_____

_____

_____

17.2 绘制时尚插画

钢笔工具 的应用　图案 的应用　渐变 的应用

　　通过绘画表现出自己的时尚理念和时尚态度即是时尚插画。本例主要通过钢笔工具、渐变的应用和图案的应用绘制出插画效果，下面将讲解时尚插画的制作方法。

● 光盘\效果\第17章\插画.ai
● 光盘\实例演示\第17章\绘制时尚插画

Step 1 ▶ 新建一个225mm×200mm的空白文档，使用"矩形工具"![矩形工具图标]在画板上绘制一个矩形，再按Ctrl+F9快捷键打开"渐变"面板，设置"渐变颜色"为从"白色"到"蓝色（C80、M50、Y15、K0）"的线性渐变，如图17-54所示。

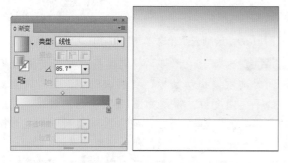

图17-54　绘制背景

Step 2 ▶ 使用相同的方法在矩形左右侧分别绘制两个长方形，设置"描边粗细"为0.1mm，设置"描边颜色"为"黑色"，并填充如图17-55所示的线性渐变颜色。

图17-55　设置渐变颜色1

Step 3 ▶ 再选择"钢笔工具"![钢笔工具图标]在图形中间绘制简易房屋图形，并填充为如图17-56所示的线性渐变颜色。然后将其排列在左侧矩形的下方，再使用"矩形工具"![矩形工具图标]绘制矩形，并填充为白色简易房屋图形，再填充其他颜色，效果如图17-57所示。

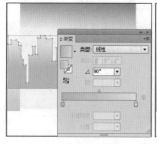 

图17-56　设置渐变颜色2　　　图17-57　绘制图形1

Step 4 ▶ 继续使用"钢笔工具"![钢笔工具图标]绘制草丛图形，并填充如图17-58所示的线性渐变颜色。

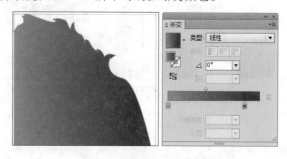

图17-58　填充线性渐变颜色

Step 5 ▶ 继续在草丛图形中绘制图形，并填充为"深绿色，#273D1E"，在工具栏中设置"不透明度"为18%，如图17-59所示。使用相同的方法在上方绘制图形，得到如图17-60所示的图形效果。

图17-59　绘制图形2　　　图17-60　草丛效果1

Step 6 ▶ 选择整个图形，按Ctrl+G快捷键将其编组，并移动至如图17-61所示位置。使用相同的方法在右侧绘制相似的草丛图形，效果如图17-62所示。

图17-61　调整图形位置　　　图17-62　草丛效果2

Step 7 ▶ 在左侧绘制窗柱图形，填充为"深灰色，#444942"，并设置"不透明度"为50%，效果如图17-63所示。使用"矩形工具"![矩形工具图标]在图形上绘制一个长方矩形，再按Ctrl+[快捷键将其后移一层，并填充为如图17-64所示的线性渐变颜色。

图17-63　绘制窗柱　　　图17-64　填充渐变颜色3

Step 8 ▶ 选择窗柱图形，将其编组，按住Alt键的同时向右侧拖动鼠标，复制该图形，效果如图17-65所示。使用"矩形工具" 在中间位置绘制一个长方矩形，并填充为如图17-66所示的线性渐变颜色。

图17-65　复制图形　　　图17-66　填充渐变颜色4

Step 9 ▶ 继续使用"矩形工具" 在中间的窗柱上分别绘制一个矩形，并填充为"深紫色，#42476E"，如图17-67所示。使用"钢笔工具" 在窗户上绘制多个不规则图形，并将其填充为"白色"，再设置"不透明度"为18%，得到如图17-68所示的光照效果。

图17-67　绘制矩形　　　图17-68　绘制光照效果

Step 10 ▶ 使用"钢笔工具" 在窗户上方绘制云朵图形，填充为"浅蓝色，#B3DFF1"后，设置"不透明度"为25%，如图17-69所示。继续在云朵上方绘制图形，填充为#ABDFEF，并使用"网格工具" 添加网格，设置网格颜色为"白色"，如

图17-70所示。

图17-69　绘制云朵轮廓　　　图17-70　绘制云朵高光

Step 11 ▶ 选择云朵图形，将其编组，并在按住Alt键的同时向右侧拖动鼠标，复制该图形，分别调整云朵的不透明度后，得到如图17-71所示的效果。使用"矩形工具" 在下方的空白区域绘制一个矩形图形，填充如图17-72所示的线性渐变颜色。

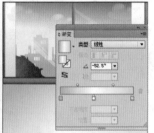

图17-71　复制云朵图形　　　图17-72　绘制矩形

Step 12 ▶ 继续在下方绘制矩形，并填充如图17-73所示的线性渐变效果。

图17-73　绘制图形3

Step 13 ▶ 使用"钢笔工具" 在矩形上方绘制一个不规则图形，填充为"深蓝色，#405560"，并设置"不透明度"为15%，如图17-74所示。继续绘制3个

读书笔记

长方矩形，并填充为#405560，设置"不透明度"为22%，如图17-75所示。

 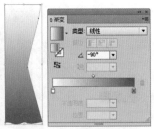

图17-78　绘制光照效果　　图17-79　绘制窗帘轮廓

图17-74　绘制地板　　　图17-75　绘制地板纹理

Step 14 ▶ 在矩形的中间位置绘制一个长方形，并填充为如图17-76所示的线性渐变颜色。

图17-76　绘制窗户阴影

Step 15 ▶ 在地板上绘制多个长方形，将其放置于地板下方，并填充为如图17-77所示的线性渐变颜色。

图17-77　继续绘制地板

Step 16 ▶ 在地板上方绘制光线图形，将其填充为"白色"，并分别设置"不透明度"为23%、39%、57%，效果如图17-78所示。使用"钢笔工具" 绘制窗帘的轮廓，设置"描边粗细"为0.1mm，"描边颜色"为#604C3F，并填充如图17-79所示的线性渐变颜色。

Step 17 ▶ 使用"钢笔工具" 在窗帘上绘制褶皱图形，并填充颜色为#0E3D96，设置"不透明度"为27%，如图17-80所示。选择窗帘轮廓图形，按Ctrl+C快捷键复制，按Ctrl+F快捷键将其粘贴到前面，再按Shift+Ctrl+]组合键将其置于顶层，如图17-81所示。

图17-80　绘制窗帘褶皱　　图17-81　调整图形位置

Step 18 ▶ 选择"窗口"/"色板库"/"图案"/"基本图形"/"基本图形_点"命令，打开"基本图形_点"面板，单击面板中的10dpi 30%圆点样式，为窗帘添加图案，效果如图17-82所示。再按Shift+Ctrl+F10组合键打开"透明度"面板，设置"混合模式"为"叠加"，"不透明度"为30%，效果如图17-83所示。

读书笔记

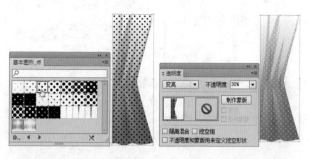

图17-82　为图形添加图案　　图17-83　设置混合模式

Step 19 ▶ 在窗帘中间位置绘制一个长方形，设置"描边粗细"为0.1mm，"描边颜色"为#604C3F，并填充为如图17-84所示的线性渐变颜色。选择窗帘图形，按Ctrl+G快捷键将其编组，并放置在窗户的左侧，效果如图17-85所示。

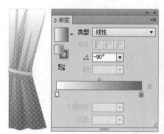

图17-84　绘制图形4　　　图17-85　调整窗帘位置

Step 20 ▶ 保持窗帘的选中状态，选择"镜像工具"，然后在窗户中间位置单击鼠标，定位中心点，如图17-86所示。再按住Alt键，拖动鼠标，镜像窗帘，得到如图17-87所示的图形效果。

图17-86　定位中心点　　图17-87　镜像复制图形

Step 21 ▶ 使用"钢笔工具"绘制盆栽底部图形，设置"描边粗细"为0.1mm，"描边颜色"为"黑色"，并分别填充为如图17-88所示的线性渐变颜色。

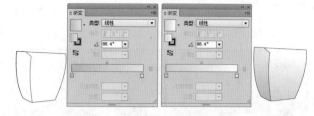

图17-88　绘制花盆

Step 22 ▶ 使用相同的方法在图形上方绘制一个矩形，并填充为"土黄色，#59371A"，再添加黑色描边，如图17-89所示。使用"钢笔工具"在花盆上方绘制盆栽的树干和树叶图形，并将其填充颜色设置为"绿色，#688032"，设置"描边粗细"为0.1mm，"描边颜色"为"深绿色，#365A58"，如图17-90所示。

图17-89　绘制泥土　　　图17-90　绘制盆栽

Step 23 ▶ 选择盆栽的树干和树叶图形，按Ctrl+G快捷键编组，然后复制多个绘制的图形，并调整其大小、位置和颜色，效果如图17-91所示。使用"钢笔工具"在树干底部绘制多个干枯树叶图形，并将其填充颜色为"土黄色，#6B5524"，效果如图17-92所示。

图17-91　复制并调整盆栽　　图17-92　绘制枯树叶

Step 24 ▶ 选择整个盆栽图形，按Ctrl+G快捷键将其编组，并放置于左侧地板上，效果如图17-93所示。使用"钢笔工具" 绘制人物头部轮廓，填充颜色为"浅粉色，#EDDADC"，设置"描边粗细"为0.5mm，"描边颜色"为"深黄色，#947866"，如图17-94所示。

图17-93　定位中心点　　　图17-94　镜像复制图形

Step 25 ▶ 继续在脸部绘制眉毛，并填充为"深红色，#511510"，如图17-95所示。使用"钢笔工具" 绘制眼睫毛，并填充颜色为"黑色"，如图17-96所示。

图17-95　绘制眉毛　　　　图17-96　绘制眼睫毛

Step 26 ▶ 继续绘制眼白图形，并填充为"白色"，如图17-97所示。使用"椭圆工具" 绘制眼珠，并填充为如图17-98所示的线性渐变颜色。

图17-97　绘制眼白　　　图17-98　绘制眼珠

Step 27 ▶ 继续使用"椭圆工具" 绘制眼珠和

高光，并分别填充颜色为"白色"和"深红色，#2A1108"，如图17-99所示。使用"钢笔工具" 绘制鼻子，去掉填充色，设置"描边粗细"为0.5mm，"描边颜色"为#927665，如图17-100所示。

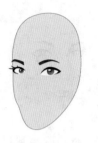

图17-99　绘制眉珠　　　图17-100　绘制鼻子

Step 28 ▶ 继续绘制鼻子的立体面和鼻孔，并分别填充颜色为"浅粉色，#E5BCB7"和#7D5850，如图17-101所示。使用"钢笔工具" 绘制嘴唇图形，并填充颜色为"粉红色，#E48A9C"，如图17-102所示。

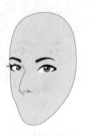

图17-101　绘制立体面和鼻孔　图17-102　绘制嘴唇

Step 29 ▶ 继续在嘴唇上绘制一根线条，设置"描边粗细"为0.75mm，"描边颜色"为#AD687C，如图17-103所示。继续在嘴线下方绘制嘴唇暗部和牙齿图形，并填充颜色为#8F4659和"白色"，如图17-104所示。

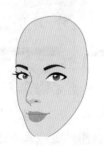

图17-103　绘制唇线　图17-104　绘制嘴唇暗部和牙齿

Step 30 ▶ 继续在嘴唇上绘制高光图形，填充颜色为"白色"，然后分别设置"不透明度"为70%和20%，如图17-105所示。在脸部左侧绘制暗部图形，填充为#D9B6B3，如图17-106所示。

图17-105 绘制牙齿 　　图17-106 绘制脸暗部

Step 31 ▶ 选择"效果"/"模糊"/"高斯模糊"命令，打开"高斯模糊"对话框，设置"半径"为10，单击 确定 按钮，效果如图17-107所示。继续在嘴线下方绘制嘴唇暗部图形，并填充为#8F4659，如图17-108所示。

图17-107 模糊图形 　　图17-108 绘制嘴唇暗部图形

Step 32 ▶ 继续绘制不规则矩形，填充颜色为#DACFCC，再按Shift+Ctrl+[组合键将其置于底层，如图17-109所示。继续绘制头发图形，并填充为如图17-110所示的线性渐变颜色。

图17-109 绘制脖子 　　图17-110 绘制头发

Step 33 ▶ 继续在左侧脸部绘制头发图形，按Shift+Ctrl+[组合键将其置于底层，填充为如图17-111所示的线性渐变颜色。继续使用相同的方法绘制其他头发图形，并调整位置，效果如图17-112所示。

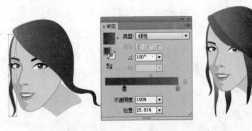

图17-111 继续绘制头发 　　图17-112 完成头发的绘制

Step 34 ▶ 使用"钢笔工具" 绘制手臂图形，填充颜色为#EDDAD6，设置"描边粗细"为0.4mm，"描边颜色"为#BAA197，再将其放置于头发下方，效果如图17-113所示。继续使用相同的方法绘制另一手臂和身体，并填充颜色，效果如图17-114所示。

图17-113 绘制手臂 　　图17-114 绘制身体部位

Step 35 ▶ 继续绘制衣服图形，填充颜色为"白色"，设置"描边粗细"为0.4mm，"描边颜色"为#A9938D，再将其置于手臂下方，如图17-115所示。继续绘制衣服褶皱，并填充颜色为"浅蓝色，#D6E6F6"，如图17-116所示。

图17-115 绘制衣服 　　图17-116 绘制衣服褶皱

Step 36 ▶ 继续绘制裤子图形，填充颜色为"浅蓝色，#80BBD8"，设置"描边粗细"为0.353mm，

"描边颜色"为"蓝色，#155975"，再将其置于手臂下方，如图17-117所示。继续绘制裤子褶皱，并填充颜色为"蓝色，#5999BB"和"深蓝色，#407F9E"，效果如图17-118所示。

图17-121　绘制裤线　　　　图17-122　设置描边

Step 39 ▶ 返回画板，即可查看到效果，然后使用"钢笔工具" 继续绘制裤包，再取消选中"描边"面板中的 ☑ 虚线 复选框，设置"描边粗细"为0.353mm，"描边颜色"为"墨蓝色，#081D36"，如图17-123所示。继续绘制脚图形，并填充颜色为"粉红色，#EEDAD7"，设置"描边粗细"为0.353mm，"描边颜色"为B2A193，按Shift+Ctrl+[组合键将其置于底层，如图17-124所示。

图17-117　绘制裤子　　　图17-118　绘制裤子褶皱

Step 37 ▶ 继续绘制腰带图形和腰带阴影图形，并分别填充颜色为"黄色，#D18F19"和"深蓝色，#D18F19"，如图17-119所示。选择腰带阴影图形，选择"效果"/"模糊"/"高斯模糊"命令，打开"高斯模糊"对话框，设置"半径"为3，单击 确定 按钮，效果如图17-120所示。

图17-123　绘制裤包　　　　图17-124　绘制脚

Step 40 ▶ 使用相同的方法绘制鞋子和鞋子高光图形，填充颜色为"红色，#A92625"，并调整其位置，效果如图17-125所示。选择人物图形，按Ctrl+G快捷键编组，然后将人物移动至窗户前，效果如图17-126所示。

图17-119　绘制腰带　　　图17-120　模糊腰带阴影

Step 38 ▶ 继续绘制裤线图形，设置"描边粗细"为0.353 mm，"描边颜色"为"黄色，#407A97"，如图17-121所示。选择裤线图形，按Ctrl+F10快捷键，打开"描边"面板，选中 ☑ 虚线 复选框，在下方的"虚线"文本框中输入1mm，如图17-122所示。

读书笔记 ▶

- -

- -

- -

图17-125　绘制鞋子　　　　图17-126　最终效果

17.3 网格工具 渐变 绘图工具 绘制写实小鸟
的应用 的使用 的应用

本例将绘制一只写实小鸟，主要通过网格工具来制作小鸟羽毛的写实效果，制作完成后的效果如左图所示，下面将讲解绘制写实小鸟的方法。

● 光盘\效果\第17章\写实小鸟.ai
● 光盘\实例演示\第17章\绘制写实小鸟

Step 1 ▶ 新建一个A4文档，选择"钢笔工具" 绘制小鸟的上喙，如图17-127所示。再选择"网格工具" ，在图形中依次单击鼠标添加多个网格点，并使用"直接选择工具" 选择网格点，调整网格的位置，然后分别填充每个网格点的颜色，效果如图17-128所示。

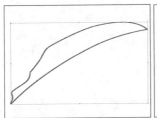 

图17-127 绘制图形1 　　图17-128 添加网格和颜色

Step 2 ▶ 使用相同方法绘制小鸟的下喙，并填充为"黑色"，然后使用"网格工具" 在图形中间单击添加一个网格点，并设置网格颜色为"深灰色，#4F454D"，如图17-129所示。使用"钢笔工具" 绘制小鸟的羽毛，并填充为"黄色，#E5C260"，如图17-130所示。

 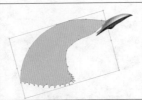

图17-129 绘制下嘴唇图形 　　图17-130 填充颜色

Step 3 ▶ 使用相同的方法在其上继续绘制羽毛，并填充为"土黄色，#77603B"，如图17-131所示。选择两个羽毛图形，按Alt+Ctrl+B组合键，为对象创建混合，得到如图17-132所示的效果。

 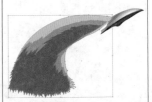

图17-131 绘制图形2 　　图17-132 创建混合1

Step 4 ▶ 保持图形的选中状态，选择"对象"/"混合"/"混合选项"命令。打开"混合选项"对话框，选中 ☑预览(P) 复选框，在"间距"下拉列表框中选择"指定的步数"选项，在右侧的文本框中输入6，单击 确定 按钮，得到如图17-133所示的图形效果。

 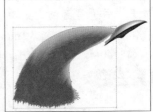

图17-133 设置混合选项

Step 5 ▶ 继续使用"钢笔工具" 在羽毛上绘制

两个图形，分别填充颜色为#625335和"深灰色，#37332B"，如图17-134所示。按Alt+Ctrl+B组合键为对象创建混合，并打开"混合选项"对话框，选中☑预览(P)复选框，在"间距"下拉列表框中选择"指定的步数"选项，在右侧的文本框中输入4，单击 确定 按钮，如图17-135所示。

图17-134　绘制图形3　　　　图17-135　创建混合2

Step 6 ▶ 返回画板，即可查看到混合效果，继续使用"钢笔工具" ✐ 在羽毛图形上方绘制图形，并填充为"土黄色，#A27E47"，效果如图17-136所示。使用"钢笔工具" ✐ 在右侧的空白区域绘制图形，并填充为#5C4B35，效果如图17-137所示。

图17-136　查看混合效果　　　图17-137　绘制图形4

Step 7 ▶ 选择该图形，按住Alt键并拖动鼠标向左上角移动，复制图形，如图17-138所示。填充复制图形的颜色为#5C4B35，效果如图17-139所示。

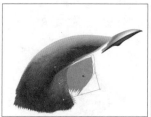 

图17-138　复制图形1　　　　图17-139　填充颜色

Step 8 ▶ 使用相同的方法继续复制图形，并分别填充颜色，得到如图17-140所示的效果。然后使用前面相同的方法绘制小鸟下颚的羽毛，效果如图17-141

所示。

图17-140　复制并填充图形　　图17-141　绘制羽毛1

Step 9 ▶ 继续使用"钢笔工具" ✐ 在羽毛图形上绘制鬃毛图形，并分别填充为"灰红色，#2D2626"和"黑色"，如图17-142所示。使用"钢笔工具" ✐ 绘制眼睛轮廓图形，并填充为"深灰色，#18180B"，如图17-143所示。

图17-142　绘制图形5　　　图17-143　绘制眼睛轮廓1

Step 10 ▶ 保持图形的选择状态，按Ctrl+C快捷键复制，再按Ctrl+F快捷键粘贴在前面，将鼠标光标置于右上角的控制点上，按住Shift+Alt快捷键的同时向内侧拖动鼠标，缩小图形，然后填充颜色为"土黄色，#6E6754"，如图17-144所示。使用相同的方法向内复制并填充不同的颜色，得到如图17-145所示的效果。

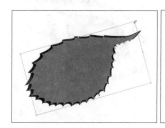 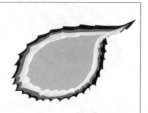

图17-144　绘制眼睛　　　图17-145　绘制眼睛轮廓2

Step 11 ▶ 继续使用"钢笔工具" ✐ 在眼睛轮廓内绘制眼眶图形，并填充为"灰蓝色，#757D84"，如图17-146所示。使用前面相同的方法向内复制并缩小图形，然后分别填充颜色，得到如图17-147所示的图形。

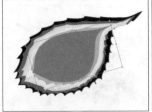

图17-146　绘制眼眶　　　图17-147　绘制眼睛内轮廓

Step 12 ▶ 继续使用"钢笔工具" 绘制眼珠图形，并填充为"黑色"，如图17-148所示。继续使用"钢笔工具" 绘制高光图形，填充为"蓝色，#134170"，如图17-149所示。

图17-148　绘制眼珠　　　图17-149　绘制高光1

Step 13 ▶ 选择"椭圆工具" ，在蓝色图形上方绘制多个椭圆，并分别填充颜色为"浅紫色，#6C7EBD""浅蓝色，#9CC3E8""白色"，如图17-150所示。继续使用"钢笔工具" 绘制一个三角形高光图形，填充为"深红色，#876A72"，在工具属性栏中设置"不透明度"为30%，如图17-151所示。

图17-150　绘制高光2　　　图17-151　绘制高光3

Step 14 ▶ 使用相同的方法在透明图形上方绘制两个小三角形，并分别设置颜色和不透明度，效果如图17-152所示。选择眼睛图形，按Ctrl+G快捷键将其编组，并移动至鬓毛图形上方，如图17-153所示。

图17-152　绘制高光4　　　图17-153　调整眼睛位置

Step 15 ▶ 使用前面相同的方法继续制作小鸟身体上的羽毛，效果如图17-154所示。使用"钢笔工具" 绘制小鸟尾巴羽毛，并填充为"黑红色，#1F1718"，如图17-155所示。

图17-154　绘制羽毛2　　　图17-155　绘制尾巴

Step 16 ▶ 使用第10步的方法复制并缩小图形，然后分别设置不同的颜色，效果如图17-156所示。

图17-156　绘制并填充图形

Step 17 ▶ 选择绘制完成的尾巴图形，按Ctrl+G快捷键将其编组，并放置于小鸟身体羽毛的下方，如图17-157所示。按住Alt键复制尾巴图形，再按Shift+Ctrl+[组合键置于底层，效果如图17-158所示。

图17-157　调整尾巴图形　　　图17-158　复制图形2

Step 18 ▶ 使用相同的方法复制尾巴图形，然后调整其位置和大小，得到如图17-159所示的效果。使用前面相同的方法绘制小鸟的其他尾巴图形，最终效果如图17-160所示。

图17-159　复制尾巴图形　　图17-160　绘制图形6

Step 19 ▶ 使用"钢笔工具"绘制小鸟的脚，并填充颜色为"灰色，#6A5A55"，再按Shift+Ctrl+[组合键置于底层，如图17-161所示。继续在脚上方绘制图形，将其填充为"黑色"，得到立体效果，如图17-162所示。

图17-161　绘制小鸟的脚　　图17-162　绘制立体图形

Step 20 ▶ 继续使用"钢笔工具"绘制小鸟脚的高光图形，并填充颜色为"浅粉色，#D7CDCA"，如图17-163所示。使用"钢笔工具"绘制树干图形，将其填充为"深灰色，#353B3D"，并置于底层，效果如图17-164所示。

图17-163　绘制高光5　　图17-164　绘制树干1

Step 21 ▶ 选择"网格工具"，在树干上单击分别对其添加网格点，再分别设置网格颜色，效果如

图17-165所示。继续使用"钢笔工具"绘制树干阴影图形，将其填充为"黑色"，效果如图17-166所示。

图17-165　设置网格颜色　　图17-166　绘制阴影图形

Step 22 ▶ 使用相同的方法再绘制一根树枝，并调整其位置，效果如图17-167所示。使用"钢笔工具"在头部羽毛上绘制毛发线条，并在工具属性栏中设置"填充"为"无"，"描边"为"黑色"，"描边粗细"为0.353mm，效果如图17-168所示。

图17-167　绘制树干2　　图17-168　绘制毛发

Step 23 ▶ 选择黑色毛发图形，按Ctrl+G快捷键将其编组，再按住Alt键拖动复制毛发图形，当偏移位置后，填充颜色为"黄色，#F4C53B"，得到立体的毛发效果，如图17-169所示。使用相同的方法在小鸟的身体部位绘制毛发图形，并分别填充为"黑色"和"浅黄色，#F7ED8A"，最终效果如图17-170所示。

图17-169　复制图形3　　图17-170　最终效果

17.4 绘图工具 渐变 设置图形 绘制写实荷花
的应用 的使用 混合模式

本例绘制的荷花图形主要通过绘图工具和渐变工具制作完成，制作完成后的效果如左图所示，下面将讲解绘制写实荷花的方法。

- 光盘\效果\第17章\写实荷花.ai
- 光盘\实例演示\第17章\绘制写实荷花

Step 1 ▶ 启动Illustrator程序，新建一个横向的A4文档，使用"矩形工具" ▣ 绘制与画板相同大小的矩形，按Ctrl+F9快捷键打开"渐变"面板，设置"类型"为"线性"，"角度"为"90°"，"渐变颜色"为"浅蓝色（C12、M1、Y2、K0）"、"白色"到"蓝色（C90、M0、Y15、K0）"，如图17-171所示。

图17-171　新建文档

Step 2 ▶ 按Ctrl+2快捷键锁定背景图形，选择"钢笔工具" ▣ ，在图形中下方绘制荷叶形状，如图17-172所示。打开"渐变"面板，设置"类型"为"径向"，"渐变颜色"为"深绿色（C84、M40、Y100、K0）"、"绿色（C75、M20、Y97、K0）"到"浅绿色（C68、M16、Y80、K0）"，如图17-173所示。

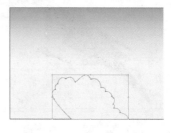

图17-172　绘制荷叶图形1　　图17-173　设置渐变颜色1

Step 3 ▶ 在工具箱中选择"渐变工具" ▣ ，此时图形上将显示渐变工具条，将鼠标光标置于渐变工具条外侧的虚线上，当鼠标光标变为 ⊕ 形状时，拖动鼠标旋转渐变角度，如图17-174所示。继续使用"钢笔工具" ▣ 在荷叶左侧绘制荷叶图形，如图17-175所示。

图17-174　调整渐变　　图17-175　绘制荷叶图形2

Step 4 ▶ 在"渐变"面板中设置"颜色渐变"为"绿色（C85、M46、Y100、K10）"、"深绿色

（C88、M53、Y100、K24）"、"浅绿色（C77、M25、Y100、K0）"到"绿色（C82、M37、Y100、K2）"的线性渐变，如图17-176所示。

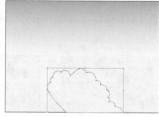

图17-176　设置渐变颜色2

Step 5 ▶ 选择"椭圆工具" ，在荷叶颜色最深位置拖动鼠标绘制一个椭圆形，并去掉填充，设置"描边粗细"为0.75mm，"描边颜色"为"深绿色，#0F6434"，如图17-177所示。选择"钢笔工具" ，在荷叶图形上方绘制荷叶茎脉闭合路径，如图17-178所示。

图17-177　绘制椭圆形　　图17-178　绘制荷叶茎脉1

Step 6 ▶ 选择绘制的闭合路径，打开"色板"面板，单击"绿色"色块填充闭合的茎脉路径，效果如图17-179所示。

图17-179　为路径填充颜色

读书笔记

Step 7 ▶ 选择左下角的荷叶，在其上右击，在弹出的快捷菜单中选择"排列"/"置于顶层"命令，如图17-180所示。此时，荷叶将位于荷叶茎脉的上一层，然后使用前面相同的方法绘制左侧荷叶的茎脉，并填充"颜色"为"绿色"，效果如图17-181所示。

图17-180　排列图形　　图17-181　绘制荷叶茎脉2

Step 8 ▶ 选择整个荷叶图形，按Ctrl+G快捷键将其编组。继续使用"钢笔工具" 在荷叶左侧绘制荷叶形状，并按两次Ctrl+[快捷键后移，使其置于已绘制好的荷叶下方，并使用前面相同的方法填充为"深绿色（C80、M40、Y100、K2）"、"浅绿色（C75、M20、Y95、K10）"到"绿色（C97、M26、Y97、K0）"的线性渐变颜色，如图17-182所示。

图17-182　绘制荷叶图形3

Step 9 ▶ 继续使用"钢笔工具" 在荷叶左下角绘制荷叶层次形状，并打开"渐变"面板，设置"角度"为35°，"颜色"为"绿色（C77、M27、Y100、K0）"到"浅绿色（C65、M11、Y72、K0）"的线性渐变颜色，如图17-183所示。

图17-183　绘制荷叶层次

Step 10 ▶继续使用"钢笔工具" 在荷叶左下角绘制荷叶层次形状，并打开"渐变"面板，设置"角度"为90°，"颜色"为"绿色（C83、M38、Y100、K2）"到"浅绿色（C74、M24、Y98、K0）"的线性渐变颜色，再按Ctrl+[快捷键下移一层，效果如图17-184所示。

图17-184　继续绘制荷叶层次

Step 11 ▶继续使用"钢笔工具" 在荷叶上绘制荷叶茎脉，并填充颜色为"绿色，#006834"，再调整其位置，如图17-185所示。选择最左侧的整个荷叶，按Ctrl+G快捷键将其编组，再使用前面相同的方法在右侧绘制荷叶，并调整其位置，如图17-186所示。

图17-185　绘制荷叶茎脉3　　图17-186　绘制荷叶图形4

Step 12 ▶选择"钢笔工具" ，在荷叶上绘制荷花花瓣，并打开"渐变"面板，设置"角度"为-75°，"颜色"为"粉红色（C8、M85、Y12、K6）"、"浅粉色（C6、M58、Y0、K0）"、"白色（C3、M35、Y0、K0）"到"浅粉色（C6、M58、Y0、K0）"的线性渐变颜色，如图17-187所示。

图17-187　绘制花瓣1

Step 13 ▶选择"钢笔工具" ，在荷叶上绘制荷花花瓣，并打开"渐变"面板，设置"角度"为-10°，"颜色"为"粉红色（C3、M68、Y0、K0）"、"白粉色（C3、M30、Y0、K0）"到"浅粉色（C0、M81、Y0、K0）"的线性渐变，如图17-188所示。

图17-188　绘制花瓣2

Step 14 ▶选择"钢笔工具" ，在荷叶上绘制荷花花瓣，并打开"渐变"面板，设置"角度"为-25°，"颜色"为"粉红色（C3、M68、Y0、K0）""白粉色（C3、M30、Y0、K0）"到"浅粉色（C0、M81、Y0、K0）"的线性渐变颜色，如图17-189所示。

图17-189　绘制花瓣立体面1

Step 15 ▶继续绘制荷花花瓣，并在"渐变"面板中设置"角度"为75°，"颜色"为"粉红色（C0、M72、Y0、K0）"、"白粉色（C3、M30、Y0、K0）"到"浅粉色（C0、M88、Y17、K0）"的线性渐变颜色，并将其置于荷叶下方，如图17-190所示。

图17-190　继续绘制花瓣

Step 16 ▶ 继续绘制荷花花瓣，并在"渐变"面板中设置"角度"为93.7°，"颜色"与第15步中颜色相同，并将其置于荷叶和花瓣的下方，如图17-191所示。

图17-191　绘制花瓣立体面2

Step 17 ▶ 继续绘制荷花花瓣，并在"渐变"面板中设置"角度"为-60°，"颜色"与第16步中颜色相同，并将其置于花瓣的下方，如图17-192所示。

图17-192　绘制左侧花瓣

Step 18 ▶ 继续绘制荷花花瓣，并在"渐变"面板中设置"角度"为-20°，"颜色"与第17步中颜色相同，设置"渐变滑块"的位置分别为82%、58%和82%，并将其置于花瓣的下方，效果如图17-193所示。

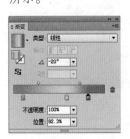

图17-193　绘制底部立体面

Step 19 ▶ 继续绘制荷花花瓣，并在"渐变"面板中设置"角度"为-20°，"颜色"与第18步中颜色相同，设置"渐变滑块"的位置分别为100%、50%和

100%，并将其置于右侧花瓣处，效果如图17-194所示。

图17-194　绘制右侧花瓣

Step 20 ▶ 继续绘制荷花花瓣，并在"渐变"面板中设置"角度"为95°，"颜色"与第19步中颜色相同，设置"渐变滑块"的位置与上方相同，并将其置于右侧花瓣的下方，效果如图17-195所示。

图17-195　绘制右侧花瓣立体面

Step 21 ▶ 继续绘制荷花花瓣，并在"渐变"面板中设置"角度"为0°，"颜色"与第20步中颜色相同，设置左侧的"渐变滑块"的位置为12.44%，并将其置于顶部花瓣的下方，效果如图17-196所示。

图17-196　绘制顶部花瓣1

Step 22 ▶ 继续绘制荷花花瓣，在"渐变"面板中设置"角度"为95°，"颜色"与第21步中颜色相同，设置"渐变滑块"的位置分别为100%、50%和100%，并将其置于顶层花瓣的下方，效果如图17-197所示。

图17-197　绘制顶层花瓣下方花瓣

Step 23 ▶ 继续绘制荷花花瓣，在"渐变"面板中设置"角度"为50°，"颜色"与"位置"与第22步相同，并将其置于顶部花瓣的下方，效果如图17-198所示。

图17-198　绘制右侧顶层花瓣

Step 24 ▶ 继续绘制荷花花瓣，在"渐变"面板中设置"角度"为"-80°"，"颜色"与"位置"与第23步相同，并将其置于顶部花瓣的下方，效果如图17-199所示。

图17-199　绘制右侧顶层花瓣立体面

Step 25 ▶ 继续绘制荷花花瓣，在"渐变"面板中设置"角度"为-35°，"颜色"与"位置"与第24步

相同，并将其置于顶部花瓣的下方，效果如图17-200所示。

图17-200　绘制顶部花瓣2

Step 26 ▶ 继续绘制荷花花瓣，在"渐变"面板中设置"角度"为0°，"颜色"与第25步相同，左侧颜色滑块的"位置"为23%，并将其置于顶部花瓣的下方，效果如图17-201所示。

图17-201　绘制顶部花瓣立体面

Step 27 ▶ 继续绘制荷花花瓣，在"渐变"面板中设置"角度"为-75°，"颜色"与第26步相同，左侧颜色滑块的"位置"为84%，并将其置于顶部花瓣的下方，效果如图17-202所示。

图17-202　绘制上方花瓣

读书笔记

Step 28 ▶ 继续绘制荷花花瓣，在"渐变"面板中设置"角度"为0°，"颜色"为"粉红色（C88、M17、Y0、K0）"到"白粉色（C3、M30、Y0、K0）"，并将其置于顶部花瓣立体效果的下方，效果如图17-203所示。

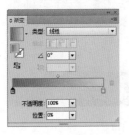

图17-203　绘制上方立体花瓣

Step 29 ▶ 继续绘制荷花花瓣，在"渐变"面板中设置"角度"为40°，"颜色"与第28步相同，右侧颜色滑块的"位置"为84%，并将其置于所有花瓣立体效果的下方，效果如图17-204所示。

图17-204　绘制花瓣3

Step 30 ▶ 继续绘制荷花花瓣，在"渐变"面板中设置"角度"为-45°，"颜色"与第29步相同，"渐变滑块"的位置分别为100%、50%和100%，并将其置于所有花瓣的下方，效果如图17-205所示。

图17-205　绘制花瓣4

Step 31 ▶ 选择所有荷花图形，按Ctrl+G快捷键将其编组继续使用"钢笔工具" 绘制荷花的树干形

状，在"渐变"面板中设置"角度"为-6°，"颜色"为"深绿色（C90、M55、Y100、K28）"、"浅绿色（C83、M39、Y87、K2）"到"绿色（C83、M42、Y90、K3）"，左右两侧的颜色滑块"位置"分别为10%和80%，并将其放于荷叶和荷花的下方，效果如图17-206所示。

图17-206　绘制花瓣5

Step 32 ▶ 选择荷花花干，按住Alt键的同时拖动鼠标复制花干，并将其调整到左侧荷叶的下方，然后将鼠标光标置于花干左侧的控制点上，向右侧拖动，缩小花干，效果如图17-207所示。继续使用"钢笔工具" 在花干上绘制花苞形状，如图17-208所示。

图17-207　复制并调整图形　　图17-208　绘制花苞

Step 33 ▶ 保持花苞的选择状态，在"渐变"面板中设置"角度"为-90°，"颜色"为"深红色"、"浅红色"到"红色"，右侧的颜色滑块位置为80%，效果如图17-209所示。

图17-209　填充花苞

Step 34 ▶ 继续绘制荷花花瓣，在"渐变"面板中设置"角度"为-50°，"颜色"为"粉红色（C4、M90、Y20、K0）"到"浅粉色（C6、M55、Y0、K0）"，效果如图17-210所示。

Step 35 ▶ 使用相同的方法绘制花苞上的其他花瓣，并填充线性渐变颜色，效果如图17-211所示。再使用"钢笔工具" 绘制花苞上的叶子图形，并填充颜色为"草绿色，#37602F"，然后置于花苞图形的下方，效果如图17-212所示。

图17-210　绘制花苞花瓣

图17-211　绘制图形　　　　图17-212　绘制花苞

读书笔记

- -
- -
- -
- -
- -
- -

17.5　扩展练习

　　本章主要介绍了使用Illustrator鼠绘的方法，下面将通过两个练习进一步巩固鼠绘功能在实际操作中的应用，使用户操作更加熟练。

17.5.1　绘制玫瑰花

　　本练习制作完成后的效果如图17-213所示，主要练习使用鼠标进行图形的绘制，包括钢笔工具、网格工具的使用等操作。

- 光盘\效果\第17章\玫瑰花.ai
- 光盘\实例演示\第17章\绘制玫瑰花

图17-213　玫瑰花

17.5.2 绘制人物插画

本练习制作完成后的效果如图17-214所示，练习使用鼠标进行图形的绘制，包括钢笔工具的使用、渐变的应用等操作。

- 光盘\效果\第17章\人物插画.ai
- 光盘\实例演示\第17章\绘制人物插画

图17-214　绘制人物插画

读书笔记

精通篇
Proficient

本书的精通篇不仅对软件的高级技巧和Illstrator软件与Photoshop、CorelDRAW、AutoCAD软件的协作使用进行了讲解，还将对平面设计知识进行讲解与延伸，如平面构图技巧、版式设计技巧和颜色搭配技巧等，以方便用户提高制作平面设计作品的水平。

Chapter

18
19 ●●●●●●

平面设计与颜色搭配技巧

本章导读 ●

要想成为一名专业的设计师，必须要对平面设计的相关知识和颜色的搭配技巧十分
敏感，下面将具体讲解平面设计的构图技巧、版式设计技巧和在设计中搭配颜色的
技巧等。

18.1 构图技巧

在平面设计中，构图是一门学问，也是平面设计的基石。要做好这一点，则需要把握一些技巧。常用的构图技巧有6种，如对称和平衡、重复和群化、节奏和韵律、对比和变化、调和和统一以及破规和变异，下面将对这6种常用的构图技巧进行详细介绍。

18.1.1 对称和平衡

对称，是点、线、面在上下或左右，有相同的部分相反而形成的图形状态。在日常生活中，常会看见对称的对象，如蝴蝶和花朵等，如图18-1所示。平衡相对于对称具有更丰富的形态。当画面中的对称关系被打破时，一般会在保持平衡的前提下，调节其部分元素，使画面具有变化性，从而达到力的平衡，如图18-2所示。

图18-1 中线对称和中心对称效果

图18-2 平衡

1. 对称和平衡在设计中的应用

对称和平衡是设计中最基本的形式，在设计中可灵活地应用，可达到自己所想要的效果。对称的形态

在视觉上具有安定、均匀、整齐和庄重的美感，符合人们的视觉习惯，如图案和标志等，如图18-3所示。

图18-3 对称标志设计

在平面设计中，当两个事物相同时，力的重心位于两个事物中间位置，形成了绝对的平衡关系。通常也称这种绝对的平衡关系为对称，如图18-4所示。当两个事物量感达到平衡时，形象上可有所差别。如图18-5所示的文字广告中，左右侧的字母虽然形象上不同，但却给人相同的重量感；两个事物量感不同时，则可调整力的重心使之达到平衡。如图18-6所示的广告中，浅灰色较纯黄色给人的感觉更轻，所以在处理画面时，使灰色人物的面积大于文字和黄色物体的面积，从而使画面取得平衡。

图18-4 平衡关系对称 图18-5 文字广告设计

图18-6　人物广告设计

2. 对称和平衡的基本形式

　　对称和平衡可造成视觉上的满足，所以在生活和设计中应用是十分广泛的。要掌握对称和平衡的原理，可从对称和平衡的基本形式入手，下面将对常用的对称和平衡的基本形式进行介绍。

◆ **反射**：以相同形象在左右或上下位置进行排列，这是对称和平衡最基本的表现形式，如图18-7所示。

◆ **移动**：是在不调节形象总体保持平衡的条件下，局部变动位置。移动的位置要注意适度，不能打破了画面的平衡，如图18-8所示。

图18-7　反射　　　　　图18-8　移动

◆ **回转**：是在反射或移动的基础上，将形状按一定角度进行转动，增加形象的变化。这种构成形式主要表现为垂直与倾斜或水平的对比。但在总体效果上，必须达到平衡，如图18-9所示。

◆ **扩大**：是扩大其部分基本形式，形成大小与对比的变化，使其形象既有变化，又达到平衡的效果，如图18-10所示。

图18-9　回转　　　　　图18-10　扩大

18.1.2　重复和群化

　　重复是指相同或近似的照片不间断地连续排列的一种方式，形成的画面会给人一种整齐美，如图18-11所示。群化是基本形重复构成的一种特殊表现形式，群化指的是以一种简单的基本形为元素，按需要进行重复排列，具有独立存在的性质。因此，群化也是常用于标志、符号等设计的一种构成技法，如图18-12所示。

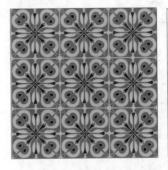

图18-11　重复　　　　　图18-12　群化

1. 重复和群化的基本形

　　基本形是重复和群化构成中重要的概念，是指构成图形的基本单位。基本形排列的方式不同，所得到的图形效果也大不相同，下面将分别进行介绍。

（1）基本形的重复排列

　　基本形的重复排列是指同一基本形按一定方向，连续重复排列，排列方法有多种，下面将最常用的几种方法分别介绍如下。

◆ **该排列技法**：具有很强的秩序美感，但却容易造成画面的单调性，如图18-13所示。

◆ **重复基本形正、负交替排列**：是指同一基本形在左、右和上、下的位置上，运行正、负形交替变换重复排列，如图18-14所示。

图18-13　该排列技法　　图18-14　正、负交替排列法

◆ **重复基本形位置变换重复排列**：是指基本形运行上、下或左、右位置角度变换的重复排列。同时也可运行正、负形交替排列，这使画面更加具有变化性，如图18-15所示。

◆ **重复基本形的单元反复排列**：是将基本形按照一定的秩序形成一单元反复排列。也可加上正负形的更替，使画面更具有灵活性，如图18-16所示。

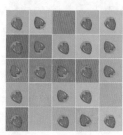
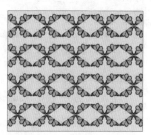

图18-15　位置变换重复排列法　图18-16　单元反复排列法

技巧秒杀

除了上述4种排列技法外，还有重复基本形单元间空格反复排列、重复基本形的错位排列、基本形局部群化排列等技法。通过这几种排列技法也可制作出丰富多样的画面效果。

（2）基本形的群化排列

重复基本形的群化构成是指基本形围绕一"中心"，组成重复的群化图形。基本形的群化排列的方法同样有多种，下面将分别进行介绍。

◆ **基本形的对称或旋转放射式排列**：可采用多个相

同基本形互相交错或放射，形成一种环形旋转对称的图形，如图18-17所示。

◆ **基本形的平行对称排列**：在方向和位置上，可采取反射、移动或回转的形式，构成一种对称图形。有的也可重叠、透叠或交错，形式可灵活多样，如图18-18所示。

图18-17　重复　　　　图18-18　群化

◆ **多方向的自由排列**：这种构成技法较上述两种技法更加灵活多变。除了可采取对称的排列技法外，还可采取不对称的自由排列技法，如图18-19所示。

图18-19　平衡广告设计

2. 重复和群化在设计中的应用

重复和群化是表现重复美的一种主要形式，在设计中应用非常广泛。例如，在如图18-20所示的设计作品中，充分运用了重复和群化基本形的技法。

读书笔记

图18-20　重复和群化在设计中的应用

18.1.3　节奏和韵律

在设计中，节奏和韵律指的是同一图案在一定的变化规律中，重复出现所产生的运动感。由于节奏和韵律有一定的秩序美感，所以在生活中得到了广泛的应用，如图18-21所示。

图18-21　节奏和韵律

1. 节奏和韵律的表现形式

在平面设计中，节奏和韵律包含在各种构成形式中，但其中最为突出的是"渐变构成"和"发射构成"两种形式。下面将详细地讲解这两种形式，从这两种形式中体会节奏和韵律的美感。

（1）渐变构成

渐变是指以类似的基本形或骨骼，循序渐进地逐步变化，呈现一种有阶段性、调和性的秩序。同时，渐变形式是多方面的，包括大小的渐变、间隔的渐变、方向的渐变、位置的渐变和形象的渐变等，下面将讲解几种主要的渐变形式。

◆ **大小的渐变**：依据近大远小的透视原理，将基本形作大小序列的变化，给人以空间感和运动感。

◆ **间隔的渐变**：按一定比例渐次变化，产生不同的疏密关系，使画面呈现出明暗调子，如图18-22所示。

◆ **方向的渐变**：将基本形做方向、角度的序列变化，使画面产生起伏变化，增强了画面的立体感和空间感，如图18-23所示。

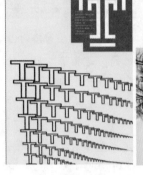

图18-22　间隔的渐变　　　　图18-23　方向的渐变

◆ **位置的渐变**：将部分基本形在画面中的位置做有序的变化，会增加画面中动的因素，使画面产生起伏波动的视觉效果，如图18-24所示。

◆ **形象的渐变**：形象的渐变是指从一种形象逐渐过渡到另一种形象的方法，可增强画面的欣赏乐趣，如图18-25所示。

图18-24　位置的渐变　　　　图18-25　形象的渐变

（2）发射构成

发射是一种特殊的重复，是基本形或骨骼单位环绕一个或多个中心点向外散开或向内集中。在生活中，也会经常看到发射构成的图像，如盛开的花朵和绽放的烟火等。发射具有两个显著的特征：一个是发射具有很强的聚焦点，这个焦点通常位于画面的中央；另一个是发射具有一种深邃的空间感，使所有的图形向中心集中或者由中心向四周扩散。根据发射特征的不同，可将发射构成归纳为以下几种。

◆ **离心式发射**：这是一种发射点在中央部分，其发射线向外方向发射的一种构成形式，如图18-26所示。

◆ **向心式发射**：这是一种发射点在外部，从周围向中心发射的构成形式。这是与离心式相反方向的发射，如图18-27所示。

 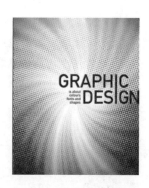

图18-30　方向和位置渐变设计　图18-31　发射和渐变构成

图18-26　离心式发射　　　　图18-27　向心式发射

◆ **同心式发射**：发射点从一点开始逐渐扩展，如同心圆渐变扩散所形成的重复形，如图18-28所示。

◆ **多心式发射**：在一幅作品中，以多个中心为发射点，形成丰富的发射效果，如图18-29所示。

图18-28　同心式发射　　　　图18-29　多心式发射

2. 节奏和韵律在设计中的应用

在平面设计中，常常会运用到节奏和韵律这一构图技巧。例如，在如图18-30所示的平面设计中，采用了方向渐变和位置渐变两种渐变技法，使画面呈现出三维的空间效果，具有很强的节奏感。在如图18-31所示的平面设计中，采用了发射构成和渐变构成相结合的形式，增加了画面的对比变化，突出了画面的节奏感和韵律感。

18.1.4　对比和变化

在设计中，若是要使某个图形突出，就必须有与其相对的图形进行比较，即对比。如图18-32所示的图片中，采用了色彩的对比关系，用黄色与蓝色进行对比，从而使黄色的花朵显得更加突出。同时，有对比必然会有变化，变化是对比在画面上所产生的效果。在追求画面的对比性时，应注意不能变化过大，不然会使形象之间互相争夺，看上去眼花缭乱而失去美感。画面应该既要有对比、变化，又要有调和、统一，如图18-33所示。

图18-32　对比　　　　　　图18-33　变化

1. 对比和变化的应用技巧

在版面构成中，对比构成具有十分重要的作用。按照不同方面的对比关系，可将对比构成主要分为空间对比、聚散对比、大小对比、曲直对比、方向对比和明暗对比6个方面，下面分别进行介绍。

◆ **空间对比**：在设计中，空间的处理要"密不通风，疏能跑马"，如图18-34所示中，动物占有的空间与画面背景所占有的空间形成了强烈的效果对比，增强了画面的视觉张力。

◆ **聚散对比**：指的是密集的图形和松散的空间所形成的对比关系。要想处理好这个关系，应注意各个聚集点之间的位置联系，并且要有主次的聚集点之分，如图18-35所示。

图18-34　空间对比　　　　　图18-35　聚散对比

◆ **大小对比**：大小对比容易表现出画面的主次关系。在设计中，经常把主要的内容和比较突出的形象处理得较大些，如图18-36所示。

◆ **曲直对比**：是指曲线与直线的对比关系。一幅画面中，过多的曲线会给人不安定的感觉；而过多的直线又会给人过于呆板、停滞的印象。所以，应采用曲直相结合的技法使画面更加丰富，如图18-37所示。

图18-36　大小对比　　　　图18-37　曲直变化

◆ **方向对比**：凡是带有方向性的形象，都必须处理好方向的关系。在画面中，如果大部分照片的方向近似或相同，而少数照片的方向不同，就会形成方向上的对比，如图18-38所示。

◆ **明暗对比**：任何作品都必须有明暗关系的恰当配置，不然会使画面浑沌而没有主次，如图18-39所示。

读书笔记

图18-38　方向对比　　　　　　图18-39　明暗对比

?答疑解惑：

　　在设计中，运用对比和变化时，需要注意哪些方面？

　　在实际运用中，应注意对比因素之间的协调性。要做到画面中各个对比因素之间的协调统一，需要注意以下几个方面：处理好全面的统筹安排，使画面的布局充实丰满，避免主体物在某个角落平均分布；画面各部分要主次分明，同时主次关系要有联系；各对比因素之间必须有疏密变化；注意画面明暗色调的对比，要有一定比例的重色块和亮色块；画面应注意整体的对比关系，避免过于繁琐和细微的变化。

2. 对比和变化在设计中的应用

　　在设计中，运用对比的方法便可突出某种形象和内容。如图18-40所示的广告设计中，采用了空间对比的关系，使画面给人很强的延伸感和空间感，突出了产品广阔的特点。又如图18-41所示的广告设计中，采用了曲线与直线的对比关系，使画面具有曲线美和动感度的同时，又具有直线的直爽和豪迈感。

图18-40　空间对比　　　　　图18-41　曲直对比

18.1.5 调和、统一

调和是指画面中各个组成部分整体上达到了和谐一致，并且能给人视觉上一定的美感享受。调和与对比是互相对立存在的统一体。任何一幅设计作品不能没有对比，但也绝不能没有调和。如图18-42所示的两张图中：左图由不同形状组成，画面不够统一；右图则采用单一的图形做渐变效果，使画面给人一种统一感。

图18-42　调和

技巧秒杀

需要注意的是，要想设计作品达到调和的最基本条件，就是在作品中必须有共同的因素存在。

1. 调和、统一形式的种类

在版面构图中，处理好画面的调和、统一具有十分重要的意义。调和、统一的形式有很多种，现分别介绍如下。

◆ **形象特征的统一**：形象特征的统一是指整体的特征风格要调和统一。

技巧秒杀

如果画面中存在多种形象特征，那么为达到形象特征的统一，可采取两种办法来实现：一种是有秩序的渐变。可抓住画面主体的共性，采取逐渐过渡的技法，使画面具有统一性；另一种是增加重复性的呼应作用。在不同形象中，恰当增加其重复形或类似形，使之起到前后穿插呼应的作用。

◆ **色彩的统一**：色彩的统一是指色彩关系的统一。首先在明暗关系上做到统一；其次在色相上做到统一，具体来说就是以同类色为主调，配置以适度的间色，再以少量的对比色加以提示，起到画龙点睛的效果，如图18-43所示。

◆ **方向的统一**：凡是带有长度的形象，都具有方向性。一般情况下，在画面整体中，要有一定的主流方向，同时也要有接近主流方向的支流加以配合，这样的作品才会给人以美感，如图18-44所示。

图18-43　色彩的统一　　　图18-44　方向的统一

2. 调和、统一形式的技法

在设计中，要做到画面的调和、统一，需掌握几种技巧，下面分别进行介绍。

◆ **接近的技法**：各种有变化的部分，距离接近的物体较容易产生结合感；如图18-45所示的图片中，采用色彩接近的暖色系和接近的肌理造型，使画面达到了协调，给人一种统一感。

◆ **连续的技法**：把各种不同的形态或不同的色彩的图形，根据任意形状的线不断地连接起来，从而形成一个整体。例如，在如图18-46所示的平面设计中，零散的元素连续地编排在一起形成了线状，构成了人物头像的形象，使画面给人一种统一感。

图18-45　接近的技法　　　图18-46　连续的技法

◆ **拼贴的技法**：该技法是指将不同而复杂的造型要素按一定规律排列起来，从视觉上得到另外一个整体而统一的形态。例如，在如图18-47所示的平面广告中，多种碎乱的纸片按一定规律拼贴排列，形成新的图形，使画面具有了统一性。

图18-47 拼贴的技法

3. 调和、统一形式在设计中的应用

调和、统一在设计中的应用十分广泛，任何一幅设计作品中，都要使各个要素之间调和统一。例如图18-48所示的插画设计作品中运用了拼贴的技法，使零散而复杂的元素得到了统一，组成了新的形象；又如在下面广告设计作品中，采用了色彩的统一和形象特征的统一，使整幅画面给人很强的整体感，增强了视觉冲击力。

图18-48 调和、统一在设计中的应用

18.1.6 破规、变异

在设计时，应该敢于标新立异，打破旧有成规，大胆创新。在旧有事物范围内，打破常规寻求变异，以取得更加吸引人的效果。如图18-49所示的户外广告设计中，运用破规变异的技法，制造出很多有趣的画面效果，起到了很好的广告效应。

图18-49 破规和变异的技法

1. 破规、变异构成的形式

对于破规、变异构成的学习是十分必要的。下面将破规、变异构成的形式归纳为以下几种。

◆ **特异构成**：特异构成的表现特征是，在普通相同性质的事物当中，有个别变异性质的事物便会立即显现出来，如图18-50所示。

◆ **形象变异构成**：形象变异构成是指对具象的变形。如抽象法、变形法、切割法、格位变形法、空间割取及形象透叠法等，如图18-51所示为抽象法的效果。

图18-50 特异构成　　图18-51 形象变异构成

技巧秒杀

抽象法是指对一些自然形态的图形，根据版面内容、形式的需要，运行整理和高度概括，夸张其典型性格，从而提高其装饰性；变形法是对一些形态运行扭曲、夸张变形，从而引起人们的兴趣；切割法是将部分形象运行恰当的切割，再重新拼贴构成；格位变形法是将自然形态的图形按若干等大的正方形格位运行变形。

◆ **空间构成**：为了表达空间立体效果，可将平行直线集中消失到灭点的技法，表现其空间感。但在平面构成中，有时却违背这些原理，造成"矛盾空间"。矛盾空间是使用人们视觉的错觉而得到的一种形式，如图18-52所示。

◆ **视觉感应构成**：视觉感应构成是指画面中的形象不与画面平行，在平面中产生了立体的幻觉，也可称为幻觉性的空间。如图18-53所示，重叠的形象产生前后排列的空间感，仿佛画面是由几个面组合而成的立体图形。

图18-52　空间构成　　　图18-53　视觉感应构成

2. 破规、变异形式在设计中的运用

在设计作品中运用破规、变异形式，往往可取得很好的视觉效果。例如，如图18-54所示的两张海报中，采用了形象变异的构成技法，使原本普通的视觉形象具有了新的表达方式，画面具有很强的视觉震撼力，让人印象深刻。又如图18-53所示的海报中采用了空间构成技法，运用矛盾空间的矛盾性和特异性引起观者的兴趣。

图18-54　破规、变异设计的运用

18.2 版式设计技巧

所谓版式设计，即在版面上将有限的图片、文字、线条线框、颜色色块等进行有机的排列组合，并运用造型要素及形式原理，反构思与计划以视觉形式表现出来，在传达信息的同时，也产生感观上的美感。版式设计的范围可涉及到报纸、杂志、书籍、画册、产品样本、挂历、招贴和唱片封套等平面设计的各个领域。

18.2.1 开本设计

在制作印刷品时，首先根据媒体的特点设定大小、类型适当的开本。印刷出来的杂志的开本对页面的排版设计有很大的影响，而且这也是与媒体定位密切相关的重要因素。

1. 结合媒体考虑开本类型的选择

在决定所采用的开本类型时，需要考虑的一个非常重要的因素就是印刷品的特征以及其定位。对于像杂志这种既重视视觉形式，又包含了大量信息的媒体来说，有时需要采用较大的开本。小说这类以文字为主的图书有时需要考虑到便于携带和保存等因素而选用较小的开本。

另外，书籍、杂志摆放在书架上的状态也非常重要。特殊规格的开本会因为与其他书籍不同而引起读者的注意。但是，对于那些连载类型的图书来说，采用同一大小的开本会给人带来"这是一个系列"的印象。

一般的月刊等杂志多采用B4开本或A4开本，周刊多采用B5开本，而书籍则多采用A5开本或者B6开本，文库图书多采用A6开本。

2. 考虑到纸张的使用来决定开本的类型

在决定开本的类型时，与所使用的纸张的原大小也有很大的关系。A型、B型等标准规格的开本，在尺寸的设定上已经充分确保了对纸张的高效率使用。在采用特殊规格时，如果不认真地计算纸张的使用，就会造成纸张的浪费，很多时候也会因为这一点而造成印刷成本的提高。虽然在纸张的选择上需要考虑到特性以及纸张的质感等各种不同的问题，但同时也可以从所选用的纸张的原大小的角度来考虑纸张的剪裁方式。因此，需要将这两方面的因素结合考虑来决定开本的大小。

3. 考虑到装订时页边空白来决定开本大小

对于页数较多的印刷品来说，考虑到装订成册或者成书时的加工程序也是非常有必要的。根据装订方式的不同，不仅翻开册子时的方便程度会有所不同，而且对于订口附近所编排的内容来说，其阅读方便程度也会发生变化。例如，当从页面中间装订时，为了使册子更容易打开，可以缩小页面另外3边空白的大小；另外，如果从中间装订，那么页数就会增加，同时根据裁纸方式的不同，内侧的折页尺寸需小于外侧的折页。因此，有必要根据每一折页的顺序依次调整1mm的页面宽度。

18.2.2 调整版面效果

在进行版面设计时，一般情况下，可根据两个方面来调整页面版面效果，一方面是根据版面利用率来调整页面的效果；另一方面是根据图版率来调节页面的效果，下面将分别进行介绍。

1. 根据版面利用率来调整页面的效果

当确定了开本尺寸之后，在开始进行排版时，首先应该确认页面的天头、地脚、切口、订口距离版心的尺寸。版面所占的面积的比率叫做"版面率"，如图18-55所示。而在设定页边空白的同时，页面的正文以及图片等的安排方式也就确定下来了。这个空间就叫做版面。由于是根据这样的版面来进行页面的排版设计的，所以版面也就代表了页面的边框和轮廓，这种调整使页面的条理化处理和设计成为可能。

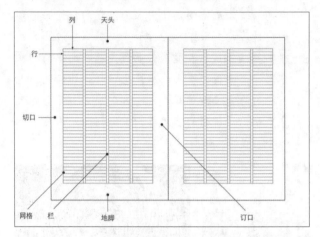

图18-55　版面

因此，根据版面利用率来调整页面的效果主要可通过两种方法：一种方法是扩大页边空白，降低版面率；另一种方法是缩小页面空白，提高版面率，下面分别进行介绍。

◆ **扩大页边空白，降低版面率**：在确定版面大小后，若页边空白面积扩大，版面就会逐渐缩小，这样做的结果就是会造成杂志页面的版面率的不断降低。那么页面中所包括的信息量也就会随之减少。因此，在使用同样数量的图片时，必须缩小图片的尺寸，并对图片做一些剪裁处理。另外，版面率低意味着其页面的余白会比较大。因此，如果版面率降低，就很容易给人造成一种典雅印象或形成一种高级的效果。对于整体效果比较安静和稳重的页面设计来说，设定较大的页边空白是比较合适的，如图18-56所示。

◆ **缩小页面空白，提高版面率**：与上面的情况相反，如果缩小页边的空白，那么版面率就会随之提高。也造成页面的余白空间的缩小，同时页面中所包括的内容也会增加。因此，相对的缩小页边空白，版面率就会提高，产生充满活力而又非热闹的效果，且容易形成富于活力的页面结构，如图18-57所示。

图18-56　高版面率

图18-57　低版面率

图18-58　高图版率　　　　　图18-59　低图版率

技巧秒杀

需要注意的是，在英文的排版过程中，虽然已经有了传统的版面设定理论（订口：天头：切口：地角的比率通常为1：1.2：1.44：1.73），但是这些理论并不适合于日文等其他方块字形文字的编辑。应该根据不同的媒体特点以及加工程序来决定版面的安排，这一点是非常重要的。

2. 根据图版率来调节页面的效果

在版面设计中，除了文字之外，通常都会加入图片或是插图等视觉直观性的内容。那么，表示这些视觉要素所占面积与整体页面之间的比率就是图版率。简单说来，图版率就是页面中图片面积的所占比率。这种文字和图片所占的比率，对于页面的整体效果和其内容的易读性会产生巨大的影响。

图版率高低的区别：同样的设计风格下，图版率高的页面会给人以热闹而活跃的感觉，如图18-58所示。反之图版率低的页面则会传达出沉稳、安静的效果，如图18-59所示。提高图版率可以活跃版面，优化版面的视觉度。但完全没有文字的版面也会显得空洞，反而会削弱版面的视觉度。如果页面的整体全部都是图片时，图版率就是100%。反之，如果页面全是文字，图版率就是0%。

读书笔记

18.2.3 利用模式进行排版设计

在开始进行排版之前，如果能首先确定各种部分内容的辅助线，即将页面划分为几个部分，然后采用一定的模式进行排版设计，那么排版就会很方便。使用辅助线时，最基本的版面划分方式是水平划分或者垂直划分。例如，以A4版面为例，进行垂直划分的排版辅助线，从左至右分别将版面等分2、3、4、5份，如图18-60所示。进行水平划分的排版辅助线，从左至右分别将版面等分2、3、4、5份，如图18-61所示。

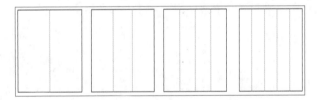
图18-60　垂直划分的排版

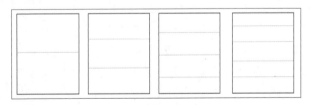
图18-61　水平划分的排版

18.2.4 利用视觉先后排版

当杂志页面中所包括的内容有先后顺序时，就必须使受众能够明白这种顺序，一般情况下，有两种处理方法，下面分别进行介绍。

◆ 通过图片的大小来区分内容的先后顺序：当页面中图片大小一样，就会使受众认为这些图片都是并列处理的，如果将其中的一幅图片扩大，那么该图片就会比其他的图片更加明显，如图18-62所示。当然，也可以缩小其他的图片。此外，图片的大小本身不改变，而通过"近"和"远"来调整对象之间的距离的方式，也可以给受众带来图片大小有别的感受。

图18-62　图片的大小区分

◆ 通过文字的大小来区分内容先后顺序：当图片相同时，也可以通过调整文字的大小差别进行处理。可以通过字体的粗细程度差别和字号大小来进行区别，如将主要文字加粗字体或加大字号，也易引起读者的注意，如图18-63所示。

图18-63　字体、字号的大小区分

◆ 通过颜色或形状来区分先后顺序：纯度高的颜色比纯度低的颜色更加显眼，如图18-64所示。同时，在许多不同的内容中只有一个部分内容的颜色与众不同，在这种情况下，读者可以明确地认识到这个内容是重要的。

图18-64　颜色区分

18.2.5　有目的的余白设计

不只是文字或者图片，留白也是构成页面排版必不可少的要素之一。灵活地运用页面的空白，设计恰当的页面留白，这样的版面会呈现出非常美观的效果。余白的主要功能体现在3个方面，下面分别进行介绍。

◆ 通过余白来减轻页面的压迫感：在黑色与白色的平衡关系中，如果黑色较多，那么读者就会感觉到一种压迫感，而随着白色所占比例增加，读者就会相应地感受到一种宽松感。同时，如果图片能让人感觉色调明亮，那么也可以减轻页面带给人的压迫感，如图18-65所示。

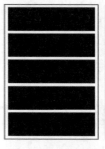

图18-65　通过余白减轻压迫感

◆ 通过余白使形式发生变化：可以通过余白的加入来使页面整体结构的形式发生变化。结合内容与希望预设的余白的具体情况来调节版面空间的划分是最理想的操作方式，如图18-66所示。

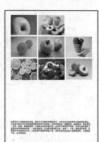

图18-66　通过余白使形式发生变化

◆ 通过余白来扩展页面空间：余白是为了展示出页面的宽松而设置的，如果余白被文字和图片围绕起来，那么就会毫无效果了，如图18-67所示。

图18-67　通过余白来扩展页面空间

18.2.6　区域划分与调整

集中同一组的内容，明确地表示出不同组的内容具有不同的意思。为了达到这个目的，调整不同内容之间的距离以及对其进行分区，也是考虑版面设计时非常重要的一个因素。其常用方法有两种，下面分别进行介绍。

1. 整合之后，将希望呈现的内容就近安排

对于读者来说，版面中相对于距离较远的地方，临近的内容更能让人感到强烈的结合。如图18-68所示的版面中，距离较远且简单杂陈的内容，是不能让人感受到文字与图片之间的关联的。而如图18-69所示的属于同一个范畴的内容，就可以通过就近安排来进行组别划分。

图18-68　简单杂陈的内容　　图18-69　就近安排的内容

2. 通过边框线或者底色来划分页面

为了区分属于不同的范畴而划分的内容，通常可使用边框线或者底色将其明确地区分开，从而进行组的划分，如图18-70所示。

图18-70　通过边框线或者底色来划分页面

18.2.7　调整各项内容的边线

在排版时，调整页面中不同内容的垂直边线和水平边线，能够使版面内容结构统一。因此，要避免不彻底的处理方式，应该将各个部分整齐地统合起来。如图18-71所示，没有经过任何统一处理的版面会让受众觉得不安定、杂乱无章；如图18-72所示，按照水平方向整合之后的效果，产生了一种秩序，读者可以在几个形状之间感受到一种统一；如图18-73所示，有些部分被统一过，所以读者便会注意到错开的部分。

图18-71　未调整边线

图18-72　按水平连线调整

图18-73　部分统一调整

因此，从上述的图形中可以看出，通过调整各部分的边线，可以使页面整体产生一种秩序，从而能够使读者感受到一种井然有序的页面效果。而版式设计中常遇到的边线统一的情况则有如下两种。

◆ **统一图片和文字的边线**：对于图片和文字这种不同的内容之间的边线进行统一，可以让人感觉页面井然有序。如图18-74所示为按段落的宽度来安排图片的位置，可快速统一边线；但是，如果所有文字和图片都作统一排列，就会产生一种无趣的排版效果，因此，还可以将图片嵌入文字当中，使页面产生一些变化。

图18-74　统一图片和文字的边线

◆ **统一各图片的边线**：对于多张图片，可以统一图片的边框、尺寸或纵横位置，这样就能减少散乱的感觉。如图18-75所示为外框边线没有统一的排版效果；如图18-76所示为统一底边连线的排版效果；如图18-77所示为改变图片尺寸且统一上下两条边线的排版效果。

图18-75　未统一边线　　图18-76　统一底边连线

图18-77　改变图片尺寸且统一上下两条边线

18.2.8　统一各元素之间的间隔

在进行排版设计时，间隔也是非常重要的版面构成要素。各部分内容之间的间隔类型不要太多，这样就可以设计出秩序井然的页面效果。通常，统一各元素之间的间隔主要有3种情况，分别介绍如下。

◆ **统一图片之间的间隔**：可以有效地表现出各图片之间的关联性，以及彼此之间结合的强弱。还可以将几个以上的图片重叠在一起，使其成为一个整体，表现出较强的结合关系，如图18-78所示。

图18-78　统一图片之间的间隔

◆ **统一文字之间的间距**：文字之间的间距包括确保内容可读性的绝对性间距和表示内容之间相关性的相对性间距。就是要考虑行与行之间、标题与正文之间、段落与段落之间以及其之间间距的关系。如图18-79所示，每个标题上下的间距是相等的，这样就没有明显地区分每部分内容。如图18-80所示，通过调整段落间距或行距、缩小标题与正文的间距等对内容进行区分，更利于用户阅读与理解各部分内容之间的亲密程度。

技巧秒杀

在一个页面之中，各部分内容之间的间距类型不要太多，例如，一块版块中标题与正文的间距是5mm，另外一个版块的标题与正文的间距最好也是5mm，这样有利于设计出有序的页面效果。

图18-79　标题上下间距相等　　图18-80　统一文字间距

◆ 统一图片与文字的间隔距离：按照一定的间隔关系安排图片与文字，在表现出各部分内容是相同的亲疏关系的同时，给人以整齐的印象，也容易对部分之间关联性进行比较，如图18-81所示。

图18-81　统一图片与文字的间隔距离

？答疑解惑：

　　除了上述几种排版技巧外，在排版时，还需要注意哪些细节呢？

　　当读者在阅读时，不同的心理会发挥一定的作用，因此，可以将一些视觉心理原理灵活地运用到设计或排版中，也会提高版面效果。例如，将位于中间的标题略微向上调整放置、按照形状来调整统一的位置、运用重复形式可产生节奏感、灵活地运用能够吸引读者注意的视觉形象、灵活地运用黄金比例的矩形、在所有页面中保持一定版面结构、统一每一页的色调和字体、明确各个页面的作用等。

读书笔记

_____

_____

_____

_____

18.3　颜色搭配技巧

　　专业的设计师必须要对颜色的使用十分敏感，不管是设计画册、网页、平面图、标志等，都会使用各种不同的颜色。例如，经常会用白色、黑色、灰色作为主色调。搭配其他的鲜艳颜色进行相关设计，下面将主要介绍关于如何在设计中应用颜色搭配，使最后获得的效果不乱，不呆板，并且具有美感。

18.3.1　色彩的心理

　　生活在充满色彩的世界里，每个人都在不知不觉中受到色彩的影响。而这种影响往往左右着人们的情绪，干扰着人们的意志，甚至改变人的心理和生理，这就是色彩的心理效应。

　　色彩的心理效应是来自色彩的光的刺激，作用于人的视觉神经，直接导致心理错觉或生理变异。心理学家经过多次实验证明，如果长时间处在红色的环境中，人的脉搏跳动会加快，血压会升高，情绪也会随之变得烦躁不安。相反，如果处在蓝色的环境中，这些生理变化就不会出现，人的情绪也会随之稳定下来，如图18-82所示。

图18-82　色彩对情绪的影响

　　此外，色的冷暖也能引起人的心理错觉。例如，暖色光本身具有温暖的感觉，而冷色光则给人一种寒冷的感觉。因此，若是在炎热的夏天，冷食设计作品中大多都会添加一些蓝色和绿色。

冷色与暖色虽然是物理性的分类，但并不是来自物理上的真实温度，而是一种客观性的心理错觉。例如，暖色偏重；冷色偏轻；暖色密度大，冷色密度小；暖色干燥，冷色湿润等。因此，在运用色彩时，不仅要考虑色彩自身的审美，还要考虑到色彩会给人们带来的积极影响或消极影响。

18.3.2 色彩的联想

长期生活在色彩世界里，所积累的大量的视觉经验与外来的色彩刺激发生呼应时，就会派生出另一种更为强烈的感受，由印象导致心理的联想，以某种心理的刺激，从而引发出某种情绪或情感，这就是色彩的联想，色彩的联想又分为两类：一是具体的联想；另一类是抽象联想，下面分别进行介绍。

1. 具体联想

当看到某个色彩时，常常会把这种色彩和生活环境或生活经验中有关的事物联想在一起，这种思维倾向称为色彩具体联想。下面将分别介绍色彩的具体联想。

◆ 红色：使人联想到太阳、火焰、红花、鲜血、红灯笼等，是强有力的色彩，如图18-83所示。

◆ 橙色：是最暖的颜色，使人联想到灯火、阳光、鲜花、麦田等，如图18-84所示。

图18-83　红色具体联想　　　　图18-84　橙色具体联想

◆ 黄色：黄色是明度最高的色彩，是最灿烂的色彩，因此使人联想到金秋、向日葵、柠檬、黄金等，如图18-85所示。

◆ 绿色：绿色是大自然的颜色，使人联想到树木、草地、绿色蔬菜和水果，如图18-86所示。

图18-85　黄色具体联想　　　　图18-86　绿色具体联想

◆ 蓝色：蓝色又称青色，给人最直接的联想便是清澈深邃的大海，一望无际的天空，因此蓝色是博大、广阔的象征，如图18-87所示。

◆ 紫色：使人联想到丁香花、紫藤、葡萄、紫罗兰等，如图18-88所示。

图18-87　蓝色具体联想　　　　图18-88　紫色具体联想

◆ 白色：给人光明的感觉，因此，使人联想到冰雪、白云、婚纱等，如图18-89所示。

◆ 黑色：是一种消极的色彩，容易使人联想到黑暗、墨水、绅士，如图18-90所示。

图18-89　白色具体联想　　　　图18-90　黑色具体联想

◆ 灰色：是一个彻底的被动色，容易使人联想到阴天、乌云、烟雾，如图18-91所示。

图18-91　灰色具体联想

2. 抽象联想

色彩联想有时是有形象的具体事物，而有时则是抽象性的事物，一般来说，人幼年时期所联想的为具体事物，但随着年龄的增长，经验、知识的累积，抽象性的联想即有增加的趋势，这种抽象性的联想又称为色彩的象征，属于比较感性的思维层面，也偏向于心理上的感觉效果。下面将分别介绍色彩的抽象联想。

◆ 红色：最容易引起人的注意、兴奋、激动、紧张，同时给视觉以迫近感和扩张感，红色给人留下热情、活泼、热闹、温暖、幸福、吉祥、危险的印象，由于红色的注目性和美感，在标志、旗帜、宣传等用色中占据首位。

◆ 橙色：在所有色彩中，橙色是最暖的色，给人温暖、愉快、明亮、华丽、健康、辉煌的印象。橙色也属于能引起食欲的颜色，给人香、甜略带酸味的感觉，有刺激食欲的作用，因此，被广泛地用于食品包装之中。

◆ 黄色：是所有彩色中最明亮的色，因此给人留下明亮、富贵、灿烂、愉快、亲切、柔和的印象。特别是浅黄色系列，容易引起味美的条件反射，给人以甜美感、香酥感。

◆ 绿色：是中性色，人的眼睛最适应绿色光的刺激，给人和平、青春、生命和希望的联想，是美丽、优雅、大方、稳重的颜色，同时可以容纳各种颜色。

◆ 蓝色：蓝色是后退色，也是冷色。蓝色表现千种精神领域，让人感到崇高、深远、纯洁、透明、智慧，被广泛地用于企业画册之中。

◆ 紫色：眼睛对紫色光的细微变化分辨力弱，容易感到疲劳。紫色给人高贵、优越、奢华、幽雅、流动、不安的感觉，灰暗的紫色则表现伤痛、疾病，容易造成心理上的忧郁、痛苦和不安的感觉。因此，紫色时而有胁迫性，时而有鼓舞性，在设计中一定要慎重使用。

◆ 白色：白是全部可见光均匀混合而成的，称为全色光。又是阳光的色，是光明色的象征。白色明

亮、干净、卫生、畅快、朴素、雅洁，在人们的感情上，白色比任何颜色都清静、纯洁，但用之不当，也会给人以虚无、凄凉之感。

◆ 黑色：黑色对人们的心理影响可分为两类。首先是消极类。例如，在漆黑之夜或漆黑的地方，人们会产生失去方向、失去办法时的阴森、恐怖、烦恼、忧伤、消极、沉睡、悲痛、绝望甚至死亡的印象。其次是积极类。黑色使人得到休息、安静、沉思、坚持、准备、考验，显得严肃、庄重、刚正、坚毅。在这两类之间，黑色还给人留下捉摸不定、神秘莫测、阴谋、耐脏的印象。在设计时，黑色与其他色彩组合，属于极好的衬托色，可以充分显示其他色的光感与色感，黑白组合，光感最强、最朴实、最分明、最强烈。

◆ 灰色：居于黑与白之间，属于中等明度。无彩度及低彩度的色彩，有时能给人以高雅、含蓄、耐人寻味的感觉。如果用之不当，又容易给人平淡、乏味、枯燥、单调、没有兴趣，甚至沉闷、寂寞、颓丧的感觉。

技巧秒杀

黑、白、灰这3种色是中性色，也称为无彩色，虽无色相，但在色调组合中是不可缺少的，是达到色彩和谐的最佳"调和剂"。同时，在配色中有着极其重要的意义，永远不会被流行所淘汰。

18.3.3 色彩的黄金法则

色彩的黄金法则是60：30：10，这是一个很基本的法则。例如，一幅平面设计作品中，主色彩是60%的比例，次要色彩是30%的比例，辅助色彩就是10%的比例。又如一个室内空间，如果墙壁用60%的比例，家居床品、窗帘之类则是30%，那么10%就是小的饰品和艺术品，这个法则是黄金法则，在任何设计中都是非常正确和适用的。

由此可以看出，任何设计作品中，最好不要用超过3种色彩，色彩太多会使版面花哨、杂乱且不统一。

18.3.4 选择配色方案

选择配色方案，一般包括两种选择，一种是补色的搭配，另一种是类色搭配。那么，什么是补色和类色呢？从如图18-92所示的色相环上即可看出，两个颜色相对的就是补色的搭配，类似的颜色就是类色搭配。一般在需要营造活泼的有动感的空间时，选择红与绿、蓝与绿。类色则是相近的，例如黄与绿、蓝与紫。

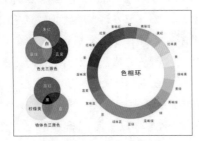

图18-92　色相环

18.3.5 平面设计色彩搭配技巧

在进行平面设计时，画面的色彩处理得好，可以锦上添花，达到事半功倍的效果。色彩总的应用原则应该是"总体协调，局部对比"。也就是说，画面的整体色彩效果应该是和谐的，只有局部的、小范围的地方可以有一些强烈色彩的对比。下面介绍几种最常用的色彩搭配技巧。

◆ 暖色调：即红色、橙色、黄色、赭色等色彩的搭配。这种色调的运用，可使画面呈现温馨、和煦、热情的氛围。

◆ 冷色调：即青色、绿色、紫色等色彩的搭配。这种色调的运用，可使画面呈现宁静、清凉、高雅的氛围。

◆ 对比色调：即把色性完全相反的色彩搭配在同一个空间中。例如，红与绿、黄与紫、橙与蓝等。

读书笔记

这种色彩的搭配，可以产生强烈的视觉效果，给人亮丽、鲜艳、喜庆的感觉。当然，对比色调如果用得不好，会适得其反，产生俗气、刺眼的不良效果。这就要把握"大调和，小对比"这一个重要原则，即总体的色调应该是统一和谐的，局部可以有一些小的强烈对比。

技巧秒杀

此外，还要考虑页面底色（背景色）的深、浅，这里借用摄影中的术语，就是"高调"和"低调"。底色浅的称为高调；底色深的称为低调。底色深，文字的颜色就要浅，以深色的背景衬托浅色的内容（文字或图片）；反之，底色浅的，文字的颜色就要深些，以浅色的背景衬托深色的内容（文字或图片）。这种深浅的变化在色彩学中称为"明度变化"。如有些页面中，底色是黑色，但文字也使用了较深的色彩，由于色彩的明度比较接近，那么在阅览时，眼睛就会感觉很吃力，影响阅读效果。当然，色彩的明度也不能变化太大，否则屏幕上的亮度反差太强，同样也会使读者的眼睛受不了。

18.3.6 网页设计用色技巧

制作网站时，若选择了合适的色彩，推出的站点往往比较成功；当最后设计理念和技术达到顶峰时，则又返璞归真，用单一色彩甚至非彩色即可设计出简洁精美的网页。下面介绍几个网页色彩搭配的技巧。

◆ 用一种色彩：这里是指先选定一种色彩，然后调整透明度或者饱和度（说得通俗些就是将色彩变淡或者加深），产生新的色彩，用于网页。这样的页面看起来色彩统一，有层次感。

◆ 用两种色彩：先选定一种色彩，然后选择其对比色，如蓝色和黄色，使整个页面色彩丰富但又不花哨。

◆ 用一个色系：简单地说就是用同一个感觉的色彩，如淡蓝、淡黄、淡绿，或土黄、土灰、土蓝等。

◆ 用黑色和一种彩色：例如，大红的字体配黑色的边框就会感觉很跳。

在网页设计配色中忌讳什么？

在网页设计配色中，有两点是忌讳的：一点是，最好不要将所有颜色都用到，尽量控制在3种色彩以内；另一点是，背景色和前方文字的颜色对比尽量要大（绝对不要用花纹繁复的图案作背景），以便突出主要文字内容。

18.3.7 包装设计用色技巧

色彩会使消费者产生强烈的心理反映和相应的联想，在色彩运用时应当充分考虑到这一点，下面对常见包装纸盒习惯用色进行介绍。

- **副食品类纸盒**：常用鲜明、轻快的色彩。如用蓝、白色表示清洁、卫生、凉爽等；红、橙、黄表示甜美、芳香、新鲜等；古朴、庄重的复色表示美酒的醇香和历史悠久等。恰当的包装颜色对促进食欲均大有裨益。

- **化妆品类纸盒**：常用柔和的中间色彩。如用桃红、粉红、淡玫瑰红表示芳香、柔美、高贵等；对某些男用化妆品有时用黑色表示其庄重等。

- **儿童用品类纸盒**：常用鲜艳夺目的纯色或对比强烈的色彩来表示生动、活泼等。

- **医药品类纸盒**：常用单纯的冷暖色彩。如用绿、冷灰色表示宁静、消炎、止痛等；用红、橙、黄等暖色表示滋补、营养、兴奋等；用黑色表示有毒；用红黑色块表示剧毒等。

- **纺织品类纸盒**：常用黑、白、灰色的层次关系，在调和中求对比；女用纺织品多用艳丽、优雅的色彩。包装色彩是以人们的联想和对色彩的习惯为依据，并进行高度的夸张和变化，以求新求异。色彩的心理作用是复杂的，而且往往随着国家、地区、民族、宗教信仰等的不同而有所区别。

18.3.8 画册设计用色技巧

画册的色彩处置得好，可以锦上添花，达到事半功倍的效果。色彩在画册设计中作为一种设计语言。要使某一商品具有明显区别于其他商品的视觉特征，达到更富有诱惑消费者的魅力，抚慰和引导消费的目的，这都离不开色彩的运用，好的设计具有强烈的视觉吸引力，能快速、生动地传达出商品的信息，成为宣传企业和产品形象的重要手段。

1. 画册封面色彩运用技巧

在众多画册之中，如何脱颖而出，如何让读者产生兴趣，封面设计的用色是关键，下面将介绍画册封面色彩运用的一些技巧。

- **画册封面用色要简洁**：画册封面设计的用色一般属于装饰色彩的范畴，主要是研究色彩块面的并置关系，给消费者一种美的感受。用色种类并不一定要多，有经验的设计师都懂得惜色如金、以少胜多的道理。从画册的内容出发，色彩应做到提炼、概括和具有象征性，这是从审美的角度分析。从经济利益的角度来看，用色少可以降低成本，有利于商家和消费者的利益。

- **要注重色彩的对比**：在色彩的运用上，明亮的色彩常见，暖色和高纯度的色彩也比较易见，但最能引人注目的色彩却不多见，究其原因就是缺乏对比。画册封面的用色与底色的对比有着密切的联系，如色相上的冷与暖、彩度上的艳与灰、明度上的黑与白、浓与淡，面积上的大与小、宽与窄，运动上的动与静、曲与直、平与斜，方向上的左与右、上与下的对比等诸多因素都能加强对比效果。除此以外，还要在底色与图片的边缘处理上运用对比色来产生注目性效果。

- **要注意同类画册对比**：要考虑在同一个消费市场中和同一类画册的货架上，所设计的画册封面的色调和其他书籍的色彩所产生的对比关系，这也是引起注目的一个重要因素。

2. 画册色彩总的应用原则

一份精美的画册设计中，色彩占的主导地位是很重的，一份合格的画册设计在色彩运用上一定是非常到位的，下面将介绍关于画册设计中色彩总的运用的一些手段和原则。

◆ **第一点**：在设计画册时，一定要清楚、醒目，和背景要保持一定的反差，包括明度对比，色相对比和冷暖对比等，这样会给人一种视觉上的色彩对比。

◆ **第二点**：在深色背景上的浅色字更醒目，文字不能太小，行距也要适当大一点，浅色背景上的深色文字更适合长时间阅读，以便于仔细观摩。

◆ **第三点**：要注意到不同字体的使用效果也不同，有装饰线的字体不太适合应用在深色背景上。

◆ **第四点**：彩色的文字用作标题比较合适，如果画册中穿插彩色图片，再用彩色的文字，版面就显得过于混乱，文字的色彩过于复杂，几种颜色叠加出的复色增加了制作和印刷难度，也不能保证预想的效果。

◆ **第五点**：要考虑到受众群体中的特殊人群，例如，老人、小孩、视力有障碍的人，因此，要特别在画册设计上给予照顾，使用粗字体，较大的字号，幼儿读物的文字画册色彩要鲜艳活泼，方便不同群体进行翻阅。

◆ **第六点**：整体色彩效果应该是和谐的，只有局部的、小范围的地方可以有一些强烈色彩的对比。色彩的运用上，可以根据内容的需要，分别采用不同的主色调。因为色彩具有象征性，例如，嫩绿色、翠绿色、金黄色、灰褐色可以分别象征春、夏、秋、冬。还有职业的标志色，例如，军人、警察的橄榄绿，医疗卫生的红色等。色彩还具有明显的心理感觉，如冷、暖的感觉，进、退的效果等。另外，色彩还有民族性，各个民族由于环境、文化和激进等因素的影响，对于色彩的喜好也存在着较大的差别。充分运用色彩的这些特性，可以使画册具有深刻的艺术内涵，从而提升画册的文化品位。

18.3.9 广告设计用色技巧

在平面广告设计中，视觉的浏览顺序是色彩、图形、文字，色彩是吸引受众视觉的有力法宝。在户外广告中，通常不自觉地受到颜色的吸引而观看广告，因此，色彩在广告中的应用非常重要，下面介绍广告设计中色彩搭配的几个技巧。

◆ **色调统一**：色调统一是形成平面广告整体风格的第一技巧。色调统一可以使广告作品形成一个视觉整体，信息的表述更加统一、完整，具有更加强烈的视觉吸引力。同时，色调统一还可以使广告作品信息表述清晰明确，达到较好的信息传递效果，如图18-93所示。

图18-93 色调统一

?答疑解惑：

在平面广告中，色调统一有哪些方法呢？

色调统一主要有以下3种方法：一、单色构成全部色调。选择一种颜色作为主色调，将其进行明度变化构成画面。二、临近色组织色彩。根据广告主题选择一个主色，采用主色的临近色进行色彩搭配也可以形成统一的色调。三、同类色搭配组合。同类色指的是色相性质相同，但色度有深浅之分。可以采用大面积的同类色形成主体画面，小面积的对比色强调主要信息的方式构建整体广告作品的色彩分布。

◆ **对比醒目**：广告信息在传递中还有先后、主次的关系。对比醒目的广告画面有利于信息清晰传递，视觉信息检索更加顺畅。对比醒目的色彩搭配还有视觉冲击力强的优点。如何在广告作品中形成对比醒目的视觉效果呢？主要有以下几种方式：一、明度差异形成强对比；大面积使用低明度的统一色调，主要信息用小面积高明度色调，可以形成对比醒目的视觉效果；二、对比色和补色的搭配。对比色和补色的色彩搭配应用，可以达到视觉信息的强调与关注；三、饱和度高的色彩搭配。高饱和度色彩要比低饱和度色彩更吸引人，画面的效果也更加强烈。所以在广告作品中，高饱和度的色彩搭配也可形成对比醒目的视觉效果，如图18-94所示。

图18-94　对比醒目

◆ **重复呼应**：广告中色彩的重复呼应指的是色彩应用与广告主题的呼应。重复呼应的色彩搭配可建立视觉元素之间的联系，使整个广告画面成为一个整体。重复呼应可以在信息传递上建立视觉联系，达到信息导读的连续性，如图18-95所示。

图18-95　重复呼应

技巧秒杀

色彩的重复呼应可以采用以下3种方式：一、色彩的重复出现；二、特定色彩对应特定顾客群。例如，电信、科技类广告作品中经常会用到蓝色、绿色；能源类广告作品中会用到红色、橙色等，都是对特定广告受众选用特定颜色的案例；三、分析广告诉求选择相呼应的色彩。不同色彩传递不同的情感信息，分析广告主要诉求选择与之相呼应的色彩。根据不同的诉求来选择不同的色彩搭配，是实现广告信息正确传递的好办法。

读书笔记

知识大爆炸
——版式设计中常遇到的图版率问题

有时在没有图像素材的情况下，因为页面性质的需要，需呈现出图版率高的效果时，可通过对页面底色的调整，提高图版率，从而改变页面所呈现的视觉效果，如图18-96所示。

图18-96　通过底色调整

如果素材图像尺寸小，却不想让图版率变低，可以通过色块（相近色或是互补色）的延伸或是图像的重复来组织页面结构，避免这种素材资源不足的情况。

采用和图片相同大小的色块可以保持界面的统一性与简洁性，而且这样的排版会造成一种错觉，使用户觉得有底色的方框整体似乎是一张图片。而小尺寸的素材图在背景色的映衬下也变成了一张很大的图。这种重复排列、添加变化的方法有效地避免了页面的单调和无趣，如图18-97所示。

图18-97　使用色块

版式的强节奏设计也能间接优化页面的图版率。合理的利用排版的节奏感以及跳跃率（文字和图片的跳跃率，是指版面中最大标题和最大的图与最小正文字体和图片大小之间的比率），在版面设计中，图片或是文字的跳跃率可以获得较高的注意力，让无趣的版面充满活力。另外，排版层次丰富，也可以区分文章主次信息，让浏览更加轻松，并且提高版面的视觉度，如图18-98所示。

图18-98　使用强节奏设计

增加页面中的图形也可以改善图版率低的问题。无论是数字、序号、角标、图标，甚至是视觉处理后的标题文字，都能提高页面的视觉度，并给用户留下活跃生动的印象。同时，图形作为一种更直观的传达信息的方式，也使受众一眼就能快速获取信息，从效率上优于用文字表达时的逐行扫描，分别介绍如下。

◆ **图标**: 图标的设计让浏览和交互操作更加方便。图与文的搭配可以降低阅读的疲劳感, 也增强了排版的节奏感, 如图18-99所示。

◆ **序号**: 页面中的序号既有引导阅读顺序的功能, 也可以作为图片起到页面的装饰作用。另外, 通过对序号的突出设计, 可以让布局更清晰灵活。即便是毫无规律的排版, 也可以通过清晰的序号找准阅读的轨迹, 如图18-100所示。

◆ **数字**: 对数字的视觉处理也能起到类似插图的装饰效果, 成为页面上的视觉要素, 同时增强页面的设计感, 如图18-101所示。

◆ **标题文字的处理**: 如果页面中没有图片和插图, 那么通过对文字及其颜色的处理, 也可以使之起到与视觉要素相近的作用。下面的例子中, 对于标题文字都进行了视觉加工, 起到了整体页面的装饰效果。借助对这种文字大小、颜色、形状的灵活运用, 来突出页面的重点, 避免视觉上的单调感, 如图18-102所示。

图18-99　使用图标　　　　图18-100　使用序号　　　　图18-101　使用数字　　　　图18-102　使用图形

读书笔记

19

AI 高级技巧的应用

本章导读 ♥

要想成为一名专业的设计师，必须要对平面设计的相关知识和颜色的搭配技巧十分敏感，下面将主要讲解平面设计的构图技巧、版式设计技巧和颜色搭配技巧等。

19.1 AI高级操作技巧

Illustrator以突破性、富于创意的选项和强大的功能，使用户可有效率地在网上、印刷领域等发布艺术作品。此外，用户还可以用灵活的数字式图形和其他制作功能迅速发布作品，下面将分别介绍其高级操作技巧。

19.1.1 加速列印输出速度

对于使用Illustrator进行设计的用户来说，经常会使用"色板"面板来简化填色的工作。但是"色板"面板中有过多的色块会减慢列印输出的速度，因此，当在储存文档或者在列印之前最好先将一些没有用到的色块或画笔删除，以增快速度。

其删除的方法是：单击"色板"面板或"画笔"面板右上角的 按钮，在弹出的下拉菜单中选择"选择所有未使用的色板"命令，然后再在"色板"面板或"画笔"面板右下角单击"删除"按钮 删除色块即可，如图19-1所示。

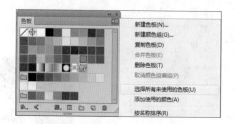

图19-1　删除多余色块或画笔

19.1.2 存储渐变

在Illustrator中的渐变不能自动被存储，所以要想创建渐变以备将来使用或能够让另一个对象使用，可将该渐变存储。其方法是：使用鼠标将"渐变"面板中的渐变方块拖动到"色板"面板中即可将其保存，方便下次使用，如图19-2所示。

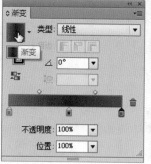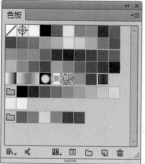

图19-2　存储渐变

19.1.3 通过强制取色来修改渐变

在Illustrator中，不管是普通图形，还是实时上色区块中的渐变色，都可以通过以下方法来修改渐变颜色。其方法是：使用鼠标单击选择"渐变"面板中的渐变滑块（选择的渐变滑块的上方三角会呈现黑色，表示选中状态），再按I键选择"吸附工具" ，再按Shift键强制取色，然后就可以在画板中任意地方吸取颜色，得到当前鼠标位置的颜色，而不会是普通吸附工具的效果，如图19-3所示。

图19-3　强制取色

19.1.4 把渐变重新设置到默认值

在使用Illustrator的渐变工具对图形进行调整之后，使用渐变填色的对象将会有一个改变的角度。将渐变角度重设为0°，通过按/键，这样，当下一次选择渐变时，它将是默认的角度设置。对于线性的渐变，同样也可以在创建新的渐变之前，在"渐变"面板中的"角度"下拉列表框中输入0。

19.1.5 未转曲文字做渐变的方法

Illustrator中未转成曲线的文字是无法使用渐变填充的，因此，要想对未转曲文字做渐变需要掌握如下方法。

◆ **方法一**：输入需要进行渐变填充的文字，再打开"图形样式"面板，单击面板中的默认样式（即第一个样式）为文字应用该样式。然后设置字体的"描边"为"无"，即可通过"渐变"为文字应用渐变，并且可对文字进行编辑，如图19-4所示。

图19-4　未转曲文字应用渐变

◆ **方法二**：输入文字后，单击"外观"面板右上角的按钮，在弹出的下拉菜单中选择"添加新填色"命令，在面板上双击新填色，将打开"填色"面板，即可应用渐变，如图19-5所示。

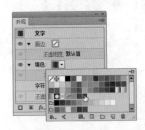

图19-5　通过"外观"面板为未转曲文字应用渐变

19.1.6 轻松抠取位图

先使用Illustrator打开一个位图图像（可以嵌入、置入或直接粘贴到当前文档中），再使用"钢笔工

具" 绘制出位图中需要的区域，并取消描边，填充任意颜色，如图19-6所示。

图19-6　绘制路径

将绘制出的路径"不透明度"设置为0%，再同时选择位图和路径，选择"对象"/"拼合透明度"命令，在打开的"拼合透明度"对话框中直接单击 确定 按钮，最后在图形上右击，在弹出的快捷菜单中选择"取消编组"命令即可抠出位图，如图19-7所示。

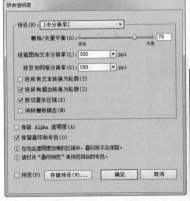

图19-7　抠取位图

19.1.7 如何绘制页面大小的框

启动Illustrator软件后，选择"对象"/"裁剪区域"/"建立"命令，再选择"对象"/"裁剪区域"/"释放"命令，即可得到一个和页面一样大小的矩形框。

19.1.8 取消所有白色叠印

若要取消文档中的所有白色叠印，只需

按Ctrl+A快捷键选择当前文档中的所有对象，再选择"编辑"/"编辑颜色"/"叠印黑色"命令，打开"叠印黑色"对话框，在左上角的下拉列表框中选择"移去黑色"选项，并设置"百分比"为0%，依次选中 ☑填充(F)、☑描边(S)、☑包括黑色和CMY(B)和☑包括黑色专色(O)复选框，再单击 确定 按钮即可，如图19-8所示。

图19-8　"叠印黑色"对话框

19.1.9　对齐设定参照物

如果想对齐到A对象，那么将AB对象都选中之后，再单击一下A对象（注意，不要按Shift键单击，这样只会取消A的选择），如图19-9所示。然后单击工具属性栏中单击相应的"对齐"按钮，例如，单击"水平居中对齐"按钮后，即将B对象对齐到A对象，如图19-10所示。

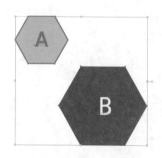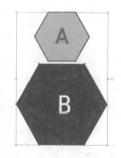

图19-9　选择参照物　　图19-10　对齐设定参照物

如果同时选择AB对象之后，不单击A，A和B的对齐就没有参照物，这样A和B都会移动并进行对齐。此外，如果不是对很复杂的图形进行对齐操作，可以按Ctrl+U快捷键，打开智能参考线，再手动对齐对象。

19.1.10　快速调整透明渐变

选择需要透明渐变的图形，按Ctrl+C和Ctrl+F快捷键将其复制并粘贴在其上（要重合），再通过"渐变"面板为其应用渐变，如图19-11所示。再同时选择上下两个图形，打开"透明度"面板，单击面板右上角的按钮，在弹出的下拉菜单中选择"建立不透明蒙版"命令，再单击"不透明"面板中右边的蒙版缩略图选择蒙版。按F7键打开"图层"面板，可看到图层已变成了不透明蒙版层，选择不透明蒙版图层，再选择"渐变工具"在图形上按住鼠标左键随意拖动渐变，即可调整出透明渐变效果，如图19-12所示。

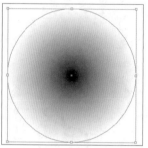

图19-11　在上方复制图形并填充渐变

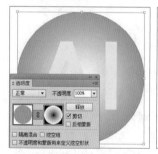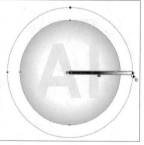

图19-12　调整透明渐变

读书笔记

19.2 Illustrator彩色图像转灰度的方法

为了操作需要，有时要把Illustrator 文件转化为灰度模式，下面将介绍几种用Illustrator将彩色图像转换为黑白图像的简便方法。

19.2.1 直接用菜单转换为灰度

直接使用菜单命令将图形转化为灰度是最快捷，也是最通用的方法。

其操作方法是：先选择需要转换的图像，如图19-13所示。再选择"编辑"/"编辑颜色"/"转换为灰度"命令即可，如图19-14所示为转换为灰度的图形效果。

图19-13　原图效果　　　图19-14　转换为灰度的效果

19.2.2 调整色彩平衡

在Illustrator中通过调整色彩平衡可对图像中的黑色进行更多的控制，以得到更满意的图形灰度效果。

其操作方法是：选择图像，选择"编辑"/"编辑颜色"/"调整色彩平衡"命令。打开"调整颜色"对话框，在"颜色模式"下拉列表框中选择"灰度"选项，选中 ☑预览(P) 复选框以便预览效果，再选中 ☑转换(V) 复选框，单击 确定 按钮，即可将对象转换为灰度，如图19-15所示。此外，也可拖动下方的滑动条或在右侧的文本框中输入相应数值，即可调整黑色的百分比。

图19-15　黑色为25%的灰度效果

19.2.3 降低饱和度

如果想对灰度进行更多的控制，还可通过降低饱和度的方法来进行调整。

其操作方法是：选择图像后，在工具属性栏中单击"重新着色图稿"按钮 ◉ 打开"重新着色图稿"对话框。再在对话框的底部单击 ▾ 按钮，在弹出的下拉菜单中选择"全局调整"命令，如图19-16所示。然后在左侧设置"饱和度"为-100%，即可得到灰度图形效果，如图19-17所示。

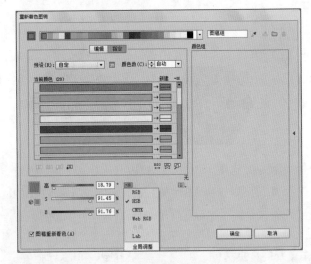

图19-16　"重新着色图稿"对话框

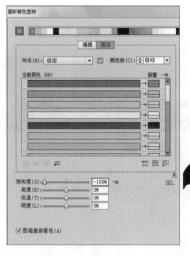

图19-17　设置饱和度

除了在"饱和度"右侧的数值框中输入相应数值外，还可拖动"饱和度"右侧的滑块来控制图形的灰度效果。此外，拖动"亮度"、"色温"和"明度"右侧的滑块，还可以得到不同的效果。

19.2.4　重新着色图稿

　　如果通过以上3种方法还是无法得到需要的灰度效果，还可以通过"重新上色图稿"来进行调整。

　　首先，如果默认的打印色板没有打开，则需要先载入。只需在"色板"面板的底部单击"'色板库'菜单"按钮，在弹出的下拉菜单中选择"默认色板"/"打印"命令。打开"打印"面板，将其中的"灰度"色块拖入"色板"面板中，如图19-18所示。

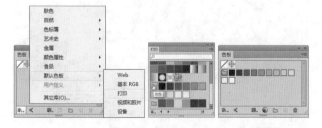

图19-18　打开默认打印色板

然后选择图像，选择"编辑"/"编辑颜色"/

　　"重新着色图稿"命令，或者单击工具属性栏中的"重新着色图稿"按钮。在打开的"重新着色图稿"对话框中，选择右侧颜色组列表框中的灰度色板集，即可将图像转换为灰度效果，单击　确定　按钮，如图19-19所示。

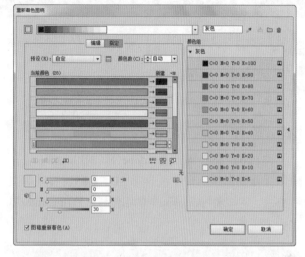

图19-19　"重新着色图稿"对话框

此外，单击"重新着色图稿"对话框底部的按钮，在弹出的下拉菜单中选择CMYK命令。再从"当前颜色"列表框中选择想要编辑的原色，并使用下方的K（黑色）滑块编辑黑色百分比。将鼠标光标移至"新建"栏的灰度色板上，单击右侧的下拉按钮，在弹出的下拉列表中选择相应选项，可调整不同的灰度效果。

读书笔记

19.3 Illustrator与其他软件的协作

Illustrator既可以独立地进行图像绘制，也可以与Photoshop、CorelDRAW等软件配合使用，如使用Illustrator可打开不同格式矢量文件和位图文件并进行编辑，从而充分地使用Illustrator图形绘制最大资源，下面将对其操作方法进行详细介绍。

19.3.1 AI与PS文件互转

在Illustrator与Photoshop软件之间，制作的文件可以相互转换并进行编辑操作。

1. 使用Illustrator打开Photoshop文件

与Photoshop一样出自Adobe公司的Illustrator，是一款矢量图形绘制软件，支持PSD、EPS、TIFF等文件格式，可以将Photoshop中的图像导入到Illustrator中进行编辑。

实例操作： 打开PSD格式的分层文件

● 光盘\实例演示\第19章\打开PSD格式的分层文件

下面将介绍如何在Illustrator中打开PSD格式的分层文件，从而有利于软件之间的协作使用。

Step 1 ▶ 启动Illustrator CC，选择"文件"/"打开"命令，打开"打开"对话框，选择需要打开的PSD文件，这里选择"夏日.psd"，如图19-20所示。

图19-20 "打开"对话框

Step 2 ▶ 单击 打开 按钮，弹出"Photoshop导入

选项"对话框，选中 ☑显示预览(P) 复选框，再选中 ⊙将图层转换为对象(C) 尽可能保留文本的可编辑性 单选按钮，如图19-21所示。

图19-21 导入选项

Step 3 ▶ 单击 确定 按钮，即可在Illustrator CC中将其打开，此时可在"图层"面板中看到文档包含的多个图层，这些图层的结构与Photoshop中完全相同，如图19-22所示。

图19-22 查看包含的图层

知识解析："Photoshop 导入选项"对话框……●

◆ **图层复合**：如果Photoshop文件包含图层复合，请指定要导入的图像版本"注释"列表框显示来自Photoshop文件的注释。

◆ **更新链接时**：更新包含图层复合的链接Photoshop文件时，请指定如何处理图层可视性设置。

◆ ☑**显示预览(P)** 复选框：选中该复选框，可预览打开Photoshop文件图像。

◆ **将Photoshop图层转换为对象并尽可能保留文本的可编辑性**：保留尽可能多的图层结构和文本可编辑性，而不破坏外观。但是，如果文件包含Illustrator不支持的功能，Illustrator将通过合并和栅格化图层保留图稿的外观。

◆ **将Photoshop图层拼合到一幅图像并保留文本外观**：将文件作为单个位图图像导入。转换的文件不保留各个对象，文件剪切路径除外（如果有）。不透明度将作为主图像的一部分保留，但不可编辑。

◆ ☑**导入隐藏图层(H)** 复选框：选中该复选框，导入Photoshop文件中的所有图层，甚至包括隐藏图层，链接Photoshop文件时该选项不可用。

◆ ☑**导入切片(S)** 复选框：选中该复选框，保留Photoshop文件中包含的任何切片。该选项仅在打开或编辑包含切片的文件时可用。

读书笔记▶

----

2. 使用Photoshop打开Illustrator文件

如何将AI文件转换为PSD文件，一直是困扰用户的问题，如在网上收集了很多的AI素材，但想使用Photoshop打开并保留分层图层，这时如何才能把AI文件转换为PSD分层的文件？下面将介绍其操作方法。

实例操作：将AI文件转成PSD分层位图

● 光盘\实例演示\第19章\将AI文件转成PSD分层位图

下面将介绍怎么在Illustrator中把AI文件转成PSD分层位图。

Step 1 ▶ 启动Illustrator CC，打开需要编辑的AI文件，按F7键，打开"图层"面板，单击面板右上角的按钮，在弹出的下拉菜单中选择"释放到图层（顺序）"命令，如图19-23所示。此时，图层将变为效果，如图19-24所示。

图19-23　释放图层　　　　图19-24　图层效果

Step 2 ▶ 选择"文件"/"导出"命令，打开"导出"对话框，在"保存类型"下拉列表框中选择Photoshop(*.PSD)选项，单击 导出 按钮，如图19-25所示。

图19-25　"导出"对话框

Step 3 ▶ 打开"Photoshop 导出选项"对话框，先选中 ⊙写入图层(L) 单选按钮，再依次选中 ☑最大可编辑性(X) 和 ☑嵌入 ICC 配置文件(E)：sRGB IEC61966-2.1 复选框，其他选项保持默认，再单击 确定 按钮，如图19-26所示。

图19-26　"Photoshop 导出选项"对话框

Step 4 ▶ 在弹出的提示对话框中直接单击 确定 按钮，即可导出该文件。然后启动Photoshop软件，选择"文件"/"打开"命令，在打开的对话框中选择刚导出的文件，单击 打开(0) 按钮将其打开。此时，可在"图层"面板中查看到图层是分层的，如图19-27所示。

图19-27　打开文件

💬知识解析："Photoshop 导出选项"对话框……●

◆ **颜色模型**：决定导出文件的颜色模型。将 CMYK 文档导出为 RGB（或相反）可能在透明区域外观引起意外的变化，尤其是那些包含混合模式的区域。如果更改颜色模型，必须将图稿导出为平面化图像（"写入图层"选项不可用）。

◆ **分辨率**：决定导出文件的分辨率。

◆ **平面化图像**：合并所有图层并将 Illustrator 图稿导出为栅格化图像。选择此选项可保留图稿的视觉外观。

◆ **写入图层**：将组、复合形状、嵌套图层和切片导出为单独的、可编辑的 Photoshop 图层。嵌套层数超过5层的图层将被合并为单个 Photoshop 图层。选中 ☑最大可编辑性(X) 复选框可将透明对象（即带有不透明蒙版的对象、恒定不透明度低于 100% 的对象或处于非"常规"混合模式的对象）导出为实时的、可编辑的 Photoshop 图层。

◆ **保留文本可编辑性**：将图层（包括层数不超过5层的嵌套图层）中的水平和垂直点文字导出为可编辑的 Photoshop 文字。如果执行此操作，则会影响图稿的外观，可以取消选择此选项以改为栅格化文本。

◆ **最大可编辑性**：将每个顶层子图层写入到单独的Photoshop图层（如果这样做不影响图稿的外观）。顶层图层将成为Photoshop图层组。透明对象将保留可编辑的透明对象。还将为顶层图层中的每个复合形状创建一个 Photoshop 形状图层（如果这样做不影响图稿的外观）。要写入具有实线描边的复合形状，可将"连接"类型更改为"圆角"。无论是否选择此选项，嵌套层数超过5层的所有图层都将被合并为单个 Photoshop 图层。

◆ **消除锯齿**：通过超像素采样消除图稿中的锯齿边缘。

◆ **嵌入 ICC 配置文件**：创建色彩受管理的文档。

3. 将PS文件转换为AI格式文件

在使用Photoshop的过程中，将作品完成后一般都是以PSD格式进行存储，以便再次编辑使用。如果想要在AI软件中使用该作品，则需要更改文件的保存格式。

实例操作：将PS文件导出为AI格式文件

● 光盘\实例演示\第19章\将PS文件导出为AI格式文件

　　下面将介绍如何将Photoshop文件转换为Illustrator格式的文件。

Step 1 ▶ 启动Photoshop，打开需要转换为AI格式的文件，选择"文件"/"导出"/"路径到Illustrator"命令，如图19-28所示。

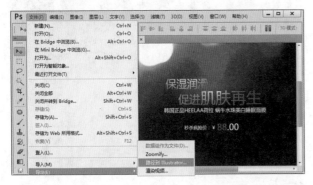

图19-28　导出文件

Step 2 ▶ 打开"导出路径到文件"对话框，在"路径"下拉列表框中选择"工作路径"选项，单击　确定　按钮，如图19-29所示。

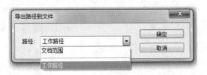

图19-29　导出路径到文件

Step 3 ▶ 打开"选择存储路径的文件名"对话框，在该对话框中设置文件存储位置、文件名和保存类型，如图19-30所示。

读书笔记

图19-30　选择存储路径的文件名

Step 4 ▶ 单击　保存(S)　按钮即可将Photoshop保存为Illustrator格式文件，如图19-31所示。

图19-31　存储的AI格式文件

19.3.2　AI与CDR文件互转

　　CorelDRAW是加拿大Corel公司推出的矢量图形绘制软件，与Illustrator一样，适用于矢量图的制作。因此，Illustrator可以打开CorelDRAW中存储的文件，而CorelDRAW也支持Illustrator的AI文件格式。

1. 使用Illustrator打开CorelDRAW格式文件

　　启动Illustrator后，选择"文件"/"打开"命令，在打开的对话框中选择CorelDRAW文件格式，进行打开即可。但需注意的是，使用Illustrator打

开CorelDRAW格式的文件，会限制在CorelDRAW
10版本以前，其后版本的都不能打开，这里不再
赘述。

2. 使用CorelDRAW打开Illustrator格式文件

一些从事平面设计的用户，经常会用到
CorelDRAW软件和Illustrator软件，因为两款软件的功
能差不多，经常会只学CorelDRAW，而对于Illustrator
则不熟悉，所以遇到一些AI格式的文件，就会被难
住，下面将介绍如何把AI文件转在CorelDRAW编辑。
其操作方法非常简单，只需打开CorelDRAW软件，
选择"文件"/"打开"命令，打开如图19-32所示的
"打开绘图"对话框，在其中选择需要打开的AI文
件，单击 打开 按钮即可，如图19-33所示。

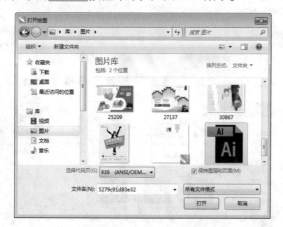

图19-32　选择AI文件

图19-33　打开的AI格式文件

技巧秒杀

除了直接在CorelDRAW中打开Illustrator格式文
件外，还可以将AI文件存储为PDF格式后，再使
用CorelDRAW打开并编辑。其操作方法为：在
Illustrator软件中打开AI格式的图像，选择"文
件"/"另存为"命令，或按Ctrl+Shift+S组合
键，打开"另存为"对话框。在"保存类型"下
拉列表框中选择"PDF格式"选项，单击 保存(S)
按钮。然后启动CorelDRAW软件，选择"文
件"/"导入"命令，在打开的"导入"对话框中
选择刚存储的PDF文件，单击 导入 ▼按钮，打开
"导入PDF"对话框，选中 ⊙曲线(C)单选按钮，单
击 确定 按钮即可，如图19-34所示。

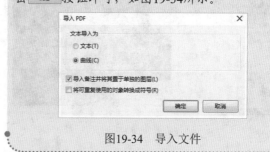

图19-34　导入文件

3. 将CorelDRAW文件转换为AI格式文件

将CorelDRAW文件转换为AI格式文件，即是将
其存储为AI格式文件，以便于使用Illustrator软件打开
并进行编辑。

其操作方法非常简单，只需在CorelDRAW中选
择"文件"/"另存为"命令，或按Ctrl+Shift+S组合
键，打开"另存为"对话框，在设置存储位置和文
件名后，在"保存类型"下拉列表框中选择Adobe
Illustrator.ai选项，再单击 保存(S) 按钮即可，如图19-35
所示。然后就可以使用Illustrator打开该文件进行编辑
操作。

读书笔记

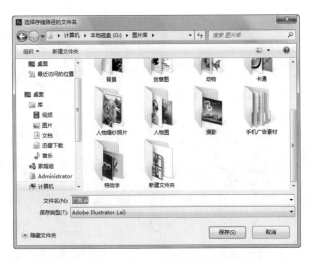

图19-35　将CDR文件存储为AI格式文件

需要注意的是，Illustrator与CorelDRAW文件互转时，Illustrator可打开CorelDRAW格式文件，但限制在CorelDRAW 10版本以前。而CorelDRAW打开Illustrator格式文件时，则是CorelDRAW X4打开Illustrator CS3以下版本文件，CorelDRAW X3打开Illustrator CS2以下文件，以此类推。同时，Illustrator无法直接另存为CorelDRAW格式文件，但CorelDRAW可另存为Illustrator格式文件。此外，用户可以采用非本机格式文件互转，如EPS、PDF文件格式等，这两个格式是Illustrator和CorelDRAW文件互转时最常使用，也是最方便的文件格式。

19.3.3　AI与AutoCAD文件互转

AutoCAD是计算机辅助设计软件，主要用于制作工程图和机械图等，AutoCAD文件包含DXF和DWG格式，Illustrator可以导入从2.5版直至2007版的AutoCAD文件。此外，通过Illustrator制作的工程图和机械图等也可导出为AutoCAD文件格式。下面将分别进行介绍。

1. 导入AutoCAD文件

Illustrator支持大多数 AutoCAD 数据，包括 3D对象、形状和路径、外部引用、区域对象、键对象

（映射到保留原始形状的贝塞尔对象）、栅格对象和文本对象。当导入包含外部引用的AutoCAD 文件时，Illustrator 将读取引用的内容并将其置入 Illustrator 文件的适当位置。

其操作方法为：启动Illustrator，新建一个文档，再选择"文件" / "置入"命令，打开"置入"对话框，选择需要置入的DXF和DWG格式文件，如图19-36所示，单击 置入 按钮，即可查看到文件效果，如图19-37所示。

图19-36　置入DWG文件

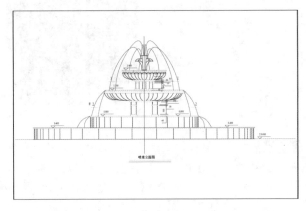

图19-37　置入的CAD文件效果

----

2. 导出AutoCAD文件

对于使用Illustrator完成的工程图和机械图等图形，在导入过程中，可以指定缩放、单位映射（用于解释AutoCAD文件中的所有长度数据的自定单位）、是否缩放线条粗细、导入哪一种布局以及是否将图稿居中。

实例操作：将AI文件导出为CAD文件

● 光盘\实例演示\第19章\将AI文件导出为CAD文件

下面将介绍如何将Illustrator文件转换为AutoCAD格式的文件。

Step 1 ▶ 在Illustrator工作界面中，选择"文件"/"导出"命令，如图19-38所示。

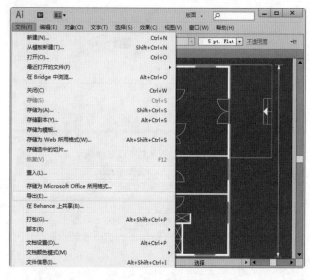

图19-38　导出文件

Step 2 ▶ 打开"导出"对话框，在其中设置文件的存储位置和文件名，在"保存类型"下拉列表框中选择"AutoCAD绘图（*.DWG）"选项，单击 导出 按钮，如图19-39所示。

读书笔记

图19-39　导出文件

Step 3 ▶ 打开"DXF/DWG 导出选项"对话框，在其中设置图稿缩放，再选中 最大可编辑性(M) 单选按钮，单击 确定 按钮，即可将Illustrator文件导出为AutoCAD文件，如图19-40所示。

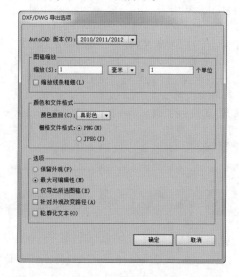

图19-40　"DXF/DWG 导出选项"对话框

知识解析："DXF/DWG 导出选项"对话框

◆ **AutoCAD版本**：指定支持所导出文件的AutoCAD版本。

◆ **缩放**：输入缩放单位的值以指定在写入AutoCAD文件时Illustrator如何解释长度数据。

◆ **缩放线条粗细**：将线条粗细连同绘图的其余部分在导出文件中进行缩放。

◆ **颜色数目**：确定导出文件的颜色深度。

◆ **栅格文件格式**：指定导出过程中栅格化的图像和对象是否以 PNG 或 JPEG 格式存储。只有 PNG 才支持透明度；如果需要尽可能最大程度地保留外观，请选择PNG。

◆ **保留外观**：如果需要保留外观，而不需要对导出的文件进行编辑，可选中此单击按钮。该操作可能会导致可编辑性严重受损。例如，文本可能被轮廓化，而效果将被栅格化。可以选中此单选按钮或"最大可编辑性"单选按钮，但不能同时选择二者。

◆ **最大可编辑性**：如果编辑 AutoCAD 中的文件的需求比保留外观的需求更为强烈，请选中此单选按钮。该操作可能会导致外观严重受损，特别是在已应用样式效果的情况下。可以选中此单选按钮或"保留外观"单选按钮，但不能同时选择二者。

◆ **仅导出所选图稿**：仅导出在导出时选定的文件中的图稿。如果未选定图稿，将导出空文件。

◆ **针对外观改变路径**：改变 AutoCAD 中的路径以保留原始外观（如果必要）。例如，如果在导出过程中，某个路径与其他对象重叠并将更改这些对象的外观，则此选项将改变此路径以保留对象的外观。

◆ **轮廓化文本**：导出之前将所有文本转换为路径以保留外观。Illustrator 和 AutoCAD 解释文本属性的方式可能不同。选中此复选框可保留最大视觉保真度（但会使可编辑性受损）。如果需要编辑 AutoCAD 中的文本，请不要选中此复选框。

 知识大爆炸
——Illustrator导入EPS、PDF文件

1. Illustrator导入EPS文件

　　EPS是在应用程序间传输矢量图稿的流行文件格式。用户可以使用"打开"命令、"置入"命令、"粘贴"命令和拖放功能将图稿从EPS文件导入 Illustrator中。但是，在处理EPS图稿时需记住以下事项：

◆ 打开或嵌入在另一个应用程序中创建的EPS文件时，Illustrator将所有对象转换为 Illustrator 本机对象（即自有对象）。但是，如果文件包含 Illustrator 无法识别的数据，可能丢失某些数据。因此，除非需要编辑EPS文件中的各个对象，否则最好链接文件而不是打开或嵌入文件。

◆ EPS格式不支持透明度，因此，请不要从其他应用程序向Illustrator置入透明图稿。可改用PDF1.4格式做此用途。

◆ 打印或存储包含链接的EPS文件的图稿时，如果这些文件以二进制格式存储（例如，Photoshop 的默认EPS 格式），用户可能收到错误消息。在这种情况下，请以 ASCII 格式重新存储 EPS 文件，将链接的文件嵌入 Illustrator 图稿，打印到二进制打印端口而不是 ASCII 打印端口，或以 AI 或 PDF 格式（而不是EPS 格式）存储图稿。

◆ 如果要管理文档中的图稿颜色，则由于嵌入的 EPS 图像是文档的一部分，因此发送到打印设备时将进行颜色管理。相比之下，链接的 EPS 图像不进行颜色管理，即使对文档的其他部分打开颜色管理功能。

◆ 如果导入与文档中的颜色名称相同但定义不同的 EPS 颜色，Illustrator 将显示警告。选择"使用链接文件的颜色"将文档中的颜色替换为链接文件的 EPS 颜色。文档中使用此颜色的所有对象将相应更新。选择"使用文档的颜色"可原样保留色板，并使用文档颜色解决所有颜色冲突。EPS 预览无法更改，因此预览可能不正确，但将印刷到正确的印版。选择"应用于全部"将解决所有颜色冲突，使用文档还是链接文件的定义取决于所选择的选项。

◆ 有时打开包含嵌入的 EPS 图像的 Illustrator 文档时，可能遇到警告。如果应用程序找不到原 EPS 图像，将提示抽出 EPS 图像。选择对话框中的"抽出"选项；图像将抽出到和当前文档相同的目录中。尽管嵌入的文件不能在文档中预览，但现在文件将正确打印。

◆ 默认情况下，链接的EPS文件显示为高分辨率预览。如果链接的 EPS 文件在文档窗口中不可见，可能是因为丢失了文件的预览。要恢复预览，请以 TIFF 预览重新存储 EPS 文件。如果在放置 EPS 时性能受到负面影响，请降低预览分辨率：选择"编辑"/"首选项"/"文件处理和剪贴板"命令，然后选择"对链接的 EPS 使用低分辨率代理"命令即可。

2. Illustrator导入PDF文件

PDF是Acrobat的默认格式，这种格式的文件可以包含矢量图形和位置，主要用于网上出版，并支持超链接。在Illustrator中，使用"打开"命令、"置入"命令、"粘贴"命令和拖放功能都可以将图稿从PDF文件中导入Illustrator中。但需注意的是，使用"置入"命令导入PDF文件时，在打开的"置入"对话框中，取消选中☑链接复选框，则转入PDF文件后，Illustrator能够识别PDF图稿的各个组件，因此，用户可以将各个组件作为独立的对象来编辑。如果选中☑链接复选框，则可将PDF文件（或多页PDF文档中的一页）导入为单个图像，这时可使用变换工具修改链接的图像，但是不能够选择和编辑该对象的各个部分。

读书笔记